SCIENCE & HUMANITIES

走向数学丛书

冯克勤/主编

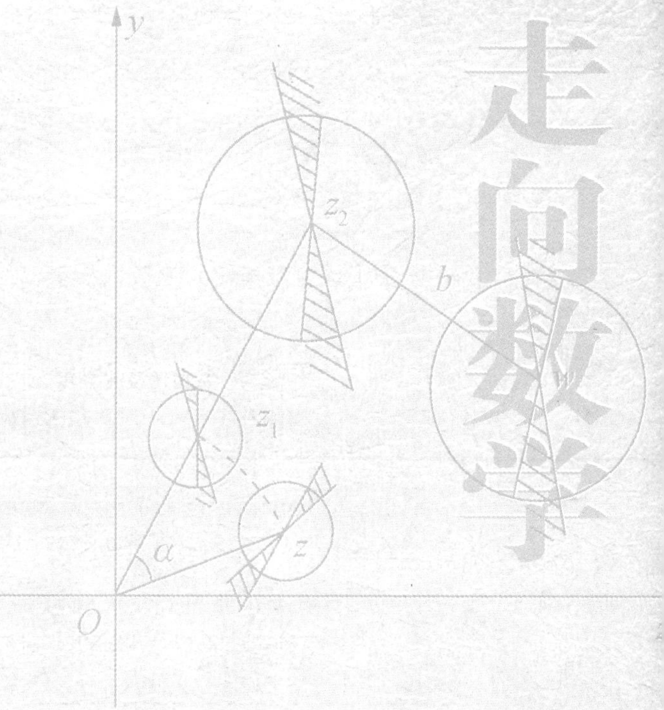

有限域及其应用

FINITE FIELDS
AND THEIR APPLICATIONS

冯克勤　廖群英
著

大连理工大学出版社

图书在版编目(CIP)数据

有限域及其应用 / 冯克勤，廖群英著. -- 大连 ：
大连理工大学出版社，2023.1
(走向数学丛书 / 冯克勤主编)
ISBN 978-7-5685-4131-2

Ⅰ. ①有… Ⅱ. ①冯… ②廖… Ⅲ. ①有限域 Ⅳ.
①O153.4

中国国家版本馆 CIP 数据核字(2023)第 003625 号

有限域及其应用
YOUXIANYU JI QI YINGYONG

大连理工大学出版社出版
地址:大连市软件园路 80 号　邮政编码:116023
发行:0411-84708842　邮购:0411-84708943　传真:0411-84701466
E-mail:dutp@dutp.cn　URL:https://www.dutp.cn
辽宁新华印务有限公司印刷　　大连理工大学出版社发行

幅面尺寸:147mm×210mm　印张:11.5　字数:253 千字
2023 年 1 月第 1 版　　2023 年 1 月第 1 次印刷

责任编辑:王　伟　　责任校对:周　欢
封面设计:冀贵收

ISBN 978-7-5685-4131-2　　定　价:69.00 元

"走向数学"丛書

陳省身题

科技强國、數学为本

吴文俊

2010.1.10

SCIENCE & HUMANITIES

走向数学丛书

编写委员会

续编说明

自从1991年“走向数学”丛书出版以来，已经出版了三辑，颇受我国读者的欢迎，成为我国数学传播与普及著作的一个品牌. 我想，取得这样可喜的成绩主要原因是：中国数学家的支持，大家在百忙中抽出宝贵时间来撰写此丛书；天元基金的支持；与湖南教育出版社出色的出版工作.

但由于我国毕竟还不是数学强国，很多重要的数学领域尚属空缺，所以暂停些年不出版亦属正常. 另外，有一段时间来考验一下已经出版的书，也是必要的. 看来考验后是及格了.

中国数学界屡屡发出继续出版这套丛书的呼声. 大连理工大学出版社热心于继续出版；世界科学出版社(新加坡)愿意出某些书的英文版；湖南教育出版社也乐成其事，尽量帮忙. 总之，大家愿意为中国数学的普及工作尽心尽力. 在这样的大好形势下，“走向数学”丛书组成了以冯克勤教授为主编的编委会，领导继续出版工作，这实在是一件大好事.

首先要挑选修订、重印一批已出版的书；继续组稿新书；由于我国的数学水平距国际先进水平尚有距离，我们的作者应面向全世界,甚至翻译一些优秀著作.

我相信在新的编委会的领导下,丛书必有一番新气象.

我预祝丛书取得更大成功.

王　元

2010 年 5 月于北京

编写说明

从力学、物理学、天文学，直到化学、生物学、经济学与工程技术，无不用到数学. 一个人从入小学到大学毕业的十六年中，有十三四年有数学课. 可见数学之重要与其应用之广泛.

但提起数学，不少人仍觉得头痛，难以入门，甚至望而生畏. 我以为要克服这个鸿沟还是有可能的. 近代数学难于接触，原因之一大概是其符号、语言与概念陌生，兼之近代数学的高度抽象与概括，难于了解与掌握. 我想，如果知道讨论对象的具体背景，则有可能掌握其实质. 显然，一个非数学专业出身的人，要把数学专业的教科书都自修一遍，这在时间与精力上都不易做到. 若停留在初等数学水平上，哪怕做了很多难题，似亦不会有助于对近代数学的了解. 这就促使我们设想出一套"走向数学"小丛书，其中每本小册子尽量用深入浅出的语言来讲述数学的某一问题或方面，使工程技术人员、非数学专业的大学生，甚至具有中学数学水平的人，亦能懂得书中全部或部分含义与内容. 这对提高我国人民的数学修养与水平，可能会起些作用. 显然，要将一门数学深入浅出地讲出来，绝非易事. 首先要对这门数学有深入的研究与透彻的了解. 从整体上说，我国的数学水平还不高，能否较好地完成这一任务还难说. 但我了解很多数学家的积极性很高,他们愿意为“走向数学”丛书撰稿.这很值得高兴与欢迎.

承蒙国家自然科学基金委员会、中国数学会数学传播委员会与湖南教育出版社的支持,得以出版这套“走向数学”丛书,谨致以感谢.

王　元

1990 年于北京

前　言

我们在学习数学的过程中,从小学到中学,数的范围不断扩大.开始我们知道自然数(正整数和零),并且在自然数集合中可以进行加法运算和乘法运算.后来学习了负整数之后,所有整数组成的集合$\{0,\pm 1,\pm 2,\cdots\}$之中又可进行减法运算.随后又学习了分数,于是在有理数集合中可以进行加、减、乘、除四则运算(其中0不能作为除数).到了中学,数的概念又扩大为实数和复数,在实数集合与复数集合中均可进行四则运算.能够进行四则运算并且满足一些运算法则(结合律、交换律、分配律)的任意集合,在数学上都叫作域.所以,我们在中学已经学过三个域:有理数域、实数域和复数域.而自然数集合和整数集合都不是域,因为两个整数相除不一定为整数.

有理数域、实数域和复数域都是无限域,这些域中都有无限多个数.这本小书要向读者介绍的主要对象是有限域,即由有限个"数"构成的域.

首先遇到的问题是:有限域是否存在?如果你学过一点初等数论,那么你已经接触过许多有限域了.设p是一个素数(也叫质数),如$p=2,3,5,7,\cdots$,对于每个整数a,我们用$[a]$表示模p同余于a的所有整数组成的集合.由于每个整数被p除的余数恰好是 0,1,2,…,$p-1$ 当中的一个,所以恰好有 p 个集合:[0],[1],[2],…,[$p-1$]. 以 F_p 表示这 p 个元素组成的集合,并且自然地定义如下运算

$$[a]+[b]=[a+b],\quad [a]-[b]=[a-b],\quad [a]\cdot[b]=[a\cdot b].$$

利用同余式的性质,可以证明 F_p 是 p 元有限域,例如,对于 $p=3$, $F_3=\{[0],[1],[2]\}$,我们有

$$[2]+[2]=[2+2]=[4]=[1],$$
$$[1]-[2]=[1-2]=[-1]=[2],$$
$$[2]\cdot[2]=[2\cdot 2]=[4]=[1].$$

注意 4 被 3 除余 1,从而[4]=[1],同样地[−1]=[2]. 进而由于 $[2]\cdot[2]=[1]$,可知 $[2]^{-1}=[2]$. 同样有 $[1]^{-1}=[1]$. 因此我们可以做除法 $[a]/[b]$(其中 $[b]\neq[0]$),比如

$$[1]/[2]=[1]\cdot[2]^{-1}=[1]\cdot[2]=[2].$$

对于没有学过初等数论的读者,我们将在第 1 章讲述这批有限域,同时介绍本书中所用到的一些初等数论知识.

以上对每个素数 p,我们都给出了一个 p 元有限域. 由于素数有无穷多个,所以我们已经有了无穷多个有限域. 其中最简单的有限域是 $p=2$ 时的二元域 F_2,它只有两个元素[0]和[1],其中[0]是被 2 除尽的全部整数,也就是偶数;而[1]是全部奇数, F_2 中的加法和乘法为

$$[0]+[0]=[0],$$
$$[0]+[1]=[1]+[0]=[1],$$
$$[1]+[1]=[2]=[0],$$
$$[0]\cdot[0]=[0]\cdot[1]=[1]\cdot[0]=[0],$$
$$[1]\cdot[1]=[1].$$

这里只有[1]+[1]=[0]是比较特别的,但是也不奇怪,因为这

不过是表示一个熟知的事实：奇数加奇数等于偶数. 二元域在数学上虽然简单，但却是通信中使用最广泛的数学工具之一，因为[0]和[1]可以分别表示开关逻辑电路中"开"和"关"两个状态，或者脉冲电路中两个不同方向的脉冲.

除了初等数论为我们提供的 p 元域之外，是否还存在别的有限域呢？历史上，第一个明确地研究任意有限域的是法国年轻而早逝的天才数学家伽罗瓦(Galois，1811—1832). 1830 年他在 p 元域的基础上，利用域扩张的方法构作出全部可能的有限域(见本书第 2.2 节). 后人把有限域也叫作伽罗瓦域.

有限域和读者所熟悉的有理数域、实数域和复数域一样，具有每个域的公共性质. 比如在 F_p 中，每个非零元素 $[a](\neq[0])$ 都有逆元素 $[b]([a]\cdot[b]=1)$. 又比如，若 $[a][b]=[0]$，则 $[a]=[0]$ 或者 $[b]=[0]$. 另外，有限域中只有有限多个元素，因此它具有很多特别和奇妙的性质. 这些性质的研究近百年来一直成为数学的研究对象，并发展成内容丰富的有限域理论. 与此同时，有限域的美妙性质在许多领域都有广泛的应用. 20 世纪中期开始，人们利用有限域构作各种实验设计方案，特别是数字通信的进步和数字计算机的发展，有限域在信息科学和计算机科学中有许多应用，成为不可缺少的数学工具. 这些应用领域提出许多数学问题，反过来也刺激和促进了有限域理论研究的发展.

在这本小书里，我们在第一部分先给出全部有限域，并且介绍有限域的各种奇妙的性质. 在第二部分讲述有限域的一些应用. 这是一本通俗读物，爱好数学的中学生可以读懂本书的大部分内容. 此外，阅读本书还需要线性代数的初步知识，主要是向量空间概念、矩阵的运算和域上解线性方程组的知识. 除了"域"之外，我们还使用了抽象代数中另外两个术语："群"和"环". 这些术语并不深奥，我们主要涉及很简单的交换群、多项式环和有限域. 问题的叙述和证明都尽量做到通俗易懂，并举出例子加以说明. 为了向了解更多代数知识的人画龙点睛地指明事情的实质，或者描述一下有限域更深刻的理论进展、更广泛的应用，以及尚未解决的问题，我们也常常加一些注记. 在数学发展的历史长河和广泛天地之中，有限域只是数学田野中一朵清新的小花，作者希望通过这朵小花使读者感受到数学之美，数学应用的广泛，以及数学和应用的相互促进.

多年来，有限域的理论研究有很大的发展，特别是有限域的应用更为广泛. 这次大连理工大学出版社重新出版《走向数学》丛书时，本书做了很大的改动. 重新组织和扩展了有限域的理论部分，增加了有限域的许多应用. 与此同时，根据读者对原书的反应，我们也删去了原书的部分内容. 作者继续渴望听取读者的意见和建议，以便今后进一步改善.

冯克勤　廖群英

目　录

理论部分

应用部分

理 论 部 分

一　来自初等数论的有限域

初等数论是研究整数性质和方程整数解的一门学问. 17 世纪,法国数学家费马(Fermat,1601—1665)对整数提出了一系列猜想,这些猜想引起大数学家欧拉(Euler,1707—1783)和高斯(Gauss,1777—1855)等人的浓厚兴趣. 他们在 18 世纪和 19 世纪系统地研究了整数的性质,解决了费马的几乎全部猜想[只有一个猜想一直到 1994 年才由怀尔斯(Wiles)最终解决]. 我们在本章第 1.1 节介绍由欧拉和高斯所研究的整数的两个基本性质:整除性和同余性. 利用这些性质,第 1.2 节给出有限域的第一批例子.

§1.1　整除性和同余性

在本书中,我们用 $\mathbf{Z}$ 表示全部整数组成的集合 $\{0,\pm1,\pm2,\cdots\}$. 在这个集合中可以进行加、减、乘运算,但是除法并不总是可行的:对于整数 a 和 b, $b\neq0$, $\frac{a}{b}$ 不一定是整数,这就产生了初等数论的第一个重要概念:整除性.

设 $a,b\in\mathbf{Z},b\neq 0$. 如果$\frac{a}{b}$为整数，即存在整数 c 使得$a=bc$，则称 b 整除a，或称 a 被b 整除，表示成$b|a$. b 叫作a 的一个因子（或叫约数），a 叫b 的倍数. 如果$\frac{a}{b}$不为整数，称 b 不能整除a，表示成 $b\nmid a$. 例如，$(-2)|6$，$2\nmid 3$，± 1 可以整除任何整数，每个非零整数均可以整除 0.

以下是整除性的最基本性质，今后我们约定：如果$x|y$，均指 $x,y\in\mathbf{Z}$，并且 $x\neq 0$.

引理 1.1.1 (1)若 $a|b$ 并且 $b|c$，则 $a|c$.

(2)$a|b$ 并且 $b|a$，当且仅当 $a=b$ 或者 $a=-b$.

(3)若 $a|b$ 并且 $a|c$，则对任意整数 $x,y\in\mathbf{Z}$，均有$a|bx+cy$.

证明留给读者. □

设 p 是大于 1 的整数，如果 p 的正因子只有 1 和 p，称 p 为素数（也叫质数）. 公元前三世纪，希腊数学家欧几里得证明了下面的结果，它是初等数论的一个基石.

定理 1.1.2 （唯一因子分解定理） 每个大于 1 的整数 n 均可唯一地表示成有限个素数的乘积

$$n=p_1p_2\cdots p_r,$$

并且若不计素因子 $p_1,p_2,\cdots,p_r$ 的次序，这个分解式是唯一的.

□

如果我们把相同的素因子归并到一起，则上面分解式可以写成

$$n=p_1^{a_1}p_2^{a_2}\cdots p_s^{a_s},\qquad(1.1.1)$$

其中，$p_1,p_2,\cdots,p_s$ 是 n 的不同素因子，$a_i\geqslant 1(1\leqslant i\leqslant s)$. 式(1.1.1)叫作 n 的标准分解式.

初等数论的另一个基石是大家所熟悉的带余除法.

定理 1.1.3 设 $a,b\in \mathbf{Z}$,并且 $b\geqslant 1$,则存在唯一决定的整数 q 和 r(分别为商和余数),使得

$$a=qb+r,\quad 0\leqslant r\leqslant b-1.$$

事实上,如果对每个实数 α,以 $[\alpha]$ 表示不超过 α 的最大整数,而 $\{\alpha\}=\alpha-[\alpha]$,则 $q=\left[\frac{a}{b}\right]$,$r=a-b\left[\frac{a}{b}\right]$. □

$[\alpha]$ 和 $\{\alpha\}$ 分别叫作实数 α 的整数部分和分数部分,易知 $0\leqslant\{\alpha\}<1$,并且 $\{\alpha\}=0$ 当且仅当 α 是整数.

例如,$\left[\frac{4}{3}\right]=1$,$\left[-\frac{4}{3}\right]=-2$,而 4 和 -4 被 3 除的带余除法算式分别为

$$4=1\cdot 3+1,\quad -4=(-2)\cdot 3+2.$$

设 $a_1,a_2,\cdots,a_n$ 是不全为零的 n 个整数,由于每个非零整数只有有限多个因子,所以 $a_1,a_2,\cdots,a_n$ 只有有限多个公因子. 我们用 $(a_1,a_2,\cdots,a_n)$ 表示 $a_1,a_2,\cdots,a_n$ 的最大公因子. 当 $(a,b)=1$ 时,称整数 a 和 b 是互素的.

下面是最大公因子的基本性质.

引理 1.1.4 设 a,b,c 均是非零整数,则

(1) $(a,b)=(b,a)$,$(a,b,c)=((a,b),c)$,$(a,b)=(|a|,|b|)$.

(2) $(a,b)=(a,b+ac)$.

(3) 若 $b\geqslant 1$,则 $b|a$ 当且仅当 $(a,b)=b$.

证明 这些性质是读者所熟悉的. 我们这里给出(2)的证明. 先证明对每个正整数 d,d 是 a 和 b 的公因子当且仅当 d 是 a 和 $b+ac$ 的公因子. 如果 d 是 a 和 b 的公因子,即 $d|a$ 并且 $d|b$,

则 $d\mid b+ac$[引理 1.1.1 的(3)],从而 d 是 a 和 $b+ac$ 的公因子.反过来,若 d 是 a 和 $b+ac$ 的公因子,即 $d\mid a$ 并且 $d\mid b+ac$,则由引理 1.1.1 的(3)又有 $d\mid(b+ac)+a(-c)=b$.于是 d 为 a 和 b 的公因子.以上表明 a 和 b 的全部公因子与 a 和 $b+ac$ 的全部公因子这两个集合是一致的.所以 a 和 b 的最大公因子就是 a 和 $b+ac$ 的最大公因子,即 $(a,b)=(a,b+ac)$. □

注记 熟知引理 1.1.4 的(2)给出了求最大公因子的辗转相除法.

有了以上关于整除性的知识,我们就可以研究一类方程的整数解,这就是二元一次方程

$$ax+by=n, \tag{1.1.2}$$

其中 a,b 和 n 是整数,并且设 a 和 b 均不是零(若 $a=0,b\neq 0$,则 $by=n$ 有整数解当且仅当 $b\mid n$).

定理 1.1.5 设 a 和 b 均是非零整数,则对每个整数 n,方程(1.1.2)有整数解 (x,y) 的充分必要条件为 $(a,b)\mid n$.特别地,若 a 和 b 互素,则对每个整数 n,方程(1.1.2)均有整数解.

证明 我们用 S 表示所有形如 $am+bs$ 的整数组成的集合,其中 $m,s\in\mathbf{Z}$,即

$$S=\{am+bs\mid m,s\in\mathbf{Z}\}.$$

则对每个整数 n,方程(1.1.2)有整数解当且仅当 $n\in S$,集合 S 有如下的两个特性:

(1)若 $n,n'\in S$,则 $n\pm n'\in S$.

这是因为若 $n,n'\in S$,则存在 $m,m',s,s'\in\mathbf{Z}$ 使得 $n=am+bs,n'=am'+bs'$.于是 $n\pm n'=a(m\pm m')+b(s\pm s')$,所以 $n\pm n'\in S$.

(2)若 $n\in S$,则对每个整数 c,均有 $cn\in S$.

这是因为若 $n\in S$，则存在整数 m,s 使得 $n=am+bs$. 于是 $cn=a(cm)+b(cs)$，所以 $cn\in S$.

由以上两个特性我们可以推出：

(3)以 d 表示集合 S 中的最小正整数，则 S 就是由 d 的所有倍数组成的集合，即

$$S=\{dq\mid q\in\mathbf{Z}\}(\text{记为 } d\mathbf{Z}).$$

首先需要指出 S 中一定存在正整数，因为 $|a|=a\cdot c+b\cdot 0\in S$，其中 $c=1$ 或 $c=-1$. 现在我们用带余除法来证明(3). 设$n\in S$，用 d 去除 n 得到 $n=qd+r$，其中 $q,r\in\mathbf{Z}$ 并且 $0\leqslant r\leqslant d-1$. 由于 $n,d\in S$，根据性质(2)知 $qd\in S$，再根据性质(1)又知 $r=n-qd\in S$. 但是 d 是 S 中最小的正整数，而 $0\leqslant r\leqslant d-1$，所以必然 $r=0$，即 $n=dq\in d\mathbf{Z}$，因此 $S\subseteq d\mathbf{Z}$. 反过来，由 $d\in\mathbf{Z}$ 和性质(2)可知对每个整数 q 均有$dq\in S$，于是 $d\mathbf{Z}\subseteq S$，这就证明了$S=d\mathbf{Z}$.

最后我们来证明：

(4)$d=(a,b)$.

我们记 $D=(a,b)$. 由于 $d\in S$，从而有 $m,s\in\mathbf{Z}$ 使得$d=am+bs$，于是由 $D|a$ 和 $D|b$ 可知 $D|am+bs=d$，这表明 $D\leqslant d$. 另外，由 $a=a\cdot 1+b\cdot 0\in S$，根据性质(3)知 $d|a,d|b$，即 d 是 a 和 b 的公因子，而 D 是 a 和 b 的最大公因子，所以 $d\leqslant D$，这就证明了 $d=D=(a,b)$.

性质(4)表明 $S=d\mathbf{Z}=(a,b)\mathbf{Z}$. 换句话说，对于每个整数 n，方程(1.1.2)有整数解(x,y)当且仅当 $n\in S=(a,b)\mathbf{Z}$，即当且仅当$(a,b)|n$，这就完成了定理 1.1.5 的证明. □

注记　定理 1.1.5 的证明方法体现了欧拉和高斯等人研究数学的一种重要思想，是很值得学习的. 他们不是局限于对每个

具体的整数 n,考虑方程(1.1.2)是否有整数解(x,y),而是对固定的非零整数 a 和 b,把使方程(1.1.2)有整数解的所有整数 n 均拿来,考虑这些 n 组成的集合 S,研究集合 S 的性质,发现在集合 S 内部可以进行加、减、乘运算,甚至更强一些,因为性质(2)是说,若 $n\in S$ 而 $c\in\mathbf{Z}$(不仅 $c\in S$)时,均有 $cn\in S$. 由此用带余除法证明集合 S 恰好是由一个正整数 d 的全部倍数组成的集合,而 d 就是(a,b). 我们在第二章研究有限域上多项式性质时,还要采用这种数学思想.

利用定理 1.1.5 可以得到最大公因子的进一步性质.

定理 1.1.6 设 a 和 b 是不全为零的整数.

(1)若 m 为正整数,则$(ma,mb)=m(a,b)$.

(2)若$(a,b)=d$,则 a/d 和 b/d 是互素的整数.

(3)若$(a,m)=1$,$(b,m)=1$,则$(ab,m)=1$.

(4)a 和 b 的每个公因子都是其最大公因子(a,b)的因子.

(5)若 $c\mid ab$,$(c,b)=1$,则 $c\mid a$. 特别地,若 p 为素数,$p\mid ab$,则 $p\mid a$ 或者 $p\mid b$.

证明 这些性质大都是读者所熟知的,我们用定理 1.1.5 给出统一的证明.

(1)$(ma,mb)=$形如 $max+mby$ 的最小正整数

$=m\cdot$(形如 $ax+by$ 的最小正整数)

$=m(a,b)$ (由定理 1.1.5)

(2)显然 a/d,b/d 均是整数,由(1)知

$$d=(a,b)=\left(d\cdot\frac{a}{d},d\cdot\frac{b}{d}\right)=d\left(\frac{a}{d},\frac{b}{d}\right),$$

于是$\left(\frac{a}{d},\frac{b}{d}\right)=1$.

(3)由 $(a,m)=(b,m)=1$，可知存在 $x,y,x',y'\in\mathbf{Z}$ 使得 $ax+my=1, bx'+my'=1$(定理 1.1.5)，于是

$$\begin{aligned}1&=(ax+my)(bx'+my')\\&=ab(xx')+m(axy'+bx'y+myy').\end{aligned}$$

再由定理 1.1.5 即知 $(ab,m)=1$.

(4)若 m 为 a 和 b 的公因子，则 $a=ma', b=mb'$，其中 $a', b'\in\mathbf{Z}$. 于是 $(a,b)=(ma',mb')=m(a',b')$. 所以 m 为 (a,b) 的因子.

(5)如果 $c\mid ab$，又显然有 $c\mid ac$. 由(4)知 $c\mid(ab,ac)=a(b,c)=a$(因已假设 $(b,c)=1$). 特别对于素数 p，如果 $p\mid ab$ 并且 $p\nmid b$，则 $(p,b)=1$，于是 $p\mid a$，证毕. □

注记　上述定理的(4)可以作为是否学懂初等数论的一个最低门槛，a 和 b 的公因子 m 当然小于 a 和 b 的最大公因子. 但是(4)比这个要强，即 m 不仅是不超过 (a,b) 的整数，而且 m 是 (a,b) 的因子. 我们在后面几章还会见到类似的一些结论(如第二章中有限域中元素的阶和有限域上多项式的周期).

定理中的(5)给出素数 p 的一个重要性质，它是第 1.2 节构作 p 元有限域的关键.

我们是用比较抽象的方式证明了定理 1.1.6 的各种结论，如果采用唯一因子分解定理 1.1.2，可以给出更直观和具体的证明(见习题).

现在介绍整数的同余性质，设 m 是正整数，a 和 b 是任意整数，如果 $m\mid(a-b)$，我们称 a 和 b 模 m 同余，表示成

$$a\equiv b \pmod m.$$

这是高斯发明的符号(其中 mod 是模 modulus 的字头). 这时，用除法算式，m 除 a 和 b 有同样的余数 r. 如果 $m\nmid(a-b)$，称 a 和

b 模 m 不同余，表示成 $a\not\equiv b \pmod m$.

例如 $5\equiv -1 \pmod 3$，$-1\not\equiv 6 \pmod 8$. 由定义知，$m|a$ 当且仅当 $a\equiv 0 \pmod m$. 而当 $m\nmid a$ 时，a 模 m 可以同余于 $1,2,3,\cdots,m-1$ 当中的某个数，所以同余性是比整除性更精细的概念.

下面是同余式运算的一些基本性质.

引理 1.1.7 设 m 为正整数，a,b,c,d 为整数，有

(1)$a\equiv a \pmod m$.

(2)若 $a\equiv b \pmod m$，则 $b\equiv a \pmod m$.

(3)若 $a\equiv b \pmod m$，$b\equiv c \pmod m$，则 $a\equiv c \pmod m$.

(4)若 $a\equiv b \pmod m$，$c\equiv d \pmod m$，则

$$a\pm c\equiv b\pm d \pmod m,\quad ac\equiv bd \pmod m.$$

(5)对每个正整数 n，$an\equiv bn \pmod{mn}$ 当且仅当 $a\equiv b \pmod m$.

(6)若 $ac\equiv bc \pmod m$，则 $a\equiv b \left(\bmod \dfrac{m}{(m,c)}\right)$. 特别当 $(c,m)=1$ 时，若 $ac\equiv bc \pmod m$，则 $a\equiv b \pmod m$.

(7)若 $a\equiv b \pmod m$，则对 m 的每个正因子 n，$a\equiv b \pmod n$.

证明 我们证明其中的一部分结论(其他相对容易，由读者自行补足).

(4)若 $a\equiv b \pmod m$，$c\equiv d \pmod m$，则 $m|a-b$，$m|c-d$. 于是 $m|(a-b)+(c-d)=(a+c)-(b+d)$，所以 $a+c\equiv b+d \pmod m$. 又由 $m|(a-b)-(c-d)=(a-c)-(b-d)$，所以 $a-c\equiv b-d \pmod m$. 最后由 $m|c(a-b)+b(c-d)=ac-bd$，从而 $ac\equiv bd \pmod m$.

(6)若 $ac\equiv bc\pmod{m}$，则 $m\mid ac-bc=(a-b)c$. 于是 $\frac{m}{(m,c)}\mid(a-b)\frac{c}{(m,c)}$(注意 $\frac{m}{(m,c)}$ 和 $\frac{c}{(m,c)}$ 均为整数). 但是 $\left(\frac{m}{(m,c)},\frac{c}{(m,c)}\right)=1$(定理 1.1.6 的(2))，因此 $\frac{m}{(m,c)}\mid a-b$(定理 1.1.6 的(5)). 这表明

$$a\equiv b\left(\bmod \frac{m}{(m,c)}\right).$$ □

注记　引理 1.1.7 的(4)表明，对于一个固定的模 m，同余式的加、减、乘法可以与通常等式一样运算，但是对于除法要小心，因为引理 1.1.7 的(6)表明：若 $ac\equiv bc\pmod{m}$，我们不能简单地消去 c 而模 m 保持不变(例如，$2\cdot2\equiv4\cdot2\pmod{4}$，但是$2\not\equiv4\pmod{4}$)，而只能得到模 $\frac{m}{(m,c)}$ 的同余式 $a\equiv b\left(\bmod \frac{m}{(m,c)}\right)$.

设 $m\geqslant1$，对于每个整数 a，所有模 m 同余于 a 的整数组成的集合叫作模 m 的一个同余类，表示成$[a]$. 例如，$[0]$就是 m 的所有倍数组成的同余类，而$[1]$即所有形如 $lm+1$ 的整数组成的同余类，其中 l 跑遍全体整数.

由于 $a\equiv a\pmod{m}$，可知 $a\in[a]$，进而模 m 的一个同余类$[a]$中的任意两个整数 b 和 c 是模 m 彼此同余的，因为由$b\in[a]$和 $c\in[a]$可知 $b\equiv a\pmod{m}$ 并且 $c\equiv a\pmod{m}$，于是 $b\equiv c\pmod{m}$[利用引理 1.1.7 的(2)和(3)]. 最后，模 m 的任意两个不同的同余类$[a]$和$[b]$彼此不相交，因为若 c 和 d 是整数，其中 $c\in[a]$，$d\in[b]$，由假定$[a]\neq[b]$可知 $a\not\equiv b\pmod{m}$，但是 $c\equiv a\pmod{m}$，$d\equiv b\pmod{m}$，从而 $c\not\equiv d\pmod{m}$. 特别地 $c\neq d$，即

$[a]$和$[b]$这两个集合没有公共元素.

由于每个整数模 m 恰好同余于 $0,1,2,\cdots,m-1$ 当中的一个,由前面的推理可知全体整数 $\mathbf{Z}$ 模 m 恰好分拆成 m 个彼此互不相交的 m 个同余类$[0],[1],[2],\cdots,[m-1]$. 换句话说,模 m 一共有 m 个同余类. 例如,模 2 有两个同余类$[0]$和$[1]$,这两个同余类也可分别表示成$[2]$和$[9]$,因为$[0]=[2]$,$[1]=[9]$.

利用同余式的上述性质和同余类的语言,我们现在可以求解一元一次同余方程.

定理 1.1.8 设 $m\geqslant 1$,a 和 b 是整数,则同余方程

$$ax \equiv b \pmod{m} \tag{1.1.3}$$

有整数解 x 当且仅当$(a,m)\mid b$,并且当$(a,m)\mid b$ 时,此同余方程的全部整数解恰好是(a,m)个模 m 同余类.

证明 如果同余方程(1.1.3)有整数解 x,当且仅当 $ax-b=my$,其中 y 是整数. 但是由定理 1.1.5,这个不定方程 $ax-my=b$ 有整数解(x,y)当且仅当$(a,m)\mid b$,这就证明了同余方程(1.1.3)有整数解的充分必要条件是$(a,m)\mid b$,进而记 $d=(a,m)$. 如果 $d\mid b$,则 $a=da'$,$m=dm'$,$b=db'$,其中 a',m',b' 均为整数,并且 $m'\geqslant 1$. 由引理 1.1.7(5)知同余方程(1.1.3)等价于同余方程

$$a'x \equiv b' \pmod{m'}, \tag{1.1.4}$$

从而它必有整数解 x(因为$(a',m')=1\mid b'$). 我们现在证明同余方程(1.1.4)的全部整数解 x 恰好是一个模 m' 同余类. 也就是说,若 x_0 是同余方程(1.1.4)的一个整数解,即 $a'x_0\equiv b'\pmod{m'}$,我们要证明它的全部整数解是模 m' 的一个同余类$[x_0]$[通常把这些解表示成 $x\equiv x_0\pmod{m'}$]. 这是由于同余方程(1.1.4)可以写成 $a'x-a'x_0\equiv b'-b'\equiv 0\pmod{m'}$. 这又相当

于 $a'(x-x_0)\equiv 0 \pmod{m'}$，由于 $(a',m')=1$，所以这又相当于 $x-x_0\equiv 0 \pmod{m'}$，即 $x\equiv x_0 \pmod{m'}$.

不难证明：模 m' 的一个同余类 $[x_0]$ 是模 m 的 $d=\frac{m}{m'}$ 个同余类 $[x_0]$，$[x_0+m']$，…，$[x_0+(d-1)m']$ 之并，所以同余方程(1.1.4)的全部整数解为模 m 的 $d=(a,m)$ 个同余类

$$x\equiv x_0, x_0+m', x_0+2m', \cdots, x_0+(d-1)m' \pmod{m}.$$

而与(1.1.4)等价的同余方程(1.1.3)的全部整数解也是这 d 个模 m 同余类，证毕. □

例 1 解同余方程 $150x\equiv 45 \pmod{35}$.

解 由于 $(150,35)=5(30,7)=5$，而 $5|45$，所以这个同余方程有解，将同余方程两边和模同时除以 5，则化成等价的同余方程 $30x\equiv 9 \pmod 7$. 现在我们利用同余式的性质解此同余方程. 今后对于两个等式或命题 A 和 B，我们用 $A\Leftrightarrow B$ 表示 A 和 B 是等价的，即 A 成立当且仅当 B 成立. 采用这种简洁表达方式，我们有

$$\begin{aligned}150x\equiv 45 \pmod{35} &\Leftrightarrow 30x\equiv 9 \pmod 7 \quad (\text{这时}(30,7)=1)\\ &\Leftrightarrow 10x\equiv 3 \pmod 7 \quad (\text{由于}(3,7)=1)\\ &\Leftrightarrow 10x\equiv 3+7\equiv 10 \pmod 7\\ &\Leftrightarrow x\equiv 1 \pmod 7 \quad (\text{由于}(10,7)=1),\end{aligned}$$

所以 $150x\equiv 45 \pmod{35}$ 的全部整数解为 $x\equiv 1 \pmod 7$，它是模 7 的一个同余类，相当于模 35 的 $\frac{35}{7}$ 个同余类，即 $x\equiv 1,8,15,22,29 \pmod{35}$.

我们可以把解同余方程 $30x\equiv 9 \pmod 7$ [其中 $(30,7)=1$] 的上面的推导进一步缩写成：

$$x \equiv \frac{9}{30} \equiv \frac{3}{10} \equiv \frac{3+7}{10} \equiv \frac{10}{10} \equiv 1(\bmod 7).$$

这很像是通常的分数运算,不断通分消去分母.但是要使分母始终保持和模 7 互素.在我们下一节讲到有限域之后,可以更好地理解这样运算的合理性.

由定理 1.1.8 的证明可以看出,同余方程 $ax \equiv b(\bmod m)$ 和不定方程 $ax+my=b$ 有密切联系.定理 1.1.5 表明:不定方程 $ax+by=n$ 有整数解 (x,y) 的充分必要条件是 $(a,b)\mid n$.现在设 $d=(a,b)\mid n$,则方程 $ax+by=n$ 等价于方程 $a'x+b'y=n'$,其中 $a'=a/d$,$b'=b/d$ 和$n'=n/d$均为整数,并且 $(a',b')=1$.现在我们来证明这个不定方程有无穷多组整数解 (x,y),并且全部整数解可以用简单方式表达出来.

定理 1.1.9 设 a 和 b 是互素的非零整数,则对于每个整数 n,如果 (x_0,y_0) 是不定方程 $ax+by=n$ 的一组整数解,则此方程的全部整数解为

$$\begin{cases} x = x_0 + bt, \\ y = y_0 - at, \end{cases}$$

其中 t 跑遍全部整数.

证明 由于 (x_0,y_0) 是方程的一组解,从而 $ax_0+by_0=n$,于是 $a(x-x_0)+b(y-y_0)=(ax+by)-(ax_0+by_0)=n-n=0$,即 $a(x-x_0)=-b(y-y_0)$.特别地,$b\mid a(x-x_0)$.但是由假定 $(a,b)=1$,所以 $b\mid x-x_0$,这就表明 $x-x_0=bt$,其中 t 为整数.于是 $abt=-b(y-y_0)$,由 $b\neq 0$ 可知 $y-y_0=-at$,即 $y=y_0-at$.不难验证对每个整数 t,$x=x_0+bt$,$y=y_0-at$ 均是方程 $ax+by=n$ 的一组解,因为

$$ax + by = a(x_0 + bt) + b(y_0 - at) = ax_0 + by_0 = n.$$

所以不定方程 $ax+by=n$ 的全部整数解为

$$\begin{cases} x = x_0 + bt, \\ y = y_0 - at, \end{cases} \quad (t \in \mathbf{Z})$$

证毕. □

在初等数论中,求方程整数解的问题往往是很困难的,比如对于方程 $x^n+y^n=z^n(n\geqslant 3)$,费马于1637年猜想它没有正整数解$(x,y,z)$,经过三百多年才完全证明. 定理1.1.5和定理1.1.9完全解决了二元一次不定方程的整数解问题. 只剩下一个问题:当$(a,b)\mid n$时,如何求出方程 $ax+by=n$ 的一组整数解. 如果$|a|$和$|b|$是比较小的整数,可以试凑出一组整数解. 一般情形下可以采用辗转相除法,这里以例表明,我们可以用解同余方程方法求方程 $ax+by=n$ 的一组整数解.

例2 求方程 $72x-177y=42$ 的全部整数解.

解 $(72,177)=3\mid 42$,从而此方程有整数解. 将方程两边同时除以3,得到与原方程等价的新方程

$$24x - 59y = 14, \tag{1.1.5}$$

此时$(24,59)=1$. 为求方程(1.1.5)的一组整数解,我们用同余方程 $24x\equiv 14 \pmod{59}$.

这个同余方程的解为

$$x \equiv \frac{14}{24} \equiv \frac{7}{12} \equiv \frac{7+59}{12} \equiv \frac{66}{12} \equiv \frac{11}{2} \pmod{59}$$
$$\equiv \frac{11+59}{2} \equiv \frac{70}{2} \equiv 35 \pmod{59},$$

取 $x=35$ 并把它代入方程(1.1.5),得到 $14=24\cdot 35-59y$,解出 $y=\dfrac{24\times 35-14}{59}=14$. 于是得到方程(1.1.5)的一组整数解

$(x,y)=(35,14)$，而方程(1.1.5)的全部整数解为

$$\begin{cases} x = 35 - 59t, \\ y = 14 - 24t, \end{cases} \quad (t \in \mathbf{Z}).$$

这也是原方程的全部整数解.

习　题

1. 设 a 和 b 均是非零整数，以 $[a,b]$ 表示 a 和 b 的最小(正)公倍数. 证明：

(1)若 m 为正整数，则 $[ma,mb]=m[a,b]$.

(2)$(a,b)[a,b]=|ab|$. 特别地，a 和 b 互素当且仅当 $[a,b]=|ab|$.

(3)a 和 b 的每个公倍数 d($a\mid d$ 并且 $b\mid d$)均是最小公倍数 $[a,b]$ 的倍数.

2. 设 A 和 B 均是大于 1 的整数，并且

$$A = p_1^{a_1} p_2^{a_2} \cdots p_s^{a_s}, B = p_1^{b_1} p_2^{b_2} \cdots p_s^{b_s},$$

其中，$p_1,p_2,\cdots,p_s$ 是彼此不同的素数，而 $a_i,b_i(1\leqslant i\leqslant s)$ 是非负整数.(为了使 A 和 B 的上述分解式在形式上一致，可允许 a_i 和 b_i 为零. 例如对于 $A=6$ 和 $B=15$，表示成 $6=2^1\cdot 3^1\cdot 5^0$ 和 $15=2^0\cdot 3^1\cdot 5^1$). 证明：

(1)$A\mid B$ 当且仅当 $a_i\leqslant b_i(1\leqslant i\leqslant s)$.

(2)$(A,B)=p_1^{c_1} p_2^{c_2} \cdots p_s^{c_s}$，其中 c_i 为 a_i 和 b_i 的最小者$(1\leqslant i\leqslant s)$.

(3)$[A,B]=p_1^{d_1} p_2^{d_2} \cdots p_s^{d_s}$，其中 d_i 为 a_i 和 b_i 的最大者$(1\leqslant i\leqslant s)$.

3. 利用第 2 题来证明定理 1.1.6 的诸结论.

4. 求下列方程的全部整数解：

(1)$243x+198y=909$；

(2)$41x-114y=5$.

5. 设 $f(x)$ 是关于 x 的整系数多项式，如果 a 和 b 为整数，并且 $a\equiv b \pmod m$，证明 $f(a)\equiv f(b) \pmod m$.

6. 设 a,k,l 均为正整数,$a\geqslant 2$. 证明 $(a^k-1,a^l-1)=a^{(k,l)}-1$.

7. 设 n 是大于 1 的整数,证明 $1+\frac{1}{2}+\frac{1}{3}+\cdots+\frac{1}{n}$ 不是整数.

8. 对每个整数 $n\geqslant 3$,记 $n!=1\cdot 2\cdot 3\cdot \cdots \cdot n$(阶乘),证明必有素数 p 使得 $n<p<n!$. 由此证明素数有无穷多个.

9. 对每个正整数 n 和素数 p,令 $a=[\frac{n}{p}]+[\frac{n}{p^2}]+[\frac{n}{p^3}]+\cdots$(这是有限项求和). 证明 $p^a\mid n!$,但是 $p^{a+1}\nmid n!$.

10. 设 $f(x)=x^n+a_1x^{n-1}+\cdots+a_{n-1}x+a_n$ 是首项系数为 1 的整系数多项式($a_i\in\mathbf{Z},1\leqslant i\leqslant n$),则 $f(x)$ 的每个有理数根 α 必为整数.

11. 设 n 和 m 均为正整数,则在 $n,2n,\cdots,mn$ 这 m 个数当中恰好有 (m,n) 个是 m 的倍数.

12. 设 a 为整数,m 和 n 是互素的非零整数,证明 $(mn,a)=1$ 当且仅当 $(m,a)=(n,a)=1$.

13. 证明:每个 $p\equiv 3 \pmod 4$ 的素数 p 都不是两个整数的平方和.

§1.2　p 元有限域

本节用前面的数论知识构作一批有限域. 首先介绍什么是域. 粗糙地说,域是可以进行四则运算的一种集合,这些运算满足一定的运算法则. 它是一种代数结构. 在代数学中研究最多而用途也最广的有三种代数结构:群、环和域. 这三种结构从简单到复杂,让我们从群讲起.

定义 1.2.1　一个集合 G 上的(二元)运算$\circ$是指对 G 中任意两个元素 a 和 b,都决定出唯一的元素 $a\circ b$. 如果这个运算满足结合律,即对 G 中任何元素 a,b,c,均有

$$(a\circ b)\circ c=a\circ(b\circ c)\quad (\text{从而可写成 } a\circ b\circ c),$$

称 G 是一个半群(semigroup),表示成$(G,\circ)$,也简记成 G. 如果运算$\circ$又满足交换律,即对 G 中任意元素 a 和 b,均有

$$a \circ b = b \circ a,$$

称 G 为交换半群.

元素 e 叫作半群 G 中的幺元素,是指对 G 中任意元素 a,均有

$$e \circ a = a \circ e = a.$$

具有幺元素的半群叫作含幺半群.

半群 G 中如果有幺元素,则幺元素必然唯一. 因为若 e 和 e' 均为半群 G 中的幺元素,由定义知 $e \circ e'$ 即等于 e,又等于 e',从而 $e=e'$.

设 G 是含幺半群,幺元素为 e,G 中元素 a 叫作可逆元素,是指存在 $b \in G$,使得 $a \circ b = b \circ a = e$. 满足此条件的 b 如果存在,它一定唯一. 因为若又有 $b' \in G$,使得 $a \circ b' = b' \circ a = e$,则

$$b' \circ a \circ b = b' \circ (a \circ b) = b' \circ e = b',$$

$$b' \circ a \circ b = (b' \circ a) \circ b = e \circ b = b,$$

因此 $b'=b$. 我们把满足 $a \circ b = b \circ a = e$ 的唯一元素 b 叫作 a 的逆元素,表示成 a^{-1}. 因此 $a^{-1} \circ a = a \circ a^{-1} = e$.

现在给出第一个重要的代数结构.

定义 1.2.2 集合 G 对于运算$\circ$叫作一个群(group),是指 $(G,\circ)$是含幺半群,并且 G 中每个元素都可逆. 换句话说,$(G,\circ)$是群,是指它满足以下三个条件:

(1)运算$\circ$满足结合律.

(2)G 中有幺元素 e,即对每个 $a \in G$,$a \circ e = e \circ a = a$.

(3)G 中每个元素 a 均有逆元素 $a^{-1} \in G$,即 $a \circ a^{-1} = a^{-1 \circ a} = e$.

如果群 G 中运算$\circ$还满足交换律,则称 G 是交换群,本书所谈的群多数都是交换群.

让我们举一些例子.

所有正整数构成的集合对于加法形成交换半群,因为加法满足结合律和交换律,但它没有幺元素.如果再加上 0,则所有非负整数构成的集合对于加法是含幺交换半群,幺元素为 0,因为对每个非负整数 a,$a+0=a$.但是正整数 a 对于加法没有逆元素,所以这不是群.所有整数组成的集合 $\mathbf{Z}$ 对于加法为群,并且是交换群.幺元素为 0,整数 a 对于加法的逆元素为 $-a$,因为 $a+(-a)=0$.$(\mathbf{Z},+)$叫作整数加法群.同样地,全体有理数对于通常数的加法形成加法群,表示成$(\mathbf{Q},+)$.全体实数或全体复数对于加法也为交换群,表示成$(\mathbf{R},+)$和$(\mathbf{C},+)$.

非零整数全体 $\mathbf{Z}^*=\mathbf{Z}\backslash\{0\}$对于乘法形成含幺半群,幺元素为 1.但它不是群,因为 $\mathbf{Z}^*$ 中乘法可逆元素只有±1,当 $a\neq\pm1$ 时,$1/a$ 不是整数.非零有理数全体 $\mathbf{Q}^*=\mathbf{Q}\backslash\{0\}$对于乘法形成群,每个非零有理数 a 的乘法逆元素为 $1/a$,它仍是非零有理数.同样地,非零实数全体 $\mathbf{R}^*=\mathbf{R}\backslash\{0\}$和非零复数全体 $\mathbf{C}^*=\mathbf{C}\backslash\{0\}$均是乘法群,它们都是交换群,因为数的乘法满足交换律.

我们举一个非交换群的例子.实数集合 $\mathbf{R}$ 上的 2 阶方阵

$$\mathbf{A}=\begin{pmatrix}a & b\\ c & d\end{pmatrix}\quad(a,b,c,d\in\mathbf{R}),$$

和 2 阶方阵 $\mathbf{A}'=\begin{pmatrix}a' & b'\\ c' & d'\end{pmatrix}$的乘积定义为

$$\mathbf{AA}'=\begin{pmatrix}a & b\\ c & d\end{pmatrix}\begin{pmatrix}a' & b'\\ c' & d'\end{pmatrix}=\begin{pmatrix}aa'+bc' & ab'+bd'\\ ca'+dc' & cb'+dd'\end{pmatrix},$$

以 $M_2(\mathbf{R})$表示 $\mathbf{R}$ 上所有 2 阶方阵组成的集合,熟知上述方阵运算满足结合律,所以 $M_2(\mathbf{R})$对于乘法形成半群,并且是含幺半

群，幺元素为单位方阵 $\begin{pmatrix}1&0\\0&1\end{pmatrix}$，即 $\begin{pmatrix}1&0\\0&1\end{pmatrix}\begin{pmatrix}a&b\\c&d\end{pmatrix}=\begin{pmatrix}a&b\\c&d\end{pmatrix}\begin{pmatrix}1&0\\0&1\end{pmatrix}=\begin{pmatrix}a&b\\c&d\end{pmatrix}$. 进而，由线性代数知道，方阵 $\mathbf{A}=\begin{pmatrix}a&b\\c&d\end{pmatrix}$是乘法可逆的，当且仅当 $\mathbf{A}$ 的行列式$|\mathbf{A}|$不为零：

$$|\mathbf{A}|=ad-bc\neq 0.$$

因为$|\mathbf{A}|\neq 0$ 时，可验证方阵

$$\mathbf{A}^{-1}=|\mathbf{A}|^{-1}\begin{pmatrix}d&-b\\-c&a\end{pmatrix}=\begin{pmatrix}d/|\mathbf{A}|&-b/|\mathbf{A}|\\-c/|\mathbf{A}|&a/|\mathbf{A}|\end{pmatrix}$$

是 $\mathbf{A}$ 的乘法逆元素. 如果用 $GL_2(\mathbf{R})$表示全体乘法可逆的实 2 阶方阵组成的集合，即

$$GL_2(\mathbf{R})=\left\{\mathbf{A}=\begin{pmatrix}a&b\\c&d\end{pmatrix}\in M_2(\mathbf{R})\,\middle|\,|\mathbf{A}|=ad-bc\neq 0\right\}.$$

则 $GL_2(\mathbf{R})$对于方阵乘法形成群，这是非交换群，例如，$\mathbf{A}=\begin{pmatrix}1&1\\0&1\end{pmatrix}$和 $\mathbf{B}=\begin{pmatrix}1&1\\1&0\end{pmatrix}$均为可逆方阵，但是 $\mathbf{AB}=\begin{pmatrix}2&1\\1&0\end{pmatrix}$，$\mathbf{BA}=\begin{pmatrix}1&2\\1&1\end{pmatrix}$.

我们有许多群的例子，这些群有一些公共的性质，比如说我们有

(1)**消去律** 设$(G,\circ)$为群. 对于 $a,b,c\in G$，如果 $a\circ c=b\circ c$，则$a=b$.

证明 设 e 为群 G 中的幺元素. 由于群 G 中每个元素 c 都有逆元素 c^{-1}，将等式乘以 c^{-1}得到$(a\circ c)\circ c^{-1}=(b\circ c)\circ c^{-1}$. 由结合律给出$a\circ(c\circ c^{-1})=b\circ(c\circ c^{-1})$，于是 $a\circ e=b\circ e$. 但是左边为 a，

右边为 b，从而 $a=b$，证毕.

同样可证，若 $c\circ a=c\circ b$，则 $a=b$.

(2)在群$(G,\circ)$中，对于任意元素 $a,b\in G$，均有唯一的 $x\in G$ 使得 $a\circ x=b$.

证明 将 $a\circ x=b$ 两边乘以 a^{-1}，得到 $a^{-1}\circ a\circ x=a^{-1}\circ b$，于是 $x=a^{-1}\circ b$. 易知 $a\circ(a^{-1}\circ b)=(a\circ a^{-1})\circ b=e\circ b=b$，所以 $x=a^{-1}\circ b$ 是 G 中满足 $a\circ x=b$ 的唯一元素，证毕. □

同样地，有唯一的 $x\in G$ 满足 $x\circ a=b$，即 $x=b\circ a^{-1}$.

例如，对于实数加法群$(\mathbf{R},+)$，幺元素为 0，实数 a 的逆元素为 $-a$，即 $a+(-a)=0$，而对任意两个实数 a 和 b，满足 $a+x=b$ 的 x 为 $b+(-a)$，将它表示成 $b-a$，称为减法. 它是加法的逆运算，对于非零实数乘法群$(\mathbf{R}^*,\cdot)$，幺元素为 1，实数 $a(\neq 0)$ 的逆元素为 a^{-1}，而满足 $ax=b$ 的 x 为实数 $b\cdot a^{-1}$，简记为 ba^{-1} 或 b/a，称为除法，它是乘法的逆运算.

现在介绍另外两种代数结构：环和域. 它们是具有两种运算(加法和乘法)的集合，这两种运算满足某些法则.

定义 1.2.3 集合 R 叫作一个环(ring)，是指 R 上有加法运算“+”和乘法运算“·”，并且满足下面的条件：

(1)$(R,+)$是交换群，幺元素记为 0，叫作集合 R 的零元素.

(2)$(R,\cdot)$是含幺半群，幺元素记为 1，并且 $1\neq 0$.

(3)(分配律)对任意 $a,b,c\in R$，

$$(a+b)c=ac+bc,\quad c(a+b)=ca+cb.$$

注意：在环 R 的定义中我们没有要求乘法满足交换律. 如果乘法满足交换律，即$(R,\cdot)$是含幺交换半群，则称 R 为交换环. 本书所涉及的环均是交换环.

再注意：我们只要求 R 对于乘法是半群. 也就是说，R 中元

素 a 在 R 中不一定有逆元素 a^{-1}. 事实上,0 对乘法一定不可逆,因为若 a 是 0 的逆元素,则 $0 \cdot a=1$,但这是不可能的:

$$0 \cdot a = (1-1)a = a - a = 0 \neq 1.$$

如果一个交换环$(F,+,\cdot)$中每个非零元素(对于乘法)都可逆,则称 F 是域(field). 换句话说:集合 F 为域当且仅当

(1)$(F,+)$是交换群. 加法的逆运算为减法.

(2)F 中非零元素对于乘法$(F\backslash\{0\},\cdot)$是交换群,乘法的逆运算为除法.

(3)加法和乘法之间满足分配律.

所以简单说来,域就是可以进行四则运算的一种代数结构.

我们现在举交换环和域的例子.

整数集合 $\mathbf{Z}$ 对于通常加法和乘法是交换环,叫作整数环. 初等数论就是研究整数环的性质. 但是 $\mathbf{Z}$ 不是域,因为只有 ± 1 是(乘法)可逆元素,有理数集合 $\mathbf{Q}$,实数集合 $\mathbf{R}$ 以及复数集合 $\mathbf{C}$ 对于通常的加法和乘法都是域,分别叫作有理数域,实数域和复数域.

现在讲另一类重要的交换环. 设 R 为交换环,以 $R[x]$表示系数属于 R 的所有多项式

$$f(x) = a_n x^n + a_{n-1} x^{n-1} + \cdots + a_1 x + a_0 \quad (a_i \in R, n \geqslant 0)$$

构成的集合. 采用读者已经熟悉的加法和乘法. 也就是说,对于上面多项式 $f(x)$和 $g(x)=b_n x^n + b_{n-1} x^{n-1} + \cdots + b_1 x + b_0$ $(b_i \in R, n \geqslant 0)$. 定义加法为

$$f(x) + g(x) = (a_n + b_n)x^n + (a_{n-1} + b_{n-1})x^{n-1} + \cdots + (a_1 + b_1)x + (a_0 + b_0).$$

采用求和号来表示,可以写成

$$\sum_{i=0}^{n} a_i x^i + \sum_{i=0}^{n} b_i x^i = \sum_{i=0}^{n} (a_i + b_i) x^i,$$

即多项式相加即指同类项系数相加. 而乘法则采用分配律,然后合并同类项. 例如

$$\begin{aligned}(ax+b)(cx+d) &= acx^2 + adx + bcx + bd \\ &= acx^2 + (ad+bc)x + bd.\end{aligned}$$

一般地,两个多项式 $f(x) = \sum_{i=0}^{n} a_i x^i$ 和 $g(x) = \sum_{j=0}^{m} b_j x^j$ 相乘为

$$\begin{aligned}f(x)g(x) &= \Big(\sum_{i=0}^{n} a_i x^i\Big)\Big(\sum_{j=0}^{m} b_j x^j\Big) \\ &= \sum_{i=0}^{n}\sum_{j=0}^{m} a_i b_j x^{i+j} \quad \text{(分配律)} \\ &= \sum_{k=0}^{n+m}\Big(\sum_{\substack{i=0 \\ i+j=k}}^{n}\sum_{j=0}^{m} a_i b_j\Big)x^k \quad \text{(合并同类项)} \\ &= \sum_{k=0}^{n+m} c_k x^k \in R[x],\end{aligned}$$

其中 $c_k = \sum_{i+j=k} a_i b_j \in R$. 集合 $R[x]$ 对于这样定义的加法和乘法是交换环. 零元素和幺元素分别是交换环 R 中的零元素 0 和幺元素 1. 加法的逆运算为减法:

$$\Big(\sum_{i=0}^{n} a_i x^i\Big) - \Big(\sum_{i=0}^{n} b_i x^i\Big) = \sum_{i=0}^{n} (a_i - b_i) x^i.$$

而乘法运算不一定可逆,因为多项式的逆不一定为多项式. 所以 $R[x]$ 不是域. 在构作有限域和研究有限域性质的时候,我们今后需要更仔细地研究这种多项式环 $R[x]$.

以上所举的群、环和域,都是大家熟悉的例子. 现在我们利用前小节所讲的初等数论结果,构作一批有限群、有限交换环和

有限域.

设 m 是正整数,并且 $m\geqslant 2$,则所有整数模 m 有 m 个同余类 $[0],[1],\cdots,[m-1]$. 现在我们把每个同余类看作一个元素. 于是我们有一个 m 元集合

$$Z_m=\{[0],[1],\cdots,[m-1]\}.$$

我们在这个 m 元集合 Z_m 上自然地定义加法和乘法:

$$[a]+[b]=[a+b],\quad [a]\cdot[b]=[ab].$$

例如,对于 $m=6$,$Z_6=\{[0],[1],[2],[3],[4],[5]\}$,而加法和乘法运算分别为

$$[3]+[4]=[3+4]=[7]=[1],$$
$$[3]\cdot[4]=[12]=[0].$$

细心的读者会发现,我们上面定义的模 m 同余类 $\alpha=[a]$ 和 $\beta=[b]$ 之间的加法运算 $\alpha+\beta=[a+b]$ 可能会有问题,因为同余类 $[a]$ 也可表示成 $[a']$,其中 a' 和 a 在模 m 的同一个同余类之中,即 $[a]=[a']$. 同样地也可以 $[b]=[b']$,其中 b 和 b' 是同余类 β 之中的不同代表元. 按上面的定义,两个同余类之和 $\alpha+\beta$ 既可以为 $[a+b]$,又可以为 $[a'+b']$. 如果 $[a+b]\neq[a'+b']$,我们的加法定义就不合理了. 所幸这种情况是不可能的. 因为若 $[a]=[a']$,$[b]=[b']$,则 $a\equiv a'\pmod m$,$b\equiv b'\pmod m$. 于是 $a+b\equiv a'+b'\pmod m$,从而 $[a+b]=[a'+b']$. 所以上述同余类加法的定义是合理的,与同余类中代表元的选取方式无关. 同样可知同余类乘法的定义也是合理的.

请读者验证模 m 的 m 个同余类所形成的集合 Z_m 是一个交换环. 这是 m 元有限环,叫作模 m 的同余类环. 它的零元素和幺元素分别为 $[0]$ 和 $[1]$. 加法的逆运算为减法:

$$[a]+[-a]=[0]\quad (-[a]=[-a]),$$

$$[a]-[b]=[a-b].$$

从而 Z_m 对于加法形成交换群(有限群),但是 Z_m 对乘法只是含幺交换半群,Z_m 中非零元素不一定对乘法是可逆的.例如,对于 $m=4$,$[2]\neq[0]$,但是$[2]$不可逆,因为若$[2][a]=[1]$,则$[2a]=[1]$,这相当于同余式 $2a\equiv1\pmod 4$,即 $4\mid 2a-1$,但是 4 不可能除尽奇数 $2a-1$,所以 Z_4 中非零元素$[2]$是不可逆的,即 Z_4 不是域.

下面结果给出 Z_m 是域的充分必要条件.

引理 1.2.4　设 $m\geqslant2$.

(1)$[a]$为有限环 Z_m 中可逆元素当且仅当 a 和 m 互素.

(2)Z_m 为域当且仅当 m 是素数.

证明　(1)$[a]$为 Z_m 中可逆元素$\Leftrightarrow$存在 $b\in\mathbf{Z}$ 使得$[a][b]=[1]$

$\Leftrightarrow$存在 $b\in\mathbf{Z}$ 使得 $ab\equiv1\pmod m$

$\Leftrightarrow(a,m)\mid1$　(定理 1.1.8)

$\Leftrightarrow(a,m)=1$.

并且当$(a,m)=1$ 时,由定理 1.1.8,同余方程 $ax\equiv1\pmod m$的解是模 m 的一个同余类 $x\equiv b\pmod m$,这时$[b]$就是$[a]$的逆元素.

(2)当 p 为素数时,如果$[a]\neq[0]$,则 a 和 p 互素,从而$[a]$在 Z_p 中可逆.即每个非零元素$[a]$均可逆,即 Z_p 是 p 元有限域.如果 $m\geqslant2$ 并且 m 不是素数,则 m 有因子 a,$2\leqslant a<m$,于是$[a]\neq[0]$并且$(a,m)=a\geqslant2$,所以$[a]$在 Z_m 中不可逆,即 Z_m 不是域,证毕.　□

根据引理 1.2.4,对于每个素数 p 我们都得到一个 p 元有限域 Z_p,这就是第一批有限域.

一般地,交换环 R 中元素 α 对于乘法不一定可逆,但是我们有

引理 1.2.5 交换环 R 中乘法可逆元全体形成乘法群.

证明 以 $U(R)$ 表示交换环 R 中乘法可逆元全体,显然 $1\in U(R)$,因为 $1\cdot 1=1$,即 $1^{-1}=1$. 为证 $U(R)$ 对乘法形成群,我们要证明

(1)乘法是 $U(R)$ 中的运算,也就是说,若 $a,b\in U(R)$,则 $ab\in U(R)$. 换句话说,若 a 和 b 都是 R 中可逆元,要证 ab 也是 R 中可逆元. 事实上,令 a^{-1} 和 b^{-1} 分别是 a 和 b 的逆元,则 $b^{-1}a^{-1}$ 是 ab 的逆,因为

$$(b^{-1}a^{-1})(ab) = b^{-1}(a^{-1}a)b = b^{-1}\cdot 1\cdot b = b^{-1}b = 1.$$

(2)$U(R)$ 中每个元素均可逆. 也就是说,若 $a\in U(R)$,则 $a^{-1}\in U(R)$. 因为当 $a\in U(R)$ 时,a 在 R 中是可逆的,即 $a^{-1}\in R$. 我们需要证明 $a^{-1}\in U(R)$,即 a^{-1} 也是 R 中可逆元素. 事实上,a 就是 a^{-1} 的逆元素,因为 $aa^{-1}=a^{-1}a=1$.

至于 $U(R)$ 为群的其他条件显然是成立的,例如,乘法在 $U(R)$ 中显然满足结合律,因为在 R 中如此,因此 $U(R)$ 是乘法群,证毕. □

根据引理 1.2.4,模 m 同余类环 Z_m 中元素 $[a]$ 是可逆的,当且仅当 $(a,m)=1$. 例如,当 $m=6$ 时,Z_m 中可逆元素只有 $[1]$ 和 $[5]=[-1]$. 模 m 同余类环 Z_m 的所有可逆元为

$$Z_m^* = \{[a]:1\leqslant a\leqslant m,(a,m) = 1\}.$$

根据引理 1.2.5,Z_m^* 是一个乘法群. 它是一个有限群. 元素的个数等于 $1,2,\cdots,m$ 当中与 m 互素的整数个数. 这个函数叫作欧拉函数,表示成 $\varphi(m)$. 例如,$\varphi(6)=2$,即 $Z_6^*=\{[1],[5]\}$ 是二元乘法群,$[5]=[-1]$,从而 $[1]^{-1}=[1]$,$[5]^{-1}=[5]$. $\varphi(10)=4$,

因为 1,2,…,10 当中和 10 互素的有 4 个:1,3,7 和 9. 于是 $Z_{10}^* = \{[1],[3],[7],[9]\}$,而$[1]^{-1}=[1]$,$[3]^{-1}=[7]$,$[7]^{-1}=[3]$,$[9]^{-1}=[9]$.

欧拉函数 $\varphi(m)$是初等数论中的一个重要的函数. 我们今后要给出它的计算公式. 如果 m 是素数 p,则 $1,2,\cdots,p-1$ 均与 p 互素,从而 $\varphi(p)=p-1$. 换句话说,有限域 Z_p 中非零元素均可逆,即 $Z_p^* =\{[1],[2],\cdots,[p-1]\}$. 例如,

$$Z_7^* = \{[1],[2],[3],[4],[5],[6]\},$$

$[1]^{-1}=[1]$,$[6]^{-1}=[6](=[-1])$,而$[2]$和$[4]$互逆,$[3]$和$[5]$互逆.

以上我们给出一些有限群、有限环和有限域的例子:m 元加法群$(Z_m,+)$,$\varphi(m)$元乘法群 Z_m^*,m 元有限交换环 Z_m 和有限域 Z_p(p 为素数). 有限域有许多特别的性质,和读者所熟悉的实数域或复数域有很大区别,我们先举三个简单的性质.

引理 1.2.6 设 p 为素数,则对于 $\alpha,\beta\in Z_p$.

(1)有限域 Z_p 中 p 个 α 相加均为 0(零元素[0]);

(2)$(\alpha+\beta)^p=\alpha^p+\beta^p$;

(3)当 $\alpha\neq 0$ 时,$\alpha^{p-1}=1([1])$.

证明 (1)设 $\alpha=[a]$,以 $p\alpha$ 表示 p 个 α 相加,则

$$\begin{aligned} p\alpha &= \alpha+\alpha+\cdots+\alpha \quad (p\text{ 个}) \\ &= [a]+[a]+\cdots+[a] \quad (p\text{ 个}) \\ &= [a+a+\cdots+a] \quad (p\text{ 个}) \\ &= [pa]=[0] \quad [\text{因为 } pa\equiv 0 \pmod p]. \end{aligned}$$

(2)由二项式定理,

$$(\alpha+\beta)^p = \alpha^p + \binom{p}{1}\alpha^{p-1}\beta + \binom{p}{2}\alpha^{p-2}\beta^2 + \cdots +$$

$$\binom{p}{p-1}\alpha\beta^{p-1}+\beta^p,$$

其中$\binom{p}{i}$是组合数

$$\binom{p}{i}=\frac{p!}{i!(p-i)!}.$$

当 $1\leqslant i\leqslant p-1$ 时，$\binom{p}{i}$均被 p 除尽，即在 p 元域 Z_p 中均为零，于是$(\alpha+\beta)^p=\alpha^p+\beta^p$.

(3)设 $\alpha=[a]$，由 $\alpha\neq 0$ 知 $p\nmid a$，从而$(a,p)=1$. 我们考虑如下的 $p-1$ 个整数：$a,2a,3a,\cdots,(p-1)a$. 由 a 和 p 互素可知这 $p-1$ 个整数均与 p 互素，从而$[ia](1\leqslant i\leqslant p-1)$都是 Z_p 中的可逆元. 进而，若 $1\leqslant i,j\leqslant p-1$，$ia\equiv ja\pmod p$，由$(a,p)=1$ 知 $i\equiv j\pmod p$. 再由 $1\leqslant i,j\leqslant p-1$ 知 $i=j$. 所以 $ia(1\leqslant i\leqslant p-1)$彼此模 p 不同余，从而$[ia](1\leqslant i\leqslant p-1)$是 Z_p 中 $p-1$ 个不同的非零元素，但是 Z_p 中恰好有 $p-1$ 个不同的非零元素 $Z_p^*=\{[1],[2],\cdots,[p-1]\}$. 这就表明 Z_p^* 也可表示成$\{[a],[2a],\cdots,[(p-1)a]\}$，$\{[1],[2],\cdots,[p-1]\}$和$\{[a],[2a],\cdots,[(p-1)a]\}$均是有限域 Z_p 的可逆元素乘法群，它们只是排列次序有所不同，而乘积应当一样，即

$$[1][2]\cdots[p-1]=[a][2a]\cdots[(p-1)a],$$

左边为$[(p-1)!]$，右边为$[a^{p-1}\cdot(p-1)!]$. 于是

$$[(p-1)!]=[a^{p-1}\cdot(p-1)!]=[a^{p-1}][(p-1)!].$$

由于$(p-1)!$ 和 p 互素，$[(p-1)!]$是 Z_p 中可逆元，消去它便得到$[a^{p-1}]=[1]$，由 $\alpha^{p-1}=[a]^{p-1}=[a^{p-1}]$，于是 $\alpha^{p-1}=[1]$，证毕. □

注记 引理 1.2.6 的(2)表示成同余式的形式则为：对每个素数 p 和整数 a 和 b，均有 $(a+b)^p\equiv a^p+b^p \pmod p$. 而将引理 1.2.6 的(3)表示成同余式语言则为：若整数 a 不被 p 整除，则 $a^{p-1}\equiv 1 \pmod p$. 这是费马的一个猜想，由欧拉给出上述的证明. 现在称为费马小定理. 事实上，欧拉把费马小定理加以推广. 为此他引入下面的概念.

定义 1.2.7 设 $m\geqslant 2$.

(1)m 个整数 $a_1,a_2,\cdots,a_m$ 叫作模 m 的一个完全代表系(简称完系)，是指这 m 个整数模 m 彼此不同余.

(2)$\varphi(m)$ 个整数 $r_1,r_2,\cdots,r_{\varphi(m)}$ 叫作模 m 的一个缩代表系(简称缩系)，是指 $(r_i,m)=1\,(1\leqslant i\leqslant \varphi(m))$，并且 r_i $(1\leqslant i\leqslant \varphi(m))$ 模 m 彼此不同余.

由定义可知，若 $a_1,a_2,\cdots,a_m$ 是模 m 的一个完系，则 $[a_1],\cdots,[a_m]$ 是环 Z_m 中 m 个不同的元素，于是 $Z_m=\{[a_1],[a_2],\cdots,[a_m]\}$. 换句话说，$a_1,a_2,\cdots,a_m$ 恰好是模 m 的每个同余类中各取一个元素作为代表. 同样地，由于 Z_m 的可逆元素乘法群 Z_m^* 恰有 $\varphi(m)$ 个元素. 如果 $r_1,\cdots,r_{\varphi(m)}$ 是模 m 的一个缩系，由 $(r_i,m)=1$ 知 $[r_i]\in Z_m^*$，并且 $[r_i]\,(1\leqslant i\leqslant\varphi(m))$ 是 Z_m^* 中的不同元素，从而 $Z_m^*=\{[r_1],[r_2],\cdots,[r_{\varphi(m)}]\}$，即 $r_1,\cdots,r_{\varphi(m)}$ 恰好是与 m 互素的 $\varphi(m)$ 个模 m 同余类中各取一个作为代表.

例如，$\{-2,-1,0,1,2\}$ 是模 5 的一个完系，即 $Z_5=\{[-2],[-1],[0],[1],[2]\}$. 而 -1 和 7 是模 6 的一个缩系($\varphi(6)=2$)，于是 $Z_6^*=\{[-1],[7]\}$.

仿照引理 1.2.6 中费马小定理的证明方法，欧拉给出完系和缩系的以下性质.

引理 1.2.8 设 $m\geqslant 2$，$a,b\in\mathbf{Z}$ 并且 $(a,m)=1$.

(1)若$\{c_1,\cdots,c_m\}$是模 m 的完系,则$\{ac_1+b,\cdots,ac_m+b\}$也是模 m 的完系.

(2)若$\{r_1,\cdots,r_{\varphi(m)}\}$是模 m 的缩系,则$\{ar_1,\cdots,ar_{\varphi(m)}\}$也是模 m 的缩系.

证明 (1)由于 $c_1,\cdots,c_m$ 模 m 彼此不同余,而$(a,m)=1$,可知 $ac_1+b,\cdots,ac_m+b$ 也模 m 彼此不同余(若 $ac_i+b\equiv ac_j+b\pmod m$,则 $ac_i\equiv ac_j\pmod m$,从而 $c_i\equiv c_j\pmod m$. 于是 $i=j$,即 $c_i=c_j$). 所以$\{ac_1+b,\cdots,ac_m+b\}$是模 m 的完系.

(2)由于$(r_i,m)=1$ 和$(a,m)=1$,可知$(ar_i,m)=1$. 由$\{r_1,\cdots,r_{\varphi(m)}\}$模 m 彼此不同余可知 $ar_i(1\leqslant i\leqslant\varphi(m))$模 m 也彼此不同余. 从而$\{ar_i\mid 1\leqslant i\leqslant\varphi(m)\}$是模 m 的缩系,证毕. □

现在讲欧拉对费马小定理的推广.

定理 1.2.9(欧拉定理) 设 $m\geqslant 2$,对于和 m 互素的每个整数 a,均有

$$a^{\varphi(m)}\equiv 1\pmod m.$$

证明 记 $n=\varphi(m)$,令$\{r_1,\cdots,r_n\}$是模 m 的一个缩系,由假设$(a,m)=1$,可知$\{ar_1,\cdots,ar_n\}$也是模 m 的一个缩系,于是

$$r_1\cdots r_n\equiv(ar_1)\cdots(ar_n)\equiv a^n r_1\cdots r_n\pmod m.$$

但是 $r_1\cdots r_n$ 和 m 互素,所以 $a^n\equiv 1\pmod m$,即 $a^{\varphi(m)}\equiv 1\pmod m$. 证毕. □

注记 (1)若 m 是素数 p,则 $\varphi(p)=p-1$,由欧拉定理即得费马小定理.

(2)欧拉定理又给出同余方程 $ax\equiv 1\pmod m$ 的一个解法,其中$(a,m)=1,m\geqslant 3$[从而 $\varphi(m)\geqslant 2$]. 这也相当于求环 Z_m 中元素$[a]$的逆元素. 由欧拉定理可知解为 $x\equiv a^{\varphi(m)-1}\pmod m$,因为 $a\cdot a^{\varphi(m)-1}\equiv a^{\varphi(m)}\equiv 1\pmod m$. 但是当 m 很大时,计算

$a^{\varphi(m)-1}(\bmod m)$的工作量大.

在本节的最后,作为引理1.2.7的一个应用,我们给出计算欧拉函数$\varphi(m)$的公式.

定理1.2.10　(1)设n和m是互素的正整数,则

$$\varphi(mn)=\varphi(m)\varphi(n).$$

(2)设$m\geqslant 2$,m的分解式为

$$m=p_1^{a_1}\cdots p_s^{a_s},$$

其中,$p_1,\cdots,p_s$是不同的素数,$a_i\geqslant 1(1\leqslant i\leqslant s)$,则

$$\begin{aligned}\varphi(m)&=p_1^{a_1-1}(p_1-1)\cdots p_s^{a_s-1}(p_s-1)\\&=m(1-\frac{1}{p_1})\cdots(1-\frac{1}{p_s}).\end{aligned}$$

证明　(1)我们把模mn的一个完系$\{0,1,\cdots,mn-1\}$按下列方式排成一个矩阵

$$\begin{pmatrix}0 & 1 & \cdots & m-1\\ m & m+1 & \cdots & m+m-1\\ 2m & 2m+1 & \cdots & 2m+m-1\\ \vdots & \vdots & & \vdots\\ (n-1)m & (n-1)m+1 & \cdots & (n-1)m+m-1\end{pmatrix}_{n\times m}$$

这个矩阵每列的n个数$\{im+j\mid 0\leqslant i\leqslant n-1\}$均属于模$m$的同一个同余类$[j](0\leqslant j\leqslant m-1)$,所以共有$\varphi(m)$列中的数与$m$互素,即满足$1\leqslant j\leqslant m-1,(j,m)=1$的那$\varphi(m)$个列.由于$(n,m)=1$,每个列中的$n$个数$\{im+j\mid 0\leqslant i\leqslant n-1\}$都是模$n$的一个完系,所以每列中恰好有$\varphi(n)$个数与$n$互素.这就表明在模$mn$的一个完系中,与$mn$互素的数位于$\varphi(m)$列之中,并且每列都有$\varphi(n)$个,从而共有$\varphi(n)\varphi(m)$个与$mn$互素,而这个数应当为$\varphi(mn)$.因此当$(n,m)=1$时,$\varphi(mn)=\varphi(m)\varphi(n)$.

(2)由于 $p_i^{a_i}(1\leqslant i\leqslant s)$彼此互素. 根据(1)可知

$$\varphi(m)=\varphi(p_1^{a_1})\cdots\varphi(p_s^{a_s}).$$

易证 $\varphi(p_i^{a_i})=p_i^{a_i}-p_i^{a_i-1}=p_i^{a_i-1}(p_i-1)$(习题). 代入上式即得 $\varphi(m)$的计算公式. □

习 题

1. 设 $m\geqslant 2, a, b, c\in Z_m$. 如果 $ac=bc$,并且 c 是同余类环 Z_m 中的可逆元,证明 $a=b$.

2. 设 $m\geqslant 2$. 如果$\{r_1, \cdots, r_{\varphi(m)}\}$是模 m 的一个缩系,以 s_i 表示满足 $s_i r_i\equiv 1 \pmod m$ 的整数. 证明$\{s_1, \cdots, s_{\varphi(m)}\}$也是模 m 的一个缩系.

3. (1)当 $m\geqslant 3$ 时,证明 $\varphi(m)$为偶数.

(2)设 p 为素数,a 为正整数,证明 $\varphi(p^a)=p^a(p-1)$.

4. 解同余方程

(1)$8x\equiv 5 \pmod{23}$, (2)$60x\equiv 7 \pmod{37}$.

5. 求 3^{193} 的十进制表达式中的个位数字和十位数字.

二　一般有限域

我们在第一章基于初等数论构作了一批有限域 Z_p，本章的目的是在此基础上构作出全部有限域. 一共有两种构作有限域的方法，一种是在有限域 Z_p 上添加多项式 x^q-x 的全部根，其中 $q=p^n$. 另一种是采用系数属于 Z_p 的不可约多项式. 所以在构作一般有限域之前，我们在第 2.1 节介绍系数属于某个域 F 的多项式性质，然后于第 2.2 节构作出全部有限域，并且给出有限域的一些特殊的性质. 最后两小节进一步讨论有限域上多项式和幂级数的性质，这些性质在本书第二部分有许多应用.

§2.1　域上的多项式环

在第 1.2 节中我们说过，若 F 是交换环，则系数属于 F 的所有多项式 $f(x)$ 的全体形成交换环 $F[x]$. 本节我们进一步假设 F 是域，研究多项式环 $F[x]$ 的一些基本性质. 读者会发现，多项式环 $F[x]$ 有许多性质和整数环 $\mathbf{Z}$ 很相像（在抽象代数中，这种相像是由于它们都是“主理想整环”）.

以下设 F 是一个域，$F[x]$ 中每个非零多项式表示成

$$f(x)=a_nx^n+a_{n-1}x^{n-1}+\cdots+a_1x+a_0,$$

其中 $a_i\in F(0\leqslant i\leqslant n)$，$a_n\neq 0$，$n\geqslant 0$. 这时，称 $f(x)$ 的次数为 n，表

示成 $\deg(f)=n$. 我们规定 $\deg(0)=-\infty$,并且对每个整数n,$n+(-\infty)=-\infty$.

在整数环 **Z** 中,若 $a,b\in\mathbf{Z}$,$ab=0$,则 a 和 b 中至少有一个为 0. 现在我们证明多项式环 $F[x]$也有这个性质.

引理 2.1.1 设 $f(x),g(x)\in F[x]$,则

(1)$\deg(fg)=\deg(f)+\deg(g)$.

(2)若 $f(x)g(x)=0$,则 $f(x)=0$ 或者 $g(x)=0$.

证明 (1)若 $f(x)=0$ 或者 $g(x)=0$,则(1)中等式两边均为$-\infty$,从而证毕. 以下设 $f(x)$和 $g(x)$均不为零,即 $\deg(f)=n\geqslant 0$,$\deg(g)=m\geqslant 0$. 于是

$$f(x)=a_nx^n+a_{n-1}x^{n-1}+\cdots+a_0,$$
$$g(x)=b_mx^m+b_{m-1}x^{m-1}+\cdots+b_0,$$

其中 $a_i,b_j\in F$,$a_n\neq 0$,$b_m\neq 0$. 而 $f(x)g(x)$的最高次项为 $a_nb_mx^{n+m}$. 在域 F 中,由 a_n 和 b_m 均不为零可知 $a_nb_m\neq 0$. 这就表明 $\deg(fg)=n+m=\deg(f)+\deg(g)$.

(2)若 $f(x)g(x)=0$,则 $\deg(fg)=-\infty$,即 $\deg(f)+\deg(g)=-\infty$,从而 $\deg(f)$和 $\deg(g)$必有一个为$-\infty$,也就是说 $f(x)$和 $g(x)$必有一个为 0. 证毕. □

在整数环 **Z** 中我们有带余除法,多项式环 $F[x]$中也有类似的性质.

引理 2.1.2 设 $f(x),g(x)\in F[x]$,$g(x)\neq 0$. 则存在唯一决定的多项式 $q(x),r(x)\in F[x]$,使得

$$f(x)=q(x)g(x)+r(x),\quad \deg(r(x))<\deg(g(x)).$$

证明 当 $\deg(g)>\deg(f)$时,取 $q(x)=0$,$r(x)=f(x)$即可. 设 $\deg(g)\leqslant\deg(f)$,则

$$f(x)=a_nx^n+\cdots+a_0,\quad g(x)=b_mx^m+\cdots+b_0,$$

其中 $a_i, b_j \in F$，$a_n \neq 0$，$b_m \neq 0$，$\deg(f) = n \geqslant m = \deg(g)$. 由于 $b_m \neq 0$，b_m 在域 F 中有逆 b_m^{-1}. 于是

$$\begin{aligned} & f(x) - a_n b_m^{-1} x^{n-m} g(x) \\ = & (a_n x^n + \cdots + a_0) - a_n b_m^{-1} x^{n-m} (b_m x^m + \cdots + b_0), \end{aligned}$$

右边的 x^n 系数为 0，从而

$$f(x) = a_n b_m^{-1} x^{n-m} g(x) + h(x),$$

其中 $\deg(h(x)) < \deg(f(x))$. 如果 $\deg(h(x)) \geqslant \deg(g(x))$，再如此做下去，有限步之后必然得出引理 2.1.2 中的算式，使得 $\deg(r(x)) < \deg(g(x))$.

再证 $q(x)$ 和 $r(x)$ 的唯一性. 假如又有 $q'(x), r'(x) \in F[x]$，使得

$$f(x) = q'(x)g(x) + r'(x), \quad \deg(r'(x)) < \deg(g(x)).$$

则

$$q(x)g(x) + r(x) = q'(x)g(x) + r'(x),$$

即

$$(q(x) - q'(x))g(x) = r'(x) - r(x).$$

但是等式右边次数 $< \deg(g(x))$，如果 $q(x) - q'(x) \neq 0$，则左边次数 $\geqslant \deg(g(x))$. 这个矛盾推出 $q(x) - q'(x) = 0$. 于是 $r'(x) - r(x) = 0$. 从而 $q(x) = q'(x)$，$r(x) = r'(x)$. 这表明 $q(x)$ 和 $r(x)$ 是唯一决定的，证毕. □

读者在实数域或复数域上会做多项式的这种带余除法，现在我们举一个在有限域上的例子. 我们用 $Z_3[x]$ 中的多项式 $g(x) = 2x + 1$ 去除 $f(x) = x^2 + x + 2$，这里和今后为了方便起见，我们把 3 元域 Z_3 中的元素[0]，[1]，[2]简记成 0，1，2，所以在 Z_3 中[4]=[1]也记成 4=1.

$$
\begin{array}{r|l}
 & 2x+1 \\
\cline{2-2}
2x+1 & x^2+x+2 \\
 & x^2+2x \\
\cline{2-2}
 & \quad 2x+2 \\
 & \quad 2x+1 \\
\cline{2-2}
 & \qquad 1
\end{array}
$$

于是

$$f(x)=x^2+x+2=(2x+1)(2x+1)+1$$
$$=(2x+1)g(x)+r(x),\quad r(x)=1.$$

在整数环 $\mathbf{Z}$ 中,乘法可逆元只有 ± 1,现在决定多项式环 $F[x]$的乘法可逆元.

引理 2.1.3 $F[x]$中的多项式 $f(x)$在 $F[x]$中可逆当且仅当 $f(x)$是非零常数,即 $f(x)\equiv a\in F^*$.

证明 如果 $f(x)$可逆,则存在 $g(x)\in F[x]$,使得 $f(x)g(x)=1$. 比较两边的次数,得到 $\deg(f)+\deg(g)=\deg(1)=0$,于是 $\deg(f)=0$,从而 $f(x)$是非零常数. 反之,若 $f(x)\equiv a\in F^*$,由于 a 是域 F 中的非零元素,a 在 F 中可逆,从而在$F[x]$中也可逆. 证毕. □

引理 2.1.3 表明,多项式环 $F[x]$中次数$\geqslant 1$ 的多项式都不可逆,所以两个多项式相除不一定为多项式,因此$F[x]$不是域. 我们可以仿照整数环的情形,建立整除性和相关的概念.

定义 2.1.4 设 $f(x),g(x)\in F[x]$,$g(x)\neq 0$. 如果$\dfrac{f(x)}{g(x)}$为多项式,即存在 $h(x)\in F[x]$,使得 $f(x)=g(x)h(x)$,则称$g(x)$整除$f(x)$,表示成 $g(x)\mid f(x)$. $g(x)$叫作 $f(x)$的因式,$f(x)$叫作 $g(x)$的倍式. 如果$\dfrac{f(x)}{g(x)}$不是多项式,称 $f(x)$不被$g(x)$整除,

表示成 $g(x)\nmid f(x)$.

类似于引理 1.1.1,关于多项式整除性也有下面基本性质,以下对于 $g(x)\mid f(x)$,均指 $g(x)\neq 0$.

引理 2.1.5 (1)若 $g(x)\mid f(x)$, $f(x)\mid h(x)$,则$g(x)\mid h(x)$.

(2)$f(x)\mid g(x)$并且 $g(x)\mid f(x)$,当且仅当 $f(x)=ag(x)$,其中 $a\in F^*$.

(3)若 $f(x)\mid g(x)$,$f(x)\mid h(x)$,则对于任意多项式 $A(x)$,$B(x)\in F[x]$,均有 $f(x)\mid g(x)A(x)+h(x)B(x)$.

证明 (1)和(3)的证明留给读者.现在证明(2).如果 $f(x)\mid g(x)$并且 $g(x)\mid f(x)$,则存在 $h(x)$,$l(x)\in F[x]$,使得 $g(x)=f(x)h(x)$,$f(x)=g(x)l(x)$,于是 $g(x)=g(x)l(x)h(x)$.由于 $g(x)\neq 0$,两边可消去 $g(x)$(习题 2)得到$1=l(x)h(x)$.从而$l(x)$是可逆元,即 $l(x)=a\in F^*$(引理 2.1.3),即 $f(x)=ag(x)$.反之若 $f(x)=ag(x)$,$a\in F^*$,则$\frac{f(x)}{g(x)}=a$ 和 $\frac{g(x)}{f(x)}=a^{-1}$均是零次多项式.因此 $f(x)\mid g(x)$并且 $g(x)\mid f(x)$.证毕. □

注记 引理 2.1.5 的(2)也可表述成:$F[x]$中两个非零多项式 $f(x)$和 $g(x)$彼此均可整除,当且仅当它们相差一个乘法可逆元因子.这样叙述更可看出和整数环情形的一致性,因为两个非零整数 a 和 b 彼此均可整除,也当且仅当它们相差一个可逆元因子,即 $a=\varepsilon b$,其中 ε 是乘法可逆整数 1 或 -1.

我们称 $F[x]$中两个非零多项式 $f(x)$和 $g(x)$是相伴的,是指存在 $a\in F^*$,使得 $f(x)=ag(x)$,表示成 $f\sim g$.彼此相伴的多项式组成的集合叫作一个相伴类,例如,$F[x]$中所有可逆元素组成的集合 $F^*=F\backslash\{0\}$是一个相伴类.同一个相伴类中的多项式相互能够整除.不同相伴类是互不相交的.

在整数环 **Z** 中,每个非零整数 n 的相伴类为$\{n,-n\}$,即彼此相差一个可逆元因子 1 或-1.从而每个整数 $n\geqslant 2$ 有平凡的分解:$n=n\cdot 1=(-n)\cdot(-1)$.我们取其中的正整数作为代表,考虑正整数表示成正整数乘积时,便有唯一因子分解定理.在多项式环$F[x]$中,每个非零多项式 $f(x)$有更多的平凡分解,因为对每个 $a\in F^*$,均有 $f(x)=a\cdot(a^{-1}f)$.在$f(x)$的一个相伴类$\{af|a\in F^*\}$中也有一个特殊的代表,即其中最高次项系数为 1 的那一个多项式,叫作首 1 多项式.和 $f(x)=a_mx^m+a_{m-1}x^{m-1}+\cdots+a_0(a_m\neq 0)$相伴有唯一的首 1 多项式,就是 $a_m^{-1}f(x)=x^m+a_{m-1}a_m^{-1}x^{m-1}+\cdots+a_0a_m^{-1}$.所以,多项式环 $F[x]$中的首 1 多项式相当于整数环 **Z** 中的正整数.

$F[x]$中一个次数$\geqslant 1$ 的多项式 $f(x)$叫作可约的,是指有非平凡分解 $f(x)=g(x)h(x)$,即 $g(x)$和 $h(x)$都是$F[x]$中次数$\geqslant$ 1 的多项式,从而次数都小于 $\deg(f)$.否则,$f(x)$叫作不可约的.换句话说,$F[x]$中不可约多项式$f(x)$的次数$\geqslant 1$($f(x)$不为 0,也不是可逆元 $a\in F^*$),并且 $f(x)$在 $F[x]$中只有平凡分解 $f(x)=a\cdot(a^{-1}f)(a\in F^*)$.

不难看出,如果 $f(x)$是 $F[x]$中不可约多项式,则和 f 相伴的多项式也是不可约的.现在我们叙述多项式环 $F[x]$中的唯一分解定理,由这个定理可看出,$F[x]$中的首 1 不可约多项式相当于整数环 **Z** 中的素数.

定理 2.1.6 设 F 为域,则每个次数$\geqslant 1$ 的首 1 多项式均可表示成有限个首 1 不可约多项式的乘积

$$f(x)=p_1(x)p_2(x)\cdots p_s(x),$$

其中 $p_i(x)(1\leqslant i\leqslant s)$均是 $F[x]$中首 1 不可约多项式，并且若不计因子 $p_i(x)$的次序，则这个分解式是唯一的.

证明　分解式的存在性是容易证明的. 如果 $f(x)$不可约，则分解完毕. 若 $f(x)$可约，则 $f(x)=g(x)h(x)$，其中 $g(x)$和 $h(x)$都是 $F[x]$中次数小于 $\deg(f)$的首 1 多项式. 如果 $g(x)$和 $h(x)$均不可约，则分解完毕，否则再对 $g(x)$和 $h(x)$进一步分解，因为每次分解因式的次数都减小，有限步之后便会终止，即 $f(x)$可表示成有限个首 1 不可约多项式的乘积. □

证明分解的唯一性要复杂一些. 首先我们有和整数环 $\mathbf{Z}$ 中定理 1.1.5 相类似的一个结果.

定理 2.1.7　设 $f(x)$和 $g(x)$是 $F[x]$中非零多项式，则存在一个非零多项式 $d(x)\in F[x]$，使得对每个 $h(x)\in F[x]$，方程

$$f(x)A(x)+g(x)B(x)=h(x) \tag{2.1.1}$$

有解 $A(x),B(x)\in F[x]$当且仅当 $d(x)\mid h(x)$.

证明　和定理 1.1.5 相仿，考虑集合

$S=\{h(x)\in F[x]\mid$存在 $A(x),B(x)\in F[x]$使式(2.1.1)成立$\}$.

可以和定理 1.1.5 一样得到集合 S 的下述两个性质：

(1)若 $h_1(x),h_2(x)\in S$，则 $h_1(x)\pm h_2(x)\in S$.

(2)若 $h(x)\in S$，则对每个 $l(x)\in F[x]$，必然 $h(x)l(x)\in S$.

然后由 $f(x)\cdot 1+g(x)\cdot 0=f(x)$可知非零多项式 $f(x)$属于 S，令 $d(x)$是 S 中非零多项式中次数最小的一个，则

(3)S 是由 $d(x)$的所有倍式构成的集合，即

$$S=d(x)F[x]=\{d(x)l(x)\mid l(x)\in F[x]\}.$$

证明和定理 1.1.5 相似，但是用多项式环 $F[x]$中的带余除法(引理 2.1.2). 由于 $d(x)\in S$，由性质(2)知对每个 $l(x)\in F[x]$，

$d(x)l(x)\in S$. 反过来,若 $F[x]$中多项式 $h(x)$属于 S,用 $d(x)$去除的算式为

$$h(x) = q(x)d(x) + r(x),$$
$$q(x), r(x) \in F[x],$$
$$\deg(r(x)) < \deg(d(x)).$$

由 $h(x), d(x)\in S$ 可知 $r(x)=h(x)-q(x)d(x)\in S$(性质(1)和性质(2)). 但是 $r(x)$的次数小于 $d(x)$的次数,而 $d(x)$是 S 中非零多项式次数最小者. 所以必然 $r(x)=0$,即 $h(x)=q(x)d(x)$为 $d(x)$的倍式. 这就证明了 $S=d(x)F[x]$. 换句话说,方程(2.1.1)有解$A(x), B(x)\in F[x]$当且仅当 $d(x)\mid h(x)$. 证毕. □

注记 定理 2.1.7 中的 $d(x)$一定是 $f(x)$和 $g(x)$的公因子. 这是由于 $f(x)\in S=d(x)F[x]$,所以 $d(x)\mid f(x)$. 同样由 $g(x)\in S$,可知 $d(x)\mid g(x)$. 另外,$f(x)$和 $g(x)$的每个公因子一定是 $d(x)$的因子,因为若 $d'(x)$是 $f(x)$和$g(x)$的公因子,由 $d(x)\in S$知有 $A(x), B(x)\in F[x]$使得$f(x)A(x)+g(x)B(x)=d(x)$. 再由 $d'(x)\mid f(x)$和 $d'(x)\mid g(x)$可知$d'(x)\mid d(x)=f(x)A(x)+g(x)B(x)$.

满足定理 2.1.7 中条件 $S=d(x)F[x]$的非零多项式$d(x)$不是唯一的. 事实上,若 $d'(x)\sim d(x)$,即 $d'(x)=ad(x)$($a\in F^*$),易知 $S=d'(x)F[x]$. 反过来,若 $d'(x)\in F[x]$, $S=d'(x)F[x]$. 由 $d'(x)\in S=d(x)F[x]$可知$d(x)\mid d'(x)$,同样由 $d(x)\in S=d'(x)F[x]$可知$d'(x)\mid d(x)$,所以 $d'(x)\sim d(x)$. 换句话说,满足定理2.1.7中条件 $S=d(x)F[x]$的非零多项式 $d(x)$是一个相伴类,我们把其中的首 1 多项式 $d(x)$叫作$f(x)$和 $g(x)$的最大公因子,表示成 $d(x)=(f(x), g(x))$. 由上述可知,$f(x)$和 $g(x)$的每个公因子都是最大公因子$(f(x), g(x))$的因

子. 当$(f(x),g(x))=1$时,称多项式 $f(x)$ 和 $g(x)$ 互素. 于是定理 2.1.7 可叙述成:方程(2.1.1)有解 $A(x),B(x)\in F[x]$的充分必要条件是$(f(x),g(x))\mid h(x)$.

由定理 2.1.7 可以推出

引理 2.1.8　设 $f(x),g(x),h(x)\in F[x]$, $f(x)\neq 0$. 如果 $f\mid hg$, $(f,h)=1$, 则 $f\mid g$. 特别若 f 是不可约多项式, $f\mid hg$, 则 $f\mid h$或者 $f\mid g$.

证明　由$(f,h)=1$ 可知有 $A(x),B(x)\in F[x]$,使得 $fA+hB=1$(定理 2.1.7). 于是 $gfA+ghB=g$. 由于 $f\mid gfA$, $f\mid hg\mid hgB$,从而 f 除尽 $gfA+hgB=g$,这就证明了第 1 论断. 又若 f 是不可约多项式, $f\mid hg$. 如果 $f\nmid h$,则由 f 不可约可知 $(f,h)=1$,于是 $f\mid g$. 证毕. □

现在可以证明定理 2.1.6 中因式分解的唯一性:设

$$f(x)=p_1(x)\cdots p_s(x)=q_1(x)\cdots q_r(x),$$

其中 $p_i=p_i(x)$, $q_j=q_j(x)$均是首 1 不可约多项式,则 $p_1\mid q_1\cdots q_r$. 由引理 2.1.8 可知 p_1 必然除尽某个 q_j. 但是 p_1 和 q_j 均不可约,可知 $p_1\sim q_j$. 又由于 p_1 和 q_j 均是首 1 的,可知 $p_1=q_j$. 于是 $p_2\cdots p_s=q_1\cdots q_{j-1}q_{j+1}\cdots q_r$. 同样地, p_2 又等于此式右边的某个 q_k. 如此下去即知 $s=r$,并且 $p_1,\cdots,p_s$ 和$q_1,\cdots,q_s$ 至多只是排列次序的不同. 这就完全证明了唯一分解定理2.1.6.

基于唯一分解定理 2.1.6,可以像整数环 **Z** 类似地得到如下结果: $F[x]$中两个非零多项式 $f(x)$和 $g(x)$可表示成

$$f(x)=ap_1^{a_1}\cdots p_s^{a_s},\quad g(x)=bp_1^{b_1}\cdots p_s^{b_s},$$

其中 $a,b\in F^*$, $p_i=p_i(x)(1\leqslant i\leqslant s)$是 $F[x]$中彼此不同的首 1 不可约多项式, $a_i,b_i(1\leqslant i\leqslant s)$是非负整数. 则

(1) $f(x)\mid g(x)$当且仅当 $a_i\leqslant b_i(1\leqslant i\leqslant s)$.

(2)$(f,g)=p_1^{c_1}\cdots p_s^{c_s}$,其中 $c_i=\min\{a_i,b_i\}(1\leqslant i\leqslant s)$.

(3)定义 f 和 g 的最小公倍式为

$$[f,g]=p_1^{d_1}\cdots p_s^{d_s},\text{其中 } d_i=\max\{a_i,b_i\}(1\leqslant i\leqslant s),$$

则 f 和 g 的每个公倍式都是$[f,g]$的倍式.

以上我们讲述了域上多项式环 $F[x]$和整数环一些共同的性质.现在我们介绍多项式环 $F[x]$的一个特殊的性质,即关于多项式 $f(x)$的根.

设 K 和 F 都是域,并且 $K\supseteq F$.我们称 K 是 F 的扩域,F 是 K 的子域.如果 $f(x)\in F[x]$,则 $f(x)$的系数属于 F,从而也属于 K,因此 $f(x)$也可看成 $K[x]$中多项式.K 中元素 α 叫作$f(x)$的一个根,是指 $f(\alpha)=0$.现在我们证明:

定理 2.1.9 设 F 为域,$f(x)\in F[x]$,K 是 F 的扩域,则 K 中元素 α 为 $f(x)$的根,当且仅当在多项式环 $K[x]$中$(x-\alpha)\mid f(x)$.进而,$f(x)$在 F 的任何扩域 K 中至多有$\deg(f)$个不同的根.

证明 $(x-\alpha)$为 $K[x]$中的多项式,用它去除 $f(x)$,得到 $f(x)=(x-\alpha)q(x)+c$,其中 $q(x)\in K[x]$,$c\in K$.于是

$$f(\alpha)=(\alpha-\alpha)q(\alpha)+c=c,$$

从而

$$\alpha\text{ 为 } f(x)\text{ 的根}\Leftrightarrow c=f(\alpha)=0\Leftrightarrow f(x)=(x-\alpha)q(x)$$
$$\Leftrightarrow(x-\alpha)\mid f(x).$$

进而,若 $\alpha_1,\cdots,\alpha_n$ 是 $f(x)$的 n 个不同的根,则$(x-\alpha_i)\mid f(x)$ $(1\leqslant i\leqslant n)$.由于 $\alpha_i(1\leqslant i\leqslant n)$彼此不同,$x-\alpha_i(1\leqslant i\leqslant n)$是彼此互素的多项式,因此$(x-\alpha_1)(x-\alpha_2)\cdots(x-\alpha_n)\mid f(x)$(习题 4).比较此式两边的次数可知 $n\leqslant\deg(f)$.从而 $f(x)$的不同根的个数不超过 $f(x)$的次数. □

通常实数域或复数域上多项式可能有重根. 现在对任意域 F,讨论多项式 $f(x)\in F[x]$在 F 的扩域 K 中何时有重根. 对每个整数 $n\geqslant 0$ 和 $\alpha\in K$,我们用$(x-\alpha)^n \parallel f(x)$表示$(x-\alpha)^n \mid f(x)$但是$(x-\alpha)^{n+1}\nmid f(x)$. 设$(x-\alpha)^n \parallel f(x)$. 如果 $n\geqslant 2$,则称 α 是 $f(x)$的重根,并且重数为 n(当 $n=1$ 时,称 α 为 $f(x)$的单根,重数为 1). 当 F 是实数域 $\mathbf{R}$ 时,微积分给出实系数多项式 $f(x)$在复数域中有重根的判别法,即考虑 $f(x)$的导函数 $f'(x)$. 对于 $f(x)=a_nx^n+\cdots+a_1x+a_0=\sum\limits_{i=0}^{n}a_ix^i$, $f(x)$ 的导函数定义为

$$f'(x)=\sum_{i=0}^{n}ia_ix^{i-1}=na_nx^{n-1}+\cdots+a_1.$$

现在对于任意域 F 和 $f(x)=\sum\limits_{i=0}^{n}a_ix^i\in F[x]$, 我们也可定义 $f(x)$的"形式微商"为多项式

$$f'(x)=\sum_{i=0}^{n}ia_ix^{i-1}\in F[x].$$

不过要注意,原来 x^i 的指数 i 是通常的整数,而落到多项式系数中的 i 是域 F 中的元素 $i\cdot 1_F$,其中 1_F 是 F 中的幺元素. 我们也有类似实数域情形的求导公式:

对于　$f(x),g(x)\in F[x]$,

$$(fg)'=f'g+fg'.$$

这可以直接证明: 设 $f(x)=\sum\limits_{i=0}^{n}a_ix^i$, $g(x)=\sum\limits_{j=0}^{m}b_jx^j$,则 $fg=\sum\limits_{k=0}^{n+m}c_kx^k$,其中 $c_k=\sum\limits_{i+j=k}a_ib_j$. 于是

$$(fg)'=\sum_{k=1}^{n+m}kc_kx^{k-1}.$$

另外,

$$f'g + fg' = \left(\sum_{i=0}^{n} ia_i x^{i-1}\right)\left(\sum_{j=0}^{m} b_j x^j\right) + \left(\sum_{i=0}^{n} a_i x^i\right)\left(\sum_{j=0}^{m} jb_j x^{j-1}\right)$$
$$= \sum_{k=1}^{n+m} c'_k x^{k-1},$$

其中

$$c'_k = \sum_{i+j=k} (ia_i b_j + ja_i b_j) = \sum_{i+j=k} ka_i b_j = kc_k,$$

这就表明$(fg)' = f'g + fg'$.

我们知道,任何一个 n 次($n \geqslant 1$)实系数多项式 $f(x)$ 在复数域 $\mathbf{C}$ 中都有根. 由定理 2.1.9 可知,$f(x)$ 在 $\mathbf{C}[x]$ 中必可表示成 n 个一次多项式的乘积,因为 $\mathbf{C}[x]$ 中只有一次多项式是不可约的. 一般地,对于任何一个域 F,把 $F[x]$ 中所有多项式的全部根放在一起组成集合 Ω,可以证明 Ω 是一个域. F 的这个扩域 Ω 叫作 F 的代数闭包. 注意复数域 $\mathbf{C}$ 包含有理数域 $\mathbf{Q}$ 的代数闭包,但是还要大许多,因为存在着许多复数,它不是有理系数多项式的根(比如圆周率 π,这样的数叫超越数).

定理 2.1.10 (重根判别法) 设 F 为域,$0 \neq f(x) \in F[x]$. 则 $f(x)$ 在 F 的代数闭包 Ω 中有重根当且仅当 $(f, f') \neq 1$.

证明 设 $f(x)$ 在 Ω 中有重根 α,则 $f(x) = (x-\alpha)^2 \cdot g(x)$, $g(x) \in \Omega[x]$. 从而 $f'(x) = 2(x-\alpha)g(x) + (x-\alpha)^2 g'(x)$. 因此 $(x-\alpha)$ 是 f 和 f' 的公因子,于是 $(f, f') \neq 1$. 反之,若 $(f, f') = h(x)$,其中 $\deg(h(x)) \geqslant 1$,则 $h(x)$ 在 Ω 中有根 α. 由于 $h(x)$ 是 f 和 f' 的因式,所以 α 也是 f 和 f' 的根. 因此 $f(x) = (x-\alpha) g(x)$, $g(x) \in \Omega[x]$,并且 $(x-\alpha) \mid f'(x)$. 于是

$$f'(x) = g(x) + (x-\alpha)g'(x),$$

由此式和 $(x-\alpha) \mid f'(x)$ 可知 $(x-\alpha) \mid g(x)$,这就得到 $(x-\alpha)^2 \mid f(x)$,即 α 是 $f(x)$ 的重根. 证毕. □

以上就是我们今后所需要的关于多项式环 $F[x]$的基本知识.

习　题

1. 对于 $Z_5[x]$中的多项式 $f(x)=2x^3+3x$ 和 $g(x)=3x^2+1$,计算用 $g(x)$除 $f(x)$的带余除法中的商式 $q(x)$和余式 $r(x)$.

2. 证明如下的消去律:设 $f(x),g(x),h(x)\in F[x]$(其中 F 为域),如果 $f(x)h(x)=g(x)h(x)$并且 $h(x)\neq 0$,证明 $f(x)=g(x)$.

3. 设 F 为域,证明 $F[x]$中首 1 不可约多项式有无限多个.

4. 设 F 为域,$f(x),g(x),h(x)$是 $F[x]$中非零多项式,则

(1)当 $f(x)$为首 1 多项式时,

$$(fg,fh)=f(g,h),\quad [fg,fh]=f[g,h].$$

(2)若$(f,g)=1,f|h,g|h$,则 $fg|h$.

5. 列出 $Z_2[x]$中全部 2 次和 3 次首 1 不可约多项式,列出 $Z_3[x]$中全部 2 次首 1 不可约多项式.

6. 设 Ω 是域 F 的代数闭包,$f(x)$是 $F[x]$中 n 次首 1 多项式,$n\geqslant 1,\alpha_1,\cdots,\alpha_s$ 是 $f(x)$在 Ω 中的全部彼此不同的根.则

$$f(x)=(x-\alpha_1)^{n_1}\cdots(x-\alpha_s)^{n_s},$$

其中 n_i 是根 α_i 的重数$(1\leqslant i\leqslant s)$.特别地,$f(x)$在 Ω 中根的个数(考虑重数)等于 $\deg(f)$.

7. 用辗转相除法求 $F_3[x]$中 x^3+2x^2+2 和 $2x^4+x^3+2x^2+1$ 的最大公因子.

§2.2　构作一般有限域

利用上节所讲的域上多项式的性质,本节要构作出全部有限域.首先我们证明:有限域的元素个数只能是素数幂.

引理 2.2.1 有限域的元素个数必为 p^m，其中 p 是素数，m 为正整数.

证明 设 F 是一个有限域，幺元素为 1. 对每个正整数 n，我们以 n 表示 F 中 n 个 1 之和. 由于 F 只有有限个元素，所以 1，2，3，4，…这些正整数看成 F 中元素时必有两个是相同的. 即存在正整数 i 和 j，$1\leqslant i<j$，使得在 F 中 $i=j$. 于是 $j-i=0$，而$j-i$ 是正整数，所以在有限域 F 中存在正整数 n，使得在 F 中$n=0$.

以 p 表示在F 中为零的最小正整数，我们来证明 p 一定是素数. 因为若 p 不是素数，则 $p=ab$，其中 a 和b 都是小于p 的正整数. 则在 F 中 $0=ab$. 由于 F 是域，可知 a 或b 在 F 中为零. 但是 a 和b 都是小于 p 的正整数，而 p 是在F 中为零的最小正整数，这个矛盾表明 p 一定是素数.

综合所述，我们得到一个素数 p，使得在 F 中 $p=0$，而 1，2，3，…，$p-1$ 是 F 中不同的非零元素. 因为若有 $0\leqslant i<j\leqslant p-1$使得 $i=j$，则正整数 $j-i=0$，而 $j-i<p$，这又和 p 的最小性相矛盾. 这样一来，我们证明了，存在唯一的素数 p，使得 F 包含有限域 $Z_p=\{0,1,\cdots,p-1\}$.

F 是有限域 Z_p 的扩域，特别地，F 是域 Z_p 上的向量空间. 从而向量空间 F 在子域 Z_p 上有一组基. 由于 F 是有限域，基也包含有限多个元素，即 F 在 Z_p 上的维数是有限的. 设向量空间 F 在 Z_p 上的维数是 $n(\geqslant 1)$，则 F 在 Z_p 上有一组基 $v_1,v_2,\cdots,v_n$. 于是 F 中每个元素唯一地表示成它们的 Z_p-线性组合：

$$a = a_1v_1 + \cdots + a_nv_n,$$

其中 $a_i\in Z_p$，每个 a_i 都有 p 个选取的可能，一共有 n 个 a_i. 所以向量$(a_1,\cdots,a_n)$有 p^n 个可能，从而 F 中共有 p^n 个元素. 证毕.

□

由引理 2.2.1 可知，不存在 6 元域和 10 元域等. 引理中的素数 p 叫作有限域 F 的特征，它是在 F 中为零的最小正整数. 由引理 2.2.1 又知，每个有限域 F 包含我们上节由初等数论给出的有限域 Z_p，并且 F 是 Z_p 上的有限维向量空间，我们把这个维数 $\dim_{Z_p}F$ 表示成 $[F:Z_p]$.

引理 2.2.1 给出了有限域存在性的一个必要性条件：元素个数必是素数幂. 那么，对于每个素数幂 p^n，是否一定存在 p^n 元有限域呢？下面结果给出肯定的答案. 我们用 Ω_p 表示有限域 Z_p 的代数闭包，系数属于 Z_p 的每个多项式的全部根都在 Ω_p 中.

定理 2.2.2　对于每个素数 p 和正整数 n，域 Ω_p 中均存在唯一的一个 p^n 元有限域，它是由多项式 $x^{p^n}-x$ 在 Ω_p 中的全部根所构成的.

证明　记 $q=p^n$. 首先证明多项式 $f(x)=x^q-x$ 在 Ω_p 中没有重根. 这是由于 $f(x)$ 的导函数为 $f'(x)=qx^{q-1}-1=-1$（因为 $q=p^n$ 在 Z_p 中为 0，从而在扩域 Ω_p 中也为 0）. 于是 $(f,f')=1$，这就表明 x^q-x 没有重根（定理 2.1.10），从而它在 Ω_p 中有 q 个不同的根.

我们现在证明 x^q-x 在 Ω_p 中的全部根组成的集合 $\boldsymbol{F}$ 是一个域. 这只需证明：对于 $\boldsymbol{F}$ 中任意元素 α 和 β，则 $\alpha\pm\beta$，$\alpha\beta$ 均属于 $\boldsymbol{F}$. 又若 $\alpha\neq0$，则 $\alpha^{-1}\in\boldsymbol{F}$. 也就是说，我们要证明 $\boldsymbol{F}$ 中可进行四则运算. 至于这些运算所应当满足的结合律、交换律和分配律是不用验证的，因为这些元素都已在域 Ω_p 之中，这些运算法则自然成立.

若 $\alpha,\beta\in\boldsymbol{F}$，则它们是 x^q-x 的根，即 $\alpha^q=\alpha$，$\beta^q=\beta$. 于是 $(\alpha\beta)^q=$

$\alpha^q\beta^q=\alpha\beta$. 这就表明 $\alpha\beta$ 也是 x^q-x 的根,从而$\alpha\beta\in\boldsymbol{F}$. 又由于 $\boldsymbol{F}$ 是特征 p 的域,$(\alpha+\beta)^p=\alpha^p+\beta^p$. 于是

$$(\alpha+\beta)^q=(\alpha+\beta)^{p^n}=(\alpha^p+\beta^p)^{p^{n-1}}=\cdots$$
$$=\alpha^{p^n}+\beta^{p^n}=\alpha^q+\beta^q=\alpha+\beta.$$

同样有$(\alpha-\beta)^q=\alpha-\beta$,从而 $\alpha\pm\beta\in\boldsymbol{F}$. 最后若 $\alpha\neq 0$,则由$\alpha^q=\alpha$ 给出 $\alpha^{-1}=\alpha^{-q}$,因此 $\alpha^{-1}\in\boldsymbol{F}$,这就证明了 $\boldsymbol{F}$ 是域.

我们还需要证明 $\boldsymbol{F}$ 是Ω_p 中唯一的q 元子域,即要证:q 元域 K 中每个元素 α 均是 x^q-x 的根. 设 $K=\{0,\alpha_1,\cdots,\alpha_{q-1}\}$. 如果 $\alpha=0$,则它显然是 x^q-x 的根. 如果 $\alpha\neq 0$,用 α 乘以 K 中全部非零元素 $\alpha_1,\cdots,\alpha_{q-1}$,得到 $\alpha\alpha_1,\cdots,\alpha\alpha_{q-1}$ 也是非零元素,并且彼此不同,因若 $\alpha\alpha_i=\alpha\alpha_j$,由 $\alpha\neq 0$ 知 $\alpha_i=\alpha_j$. 于是

$$\alpha_1\cdots\alpha_{q-1}=(\alpha\alpha_1)\cdots(\alpha\alpha_{q-1})=\alpha^{q-1}\alpha_1\cdots\alpha_{q-1}.$$

由 $\alpha_1\cdots\alpha_{q-1}\neq 0$ 可知 $\alpha^{q-1}=1$,从而 $\alpha^q=\alpha$,即 α 也是 x^q-x 的根. 这就表明 $K=\boldsymbol{F}$,即 $\boldsymbol{F}$ 是Ω_p 中唯一的q 元子域. 证毕. □

由于 Ω_p 中只有唯一的 q 元域,我们今后把它记成 F_q 而 p 元域 Z_p 今后也记成 F_p. 定理 2.2.2 给出 Ω_p 中元素 α 是否属于 F_q 的一个简单的判别方法,即考察是否 $\alpha^q=\alpha$,而当 $\alpha\neq 0$ 时,$\alpha\in F_q$ 当且仅当 $\alpha^{q-1}=1$. 现在我们引入一个重要概念.

定义 2.2.3 有限域 F_q 中非零元素 α 的阶是指使 $\alpha^r=1$ 成立的最小正整数 r.

由于 $\alpha^{q-1}=1$,可知 α 的阶必然$\leqslant q-1$. 例如,1 的阶为 1. 当 $q=p^m$ 而 p 为奇素数时,$-1\neq 1$,$(-1)^2=1$,从而-1 的阶为 2.

引理 2.2.4 设 α 是 F_q 中的非零元素,α 的阶为 r,则对每个整数 s,

(1)$\alpha^s=1$ 当且仅当 $r|s$.

(2)α^s 的阶为 $r/(r,s)$.

证明 (1)若 $r|s$,则 $s=rl(l\in\mathbf{Z})$. 于是 $\alpha^s=(\alpha^r)^l=1^l=1$. 反之若 $\alpha^s=1$,我们有带余除法 $s=ar+b$,其中 $a,b\in\mathbf{Z},0\leqslant b\leqslant r-1$. 于是

$$1=\alpha^s=\alpha^{ar+b}=(\alpha^r)^a\cdot\alpha^b=\alpha^b.$$

由于 r 是满足 $\alpha^r=1$ 的最小正整数,而 $0\leqslant b\leqslant r-1,\alpha^b=1$,可知必然 $b=0$,即 $s=ar$,所以 $r|s$.

(2)对于每个正整数 d,

$$\begin{aligned}(\alpha^s)^d=1&\Leftrightarrow\alpha^{sd}=1\\&\Leftrightarrow r\mid sd\quad(\text{由}(1))\\&\Leftrightarrow\frac{r}{(r,s)}\left|\frac{s}{(r,s)}d\right.\\&\Leftrightarrow\frac{r}{(r,s)}\left|d\right.\quad\left(\text{因为}\frac{r}{(r,s)}\text{和}\frac{s}{(r,s)}\text{互素}\right).\end{aligned}$$

由于 α^s 的阶是满足 $(\alpha^s)^d=1$ 的最小正整数 d,所以也就是满足 $\frac{r}{(r,s)}\left|d\right.$ 的最小正整数 d,于是 $d=\frac{r}{(r,s)}$,证毕. □

注记 由于 $\alpha^{q-1}=1,F_q$ 中每个非零元素 α 的阶都 $\leqslant q-1$. 由引理 2.2.4 的(1)我们进一步知道,α 的阶必是 $q-1$ 的因子. 当 q 是素数 p 时,对于 $F_p=Z_p$ 中每个非零元素 α,均有 $\alpha^{p-1}=1$. 如果 $\alpha=[a]$,其中 a 是不被 p 除尽的整数,则 $\alpha^{p-1}=1$ 相当于 $a^{p-1}\equiv1(\mathrm{mod}\ p)$. 这就是第一章中的费马小定理,而 F_p 中每个非零元素的阶都是 $p-1$ 的因子.

例 1 $p=7,F_p$ 中非零元素为 1,2,3,4,5,6. 其中 1 的阶为 1,6=−1 的阶为 2,由于 $2^2=4,2^3=8=1$,可知 2 的阶为 3,$4=2^{-1}$的阶也是 3(请读者证明 α 和 α^{-1}有相同的阶). 最后求 3 和 $3^{-1}=5$ 的阶. 它们的阶应当是 6 的因子,即应当为 1,2,3 或者 6. 但是 $3\neq1,3^2=9=2\neq1,3^3=2\cdot3=6\neq1$. 可知 3 和 5 的阶都

是 6.

引理 2.2.5 设 α 和 β 是有限域 F_q 中的非零元素，它们的阶分别为 r 和 s，并且 $(r,s)=1$，则 $\alpha\beta$ 的阶为 rs.

证明 设 d 是 $\alpha\beta$ 的阶，则 $1=(\alpha\beta)^d=\alpha^d\beta^d$. 于是 $\alpha^d=\beta^{-d}$. 从而 $\alpha^{ds}=(\beta^s)^{-d}=1$(因为 s 是 β 的阶，$\beta^s=1$). 由此可知 $r\mid ds$(因为 r 是 α 的阶). 但是 $(r,s)=1$，所以 $r\mid d$. 同样可以证明 $s\mid d$，又由 $(r,s)=1$，可知 $rs\mid d$. 换句话说，d 为 rs 的倍数，但是 $(\alpha\beta)^{rs}=(\alpha^r)^s(\beta^s)^r=1$，可知 $d=rs$. 证毕. □

F_q 中每个非零元素的阶都是 $q-1$ 的因子. 我们现在要证明有限域的一个重要结果.

定理 2.2.6 有限域 F_q 中存在 $q-1$ 阶元素，并且这样的元素共有 $\varphi(q-1)$ 个，其中 φ 是欧拉函数.

证明 将 $q-1$ 因子分解.

$$q-1=p_1^{a_1}p_2^{a_2}\cdots p_s^{a_s},$$

其中 $p_1,\cdots,p_s$ 为不同的素数，$a_i\geqslant 1(1\leqslant i\leqslant s)$. 我们知道 F_q^* 中的全部 $q-1$ 个非零元素是多项式 $x^{q-1}-1$ 的全部根. 由于 $p_i^{a_i}\mid q-1$，可知多项式 $x^{p_i^{a_i}}-1$ 是 $x^{q-1}-1$ 的因式. 所以 $x^{p_i^{a_i}}-1$ 的全部根都是 $x^{q-1}-1$ 的根，即根都在 F_q^* 之中. 由于 $x^{q-1}-1$ 没有重根，所以 $f_i(x)=x^{p_i^{a_i}}-1$ 也没有重根，即 $f_i(x)$ 在 F_q^* 中有 $p_i^{a_i}$ 个不同的根. 进而，多项式 $g_i(x)=x^{p_i^{a_i-1}}-1$ 是 $f_i(x)$ 的因式(因为 $p_i^{a_i-1}\mid p_i^{a_i}$)，所以 $g_i(x)$ 也有 $p_i^{a_i-1}$ 个不同的根，并且它们都是 $f_i(x)$ 的根. 但是 $f_i(x)$ 有 $p_i^{a_i}$ 个根，这就表明存在 $\alpha_i\in F_q^*$，使得 α_i 是 $f_i(x)$ 的根但不是 $g_i(x)$ 的根. 也就是说，$\alpha_i^{p_i^{a_i}}=1$ 但是 $\alpha_i^{p_i^{a_i-1}}\neq 1$. 所以 α_i 的阶为 $p_i^{a_i}$. 这样一来，对每个 i，$1\leqslant i\leqslant s$，我们在 F_q^* 中都能找到一个 $p_i^{a_i}$ 阶元素 α_i. 由于它们的阶是彼此

互素的,根据引理 2.2.5 可知 F_q^* 中元素 $\alpha=\alpha_1\alpha_2\cdots\alpha_s$ 的阶为 $p_1^{a_1}\cdots p_s^{a_s}=q-1$.

进而,由于 α 的阶为 $q-1$ 可知 F_q^* 中 $q-1$ 个元素 $1,\alpha,\alpha^2,\cdots,\alpha^{q-2}$ 是两两不同的,所以它们就是 F_q^* 中的全部元素.其中的元素 $\alpha^i(0\leqslant i\leqslant q-2)$ 的阶为 $q-1$ 当且仅当 $q-1=\dfrac{q-1}{(q-1,i)}$(引理 2.2.4(2)),即当且仅当 $(q-1,i)=1$. 所以 F_q 中阶为 $q-1$ 的非零元素的个数等于 $0,1,2,\cdots,q-2$ 当中与 $q-1$ 互素的数的个数,这就是 $\varphi(q-1)$. 证毕. □

定义 2.2.7　有限域 F_q 中阶为 $q-1$ 的元素叫作 F_q 中的本原元素.

F_q 中的本原元素共有 $\varphi(q-1)$ 个. 如果 α 是 F_q 中的一个本原元素,则 F_q 的全部非零元素是由 α 的方幂组成的,$F_q^*=\{1,\alpha,\alpha^2,\cdots,\alpha^{q-2}\}$. 当 q 是素数 p 时,F_p 中的本原元素在初等数论中叫作模 p 的一个原根. 整数 a 是模 p 的一个原根,即指 $a^{p-1}\equiv 1(\mathrm{mod}\ p)$,并且对于任意比 $p-1$ 小的正整数 d,均有 $a^d\not\equiv 1(\mathrm{mod}\ p)$. 在例 1 中,3 和 5 都是模 7 的原根,并且原根恰好有 $\varphi(p-1)=\varphi(6)=2$ 个.

以上我们证明了:对任何素数 p 和正整数 n,域 Ω_p 中都存在唯一的 $q=p^n$ 元有限域. 那么,这些有限域之间有什么关系. 比如说,F_{p^2} 似乎为 F_{p^3} 的子域,但是从代数角度考虑,这是不对的.

引理 2.2.8　在 Ω_p 中,

(1) F_{p^n} 是 F_{p^m} 的子域当且仅当 $n\mid m$.

(2) F_{p^n} 和 F_{p^m} 的交集是有限域 F_{p^a},其中 $a=(n,m)$,而同时包含 F_{p^n} 和 F_{p^m} 的最小域(叫作 F_{p^n} 和 F_{p^m} 的合成域)是 F_{p^b},其中

$b=[n,m]$.

证明 (1)如果 F_{p^n} 是 F_{p^m} 的子域,则 F_{p^m} 是 F_{p^n} 上的有限维向量空间,设维数是 l,取 F_{p^m} 在 F_{p^n} 上的一组基 $v_1,\cdots,v_l$,则 F_{p^m} 中每个元素可唯一地表示成

$$\alpha = a_1v_1 + \cdots + a_lv_l \quad (a_i \in F_{p^n}).$$

每个 a_i 在 F_{p^n} 中有 p^n 种选取方式,所以 F_{p^m} 中的元素个数 p^m 应当为 $(p^n)^l=p^{nl}$. 于是 $m=nl$,即 m 是 n 的倍数. 反过来,设 $n|m$,即 $m=nl$,其中 l 是正整数. 对于 F_{p^n} 中的元素 α,当 $\alpha=0$ 时显然 $0\in F_{p^m}$. 若 $\alpha\neq 0$,则 $\alpha^{p^n-1}=1$. 由 $m=nl$ 可知 $p^n-1\mid p^m-1=p^{nl}-1$,从而 $\alpha^{p^m-1}=1$,于是 $\alpha^{p^m}=\alpha$,即$\alpha\in F_{p^m}$. 这就表明 F_{p^n} 是 F_{p^m} 的子域.

(2)易知 F_{p^n} 和 F_{p^m} 的交集 F 一定是域,并且包含 F_p,从而有形式 F_{p^a},其中 a 是正整数. 由于 F_{p^a} 是 F_{p^n} 和 F_{p^m} 的子域,从而 $a|n$和 $a|m$. 但是 F_{p^a} 为包含在 F_{p^n} 和 F_{p^m} 中的最大子域,所以 a 是 n 和 m 的最大公因子(n,m). 同样地,由于 F_{p^n} 和 F_{p^m} 的合成域是同时包含 F_{p^n} 和 F_{p^m} 的最小域,可知合成域为 F_{p^b},其中 $b=[n,m]$. 证毕. □

以上我们介绍了构作全部有限域的一种方法:每个有限域 F_{p^n} 是多项式 $x^{p^n}-x$ 在 Ω_p 中的全部根. 并且还研究了有限域的一些性质. 特别地,F_q 的非零元素乘法群 F_q^* 是由一个本原元素的方幂组成的. 现在给出构作有限域的另一种方法,用这种方法可以把有限域中的元素和它们的四则运算更具体地表达出来.

Ω_p 中每个元素 α 都是 $F_p[x]$中某个非零多项式的根. 我们令 $g(x)$为 $F_p[x]$中一个以 α 为根并且次数最小的多项式,我们要证明这样的多项式本质上是由 α 所唯一决定的.

引理 2.2.9　设 $\alpha\in\Omega_p$，$g(x)$是 $F_p[x]$中以 α 为根并且次数最小的非零多项式，则

(1)对于每个多项式 $f(x)\in F_p[x]$，$f(\alpha)=0$ 当且仅当$g(x)\mid f(x)$.

(2)对于 $h(x)\in F_p[x]$，则 $h(x)$也是 $F_p[x]$中以 α 为根次数最小的非零多项式，当且仅当 $h(x)$ 和 $g(x)$ 相伴，即$h(x)=ag(x)(a\in F_p^*)$. 特别地，$F_p[x]$中以 α 为根并且次数最小的首1多项式 $g(x)$是由 α 唯一决定的，叫作 α 在 F_p上的最小多项式.

(3)$F_p[x]$中的首 1 多项式 $f(x)$是 α 的最小多项式当且仅当 $f(\alpha)=0$ 并且 $f(x)$是 $F_p[x]$中的不可约多项式.

证明　(1)若 $g(x)\mid f(x)$，则由 $g(\alpha)=0$ 可知 $f(\alpha)=0$. 反之，设 $f(\alpha)=0$，用 $g(x)$除 $f(x)$得到 $f(x)=q(x)g(x)+r(x)$，其中 $q(x)$，$r(x)\in F_p[x]$ 并且 $\deg(r(x))<\deg(g(x))$. 由 $f(\alpha)=g(\alpha)=0$ 给出$r(\alpha)=0$. 但是 $g(x)$是以 α 为根并且次数最小的非零多项式，所以必然有 $r(x)=0$，即 $f(x)=q(x)g(x)$，从而$g(x)\mid f(x)$.

(2)$h(x)$和 $g(x)$都是 $F_p[x]$中以 α 为根并且次数最小的非零多项式，由(1)知 $h\mid g$ 并且 $g\mid h$，从而 g 和 h 相伴. 在这个相伴类中有唯一的首 1 多项式(α 在 F_p上的最小多项式).

(3)设 $f(x)$是 $F_p[x]$中的首 1 多项式，$f(\alpha)=0$. 如果 f 不可约，它显然次数最小，因为 α 的最小多项式是 $f(x)$的因式. 由 $f(x)$不可约可知 $f(x)$就是 α 的最小多项式. 如果$f(x)$可约，则 $f(x)=g(x)h(x)$，其中 g 和 h 是 $F_p[x]$中次数小于 $\deg(f)$的首 1 多项式. 由 $f(\alpha)=0$ 可知 $g(\alpha)=0$ 或者 $h(\alpha)=0$，而 g 和 h 的次数都小于 f 的次数，这表明$f(x)$不是 α 在 F_p上的最小多项式，证毕.　□

现在我们介绍构作有限域 $F_q(q=p^n)$ 的第二种方法.

定理 2.2.10 设 p 为素数,$n\geqslant 1,q=p^n,f(x)$是 $F_p[x]$中一个 n 次首 1 不可约多项式,α 是 $f(x)$在 Ω_p 中的一个根,则

(1)Ω_p 中的子集合

$$\begin{aligned}F_p[\alpha] &= \{a_0+a_1\alpha+\cdots+a_m\alpha^m \mid a_i\in F_p, m\geqslant 0\}\\ &= \{g(\alpha)\mid g(x)\in F_p[x]\}\end{aligned}$$

是一个域.

(2)$F_p[\alpha]$是 F_p 上的 n 维向量空间,并且$\{1,\alpha,\alpha^2,\cdots,\alpha^{n-1}\}$是 $F_p[\alpha]$在 F_p上的一组基,从而 $F_p[\alpha]$是 q 元有限域 F_q.

证明 (1)$F_p[\alpha]$即 $F_p[x]$中所有多项式在 $x=\alpha$ 的值所构成的集合,容易证明这是一个交换环. 因为若 $A,B\in F_p[\alpha]$,则存在 $h(x),g(x)\in F_p[x]$使得 $A=h(\alpha),B=g(\alpha)$. 于是

$$A\pm B=h(\alpha)\pm g(\alpha)=(h\pm g)(\alpha),$$

$$AB=h(\alpha)g(\alpha)=(hg)(\alpha),$$

其中 $h(x)\pm g(x),h(x)g(x)\in F_p[x]$,所以 $A\pm B,AB\in F_p[\alpha]$,即$F_p[\alpha]$是一个交换环. 为证 $F_p[\alpha]$是域,我们只要证明 $F_p[\alpha]$中每个非零元素 β 在 $F_p[\alpha]$中都可逆. 由于 $\beta\in F_p[\alpha]$,从而有 $h(x)\in F_p[x]$使得 $h(\alpha)=\beta\neq 0$. 于是 $f(x)\nmid h(x)$(因为 $f(\alpha)=0$). 但是 $f(x)$不可约,所以 $f(x)$和 $h(x)$互素. 利用定理 2.1.7,可知存在 $A(x),B(x)\in F_p[x]$使得

$$A(x)f(x)+B(x)h(x)=1.$$

代入 $x=\alpha$,由 $f(\alpha)=0$ 可知 $B(\alpha)h(\alpha)=1$,即 $B(\alpha)\beta=1$,而 $B(\alpha)\in F_p[\alpha]$,所以 β 在 $F_p[x]$中可逆并且 $\beta^{-1}=B(\alpha)$. 这就证明了$F_p[\alpha]$是域.

(2)我们证明 $1,\alpha,\cdots,\alpha^{n-1}$是向量空间 $F_p[\alpha]$在 F_p上的一组基. 对于 $F_p[\alpha]$中每个元素 β,我们有 $g(x)\in F_p[x]$使得 $\beta=$

$g(\alpha)$. 用 $f(x)$除 $g(x)$有 $g(x)=q(x)f(x)+r(x)$，其中 $r(x)$的次数小于 $\deg(f)=n$，即

$$r(x) = r_0 + r_1 x + \cdots + r_{n-1}x^{n-1} \quad (r_i \in F_p).$$

于是由 $f(\alpha)=0$ 可知 $\beta=g(\alpha)=r(\alpha)=r_0+r_1\alpha+\cdots+r_{n-1}\alpha^{n-1}$. 这就表明 $F_p[\alpha]$中每个元素 β 都可表示成 $1,\alpha,\cdots,\alpha^{n-1}$的 F_p-线性组合. 进而，我们再证 β 的这种表达方式是唯一的. 如果又有

$$\beta = s_0 + s_1\alpha + \cdots + s_{n-1}\alpha^{n-1} \quad (s_i \in F_p),$$

则 $0=(r_0-s_0)+(r_1-s_1)\alpha+\cdots+(r_{n-1}-s_{n-1})\alpha^{n-1}=h(\alpha)$，其中 $h(x)=\sum_{i=0}^{n-1}(r_i-s_i)x^i$ 是次数小于 $n=\deg(f(x))$的多项式. 但是 $f(\alpha)=0$ 而 $f(x)$不可约，所以 $f(x)$是 α 在 F_p上的最小多项式(引理 2.2.9(3)). 所以必然 $h(x)=0$，即 $r_i=s_i(0\leqslant i\leqslant n-1)$. 这就表明表达式 $\beta=r_0+r_1\alpha+\cdots+r_{n-1}\alpha^{n-1}$中的系数 $r_i(0\leqslant i\leqslant n-1)$是唯一的. 于是 $1,\alpha,\cdots,\alpha^{n-1}$在 F_p上线性无关. 这就证明了它是 $F_p[\alpha]$在 F_p上的一组基. 所以域 $F_p[\alpha]$在 F_p上的维数为 $n=\deg(f)$，于是 $F_p[\alpha]=F_q$，其中$q=p^n$. 证毕. □

下面的例子表明：用这种方法构作有限域更加具体.

例 2　构作 9 元有限域 F_9.

解　考虑 $F_3[x]$中的多项式 $f(x)=x^2+x+2$，这是$F_3[x]$中的不可约多项式，因为若 2 次多项式 $f(x)$可约，它是 $F_3[x]$中两个首 1 多项式的乘积，$x^2+x+2=(x-\alpha_1)(x-\alpha_2)$，$\alpha_1,\alpha_2\in F_3$，于是 α_1(和 α_2)为 $f(x)$的根. 但是 $f(0)=2$，$f(1)=1$ 和 $f(2)=2$ 均不为零，即$f(x)$在 F_3中没有根，所以 $f(x)=x^2+x+2$ 是 $F_3[x]$中不可约多项式. 由定理 2.2.10，取 α 为 $f(x)$在 Ω_p中的一个根，即 $\alpha^2=-\alpha-2=2\alpha+1$，则 $F_3[\alpha]$就是 F_9.

由于$\{1,\alpha\}$是 F_9在 F_3上的一组基，所以

$$F_9 = \{a_0 + a_1\alpha \mid a_0, a_1 \in F_3\}.$$

我们把 F_9 中元素 $a_0 + a_1\alpha$ 表示成向量 (a_0, a_1)，则 F_9 中 9 个元素为

$$0 = (0,0), 1 = (1,0), \alpha = (0,1), \alpha^2 = 1 + 2\alpha = (1,2),$$

$$\alpha^3 = \alpha \cdot \alpha^2 = \alpha(2\alpha + 1) = 2\alpha^2 + \alpha$$

$$= 2(2\alpha + 1) + \alpha = 5\alpha + 2 = (2,2),$$

$$\alpha^4 = \alpha \cdot \alpha^3 = \alpha(2 + 2\alpha) = 2\alpha + 2\alpha^2$$

$$= 2\alpha + 2 + \alpha = (2,0) = 2(= -1),$$

$$\alpha^5 = -\alpha = (0, -1) = (0,2),$$

$$\alpha^6 = -\alpha^2 = -(1,2) = (2,1),$$

$$\alpha^7 = -\alpha^3 = -(2,2) = (1,1),$$

$$\alpha^8 = (\alpha^4)^2 = (-1)^2 = 1.$$

由于 $0, 1, \alpha, \cdots, \alpha^7$ 的向量表达式彼此不同，这 9 个元素彼此不同，所以是 F_9 的全部元素. 特别地，$F_9^* = \{1, \alpha, \alpha^2, \cdots, \alpha^7\}$，即 α 是 F_9 中的一个本原元素. 用向量表达式做加减法容易，例如，

$$\alpha^2 + \alpha^5 = (1,2) + (0,2) = (1,1) = \alpha^7 (= 1 + \alpha),$$

$$\alpha^2 - \alpha^5 = (1,2) - (0,2) = (1,0) = 1.$$

而用 α 的方幂表示非零元素做乘除法容易，例如，

$$(1 + 2\alpha)(2 + \alpha) = \alpha^2 \cdot \alpha^6 = \alpha^8 = 1,$$

$$\frac{(1 + 2\alpha)}{(2 + 2\alpha)} = \alpha^{2-3} = \alpha^{-1} = \alpha^7 = 1 + \alpha.$$

如果我们改用 $F_3[x]$ 中的不可约多项式 $x^2 + 1$，令 β 是它的一个根，即 $\beta^2 = -1 = 2$，则 $F_3[\beta]$ 也是 F_9，从而 F_9 的全部元素为 $a_0 + a_1\beta (a_0, a_1 \in F_3)$，但是元素 β 的阶为 4，β 不是 F_9 的本原元素，所以 F_9 中有元素不是 β 的方幂. 注意 $\beta^2 = -1$ 可知

$$(1 + \beta)^2 + (1 + \beta) + 2 = 1 + 2\beta + \beta^2 + 1 + \beta + 2 = 0,$$

所以 $1+\beta$ 是 $f(x)=x^2+x+2$ 的根，它相当于前面的本原元素 α.

细心的读者又会有一个疑问：在上述定理中，我们用 $F_p[x]$ 中一个 n 次首 1 不可约多项式的根来构作有限域 $F_q(q=p^n)$. 但是，如何保证对每个 $n\geqslant 1$，一定有 $F_p[x]$中的 n 次首 1 不可约多项式呢？

定理 2.2.11　设 p 为素数，$q=p^n(n\geqslant 1)$. 对于 F_q 中本原元素 α，α 在 F_p 上的最小多项式都是 $F_p[x]$中的 n 次首 1 不可约多项式.

证明　记 α 在 F_p 上的最小多项式为 $f(x)$，它显然是 $F_p[x]$ 中的首 1 不可约多项式. 再证 $\deg(f)=n$. 由于 α 是本原元素，可知

$$F_q=\{0,1,\alpha,\cdots,\alpha^{q-2}\}.$$

由于 α^i 都是 α 的多项式，所以 $F_q\subseteq F_p[\alpha]$. 另外，$\alpha\in F_q$，从而 α 的多项式（系数属于 F_p）都在 F_q 之中，从而 $F_p[\alpha]\subseteq F_q$. 于是 $F_p[\alpha]=F_q$. 但是 $f(x)$ 是 α 在 F_p 上的最小多项式，从而域 $F_p[\alpha]$有 $p^{\deg(f)}$ 个元素，而 F_q 有 $q=p^n$ 个元素，于是 $\deg(f)=n$，证毕. □

习　题

1. 决定模 11 的全部原根.

2. 设 α 是有限域 F_q 中的非零元素，则 α 的阶为 r 当且仅当 $\alpha^r=1$，并且对于 r 的每个素因子 p，$\alpha^{\frac{r}{p}}\neq 1$.

3. 设 α 是 F_q 中元素，d 是正整数，$(d,q-1)=1$. 证明若 $\alpha^d=1$，则 $\alpha=1$. 特别地，若 $q=p^n$，则 F_q 中不存在元素 $\alpha\neq 1$，使得 $\alpha^p=1$.

4. 设 p 为素数，证明在 $F_p[x]$中多项式 $x^{p-1}-1$ 分解为

$$x^{p-1}-1=(x-1)(x-2)\cdots(x-(p-1)).$$

特别地，有同余式$(p-1)!\equiv -1(\mathrm{mod}\ p)$(这叫 Wilson 定理).

5. 设 m 为正整数，$m\geqslant 2$. 证明：m 是素数当且仅当

$$(m-1)!\equiv -1(\mathrm{mod}\ m).$$

6. 决定 $F_2[x]$中所有 2 次和 3 次的首 1 不可约多项式.

7. 构作有限域 F_8，其中哪些元素是本原元素?

8. 构作有限域 F_{16}，并列出其中的全部本原元素.

9. 设 $q=p^n$(p 为素数，$n\geqslant 1$). 证明对于 F_q 中每个元素 α，均有唯一的元素 $\beta\in F_q$，使得 $\beta^p=\alpha$.

10. 设 c 是 F_q 中非零元素，k 为正整数. 证明：方程 $x^k=c$ 在 F_q 中有解的充分必要条件是 $c^r=1$，其中 $r=\dfrac{q-1}{(q-1,k)}$. 并且当 $c^r=1$ 时，方程 $x^k=c$ 在 F_q 中恰好有$(q-1,k)$个解.

11. 设 α 是 F_q 中非零元素，阶为 n，则 $n\mid q-1$，并且 F_q 中存在本原元素 γ，使得 $\alpha=\gamma^{\frac{q-1}{n}}$.

12. 设 k 为正整数，证明

$$\sum_{a\in F_q}a^k=\begin{cases}0, \text{若}(q-1)\nmid k,\\ -1, \text{若}(q-1)\mid k.\end{cases}$$

13. 证明：对于 $q-1$ 的每个正因子 d，F_q 中的 d 阶元素恰好有 $\varphi(d)$个.

三　有限域上的函数

以上我们构作出全部有限域，本章我们介绍一些定义在有限域上或者取值于有限域中的各种函数（或叫映射）．这些函数不仅在数学研究中是重要的，而且也是信息科学等领域的重要工具．

§3.1　广义布尔函数

定义在二元域 F_2 上并且取值于 F_2 的 n 变量函数叫作 n 元布尔函数．以 F_2^n 表示 F_2 上的 n 维向量空间，则 n 元布尔函数就是一个映射

$$f = f(x_1, x_2, \cdots, x_n): F_2^n \rightarrow F_2.$$

它把 F_2^n 中每个向量 $a=(a_1, a_2, \cdots, a_n)$ 映成 F_2 中的元素 $f(a)=f(a_1, a_2, \cdots, a_n)$．全体 n 元布尔函数组成的集合记成 B_n．在 B_n 中定义如下的加法和乘法：

对于 $f, g \in B_n$ 和 $a \in F_2^n$，B_n 中布尔函数 $f+g$ 和 fg 为

$$(f+g)(a) = f(a) + g(a), \quad (fg)(a) = f(a)g(a).$$

请读者证明，集合 B_n 对于上面定义的加法和乘法是一个交换环，叫 n 元布尔函数环．零元素和幺元素分别是恒取值于 0 和恒取值于 1 的函数．而加法的逆运算（减法）定义为：对每个 $a \in F_2^n$，

$(f-g)(a)=f(a)-g(a)$. 但是在二元域 F_2 中 $-1=1$，所以 $f(a)-g(a)=f(a)+g(a)=(f+g)(a)$. 即 B_n 中加法和减法是一样的：$f-g=f+g$.

更一般地，对任意有限域 F_q，我们有 n 元函数 $f=f(x_1,x_2,\cdots,x_n):F_q^n\to F_q$，叫作 n 元广义布尔函数. 所有这样的函数组成的集合表示成 $B_{n,q}$. 在 $B_{n,q}$ 中也可与 $B_n(=B_{n,2})$ 中类似地定义加法和乘法，使得 $B_{n,q}$ 是交换环. 布尔函数和广义布尔函数是通信研究中的重要数学工具.

每个 n 元广义布尔函数 $f=f(x_1,x_2,\cdots,x_n):F_q^n\to F_q$ 由它在 q^n 个向量 $a=(a_1,a_2,\cdots,a_n)(a_i\in F_q)$ 上的取值所完全决定. 每个取值 $f(a)$ 都可以是 F_q 中任意的元素，即每个 $f(a)$ 都有 q 个可能取值，从而 n 元布尔函数 $f:F_q^n\to F_q$ 的个数为 q^{q^n}，即 $B_{n,q}$ 是 q^{q^n} 个元素的有限环. 特别地，$|B_n|=2^{2^n}$，即 n 元布尔函数共有 2^{2^n} 个. 例如，1 元布尔函数 $f:F_2\to F_2$ 共有 $2^{2^1}=4$ 个，它们是：

$$f(x)=0,\text{即 } f(0)=f(1)=0.$$

$$f(x)=1,\text{即 } f(0)=f(1)=1.$$

$$f(x)=x,\text{即 } f(0)=0,f(1)=1.$$

$$f(x)=1+x,\text{即 } f(0)=1,f(1)=0.$$

我们用 $F_q[x_1,x_2,\cdots,x_n]$ 表示系数属于 F_q 的关于 $x_1,x_2,\cdots,x_n$ 的多项式全体所构成的集合，它对于通常多项式的加法和乘法也是交换环. 这是一个无限环，比如 $x_1,x_1^2,\cdots,x_1^n,x_1^{n+1},\cdots$ 就是无限多个不同的多项式. 每个多项式 $f(x_1,x_2,\cdots,x_n)\in F_q[x_1,x_2,\cdots,x_n]$ 都可看成由 F_q^n 到 F_q 的一个函数. 但是多项式有无限多个，而 $B_{n,q}$ 中函数只有有限多个，所以必然有不同的多项式是同一个函数. 事实上，F_q 上 1 元多项式 x^q 和 x 是由

F_q到F_q的同一个函数，因为对于F_q中的每个元素a，我们有$a^q=a$，从而不同的多项式x^q和x是同一个函数. 这样一来，对于$F_q[x_1,x_2,\cdots,x_n]$中的多项式$f(x_1,x_2,\cdots,x_n)$，如果其中出现有x_i^l，其中$l\geqslant q$，则x_i^l和$x_i^{l-(q-1)}$是同一个函数. 采用这种降低指数的方法，可得到x_i^a，$1\leqslant a\leqslant q-1$，使得$x_i^l$和$x_i^a$是同一个函数，所以我们可以得到一个多项式$g(x_1,x_2,\cdots,x_n)$，使得$g$对于每个变量$x_i$的次数都$\leqslant q-1$，并且多项式$g$和$f$是由$F_q^n$到$F_q$的同一个函数. 这样的多项式$g$可表示成

$$g(x_1,x_2,\cdots,x_n)=\sum_{a_1,a_2,\cdots,a_n\in\{0,1,\cdots,q-1\}}c(a_1,a_2,\cdots,a_n)x_1^{a_1}x_2^{a_2}\cdots x_n^{a_n},\tag{3.1.1}$$

其中$c(a_1,a_2,\cdots,a_n)\in F_q$是单项式$x_1^{a_1}x_2^{a_2}\cdots x_n^{a_n}$的系数. 由于每个$a_i$有$q$个选取可能，从而有$q^n$个向量$(a_1,a_2,\cdots,a_n)$. 对于每个向量，系数$c(a_1,a_2,\cdots,a_n)\in F_q$都有$q$个可能. 所以形如式(3.1.1)的多项式有$q^{q^n}$个，和$B_{n,q}$中广义布尔函数的个数一样多. 因此，如果我们再能证明每个$B_{n,q}$中的函数都可以写成形如式(3.1.1)的多项式，那么它的表达式就是唯一的了，即形如式(3.1.1)的两个不同的多项式是不同的函数.

为了证明$B_{n,q}$中每个函数都可表示成形如式(3.1.1)的多项式，我们利用以下的多项式：对于每个向量$\boldsymbol{a}=(a_1,a_2,\cdots,a_n)\in F_q^n$，令

$$\varphi_a(x_1,x_2,\cdots,x_n)=(1-(x_1-a_1)^{q-1})\cdots(1-(x_n-a_n)^{q-1}).$$

由于对F_q中非零元素a，均有$a^{q-1}=1$，可知对于$(b_1,b_2,\cdots,b_n)\in F_q^n$，

$$\varphi_a(b_1,b_2,\cdots,b_n)=\begin{cases}1, & 若(b_1,b_2,\cdots,b_n)=(a_1,a_2,\cdots,a_n),\\ 0, & 否则.\end{cases}$$

请大家用多项式φ_a的这个函数特点，验证$B_{n,q}$中每个函数$f=$

$f(x_1,x_2,\cdots,x_n)$都可表示成如下的多项式：

$$\sum_{a\in F_q^n} f(\boldsymbol{a})\varphi_a(x_1,x_2,\cdots,x_n). \qquad (3.1.2)$$

由于每个多项式 $\varphi_a(x_1,x_2,\cdots,x_n)$ 对于每个 x_i 的次数均 $\leqslant q-1$，所以上面的多项式也是如此，即有式(3.1.1)的形式，综合上述，我们得到如下结果.

定理 3.1.1 每个广义布尔函数 $g=g(x_1,x_2,\cdots,x_n):F_q^n\to F_q$都可唯一地表示成形如式(3.1.1)的多项式函数. □

注记 特别地，对于 $q=2$，则每个 n 元布尔函数 $f=f(x_1,x_2,\cdots,x_n)$都可唯一地表示成多项式函数，并且这个多项式对每个 x_i 的次数均$\leqslant 1$. 由式(3.1.1)可知这个多项式函数就是

$$f(x_1,x_2,\cdots,x_n)=\sum_{(a_1,a_2,\cdots,a_n)\in\{0,1\}} f(a_1,a_2,\cdots,a_n)$$
$$(x_1+a_1+1)\cdots(x_n+a_n+1). \qquad (3.1.3)$$

例 1 考虑 2 元布尔函数 $f(x_1,x_2)$，它的取值为

$$f(0,0)=f(1,0)=f(1,1)=1,\quad f(0,1)=0.$$

由式(3.1.3)知

$$\begin{aligned}f(x_1,x_2)&=(1+x_1)(1+x_2)+x_1(1+x_2)+x_1x_2\\&=1+x_1+x_2+x_1x_2+x_1+x_1x_2+x_1x_2\\&=1+x_2+x_1x_2,\end{aligned}$$

这是 2 次多项式. 表 3-1、表 3-2 列出 B_2中全部 $2^{2^2}=16$ 个 2 元布尔函数的多项式表达式和它们的取值.

表 3-1

$f(x_1,x_2)$	0	x_1	x_2	x_1+x_2	x_1x_2	$x_1x_2+x_1$	$x_1x_2+x_2$	$x_1x_2+x_1+x_2$
(0,0)	0	0	0	0	0	0	0	0
(0,1)	0	0	1	1	0	0	1	1
(1,0)	0	1	0	1	0	1	0	1
(1,1)	0	1	1	0	1	0	0	1

表 3-2

$f(x_1,x_2)$	1	x_1+1	x_2+1	x_1+x_2+1	x_1x_2+1	$x_1x_2+x_1+1$	$x_1x_2+x_2+1$	$x_1x_2+x_1+x_2+1$
(0,0)	1	1	1	1	1	1	1	1
(0,1)	1	1	0	0	1	1	0	0
(1,0)	1	0	1	0	1	0	1	0
(1,1)	1	0	0	1	0	1	1	0

以上证明了,对于每个有限域 F_q,由 F_q^n 到 F_q 的每个函数都可以表示成多项式形式.但是将 F_q 改成同余类环 Z_m,这个结论不一定成立.例如,存在由 Z_4 到 Z_4 的函数不能表示成系数属于 Z_4 的多项式 $f(x)$(习题).

习　题

1. 设 $f=f(x_1,x_2)$是由 F_3^2 到 F_3 的函数,取值为

$$f(0,0)=f(0,1)=0,$$

$$f(0,2)=f(1,0)=f(1,1)=1,$$

$$f(1,2)=f(2,0)=f(2,1)=f(2,2)=2.$$

试将 f 写成形如式(3.1.1)的多项式.

2. 证明:存在由 Z_4 到 Z_4 的函数,它不能表示成系数属于 Z_4 的多项式 $f(x)$.(提示:x^4 和 x^2 是同一个函数,$2x^3$ 和 $2x$ 也是同一个函数.)你能否具体给出一个这样的函数?

§3.2　幂级数

记 N_0 为非负整数集合.本节考虑由集合 N_0 到有限域 F_q 的函数

$$f:N_0\rightarrow F_q.$$

对每个整数 $n\geqslant 0$,令 $f_n=f(n)\in F_q$,则函数 f 可以表示成元素属于 F_q 的一个无限序列

$$f=(f_0,f_1,\cdots,f_n,\cdots),$$

它对应出一个系数属于 F_q的幂级数

$$f(x)=f_0+f_1x+f_2x^2+\cdots+f_nx^n+\cdots=\sum_{n=0}^{\infty}f_nx^n.$$

我们用 $F_q[[x]]$表示这样的幂级数所组成的集合. 如果对充分大的 n,$f(n)$均取值为零,即 $f=(f_0,f_1,\cdots,f_n,0,0,\cdots)$,则它对应于多项式 $f(x)=f_0+f_1x+\cdots+f_nx^n$. 所以多项式环 $F_q[x]$可看成 $F_q[[x]]$的一个子集合. 我们仿照多项式的加、减、乘法运算,可以定义幂级数的如下运算:对于 $f(x)=\sum_{n=0}^{\infty}f_nx^n$ 和 $g(x)=\sum_{n=0}^{\infty}g_nx^n$,令

$$f(x)\pm g(x)=\sum_{n=0}^{\infty}(f_n\pm g_n)x^n,$$

$$\begin{aligned}f(x)g(x)&=\Big(\sum_{n=0}^{\infty}f_nx^n\Big)\Big(\sum_{m=0}^{\infty}g_mx^m\Big)=\sum_{n,m=0}^{\infty}f_ng_mx^{n+m}\quad\text{(分配律)}\\&=\sum_{k=0}^{\infty}\Big(\sum_{n+m=k}f_ng_m\Big)x^k\\&=\sum_{k=0}^{\infty}h_kx^k,\end{aligned}$$

其中对每个 $k\geqslant 0$,

$$h_k=\sum_{\substack{n,m\geqslant 0\\n+m=k}}f_ng_m=\sum_{n=0}^{k}f_ng_{k-n}. \tag{3.2.1}$$

例如,

$$h_0=f_0g_0,\quad h_1=f_1g_0+f_0g_1,$$
$$h_2=f_2g_0+f_1g_1+f_0g_2,\cdots$$

可以证明 $F_q[[x]]$对于这些运算是交换环,叫作 F_q上的幂级数环. 如果 $f(x)$和 $g(x)$都是多项式,则上面的运算和多项式的运

算一致，所以称多项式环 $F_q[x]$ 为 $F_q[[x]]$ 的子环. 幂级数环 $F_q[[x]]$ 中的零元素为 0，它对应于全零序列(0,0,…,0,…)，也就是由 N_0 到 F_q 恒取值为零的函数，$F_q[[x]]$ 中的幺元素为 $1\in F_q$，它对应于序列(1,0,0,…,0,…)，也就是函数 $f(0)=1$，而当 $n\geqslant 1$ 时 $f(n)=0$.

对于幂级数 $f(x)$ 和 $g(x)$ 的加法，$f(x)+g(x)$ 对应于两个序列逐位相加

$$(f_0,f_1,\cdots,f_n,\cdots)+(g_0,g_1,\cdots,g_n,\cdots)$$
$$=(f_0+g_0,f_1+g_1,\cdots,f_n+g_n,\cdots).$$

而乘积 $f(x)g(x)$ 对应于序列 $(h_0,h_1,\cdots,h_n,\cdots)$，其中 h_n 由式(3.2.1)给出，我们称它为序列 $(f_0,f_1,\cdots,f_n,\cdots)$ 和 $(g_0,g_1,\cdots,g_n,\cdots)$ 的卷积，表示成

$$(f_0,f_1,\cdots,f_n,\cdots)*(g_0,g_1,\cdots,g_n,\cdots)=(h_0,h_1,\cdots,h_n,\cdots).$$

序列的卷积运算似乎是很奇特的，但是在通信系统中广泛采用的一种元件——线性移位寄存器，所用的就是序列的卷积.

有限域 F_q 上的一个 $k(\geqslant 1)$ 位线性移位寄存器（以下简称线性移存器）如图 3-1 所示. 它由两部分组成.

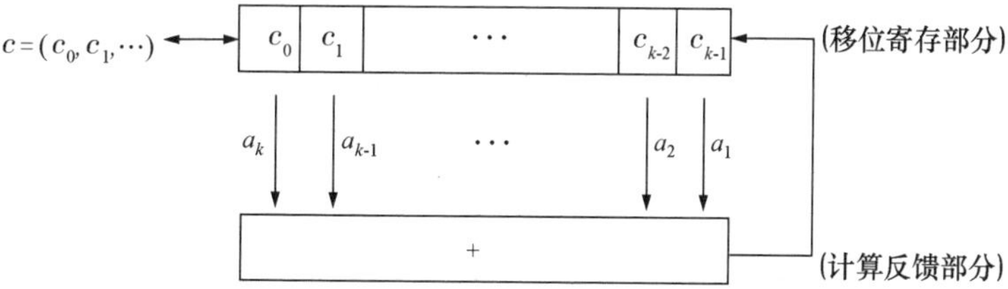

图 3-1　线性移位寄存器

(1)移位寄存部分，有 k 个存储单元，存放 F_q 中元素，开始时存入 $(c_0,c_1,\cdots,c_{k-1})$ $(c_i\in F_q)$，叫作初始状态.

(2)计算反馈部分，将寄存部分的内容 $(x_0,x_1,\cdots,x_{k-1})$ 输

入,并且用下面的 1 次广义布尔函数作线性计算

$$f(x_0,x_1,\cdots,x_{k-1})=a_kx_0+a_{k-1}x_1+\cdots+a_1x_{k-1}\in F_q.\quad (a_i\in F_q)$$

例如,把初始状态$(c_0,c_1,\cdots,c_{k-1})$输入,计算出

$$c_k=f(c_0,c_1,\cdots,c_{k-1})=a_kc_0+a_{k-1}c_1+\cdots+a_1c_{k-1}.$$

在下一时刻,寄存部分每个单元的内容均向左移一位,c_0 输出,而计算值 c_k 反馈到空出的最右边那个单元,所以寄存部分的状态变为$(c_1,c_2,\cdots,c_k)$. 将这个状态输入到计算部分,又算出

$$c_{k+1}=f(c_1,c_2,\cdots,c_k)=a_kc_1+a_{k-1}c_2+\cdots+a_1c_k.$$

接下来,又输出 c_1,其他单元仍向左移一位,将 c_{k+1} 反馈到最右边的单元,状态又变成$(c_2,c_3,\cdots,c_{k+1})$,然后又计算

$$c_{k+2}=f(c_2,c_3,\cdots,c_{k+1})=a_kc_2+a_{k-1}c_3+\cdots+a_1c_{k+1}.$$

如此无限地进行下去,我们便得到一个输出序列

$$c=(c_0,c_1,\cdots,c_n,\cdots)(c_i\in F_q),$$

其中前 k 位为初始状态$(c_0,c_1,\cdots,c_{k-1})$,而当 $l\geqslant k$ 时,

$$c_l=a_kc_{l-k}+a_{k-1}c_{l-k+1}+\cdots+a_1c_{l-1}\quad(l=k,k+1,\cdots).\tag{3.2.2}$$

引理 3.2.1 对于上面的 F_q上线性移存器,我们有

$$(1-a_1x-a_2x^2-\cdots-a_kx^k)\cdot\left(\sum_{n=0}^{\infty}c_nx^n\right)$$
$$=b_0+b_1x+\cdots+b_{k-1}x^{k-1},$$

其中

$$\begin{aligned}b_0&=c_0,\\ b_1&=c_1-c_0a_1,\\ &\vdots\\ b_{k-1}&=c_{k-1}-c_{k-2}a_1-\cdots-c_0a_{k-1}.\end{aligned}\tag{3.2.3}$$

换句话说,线性移存器生成的序列$(c_0, c_1, \cdots, c_n, \cdots)$和序列$(1, -a_1, \cdots, -a_k, 0, 0, \cdots)$的卷积为序列$(b_0, b_1, \cdots, b_{k-1}, 0, 0, \cdots)$.

证明　设$(1-a_1x-a_2x^2-\cdots-a_kx^k)\cdot\left(\sum_{n=0}^{\infty}c_nx^n\right)=\sum_{n=0}^{\infty}b_nx^n\in F_q[[x]]$. 由幂级数乘法定义可知$b_0, b_1, \cdots, b_{k-1}$可表达成公式(3.2.3)中的形式,而当$l\geqslant k$时,

$$b_l=c_l-a_1c_{l-1}-a_2c_{l-2}-\cdots-a_kc_{l-k}.$$

由式(3.2.2)知$b_l=0$(当$l\geqslant k$时). 这就证明了引理3.2.1. □

$f(x)=1-a_1x-a_2x^2-\cdots-a_kx^k$叫作上述线性移存器的联接多项式. 序列$c=(c_0, c_1, \cdots, c_n, \cdots)$叫作该线性移存器以$(c_0, \cdots, c_{k-1})$为初始状态所产生的序列. 由上述引理可知,这个序列所对应的幂级数$c(x)=\sum_{n=0}^{\infty}c_nx^n$是$F_q[x]$中两个多项式的商$\dfrac{b_0+b_1x+\cdots+b_{k-1}x^{k-1}}{f(x)}$(叫作$F_q$上的有理分式). 通常我们取$a_k$为$F_q$中非零元素(当$a_k=0$时,线性移存器的级数$\leqslant k-1$). 于是这个有理分式是一个真分式,即分子的次数小于分母的次数$\deg(f(x))=k$.

由这个例子可知,幂级数环$F_q[[x]]$不仅在数学中是重要的研究对象,它也是通信系统的数学工具. 现在我们研究环$F_q[[x]]$的一些基本性质.

首先决定幂级数环$F_q[[x]]$中的(乘法)可逆元素. 我们知道,多项式环$F_q[x]$中只有恒为非零常数$f(x)\equiv a\in F_q^*$的多项式才是可逆元素. 但是在$F_q[[x]]$中有更多的可逆元素,从而有更多的灵活余地进行除法运算.

引理 3.2.2 环 $F_q[[x]]$中的幂级数 $\alpha=\sum_{n=0}^{\infty}a_nx^n$ 是可逆的当且仅当 $a_0\neq 0$.

证明 如果 α 可逆,则有 $\beta=\sum_{n=0}^{\infty}b_nx^n\in F_q[[x]]$ 使得 $\alpha\beta=1$,即

$$\left(\sum_{n=0}^{\infty}a_nx^n\right)\left(\sum_{m=0}^{\infty}b_mx^m\right)=1, \tag{3.2.4}$$

于是 $a_0b_0=1$. 从而 $a_0\neq 0$. 反之,若 $a_0\neq 0$,则式(3.2.4)相当于

$$\begin{aligned}
&a_0b_0=1,\\
&a_1b_0+a_0b_1=0,\\
&\vdots\\
&a_nb_0+a_{n-1}b_1+\cdots+a_1b_{n-1}+a_0b_n=0,\\
&\vdots
\end{aligned}$$

从而我们可以依次决定出(注意已假定 $a_0\neq 0$,从而 a_0 在 F_q中可逆)

$$\begin{aligned}
&b_0=a_0^{-1},\\
&b_1=-a_0^{-1}a_1b_0,\\
&\vdots\\
&b_n=-a_0^{-1}(a_nb_0+a_{n-1}b_1+\cdots+a_1b_{n-1}),\\
&\vdots
\end{aligned}$$

对于如此决定的 F_q中元素 $b_0,b_1,\cdots,b_n,\cdots,\beta=\sum_{n=0}^{\infty}b_nx^n$ 就是 α 的逆,即 α 在环 $F_q[[x]]$中是可逆的. 证毕. □

例 1 对每个正整数 n,多项式 $1-x^n$ 在多项式环 $F_q[x]$中不可逆,但是由引理 3.2.2,它在幂级数环 $F_q[[x]]$中是可逆的. 事实上,

$$\frac{1}{1-x^n}=1+x^n+x^{2n}+\cdots+x^{ln}+x^{(l+1)n}+\cdots,$$

于是对任意次数小于 n 的多项式 $g(x)=g_0+g_1x+\cdots+g_{n-1}x^{n-1}\in F_q[x]$,真分式(分子次数小于分母次数的分式)

$$\begin{aligned}\frac{g(x)}{1-x^n}&=(g_0+g_1x+\cdots+g_{n-1}x^{n-1})(1+x^n+x^{2n}+\cdots)\\&=g_0+g_1x+\cdots+g_{n-1}x^{n-1}+g_0x^n+\\&\quad g_1x^{n+1}+\cdots+g_{n-1}x^{2n-1}+g_0x^{2n}+\cdots,\end{aligned}$$

它所对应的序列是 $g_0,g_1,\cdots,g_{n-1}$,接下来再不断重复. 这样的序列叫作周期序列.

定义 3.2.3 序列 $c=(c_0,c_1,\cdots,c_n,\cdots)$叫作周期序列,是指存在正整数 d,使得对每个 $n\geqslant 0$, 有

$$c_{n+d}=c_n.$$

这时序列可简单表示成 $c=(\dot{c}_0c_1\cdots\dot{c}_{d-1})$,$d$ 叫作此序列的周期,而满足此条件的最小正整数 d 叫作此序列的最小周期. 利用整数环中的带余除法,不难证明序列的每个周期一定是最小周期的倍数.

我们下一个目标要证明:线性移存器生成的序列都是周期序列. 为此,我们要研究有限域上的多项式和幂级数的进一步性质.

引理 3.2.4 设 $f(x)=a_0+a_1x+\cdots+a_nx^n\in F_q[x]$,$a_0\neq 0$ $[f(0)\neq 0]$,则存在正整数 d,使得 $f(x)\mid 1-x^d$.

证明 设 $q=p^m$,以 $\alpha_1,\alpha_2,\cdots,\alpha_s$ 表示 $f(x)$在 F_q的代数闭包Ω 中的全部彼此不同的根,重数分别为 $n_1,n_2,\cdots,n_s$,则 $f(x)$ 在 $\Omega[x]$中分解为

$$f(x)=a(x-\alpha_1)^{n_1}\cdots(x-\alpha_s)^{n_s}\quad(a\in F_q^*),\tag{3.2.5}$$

则 $F_q[\alpha_i]$是有限域(习题 3). 由 $f(0)\neq 0$ 知 $\alpha_i\neq 0$,即 α_i 是有限域中的非零元素. 从而存在正整数 d_i,使得 $\alpha_i^{d_i}=1(1\leqslant i\leqslant s)$. 记 $D=d_1\cdots d_s$,则 $\alpha_i^D=1(1\leqslant i\leqslant s)$,于是 $\alpha_i(1\leqslant i\leqslant s)$都是 x^D-1 的根,即$(x-\alpha_i)\mid x^D-1$. 由于 $\alpha_i(1\leqslant i\leqslant s)$彼此不同,可知 $x-\alpha_i(1\leqslant i\leqslant s)$彼此互素. 因此$(x-\alpha_1)\cdots(x-\alpha_s)\mid x^D-1$. 现在取充分大的整数 l,使得 $l\geqslant n_i(1\leqslant i\leqslant s)$. 令 $d=Dp^l$,则由分解式(3.2.5)可知

$$f(x)\mid((x-\alpha_1)\cdots(x-\alpha_s))^{p^l}\mid(x^D-1)^{p^l}=x^{Dp^l}-1$$
$$=x^d-1.$$

这就证明了引理 3.2.4. □

定义 3.2.5 对于 $F_q[x]$中多项式 $f(x)$,$f(0)\neq 0$($f(x)$的常数项不为零),满足 $f(x)\mid 1-x^d$ 的每个正整数 d 都叫作多项式 $f(x)$的一个周期,而满足此条件的最小正整数 d 叫作多项式 $f(x)$的最小周期,由整数环上的带余除法可知,正整数 d 是 $f(x)$的周期当且仅当 d 是 $f(x)$的最小周期的倍数.

定理 3.2.6 设 $f(x)$为 $F_q[x]$中的 n 次首 1 不可约多项式,$f(x)\neq x$. 则:

(1)$f(x)$在 F_q的代数闭包Ω 中没有重根.

(2)如果 α 是 $f(x)$在 Ω 中的一个根,则对每个正整数 d,α^{q^d}都是 $f(x)$的根.

(3)设 α 的阶为 d,则多项式 $f(x)$的次数 n 就是满足 $q^m\equiv 1(\mathrm{mod}\ d)$的最小正整数 m,并且 $\alpha,\alpha^q,\alpha^{q^2},\cdots,\alpha^{q^{m-1}}$ 就是 $f(x)$的全部(不同的)根.

(4)多项式 $f(x)$所有根的阶均为 d,并且 d 就是多项式 $f(x)$的最小周期.

证明　首先注意，由 $f(x)$不可约和 $f(x)\neq x$ 可知$f(0)\neq 0$，从而多项式具有周期(引理 3.2.4)，并且 $f(x)$在 Ω 中的根都是非零元素，进而令 $F_q[\alpha]=F_{q^s}$，则 α 的阶 d 为 q^s-1 的因子，于是 d 和 q 互素.

(1)设 $f(x)=\sum\limits_{i=0}^{n}a_ix^i(a_i\in F_q)$，它的导函数为 $f'(x)=\sum\limits_{i=0}^{n}ia_ix^{i-1}$. 如果 $f(x)$有重根，则$(f,f')\neq 1$. 但是 f 不可约，所以$f\mid f'$. 由于 f'的次数小于 f 的次数，从而必然$f'\equiv 0$. 即所有系数 ia_i 都是F_q中的零元素. 设 q 是素数 p 的方幂. 则当 $p\nmid i$ 时，i 在 F_q中不为零，于是 $a_i=0$. 这就表明只有当 $p\mid i$ 时 a_i 才会不为零. 于是 $f(x)=\sum\limits_{j=0}^{l}a_{pj}x^{pj}$. 进而在 F_q 中存在 b_j 使得 $b_j^p=a_{pj}$ (第 2.2 节习题 9). 因此 $f(x)=\sum\limits_{j=0}^{l}b_j^px^{pj}=\left(\sum\limits_{j=0}^{l}b_jx^j\right)^p$，这和 f 在$F_q[x]$中不可约的假定相矛盾. 这就表明有限域上的不可约多项式 $f(x)$没有重根.

(2)若α 为 $f(x)=\sum\limits_{i=0}^{n}a_ix^i(a_i\in F_q)$ 的一个根，则 $\sum\limits_{i=0}^{n}a_i\alpha^i=0$. 于是

$$
\begin{aligned}
0&=\left(\sum_{i=0}^{n}a_i\alpha^i\right)^q=\sum_{i=0}^{n}a_i^q\alpha^{iq}\\
&=\sum_{i=0}^{n}a_i(\alpha^q)^i\quad(\text{由 } a_i\in F_q \text{ 知 } a_i^q=a_i)\\
&=f(\alpha^q).
\end{aligned}
$$

这就表明 α^q 也是 $f(x)$的根. 于是 α^{q^2}，α^{q^3}，…也都是 $f(x)$的根.

(3)令 m 是满足 $q^m\equiv 1(\mathrm{mod}\ d)$的最小正整数(由 q 和 d 互

素可知存在这样的 m). 由于 α 的阶为 d,可知 $\alpha^{q^m}=\alpha$. 我们先证明 $\alpha^{q^i}(0\leqslant i\leqslant m-1)$彼此不同. 如果有 $0\leqslant i<j\leqslant m-1$ 使得 $\alpha^{q^j}=\alpha^{q^i}$,则 $0=\alpha^{q^j}-\alpha^{q^i}=(\alpha^{q^{j-i}}-\alpha)^{q^i}$. 因此$\alpha^{q^{j-i}}=\alpha$,由 d 为 α 的阶知 $q^{j-i}\equiv1(\bmod d)$,但是 $0<j-i\leqslant m-1$,这就与 m 是满足 $q^m\equiv1(\bmod d)$的最小正整数相矛盾. 所以 $\alpha^{q^i}(0\leqslant i\leqslant m-1)$彼此不同. 由(1)知它们都是$f(x)$的根. 现在令

$$
\begin{aligned}
g(x) &= (x-\alpha)(x-\alpha^q)(x-\alpha^{q^2})\cdots(x-\alpha^{q^{m-1}}) \\
&= x^m-c_1x^{m-1}+c_2x^{m-2}-\cdots+(-1)^m c_m.
\end{aligned}
$$

虽然每个 α^{q^i} 都在 F_q的扩域中,我们要证明 $g(x)\in F_q[x]$,即系数 c_i 都属于 F_q. 这只需证明 $c_i^q=c_i$.

由韦达定理,

$$
c_1=\alpha+\alpha^q+\cdots+\alpha^{q^{m-2}}+\alpha^{q^{m-1}},
$$

于是

$$
\begin{aligned}
c_1^q &= \alpha^q+\alpha^{q^2}+\cdots+\alpha^{q^{m-1}}+\alpha^{q^m} \\
&= \alpha^q+\alpha^{q^2}+\cdots+\alpha^{q^{m-1}}+\alpha=c_1,
\end{aligned}
$$

所以 $c_1\in F_q$. 而 c_2 是 $\alpha^{q^i}(0\leqslant i\leqslant m-1)$当中两两乘积之和,可知 $c_2^q=c_2$. 同样可证 $c_i^q=c_i$(当 $i\geqslant 3$ 时). 于是 c_i 都是 F_q中元素,即 $g(x)\in F_q[x]$.

现在我们证明 $f(x)=g(x)$. 一方面,由于 $g(x)$的 m 个不同的根 $\alpha^{q^i}(0\leqslant i\leqslant m-1)$都是 $f(x)$的根,可知$g(x)\mid f(x)$. 另一方面,由于 $f(x)$在 $F_q[x]$中不可约并且$f(\alpha)=0$,所以 $f(x)$是 α 在 F_q上的最小多项式. 由于 α 也是 $g(x)$的根并且 $g(x)\in F_q[x]$,可知 $f(x)\mid g(x)$. 再由于 f 和 g 都是首 1 多项式,便得到$f(x)=g(x)$. 这就表明 $f(x)$的次数 n 等于 $g(x)$的次数 m,并且 $\alpha^{q^i}(0\leqslant i\leqslant m-1)$是 $f(x)$的全部根.

(4)由于 α 的阶为 d，并且 $(d,q)=1$，可知 $f(x)$ 的每个根 α^{q^i} 的阶为 $d/(d,q^i)=d$，即 $f(x)$ 的所有根的阶均为 d. 进而，α^{q^i} 都是 x^d-1 的根，所以 $x-\alpha^{q^i} \mid x^d-1$. 由于 $x-\alpha^{q^i}$ $(0\leqslant i\leqslant m-1)$ 两两互素，因此 $f(x)=(x-\alpha)(x-\alpha^q)\cdots(x-\alpha^{q^{m-1}}) \mid x^d-1$. 这就表明 $f(x)$ 的最小周期 D 是 d 的因子. 另外，由于 $f(x)\mid x^D-1$，可知 $(x-\alpha)\mid x^D-1$，从而 $\alpha^D=1$. 但是 α 的阶为 d，又得到 $d\mid D$. 因此 $d=D$，即不可约多项式 $f(x)$ 的最小周期等于 $f(x)$ 中任何一个根的阶. 至此完全证明了定理 3.2.6. □

例 2　让我们回到第 2.2 节中的例 2. 我们计算 F_9 中元素 α^2 在 F_3 上的最小多项式 $f_1(x)$. 根据定理 3.2.6，$f_1(x)$ 的根应当是 α^2 和 α^6（由本原元素 α 的阶为 $9-1=8$ 知 $\alpha^{6\cdot 3}=\alpha^{18}=\alpha^2$），所以 $f_1(x)$ 是 $F_3[x]$ 中 2 次不可约多项式. 由 $\alpha^2+\alpha^6=(1,2)+(2,1)=(0,0)=0$，$\alpha^2\cdot\alpha^6=\alpha^8=1$，可知 $f_1(x)=(x-\alpha^2)(x-\alpha^6)=x^2+1$.

α 是不可约多项式 $f(x)=x^2+x+2$ 的一个根，另一个根为 α^3 $(\alpha^{3\cdot 3}=\alpha^9=\alpha)$.

设 $f_2(x)$ 是 α^5 在 F_3 上的最小多项式，则 $f_2(x)$ 的另一个根为 $\alpha^{5\cdot 3}=\alpha^{15}=\alpha^7$ $(\alpha^{7\cdot 3}=\alpha^{21}=\alpha^5)$. 由于 α^5 和 α^7 分别是 α^3 和 α 的逆元素，而 α 和 α^3 在 F_3 上的最小多项式为 $f(x)=x^2+x+2$，可知 α^5 和 α^7 是 $f(x)$ 的“反向”多项式 $1+x+2x^2$ 的两个根. 于是 α^5 和 α^7 在 F_3 上的最小多项式为 $f_2(x)=x^2+2x+2$.

我们知道，F_9 中的全部元素 $\{0,1,\alpha,\cdots,\alpha^7\}$ 恰好是多项式 $x^9-x\in F_3[x]$ 的全部根. 即

$$x^9-x=x(x-1)(x-\alpha)(x-\alpha^2)\cdots(x-\alpha^7).$$

由上面分析我们得到 x^9-x 在 $F_3[x]$ 中的因子分解式：

$$x^9-x=x(x-1)(x+1)f(x)f_1(x)f_2(x)$$

$$= x(x-1)(x+1)(x^2+x+2)(x^2+1)(x^2+2x+2),$$

其中 $x, x-1=x+2$ 和 $x+1$ 分别是 $0,1$ 和 $-1=\alpha^4$ 在 F_3 上的最小多项式.

现在我们回到有限域上的线性移存器序列.

定理 3.2.7 (1) F_q 中的序列 $c=(c_0,\cdots,c_n,\cdots)$ 是周期序列当且仅当该序列对应的幂级数 $c(x)=\sum_{n=0}^{\infty}c_n x^n \in F_q[[x]]$ 是有理真分式 $\frac{g(x)}{f(x)}$ $[g,f\in F_q[x],\deg(g)<\deg(f)]$ 并且 $f(0)\neq 0$. 进而若 $\frac{g(x)}{f(x)}$ 是既约分式 $[(g,f)=1]$,则序列 c 的最小周期等于多项式 $f(x)$ 的最小周期.

(2) 设 L 是 F_q 上一个以 $f(x)=1-a_1x-a_2x^2-\cdots-a_kx^k\in F_q[x]$ $(a_k\neq 0)$ 为联接多项式的 k 级线性移存器,则由任何初始状态出发,它生成的序列都是周期序列,并且序列的最小周期不超过 q^k-1. 进而若 $f(x)$ 是 $F_q[x]$ 中的不可约多项式,则当 $f(x)$ 的根是有限域 F_{q^k} 的本原元素时,由任何非零初始状态 $(c_0,\cdots,c_{k-1})\neq(0,\cdots,0)$ 出发,线性移存器 L 生成的序列都是最小周期为 q^k-1 的周期序列.

证明 (1) 如果序列 c 是周期序列 $(\dot{c}_0c_1\cdots\dot{c}_{d-1})$,其中 d 是序列 c 的一个周期,由例 1 可知对应的幂级数为 $c(x)=\frac{c_0+c_1x+\cdots+c_{d-1}x^{d-1}}{1-x^d}$. 这是有理真分式,并且分母的常数项不为零. 反之,若 $c(x)=\frac{g(x)}{f(x)}$,其中 $g(x),f(x)\in F_q[x]$,$\deg(g)<\deg(f)$ 并且 $f(0)\neq 0$,则存在正整数 d,使得 $f(x)\mid 1-x^d$ (引理 3.2.4). 令 $1-x^d=f(x)h(x)$,$h(x)\in F_q[x]$,则 $c(x)=$

$\frac{g(x)h(x)}{1-x^d}$，其中 $\deg(gh)=\deg(g)+\deg(h)<\deg(f)+\deg(h)=d$. 于是 $g(x)h(x)=c_0+c_1x+\cdots+c_{d-1}x^{d-1}\in F_q[x]$. 它对应的序列是周期序列 $c=(\dot{c}_0c_1\cdots\dot{c}_{d-1})$.

进而设 $(g,f)=1$. 设 f 的最小周期为 d，$\frac{g(x)}{f(x)}$ 对应序列 c 的最小周期为 D，则 $f(x)\mid 1-x^d$，上面已证 d 为序列 c 的一个周期，所以 $D\leqslant d$. 另外，$c=(\dot{c}_0\cdots\dot{c}_{D-1})$，它对应于有理分式 $\frac{h(x)}{1-x^D}$，其中 $h(x)=c_0+c_1x+\cdots+c_{D-1}x^{D-1}$. 于是 $\frac{g(x)}{f(x)}=\frac{h(x)}{1-x^D}$，所以 $f(x)\mid(1-x^D)g(x)$. 由 $(f,g)=1$ 可知 $f(x)\mid 1-x^D$. 从而 D 是 $f(x)$ 的一个周期，于是 $d\leqslant D$. 这就证明了 $d=D$.

(2)引理 3.2.1 表明：由线性移存器 L 生成的序列 $c=(c_0,c_1,\cdots)$ 均对应于真分式

$$c(x)=\sum_{n=0}^{\infty}c_nx^n=\frac{b_0+b_1x+\cdots+b_{k-1}x^{k-1}}{f(x)},$$

其中 $f(x)$ 是联接多项式 $1-a_1x-\cdots-a_kx^k\ (a_k\neq 0)$. 再由证明(1)可知 c 是周期序列.

现在证明由 F_q 上的 k 级线性移存器 L 所生成序列 c 的最小周期不超过 q^k-1. 该序列的初始状态为 $s_0=(c_0,c_1,\cdots,c_{k-1})$，以后的状态依次为 $s_1=(c_1,c_2,\cdots,c_k)$，$s_2=(c_2,\cdots,c_{k+1})$，…. 如果初始状态为 $s_0=(0,\cdots,0)$，即当 $0\leqslant i\leqslant k-1$ 时 $c_i=0$，则由式(3.2.2)可知当 $i\geqslant k$ 时也有 $c_i=0$，从而 c 是全零序列，最小周期为 $1(\leqslant q^k-1)$. 现在设 $s_0\neq(0,\cdots,0)$，即 $c_0,\cdots,c_{k-1}$ 不全为零，则后面的状态 $s_1,s_2,\cdots$ 也都不是零向量，因为若对某个 $i\geqslant 1$，$s_i=(c_i,c_{i+1},\cdots,c_{i+k-1})=(0,\cdots,0)$，则由式(3.2.2)知当 $n\geqslant i$ 时

c_n 均为零. 由于 c 是周期序列,当 $n \leqslant i-1$ 时也有 $c_n=0$. 这与初始状态不为零向量相矛盾. 所以 $s_0, s_1, \cdots, s_{q^k-1}$ 这 q^k 个状态都是 F_q^k 中的非零向量,但是 F_q^k 中共有 q^k-1 个非零向量,从而它们当中一定有两个状态相同,即存在 $0 \leqslant i < j \leqslant q^k-1$,使得 $s_i=(c_i, c_{i+1}, \cdots, c_{i+k-1})$ 等于 $s_j=(c_j, c_{j+1}, \cdots, c_{j+k-1})$. 于是

$$c_i = c_j, c_{i+1} = c_{j+1}, \cdots, c_{i+k-1} = c_{j+k-1}.$$

由式(3.2.2)给出

$$\begin{aligned} c_{i+k} &= a_k c_i + a_{k-1} c_{i+1} + \cdots + a_1 c_{i+k-1} \\ &= a_k c_j + a_{k-1} c_{j+1} + \cdots + a_1 c_{j+k-1} \\ &= c_{j+k}. \end{aligned}$$

继续用式(3.2.2),则依次得出 $c_{i+k+1}=c_{j+k+1}, \cdots$. 另外,如果 $i \geqslant 1$,则由式(3.2.2)又有(注意 $a_k \neq 0$)

$$\begin{aligned} c_{i-1} &= a_k^{-1}(c_{i+k-1} - a_{k-1} c_i - \cdots - a_1 c_{i+k-2}) \\ &= a_k^{-1}(c_{j+k-1} - a_{k-1} c_j - \cdots - a_1 c_{j+k-2}) = c_{j-1}. \end{aligned}$$

继续用式(3.2.2)又有 $c_{i-2}=c_{j-2}, \cdots, c_0=c_d$,其中 $1 \leqslant d=j-i \leqslant q^k-1$. 这就表明对每个 $i \geqslant 0$,均有 $c_i=c_{i+d}$. 从而 d 是序列 c 的一个周期,因此序列 c 的最小周期 $\leqslant d \leqslant q^k-1$. 进而,若 $f(x)$ 是 $F_q[x]$ 中的 k 次不可约多项式,令 α 是 $f(x)$ 的一个根,则 $F_q[\alpha]=F_{q^k}$. 如果 α 是 F_{q^k} 的本原元素,即 α 的阶为 q^k-1,则 $f(x)$ 的最小周期也为 q^k-1. 这时,对于线性移存器 L 以任何非零初始状态所生成的序列 c,它所对应的幂级数是非零真分式 $c(x)=\dfrac{g(x)}{f(x)}$,其中 $g(x) \neq 0$, $\deg(g) < \deg(f)$. 由 f 不可约知这是既约真分式. 根据定理 3.2.7 的(1)可知序列 c 的最小周期等于 $f(x)$ 的最小周期 q^k-1,这就完成了定理 3.2.7 的证明. □

定义 3.2.8 $F_q[x]$ 中 k 次首 1 不可约多项式 $f(x)$ 叫作本

原多项式，是指 $f(x)$ 在 F_q 的代数闭包中的根 α 是 $F_q[\alpha]=F_{q^k}$ 中的本原元素，即 α 的阶为 q^k-1. 这也相当于 $f(x)$ 的最小周期为 q^k-1.

例 3　求 $F_2[[x]]$ 中真分式 $c(x)=\dfrac{1+x^2}{1+x+x^3+x^5}$ 所对应的 F_2 上的周期序列 $c=(c_0,c_1,\cdots,c_n,\cdots)$.

解　用辗转相除法算出 $(1+x^2,1+x+x^3+x^5)=1+x$. 用 $1+x$ 去除 $c(x)$ 的分子和分母，得到既约分式 $c(x)=\dfrac{1+x}{1+x^3+x^4}$.

再证 $f(x)=1+x^3+x^4$ 在 $F_2[x]$ 中不可约. 如果 $f(x)$ 在 $F_2[x]$ 中可约，则 $f(x)$ 在 $F_2[x]$ 中必有 1 次或 2 次不可约多项式因子. 由 $f(0)=f(1)=1$ 可知 $f(x)$ 没有 1 次多项式因子. $F_2[x]$ 中 2 次不可约多项式只有 $1+x+x^2$，可直接验证 $1+x+x^2\nmid 1+x^3+x^4$，所以 $f(x)=1+x^3+x^4$ 在 $F_2[x]$ 中不可约. 由定理3.2.7的(1)知序列 c 的最小周期就是 $f(x)$ 的最小周期.

设 α 是 $f(x)$ 在 F_2 的扩域中的一个根. 则 $F_2[\alpha]=F_{2^4}$. 从而 $\alpha^{15}=1$，于是 α 的阶为 15 的因子. 由于 $f(x)$ 不可约，$f(x)$ 的最小周期等于 α 的阶，从而 $f(x)$ 的最小周期也是 15 的因子. 可直接验证 $f(x)=1+x^3+x^4$ 不是 $1+x$，$1+x^3$ 和 $1+x^5$ 的因子，从而 $f(x)$ 的最小周期为 $15=2^4-1$（$f(x)$ 是 $F_2[x]$ 中的本原多项式)，于是序列 c 的周期为 15. 事实上，

$$\frac{1+x^{15}}{1+x^3+x^4}=1+x^3+x^4+x^6+x^8+x^9+x^{10}+x^{11},$$

因此

$$c(x)=\frac{(1+x)(1+x^3+x^4+x^6+x^8+x^9+x^{10}+x^{11})}{1+x^{15}}$$

$$= \frac{1+x^3+x^5+x^6+x^7+x^8+x^{12}}{1+x^{15}}$$

于是 $c=(\dot{1}0010111100010\dot{0})$.

从这个例子可以对下面结果和它的证明有更直观的理解.

定理 3.2.9 设 $k\geqslant 2$，L 是以 $f(x)=1-a_1x-\cdots-a_kx^k\in F_q[x]$为联接多项式的 k 级线性移存器，$a_k\neq 0$. 则由 L 可以产生最小周期为 q^k-1 的序列当且仅当首 1 多项式 $-a_k^{-1}f(x)$是 $F_q[x]$中的本原多项式. 这也相当于 $f(x)$的反向多项式 $x^k-a_1x^{k-1}-\cdots-a_k$ 是 $F_q[x]$中的本原多项式. 进而若 $x^k-a_1x^{k-1}-\cdots-a_k$ 是 $F_q[x]$中的本原多项式，则由 L 产生的所有非零序列的最小周期均为 q^k-1.

证明 由于 L 的初始状态共有 q^k 个可能，所以 L 可产生 q^k 个不同的周期序列. 这些周期序列和 q^k 个以 $f(x)$为分母的真分式$\frac{g(x)}{f(x)}$是一一对应的. 现在设 L 产生最小周期为 q^k-1 的序列，我们证明$-a_k^{-1}f(x)$是本原多项式.

先证 $f(x)$必是 $F_q[x]$中的不可约多项式. 如果 $f(x)$可约，则 $f(x)=g(x)h(x)$，其中 $g(x)$和 $h(x)$都是次数小于 $k[=\deg(f)]$的多项式，由于 $g(0)h(0)=f(0)=1$，可知$h(x)$的常数项 $h(0)\neq 0$，我们可取 $h(x)$的常数项为 1. 对应于真分式 $\frac{g(x)}{f(x)}=\sum_{n=0}^{\infty}c_ix^n$，我们有 L 所产生的非零序列 $c=(c_0,c_1,\cdots,c_n,\cdots)$. 由于$\frac{g(x)}{f(x)}=\frac{1}{h(x)}$，所以 c 能够由以$h(x)$为联接多项式的 s 级线性移存器产生出来，其中 $s=\deg(h(x))<k$. 由于$\frac{1}{h(x)}$是既约分

式，可知 c 的最小周期等于多项式 $h(x)$ 的最小周期，但是 $h(x)$ 的最小周期 $\leqslant q^s-1$，所以序列 c 的最小周期 $\leqslant q^s-1<q^k-1$.

现在考虑由 L 产生的任意序列 $c'=(c'_0,c'_1,\cdots,c'_n,\cdots)$. 如果 c' 是全零序列，则它的最小周期为 1，而 $1<q^k-1$(因为已假设 $k\geqslant 2$). 以下设 c' 不是全零序列. 如果序列 c 的初始状态 $(c_0,c_1,\cdots,c_{k-1})$ 是序列 c' 的某个状态 $(c'_j,c'_{j+1},\cdots,c'_{j+k-1})$，仿照定理3.2.6(2)的证明可知 $c_k=c'_{j+k},c_{k+1}=c'_{j+k+1},\cdots$. 于是 c' 的最小周期等于 c 的最小周期，所以也小于 q^k-1. 如果序列 c 的(非零)初始状态在序列 c' 中不出现，由于非零序列 c' 也不含有全零状态，所以 c' 的状态至多只有 q^k-2 个可能. 再仿照定理 3.2.7 的(2)的证明可知 c' 的最小周期 $\leqslant q^k-2<q^k-1$. 这就证明了：若 L 能产生最小周期为 q^k-1 的序列，则联接多项式 $f(x)$ 必是 $F_q[x]$ 中 k 次不可约多项式.

现在设 $f(x)$ 不可约，令 α 是 $f(x)$ 的一个根，则由 L 所产生的每个非零序列的最小周期 d 都等于多项式 $f(x)$ 的最小周期，也即元素 α 的阶. 于是，L 可产生最小周期为 q^k-1 的序列当且仅当 α 的阶为 q^k-1，这也相当于首 1 多项式 $-a_k^{-1}f(x)$ 是 $F_q[x]$ 中的本原多项式. 最后由于 α^{-1} 是不可约多项式 $\hat{f}(x)=x^k-a_1x^{k-1}-\cdots-a_k$ 的根，而 α^{-1} 的阶等于 α 的阶，所以这也相当于 $\hat{f}(x)$ 是本原多项式，证毕. □

如果 $\hat{f}(x)$ 是 $F_q[x]$ 中的 k 次本原多项式，以 $f(x)$ 为联接多项式的 k 级线性移存器所产生的非零序列具有最大的最小周期 q^k-1. 这种序列叫作 m-序列，这些序列还有其他好的性质，被广泛用于保密通信中. 我们在本书第 2 部分还要继续介绍它们的性质和应用.

习 题

1. 证明在幂级数环 $F_q[[t]]$中的消去律：设 $\alpha,\beta,\gamma\in F_q[[t]]$，$\alpha\neq 0$. 如果 $\alpha\beta=\alpha\gamma$，则 $\beta=\gamma$.

2. F_3上周期为 6 的周期序列有多少个？其中最小周期分别为 1，2，3 和 6 的周期序列有多少个？

3. 以 Ω 表示有限域 F_q的代数闭包. 证明对于 Ω 中每个元素 α，$F_q[\alpha]$都是有限域.

4. 将 $F_2[x]$中的多项式 $x^{22}+1$ 分解成 $F_2[x]$中不可约多项式的乘积.

5. 设 $c=(\dot{c}_0,c_1,\cdots,\dot{c}_{n-1})$是 F_q上周期为 n 的序列，它对应的幂级数为真分式$\dfrac{g(x)}{f(x)}\in F_q[[x]]$，其中 $f(0)\neq 0$. 对每个 i，$0\leqslant i\leqslant n-1$，以 $r_i(x)$表示用 $f(x)$去除 $x^{n-i}g(x)$的余式，即

$$x^{n-i}g(x)=h(x)f(x)+r_i(x),$$

其中 $h(x),r_i(x)\in F_q[x]$，$\deg(r_i(x))<\deg(f(x))$. 证明：周期序列$(\dot{c}_i c_{i+1}\cdots\dot{c}_{i+n-1})$(序列 c 向左平移 i 位)对应的幂级数为$\dfrac{r_i(x)}{f(x)}$.

6. 设 c 和 c'是 F_q上的周期序列，证明 $c+c'$也是周期序列. 又若 c 和 c' 的最小周期 d 和 d'是互素的，则序列 $c+c'$的最小周期为 dd'.

7. 证明 $F_q[x]$中 k 次本原多项式的个数为 $\varphi(q^k-1)/k$，特别地，对每个正整数 k，$k\mid\varphi(q^k-1)$. 你能否用欧拉定理 1.2.9 直接证明后一个结论？

8. 考虑 F_2上最小周期为 21 的序列

$$c=(\dot{1}0001100101011111000\dot{0}),$$

试问可以产生此序列的线性移存器的最短级数是多少？

9. 证明：若 F_q上的周期序列 c 和 c'分别可以由 m 级和 n 级的线性移存器产生，则 $c+c'$可以由 $m+n$ 级的线性移存器产生.

10. 若 F_q上的周期序列 $c=(c_0,c_1,\cdots,c_n,\cdots)$和 $c'=(c'_0,c'_1,\cdots,c'_n,\cdots)$

可以由同一个线性移存器产生，证明对任意 $\alpha,\beta\in F_q$，序列

$$\alpha c+\beta c'=(\alpha c_0+\beta c'_0,\alpha c_1+\beta c'_1,\cdots,\alpha c_n+\beta c'_n,\cdots)$$

也可由这个线性移存器产生. 换句话说，由同一个 k 级线性移存器产生的 q^k 个周期序列形成 F_q上的一个(k 维)向量空间.

11. 设 L 是 F_3上以 $f(x)=1+2x+2x^3\in F_3[x]$为联接多项式的线性移存器. 试问：L 所产生的 27 个周期序列都有哪些可能的最小周期？每种最小周期的序列各有多少？

§3.3　加法特征和乘法特征

本节讲述由有限域 F_q到复数域 $\mathbf{C}$ 的两种重要的函数.

定义 3.3.1　函数 $\lambda:F_q\to\mathbf{C}$ 叫作有限域 F_q的加法特征，是指 $\lambda(0)=1$，并且对于任意 $a,b\in F_q$，

$$\lambda(a+b)=\lambda(a)\lambda(b).$$

以下设 $q=p^n$，其中 p 为素数，$n\geqslant 1$. 我们给出加法特征的一些基本性质. 我们以 A_q 表示 F_q的全部加法特征组成的集合.

(1)恒取值为 1 的函数显然是 F_q的加法特征，今后记为 1. 对每个加法特征 $\lambda:F_q\to\mathbf{C}$，考虑函数

$$\bar{\lambda}:F_q\to\mathbf{C},\bar{\lambda}(a)=\overline{\lambda(a)},$$

(对每个 $a\in F_q$，$\bar{\lambda}$ 把 a 映成复数 $\lambda(a)$的共轭复数$\overline{\lambda(a)}$)由于 $\bar{\lambda}(0)=\overline{\lambda(0)}=\bar{1}=1$，并且对于 $a,b\in F_q$，

$$\begin{aligned}\bar{\lambda}(a+b)&=\overline{\lambda(a+b)}=\overline{\lambda(a)\lambda(b)}\\&=\overline{\lambda(a)}\,\overline{\lambda(b)}=\bar{\lambda}(a)\,\bar{\lambda}(b),\end{aligned}$$

可知$\bar{\lambda}$也是 F_q的加法特征，$\bar{\lambda}$叫作 λ 的共轭特征.

(2)对每个正整数 m 和 $a\in F_q$，ma 表示 m 个 a 之和. 则对 F_q的加法特征 λ，

$$\lambda(ma)=\lambda(a+\cdots+a)=\lambda(a)\cdots\lambda(a)=\lambda(a)^m.$$

特别取 $m=p$,由于 p 在 F_q 中为 0,可知

$$1=\lambda(0)=\lambda(pa)=\lambda(a)^p,$$

所以对每个 $a\in F_q$,复数 $\lambda(a)$ 是多项式 x^p-1 的根. 令 $\zeta_p=\mathrm{e}^{2\pi\mathrm{i}/p}$ ($\mathrm{i}=\sqrt{-1}$),熟知 $1,\zeta_p,\zeta_p^2,\cdots,\zeta_p^{p-1}$ 是 x^p-1 的全部复根. 从而对每个 $a\in F_q$,$\lambda(a)=\zeta_p^i$,其中 $i\in\{0,1,\cdots,p-1\}$. 换句话说,F_q 的每个加法特征 λ 均取值于复数域 $\mathbf{C}$ 的一个很小的子集合 $\Lambda_p=\{1,\zeta_p,\zeta_p^2,\cdots,\zeta_p^{p-1}\}$. 并且对每个加法特征 λ 和 F_q 中元素 a.

$$\lambda(a)\bar{\lambda}(a)=\zeta_p^i\bar{\zeta}_p^i=(\zeta_p\bar{\zeta}_p)^i=(\zeta_p\zeta_p^{-1})^i=1.\quad(3.3.1)$$

(3)对于 F_q 的两个特征 λ 和 $\lambda':F_q\to\Lambda_p$,定义它们的乘积 $\lambda\lambda'$ 即函数 λ 和 λ' 的乘积. 也就是说,对于 $a\in F_q$,

$$(\lambda\lambda')(a)=\lambda(a)\lambda'(a).$$

可以验证 $\lambda\lambda'$ 也是 F_q 的加法特征. 因为

$$(\lambda\lambda')(0)=\lambda(0)\lambda'(0)=1\cdot 1=1,$$

$$\begin{aligned}(\lambda\lambda')(a+b)&=\lambda(a+b)\lambda'(a+b)\\&=\lambda(a)\lambda(b)\lambda'(a)\lambda'(b)\\&=\lambda(a)\lambda'(a)\lambda(b)\lambda'(b)\\&=(\lambda\lambda')(a)\cdot(\lambda\lambda')(b).\end{aligned}$$

特征的这个乘积运算满足结合律和交换律,即对于任意 3 个加法特征 $\lambda,\lambda',\lambda''\in A_q$,

$$(\lambda\lambda')\lambda''=\lambda(\lambda'\lambda''),$$

(因为左边和右边的加法特征在 $a\in F_q$ 的取值均为 $\lambda(a)\lambda'(a)\lambda''(a)$)

$$\lambda\lambda'=\lambda'\lambda,$$

(因为两边在 $a\in F_q$ 的取值均为 $\lambda(a)\lambda'(a)$)

此外,加法特征 1(恒取值为 1 的函数)对于这个乘积是幺元素.

最后，对每个$\lambda\in A_q$，由式(3.3.1)可知$\lambda\bar{\lambda}=1$，即λ的共轭特征$\bar{\lambda}$正好是λ的逆元素λ^{-1}. 综合上述，可知F_q的所有加法特征组成的集合A_q是一个交换群，从而A_q也称作有限域F_q的加法特征群.

我们要问：有限域F_q一共有多少个加法特征？能否把它们都更直接地表达出来？

由于$q=p^n$，F_q是有限域$F_p=\{0,1,\cdots,p-1\}$上的n维向量空间. 取定F_q对F_p的一组基$\{v_1,v_2,\cdots,v_n\}$，则F_q中每个元素唯一表示成

$$a=a_1v_1+a_2v_2+\cdots+a_nv_n\quad(a_i\in F_p).\qquad(3.3.2)$$

不妨认为$0\leqslant a_i\leqslant p-1$，则对于每个加法特征$\lambda\in A_q$，

$$\lambda(a)=\lambda(v_1)^{a_1}\lambda(v_2)^{a_2}\cdots\lambda(v_n)^{a_n}.\qquad(3.3.3)$$

所以加法特征λ由它在n个基元素v_i的取值$\lambda(v_i)(1\leqslant i\leqslant n)$所完全决定. 每个$\lambda(v_i)$都是$\zeta_p$的方幂，从而$\lambda(v_i)=\zeta_p^{b_i}(1\leqslant i\leqslant n)$. 由于$\zeta_p=\mathrm{e}^{2\pi\mathrm{i}/p}$，可知对任意两个整数$b$和$b'$，$\zeta_p^b=\zeta_p^{b'}$当且仅当$b\equiv b'(\bmod p)$，因此$\lambda(v_i)=\zeta_p^{b_i}$的指数$b_i$可看成有限域$F_p$中的元素. 这时$\zeta_p^b=\zeta_p^{b'}$当且仅当在$F_p$中$b=b'$. 于是对于由式(3.3.2)给出的元素$a\in F_q$，由式(3.3.3)知

$$\lambda(a)=\zeta_p^{a_1b_1+a_2b_2+\cdots+a_nb_n}=\zeta_p^{\underline{a}\cdot\underline{b}},\qquad(3.3.4)$$

其中$\underline{a}\cdot\underline{b}=a_1b_1+a_2b_2+\cdots+a_nb_n\in F_p$，叫作$F_p^n$中向量$\underline{a}=(a_1,a_2,\cdots,a_n)$和$\underline{b}=(b_1,b_2,\cdots,b_n)$的内积. 我们把由式(3.3.4)定义的$\lambda:F_q\to\Lambda_p$记为$\lambda^{(\underline{b})}$，即对于每个表示成式(3.3.2)的元素

$$a\in F_q,\lambda^{(\underline{b})}(a)=\zeta_p^{\underline{a}\cdot\underline{b}}.\qquad(3.3.5)$$

定理 3.3.2　(1)对每个$\underline{b}\in F_p^n$，$\lambda^{(\underline{b})}$是$F_q$的加法特征. 并且

F_p^n中不同的向量$\underline{b}$给出不同的加法特征.

(2)F_q的加法特征群为

$$A_q = \{\lambda^{(\underline{b})} \mid \underline{b} \in F_p^n\},$$

所以 A_q 是 $p^n=q$ 个加法特征组成的交换群. 加法特征之间的运算为:对于$\underline{b},\underline{b}'\in F_p^n$,

$$\lambda^{(\underline{b})}\lambda^{(\underline{b}')} = \lambda^{(\underline{b}+\underline{b}')}. \qquad (3.3.6)$$

证明 我们已经证明了每个加法特征都一定有形式$\lambda^{(\underline{b})}$. 而对每个$\underline{b}\in F_p^n$,$\lambda^{(\underline{b})}$确实是$F_q$的加法特征,因为

$$\lambda^{(\underline{b})}(0) = \zeta_p^{\underline{0}\cdot\underline{b}} = \zeta_p^0 = 1 \quad (\underline{0}\text{ 表示 }F_p\text{ 中零向量}),$$

$$\lambda^{(\underline{b})}(a+a') = \zeta_p^{(\underline{a}+\underline{a}')\cdot\underline{b}} = \zeta_p^{\underline{a}\cdot\underline{b}+\underline{a}'\cdot\underline{b}}$$
$$= \zeta_p^{\underline{a}\cdot\underline{b}}\zeta_p^{\underline{a}'\cdot\underline{b}} = \lambda^{(\underline{b})}(a)\lambda^{(\underline{b})}(a').$$

对于 F_p^n中不同的向量$\underline{b}=(b_1,b_2,\cdots,b_n)$和$\underline{b}'=(b'_1,b'_2,\cdots,b'_n)$,$\lambda^{(\underline{b})}$和$\lambda^{(\underline{b}')}$是$F_q$的两个不同的加法特征. 这是因为由$\underline{b}\neq\underline{b}'$可知存在某个$i(1\leqslant i\leqslant n)$使得$b_i$和$b'_i$是$F_p$中不同的元素. 于是$\zeta_p^{b_i}\neq\zeta_p^{b'_i}$. 但是由式(3.3.2)和式(3.3.5),知$\lambda^{(\underline{b})}(v_i)=\zeta_p^{b_i}$,$\lambda^{(\underline{b}')}(v_i)=\zeta_p^{b'_i}$. 所以$\lambda^{(\underline{b})}$和$\lambda^{(\underline{b}')}$在$v_i$的取值不同,即不同的加法特征. 综合上述,可知$F_q$的加法特征共有$q=p^n$个,它们是$\lambda^{(\underline{b})}(\underline{b}\in F_p^n)$. 进而对于任意的两个加法特征$\lambda^{(\underline{b})}$和$\lambda^{(\underline{b}')}$(其中$\underline{b},\underline{b}'\in F_p^n$),则当$a\in F_q$时,

$$\lambda^{(\underline{b}+\underline{b}')}(a) = \zeta_p^{\underline{a}\cdot(\underline{b}+\underline{b}')} = \zeta_p^{\underline{a}\cdot\underline{b}+\underline{a}\cdot\underline{b}'}$$
$$= \zeta_p^{\underline{a}\cdot\underline{b}}\zeta^{\underline{a}\cdot\underline{b}'} = \lambda^{(\underline{b})}(a)\lambda^{(\underline{b}')}(a).$$

这就表明$\lambda^{(\underline{b}+\underline{b}')}=\lambda^{(\underline{b})}\lambda^{(\underline{b}')}$. 证毕. □

注记 由式(3.3.6)可知加法特征群A_q的幺元素即为$\lambda^{(\underline{0})}$,而$\lambda^{(\underline{b})}$的共轭特征为$\lambda^{(-\underline{b})}$,因为$\lambda^{(\underline{b})}\lambda^{(-\underline{b})}=\lambda^{(\underline{b}-\underline{b})}=\lambda^{(\underline{0})}=1$.

例 1　考虑 $F_4=\{0,1,\alpha,\alpha^2\}$，其中 $\alpha^2=1+\alpha$，即 α 是$F_2[x]$中本原多项式 x^2+x+1 的一个根（另一个根为 $1+\alpha=\alpha^2$）. 取$\{1,\alpha\}$为 F_4 在 F_2 上的一组基. F_4 中元素 $a=a_0+a_1\alpha$ 对应于 F_2^2 中向量$\underline{a}=(a_0,a_1)$. 则对每个$\underline{b}=(b_0,b_1)\in F_2^2$，$F_4$ 的加法特征为 $\lambda^{(\underline{b})}$（注意 $\zeta_2=-1$），

$$\lambda^{(\underline{b})}(a)=(-1)^{\underline{a}\cdot\underline{b}}=(-1)^{a_0b_0+a_1b_1}.$$

表 3-3 是 F_4 的 4 个加法特征 $\lambda^{(\underline{b})}$（$\underline{b}\in F_2^2$）的取值表.

表 3-3

$\underline{b}$ \ $\lambda^{(\underline{b})}(a)$ \ a	$0=(0,0)$	$1=(1,0)$	$\alpha=(0,1)$	$\alpha^2=(1,1)$
(0,0)	1	1	1	1
(0,1)	1	1	−1	−1
(1,0)	1	−1	1	−1
(1,1)	1	−1	−1	1

例 2　$F_5=\{0,1,2,3,4\}$的每个加法特征 λ 由 $\lambda(1)$所完全决定，因为 $\lambda(i)=\lambda(1)^i$. 而 $\lambda(1)$的取值可以为 ζ^j（$0\leqslant j\leqslant 4$）当中的任何值，其中 $\zeta=\zeta_5=e^{2\pi i/5}$. 对每个 $b\in F_5$，我们有 F_5 的加法特征 $\lambda^{(b)}$，它对于 $a\in F_5$，$\lambda^{(b)}(a)=\zeta^{ba}$. 令 $\lambda=\lambda^{(1)}$，则 $\lambda^{(b)}=(\lambda^{(1)})^b=\lambda^b$（$0\leqslant b\leqslant 4$），即 $\lambda^{(b)}(a)=\zeta^{ba}$ 是 $\lambda(a)=\zeta^a$ 的 b 次幂. 所以 F_5 的全部加法特征是 λ 的方幂：$1=\lambda^0$，λ，λ^2，λ^3 和 λ^4，其中 λ 定义为：对每个 $a\in F_5$，$\lambda(a)=\zeta^a$. F_5 的这 5 个加法特征见表 3-4.

表 3-4

a	0	1	2	3	4
$\lambda^0=1$	1	1	1	1	1
λ	1	ζ	ζ^2	ζ^3	ζ^4
λ^2	1	ζ^2	ζ^4	ζ	ζ^3
λ^3	1	ζ^3	ζ	ζ^4	ζ^2
λ^4	1	ζ^4	ζ^3	ζ^2	ζ

现在给出有限域 $F_q(q=p^n)$加法特征的另一种表达方式.首先注意,对于 F_q中每个元素 α,

$$T(\alpha)=\alpha+\alpha^p+\alpha^{p^2}+\cdots+\alpha^{p^{n-1}}$$

属于 F_p.这是因为当 $\alpha\in F_q$时 $\alpha^{p^n}=\alpha^q=\alpha$,所以

$$\begin{aligned}T(\alpha)^p&=(\alpha+\alpha^p+\alpha^{p^2}+\cdots+\alpha^{p^{n-1}})^p\\&=\alpha^p+\alpha^{p^2}+\cdots+\alpha^{p^{n-1}}+\alpha^{p^n}\\&=\alpha^p+\alpha^{p^2}+\cdots+\alpha^{p^{n-1}}+\alpha\\&=T(\alpha),\end{aligned}$$

因此 $T(\alpha)\in F_p$.于是我们有函数

$$T:F_q\to F_p,$$

这称作由 F_q到 F_p的迹函数(trace).

定理 3.3.3 设 $q=p^n$,其中 p 是素数,$n\geqslant 1$. $\zeta_p=\mathrm{e}^{2\pi\mathrm{i}/p}$.

(1)(迹函数的性质) T 是 F_p-线性映射.也就是说,对于 α,$\beta\in F_q$和 $a,b\in F_p$,

$$T(a\alpha+b\beta)=aT(\alpha)+bT(\beta),$$

并且 $T:F_q\to F_p$是满射.

(2)对于每个 $\beta\in F_q$,映射

$$\lambda_\beta:F_{\mathrm{q}}\to\Lambda_p=\{1,\zeta_p,\zeta_p^2,\cdots,\zeta_p^{p-1}\}$$
$$\lambda_\beta(a)=\zeta_p^{T(a\beta)}\quad(\text{对每个 }a\in F_q),$$

是有限域 F_q的加法特征,并且 $\lambda_\beta(\beta\in F_q)$是 F_q的全部加法特征.进而,对于 $\beta,\beta'\in F_q$,

$$\lambda_\beta\lambda_{\beta'}=\lambda_{\beta+\beta'},\lambda_0=1,\bar{\lambda}_\beta=\lambda_{-\beta}.$$

证明 (1)当 $\alpha,\beta\in F_q,a,b\in F_p$ 时,$a^p=a,b^p=b$,所以

$$\begin{aligned}T(a\alpha+b\beta)&=(a\alpha+b\beta)+(a\alpha+b\beta)^p+\cdots+(a\alpha+b\beta)^{p^{n-1}}\\&=a\alpha+b\beta+(a\alpha^p+b\beta^p)+\cdots+(a\alpha^{p^{n-1}}+b\beta^{p^{n-1}})\end{aligned}$$

$$= a(\alpha + \alpha^p + \cdots + \alpha^{p^{n-1}}) + b(\beta + \beta^p + \cdots + \beta^{p^{n-1}})$$
$$= aT(\alpha) + bT(\beta).$$

再证 $T:F_q \to F_p$是满射. 对于每个 $a \in F_p$,以 S_a 表示 a 的原像集合,即

$$S_a = \{\alpha \in F_q \mid T(\alpha) = a\}.$$

则对于不同的 $a, a' \in F_p$, S_a 和 $S_{a'}$不相交,并且 F_q是所有子集合 $S_a(a \in F_p)$的并集. 于是若以$|S_a|$表示集合 S_a 的元素个数,则

$$\sum_{a \in F_p} |S_a| = |F_q| = q.$$

S_a 中元素 α 满足 $T(\alpha) = \alpha + \alpha^p + \alpha^{p^2} + \cdots + \alpha^{p^{n-1}} = a$,所以是 p^{n-1} 次多项式 $x + x^p + \cdots + x^{p^{n-1}} - a \in F_p[x]$在域 F_q中的根. 但是这个 p^{n-1}次多项式在域 F_q中至多有 p^{n-1}个不同的根. 这就表明对每个 $a \in F_p$, $|S_a| \leqslant p^{n-1}$. 于是

$$q = \sum_{a \in F_p} |S_a| \leqslant \sum_{a \in F_p} p^{n-1} = p \cdot p^{n-1} = p^n = q.$$

由于上式的两端均为 q,可知对每个 a, $|S_a| = p^{n-1}$. 特别地,每个集合 S_a 都不是空集,即对每个 $a \in F_p$都恰有 $p^{n-1}(\geqslant 1)$个元素 $\alpha \in F_q$使 $T(\alpha) = a$. 所以 $T:F_q \to F_p$是满射.

对于学过线性代数的读者,则有更简单的证明:我们在(1)中已证 T 是 F_p-线性映射,而 $S_0 = \{\alpha \in F_q \mid T(\alpha) = 0\}$是 F_q的一个 F_p-向量子空间. 设 S_0 的维数为 l,则$|S_0| = p^l$. 前面已证 $|S_0| \leqslant p^{n-1}$,因此 $l \leqslant n-1$. 另外,T 的象集合是 F_p的向量子空间,维数为 $n - l \geqslant 1$,从而 T 的像集合为 F_p. 这就证明了 T 是满射.

(2)对每个 $\beta \in F_q$,我们证映射 $\lambda_\beta: F_q \to \Lambda_p$ 是 F_q的加法特征. 这是因为

$$\lambda_\beta(0)=\zeta_p^{T(0\cdot\beta)}=\zeta_p^{T(0)}=\zeta_p^0=1,$$

而对 F_q 中元素 a 和 b,

$$\begin{aligned}\lambda_\beta(a+b)&=\zeta_p^{T((a+b)\beta)}=\zeta_p^{T(a\beta+b\beta)}\\&=\zeta_p^{T(a\beta)+T(b\beta)}=\zeta_p^{T(a\beta)}\cdot\zeta_p^{T(b\beta)}\\&=\lambda_\beta(a)\lambda_\beta(b).\end{aligned}$$

再证当 β 和 β' 是 F_q 中不同元素时,λ_β 和 $\lambda_{\beta'}$ 是 F_q 的不同加法特征,即要证 λ_β 和 $\lambda_{\beta'}$ 是由 F_q 到 Λ_p 的不同映射. 如果 $\lambda_\beta=\lambda_{\beta'}$,则对每个 $a\in F_q$,均有 $\lambda_\beta(a)=\lambda_{\beta'}(a)$,即 $\zeta_p^{T(a\beta)}=\zeta_p^{T(a\beta')}$. 这意味着对每个 $a\in F_q$,$T(a\beta)$ 和 $T(a\beta')$ 是 F_p 中同一个元素.(因为对整数 A 和 B,$\zeta_p^A=\zeta_p^B$ 当且仅当 $A\equiv B(\bmod\ p)$). 从而对每个 $a\in F_q$,$0=T(a\beta)-T(a\beta')=T(a(\beta-\beta'))$. 但是 $\beta-\beta'$ 是 F_q 中的非零元素(已假定 $\beta\neq\beta'$),当 a 跑遍 F_q 中所有元素时,$a(\beta-\beta')$ 也跑遍 F_q 中元素. 由此推出对 F_q 中每个元素 b,均有 $T(b)=0$. 这和 T 是满射相矛盾. 所以当 β 和 β' 是 F_q 中不同元素时,λ_β 和 $\lambda_{\beta'}$ 是不同的加法特征. 由于前面定理 3.3.2 中已证明了 F_q 的加法特征共有 q 个,所以 $\{\lambda_\beta|\beta\in F_q\}$ 就是 F_q 的全部加法特征. 证毕. □

现在讲述加法特征的一个重要性质. 如前一样,以 A_q 表示 F_q 的加法特征群,$\bar{\lambda}$ 表示加法特征 λ 的共轭特征,λ_0 为群 A_q 的幺元素,即恒取值为 1 的特征.

定理 3.3.4 (1)对每个 $\lambda\in A_q$,

$$\sum_{a\in F_q}\lambda(a)=\begin{cases}q,若\ \lambda=\lambda_0,\\0,若\ \lambda\neq\lambda_0.\end{cases}\tag{3.3.7}$$

对每个 $a\in F_q$,

$$\sum_{\lambda\in A_q}\lambda(a)=\begin{cases}q,若\ a=0,\\0,若\ a\neq 0.\end{cases}\tag{3.3.8}$$

(2)(正交关系)　对于 $\lambda,\lambda'\in A_q$,

$$\sum_{a\in F_q}\bar{\lambda}(a)\lambda'(a)=\begin{cases}q, 若\ \lambda=\lambda',\\ 0, 若\ \lambda\neq\lambda'.\end{cases}\qquad(3.3.9)$$

对于 $a,b\in F_q$,

$$\sum_{\lambda\in A_q}\bar{\lambda}(a)\lambda(b)=\begin{cases}q, 若\ a=b,\\ 0, 若\ a\neq b.\end{cases}\qquad(3.3.10)$$

证明　(1)若 $\lambda=\lambda_0$,则 $\sum\limits_{a\in F_q}\lambda_0(a)=\sum\limits_{a\in F_q}1=q$. 如果 $\lambda\neq\lambda_0$,则存在 $b\in F_q$,使得 $\lambda(b)\neq1$. 于是

$$\begin{aligned}\sum_{a\in F_q}\lambda(a)&=\sum_{a\in F_q}\lambda(a+b)\quad(\text{当 } a \text{ 跑遍 } F_q \text{ 时},a+b \text{ 也跑遍 } F_q)\\&=\sum_{a\in F_q}\lambda(a)\lambda(b)=\lambda(b)\sum_{a\in F_q}\lambda(a).\end{aligned}$$

再由 $\lambda(b)\neq1$ 可知 $\sum\limits_{a\in F_q}\lambda(a)=0$. 这就证明了公式(3.3.7).

现在证明式(3.3.8). 当 $a=0$ 时,$\sum\limits_{\lambda\in A_q}\lambda(0)=\sum\limits_{\lambda\in A_q}1=|A_q|=q$. 如果 $a\neq0$,我们证明有 F_q 的加法特征 λ,使得 $\lambda(a)\neq1$. 为此我们利用迹函数 $T:F_q\to F_p$ 是满射. 于是有 $c\in F_q$ 使得 $T(c)=1\in F_p$. 由 $a\neq0$ 知 a 为 F_q 中可逆元素,令 $b=a^{-1}c\in F_q$,则对于加法特征 λ_b,$\lambda_b(a)=\zeta_p^{T(ab)}=\zeta_p^{T(c)}=\zeta_p\neq1$. 于是

$$\begin{aligned}\sum_{\lambda\in A_q}\lambda(a)&=\sum_{\lambda\in A_q}(\lambda_b\lambda)(a)\quad(\text{当 } \lambda \text{ 跑遍 } A_q \text{ 时},\lambda_b\lambda \text{ 也跑遍 } A_q)\\&=\sum_{\lambda\in A_q}\lambda_b(a)\lambda(a)=\lambda_b(a)\sum_{\lambda\in A_q}\lambda(a).\end{aligned}$$

再由 $\lambda_b(a)\neq1$,即得 $\sum\limits_{\lambda\in A_q}\lambda(a)=0$.

(2)$\bar{\lambda}$ 即 λ^{-1},所以由式(3.3.7)可知

$$\sum_{a\in F_q}\bar{\lambda}(a)\lambda'(a)=\sum_{a\in F_q}(\lambda^{-1}\lambda')(a)$$

$$=\begin{cases}q,若\ \lambda^{-1}\lambda'=\lambda_0(\lambda=\lambda'),\\0,若\ \lambda^{-1}\lambda'\neq\lambda_0(\lambda\neq\lambda').\end{cases}$$

类似地,$\bar{\lambda}(a)=\lambda(a)^{-1}=\lambda(-a)$,再由式(3.3.8)可知

$$\begin{aligned}\sum_{\lambda\in A_q}\bar{\lambda}(a)\lambda(b)&=\sum_{\lambda\in A_q}\lambda(-a)\lambda(b)\\&=\sum_{\lambda\in A_q}\lambda(b-a)\\&=\begin{cases}q,若\ a=b,\\0,若\ a\neq b.\end{cases}\end{aligned}$$

证毕. □

F_q的加法特征$\lambda:F_q\to\mathbf{C}$是一类特殊的定义于F_q上的复值函数. 由于这些加法特征之间的正交关系(定理3.3.4),使得它们成为研究任意函数$f:F_q\to\mathbf{C}$的有力工具.

定义3.3.5 对于每个函数$f:F_q\to\mathbf{C}$,如下定义一个函数$F:A_q\to\mathbf{C}$,其中对每个$\lambda\in A_q$,

$$F(\lambda)=\sum_{a\in F_q}f(a)\lambda(a)\in\mathbf{C},$$

称F为f的傅里叶(Fourier)变换. 下面结果给出用F计算f的公式.

定理3.3.6 若$F:A_q\to\mathbf{C}$是$f:F_q\to\mathbf{C}$的傅里叶变换,则对每个$a\in F_q$,我们有如下的傅里叶反变换公式:

$$f(a)=\frac{1}{q}\sum_{\lambda\in A_q}F(\lambda)\bar{\lambda}(a).\tag{3.3.11}$$

证明 上式右边为

$$\begin{aligned}&\frac{1}{q}\sum_{\lambda\in A_q}\bar{\lambda}(a)\sum_{b\in F_q}f(b)\lambda(b)\\=&\frac{1}{q}\sum_{b\in F_q}f(b)\sum_{\lambda\in A_q}\bar{\lambda}(a)\lambda(b)\end{aligned}$$

$$=\frac{1}{q}f(a)q=f(a),$$

这里利用了式(3.3.10).证毕. □

现在介绍有限域的另一种特征函数,它们是定义在乘法群 F_q^* 上的复值函数.

定义 3.3.7 函数 $\chi: F_q^* \to \mathbf{C}$ 叫作有限域 F_q 的乘法特征,是指 $\chi(1)=1$,并且对于任意 $a,b\in F_q^*$,

$$\chi(ab)=\chi(a)\chi(b).$$

仿照加法特征的情形,乘法特征有以下基本性质.

(1)定义在 F_q^* 上恒取值为 1 的函数是乘法特征,这个特征今后记为 ε. 对于 F_q 的每个乘法特征 χ,我们也有它的共轭特征 $\overline{\chi}$,即对每个 $a\in F_q^*$,$\overline{\chi}(a)=\overline{\chi(a)}$.

(2)对每个 $a\in F_q^*$,$a^{q-1}=1$. 于是对每个乘法特征 χ,有

$$1=\chi(1)=\chi(a^{q-1})=\chi(a)^{q-1},$$

这就表明 $\chi(a)=\zeta_{q-1}^k$,其中 $\zeta_{q-1}=\mathrm{e}^{2\pi \mathrm{i}/(q-1)}\in\mathbf{C}$($\mathrm{i}=\sqrt{-1}$,$0\leqslant k\leqslant q-2$). 所以 F_q 的乘法特征是由 F_q^* 到 $\Lambda_{q-1}=\{1,\zeta_{q-1},\zeta_{q-1}^2,\cdots,\zeta_{q-1}^{q-2}\}$ 中的函数. 并且对每个乘法特征 χ 和 $a\in F_q^*$,有

$$\chi(a)\overline{\chi}(a)=\zeta_{q-1}^k\overline{\zeta}_{q-1}^k=1. \tag{3.3.12}$$

(3)以 M_q 表示 F_q 的所有乘法特征组成的集合,对于 $\chi,\chi'\in M_q$,定义 $\chi\chi'$ 为:对每个 $a\in F_q^*$,

$$(\chi\chi')(a)=\chi(a)\chi'(a).$$

可以验证 M_q 对于这个乘积运算是交换群,叫作 F_q 的乘法特征群. 幺元素为乘法特征 ε,由式(3.3.12)可知 χ 的逆元素为它的共轭特征 $\overline{\chi}$.

现在决定有限域 F_q 的全部乘法特征. 设 γ 是 F_q 的一个本原元素,则 $F_q^* = \{\gamma^j \mid 0 \leqslant j \leqslant q-2\}$. 如果 $\chi(\gamma)=\zeta_{q-1}^k$,则 $\chi(\gamma^j) = \chi(\gamma)^j = \zeta_{q-1}^{kj}$. 这就表明 F_q 的每个乘法特征 χ 由它在 γ 的取值 $\chi(\gamma)=\zeta_{q-1}^k$ 所完全决定. 进而,我们取定一个乘法特征 χ,定义为 $\chi(\gamma)=\zeta_{q-1}$,则

$$\chi(\gamma^j) = \zeta_{q-1}^j \quad (0 \leqslant j \leqslant q-2). \qquad (3.3.13)$$

那么对 F_q 的任意乘法特征 χ',我们有 $\chi'(\gamma)=\zeta_{q-1}^k$,其中 k 为某个整数,$0 \leqslant k \leqslant q-2$. 于是 $\chi'(\gamma)=\chi^k(\gamma)$. 由于乘法特征由在 γ 的取值所完全决定,可知 χ' 就是 χ^k. 这样一来,F_q 恰好有 $q-1$ 个乘法特征,即

$$M_q = \{\chi^k \mid 0 \leqslant k \leqslant q-2\} \quad (\chi^{q-1} = \chi^0 = \varepsilon),$$

其中 $\chi^k(\gamma^j)=\zeta_{q-1}^{kj}$.

例 3 ($q=5$) 2 是模 5 的一个原根,即 2 是 F_5 的一个本原元素,$F_5^* = \{1=2^0, 2, 2^2=4, 2^3=3\}$ $(2^4=1)$. F_5 的 4 个乘法特征见表 3-5. 由于 $\zeta=\zeta_4=\mathrm{i}(=\sqrt{-1})$,可知对于 $0 \leqslant k, j \leqslant 3$, $\chi^k(2^j)=\mathrm{i}^{kj}$.

表 3-5

$\alpha=$	$2^0=1$	$2^1=2$	$2^2=4$	$2^3=3$
$\chi^0=\varepsilon$	1	1	1	1
χ	1	i	-1	$-$i
χ^2	1	-1	1	-1
χ^3	1	$-$i	-1	i

乘法特征也有如下的正交关系.

定理 3.3.8 (1)对每个 $\chi \in M_q$,

$$\sum_{\alpha \in F_q^*} \chi(\alpha) = \begin{cases} q-1, & 若\ \chi = \varepsilon, \\ 0, & 若\ \chi \neq \varepsilon. \end{cases}$$

对每个 $\alpha \in F_q^*$，

$$\sum_{\chi \in M_q} \chi(\alpha) = \begin{cases} q-1, & 若\ \alpha = 1 \in F_q^*, \\ 0, & 若\ \alpha \neq 1. \end{cases}$$

(2)对于 $\chi, \chi' \in M_q$，

$$\sum_{\alpha \in F_q^*} \overline{\chi}(\alpha)\chi'(\alpha) = \begin{cases} q-1, & 若\ \chi = \chi', \\ 0, & 若\ \chi \neq \chi'. \end{cases}$$

对于 $\alpha, \beta \in F_q^*$，

$$\sum_{\chi \in M_q} \overline{\chi}(\alpha)\chi(\beta) = \begin{cases} q-1, & 若\ \alpha = \beta, \\ 0, & 若\ \alpha \neq \beta. \end{cases}$$

证明　可仿照定理 3.3.4 的证明，请读者自行补足，只需要注意：$\overline{\chi}(\alpha)=\chi(\alpha^{-1})$，并且若 $\alpha \neq 1$，必存在 $\chi \in M_q$ 使得 $\chi(\alpha) \neq 1$. □

定义 3.3.9　对于每个函数 $f: F_q^* \to \mathbf{C}$，如下定义一个函数 $F: M_q \to \mathbf{C}$，

$$F(\chi) = \sum_{\alpha \in F_q^*} f(\alpha)\chi(\alpha) \quad (对每个\ \chi \in M_q),$$

F 叫作 f 的傅里叶变换.

利用乘法特征的正交关系(定理 3.3.8)，可以像定理 3.3.6 那样得到如下结果(证明请读者自行补足).

定理 3.3.10　设 $F: M_p \to \mathbf{C}$ 是 $f: F_q^* \to \mathbf{C}$ 的傅里叶变换，则对每个 $\alpha \in F_q^*$，我们有如下的傅里叶反变换公式

$$f(\alpha) = \frac{1}{q-1}\sum_{\chi \in M_q} F(\chi)\overline{\chi}(\alpha). \quad (3.3.14)$$ □

有限域的加法和乘法特征的正交关系以及傅里叶变换是研

究有限域上复值函数的重要工具.下一小节将用它们讨论另一类函数的性质.本书后面还要介绍它们的其他应用.

习 题

1.(定理 3.3.6 的逆定理) 设 $f:F_q\to\mathbf{C}, F:A_q\to\mathbf{C}$. 如果对每个 $a\in F_q$,等式(3.3.11)均成立,则 F 是 f 的傅里叶变换.

2.(定理 3.3.10 的逆定理) 设 $f:F_q^*\to\mathbf{C}, F:M_q\to\mathbf{C}$. 如果对每个 $\alpha\in F_q^*$,等式(3.3.14)均成立,则 F 是 f 的傅里叶变换.

3. 补足定理 3.3.8 和定理 3.3.10 的证明.

4. 列出有限域 F_7 的全部加法特征和乘法特征.

5. 利用第 2.2 节中例 2 给出的有限域 F_9 的表达方式,列出 F_9 的全部加法特征和乘法特征.

6. 设 q 是素数幂,$k\geqslant 1$.

(1)对于每个 $\beta\in F_{q^k}$,证明 $T(\beta)=\sum_{i=0}^{k-1}\beta^{q^i}$ 属于 F_q.

(2)证明映射 $T:F_{q^k}\to F_q$ 是 F_q-线性映射,并且是满射.(T 叫作由 F_{q^k} 到 F_q 的迹映射).

§3.4 高斯和与雅可比和

本节介绍有限域 F_q 上的一类重要的复值函数.仍设 $q=p^n$.

定义 3.4.1 设 λ 和 χ 分别是有限域 F_q 的加法特征和乘法特征,称

$$G(\chi,\lambda)=\sum_{x\in F_q^*}\chi(x)\lambda(x) \tag{3.4.1}$$

为有限域 F_q 上的高斯和(Gauss sums).乘法特征 χ 是定义在

F_q^* 上的复值函数. 今后我们规定 $\chi(0)=0\in\mathbf{C}$[包括群 M_q 的幺元素 ε,它在 0 的取值也是 0,即当 $x\in F_q^*$ 时,$\varepsilon(x)=1$,而 $\varepsilon(0)=0$]. 这时式(3.4.1)也可表示成

$$G(\chi,\lambda)=\sum_{x\in F_q}\chi(x)\lambda(x).$$

设 χ 和 χ' 均是有限域 F_q 的乘法特征,称

$$J(\chi,\chi')=\sum_{x\in F_q^*}\chi(x)\chi'(1-x)=\sum_{x\in F_q}\chi(x)\chi'(1-x)$$

$$=\sum_{\substack{x,y\in F_q\\x+y=1}}\chi(x)\chi'(y)(=J(\chi',\chi))$$

为有限域 F_q 上的雅可比和(Jacobi sums).

由于 F_q 的乘法特征的取值都是 ζ_{q-1} 的方幂,所以雅可比和的取值都是 $1,\zeta_{q-1},\cdots,\zeta_{q-1}^{q-2}$ 的整系数线性组合,即取值为如下形式的一类特殊的复数:

$$J(\chi,\chi')=a_0+a_1\zeta_{q-1}+\cdots+a_{q-2}\zeta_{q-1}^{q-2}\quad(a_i\in\mathbf{Z}).$$

同样地,由于 F_q 的加法特征的值为 $\zeta_p^j(0\leqslant j\leqslant p-1)$,可知高斯和有形式

$$G(\chi,\lambda)=\sum_{i=0}^{q-2}\sum_{j=0}^{p-1}a_{ij}\zeta_{q-1}^i\zeta_p^j\quad(a_{ij}\in\mathbf{Z}).$$

对于固定的 λ,可以把 $G(\chi,\lambda)$ 看成 χ 的函数,从而是由 M_q 到 $\mathbf{C}$ 的映射. 根据式(3.4.1)和傅里叶变换的定义 3.3.9,可知 $F(\chi)=G(\chi,\lambda)$ 是 $\lambda(x):F_q^*\to\mathbf{C}$ 的傅里叶变换. 所以用傅里叶反变换(定理 3.3.10)便得到:对于 F_q 的每个加法特征 λ,

$$\lambda(x)=\frac{1}{q-1}\sum_{\chi\in M_q}G(\chi,\lambda)\bar{\chi}(x).\quad(x\in F_q^*)\quad(3.4.2)$$

类似地,对于固定的乘法特征 χ,$F(\lambda)=G(\chi,\lambda)$ 看成 $\lambda\in A_q$ 的复

值函数.则对于定义 3.3.5,式(3.4.1)表明 $F(\lambda)$是$\chi(x):F_q\to\mathbf{C}$ 的傅里叶变换.由傅里叶反变换(定理 3.3.6)得到:对于 F_q 的每个乘法特征 χ,

$$\chi(x)=\frac{1}{q}\sum_{\lambda\in A_q}G(\chi,\lambda)\bar{\lambda}(x).\quad(x\in F_q)\qquad(3.4.3)$$

现在介绍高斯和与雅可比和的基本性质.

定理 3.4.2 设 $\lambda\in A_q,\chi,\chi'\in M_q$.

(1)

$$G(\chi,\lambda)=\begin{cases}q-1, & 若\ \chi=\varepsilon,\lambda=1,\\ 0, & 若\ \chi\neq\varepsilon,\lambda=1,\\ -1 & 若\ \chi=\varepsilon,\lambda\neq 1.\end{cases}$$

而当 $\chi\neq\varepsilon$ 并且 $\lambda\neq 1$ 时,复数 $G(\chi,\lambda)$的绝对值为$\sqrt{q}$.

(2)

$$J(\chi,\chi')=\begin{cases}q-2, & 若\ \chi=\chi'=\varepsilon,\\ -1, & 若\ \chi\ 和\ \chi'\ 恰有\ 1\ 个为\ \varepsilon,\\ -\chi(-1), & 若\ \chi\neq\varepsilon,\chi'\neq\varepsilon,\chi\chi'=\varepsilon.\end{cases}$$

而当 χ,χ'和 $\chi\chi'$均不为 ε 时,对每个 $\lambda\in A_q,\lambda\neq 1$,均有

$$J(\chi,\chi')=\frac{G(\chi,\lambda)G(\chi',\lambda)}{G(\chi\chi',\lambda)},$$

从而 $J(\chi,\chi')$是绝对值为$\sqrt{q}$的复数.

(3)对于 $\beta\in F_q$,设 λ_β 是定理 3.3.3 中所定义的加法特征,即对每个 $a\in F_q,\lambda_\beta(a)=\zeta_p^{T(a\beta)}$.则当 $\beta\in F_q^*$ 时,对每个$\chi\in M_q$ 均有

$$G(\chi,\lambda_\beta)=\bar{\chi}(\beta)G(\chi,\lambda_1).$$

(4)对每个 $\lambda \in A_q$ 和 $\mu \in M_q$，

$$G(\mu,\bar{\lambda}) = \mu(-1)G(\mu,\lambda),\ \overline{G(\mu,\lambda)} = \mu(-1)G(\bar{\mu},\lambda)$$

这里 $\bar{\mu}$ 和 $\bar{\lambda}$ 分别表示 μ 和 λ 的共轭特征，$\overline{G(\mu,\lambda)}$ 表示 $G(\mu,\lambda)$ 的共轭复数.

证明　(1) $G(\varepsilon,1) = \sum_{x\in F_q^*} 1 = q-1$. 当 $\chi \neq \varepsilon$ 时，由定理 3.3.8的(1)可知

$$G(\chi,1) = \sum_{x\in F_q^*} \chi(x) = 0.$$

当 $\lambda \neq 1$ 时，由定理 3.3.4 的(1)可知

$$G(1,\lambda) = \sum_{x\in F_q^*} \lambda(x) = -\lambda(0) = -1.$$

以下设 $\chi \neq \varepsilon, \lambda \neq 1$. 则

$$\begin{aligned}
|G(\chi,\lambda)|^2 &= G(\chi,\lambda)\overline{G(\chi,\lambda)} \\
&= \sum_{x\in F_q^*} \chi(x)\lambda(x) \sum_{y\in F_q^*} \bar{\chi}(y)\bar{\lambda}(y) \\
&= \sum_{x,y\in F_q^*} \chi(x)\lambda(x)\chi(y^{-1})\lambda(-y) \\
&= \sum_{x,y\in F_q^*} \chi(x/y)\lambda(x-y) \\
&= \sum_{y,a\in F_q^*} \chi(a)\lambda(ay-y) \qquad (\text{令 } x = ay) \\
&= \sum_{a\in F_q^*} \chi(a) \sum_{y\in F_q^*} \lambda((a-1)y).
\end{aligned}$$

但是由式(3.3.7)，

$$\sum_{y\in F_q^*} \lambda(y(a-1)) = \sum_{y\in F_q} \lambda(y(a-1)) - 1 = \begin{cases} q-1, & \text{若 } a = 1, \\ -1, & \text{若 } a \neq 1. \end{cases}$$

于是

$$|G(\chi,\lambda)|^2=(q-1)\chi(1)-\sum_{1\neq a\in F_q^*}\chi(a)$$

$$=(q-1)\chi(1)+\chi(1)\quad[\text{用定理 3.3.8 的(1)}]$$

$$=q\chi(1)=q,$$

这就得到$|G(\chi,\lambda)|=\sqrt{q}$.

(2)$J(\varepsilon,\varepsilon)=\sum\limits_{\substack{x\in F_q\\x\neq 0,1}}1=q-2$.若$\chi\neq\varepsilon$,则由定理3.3.8的(1)知,

$$J(\chi,\varepsilon)=J(\varepsilon,\chi)=\sum_{\substack{x\in F_q\\x\neq 0,1}}\chi(x)=-\chi(1)=-1.$$

设$\chi\neq\varepsilon,\chi'\neq\varepsilon$,但是$\chi\chi'=\varepsilon$,则

$$J(\chi,\chi')=\sum_{\substack{x\in F_q\\x\neq 0,1}}\chi(x)\chi'(1-x)$$

$$=\sum_{\substack{x\in F_q\\x\neq 0,1}}\chi(x)\chi\left(\frac{1}{1-x}\right)\left[\text{由 }\chi\chi'=\varepsilon\text{ 知 }\chi'(1-x)=\chi\left(\frac{1}{1-x}\right)\right]$$

$$=\sum_{\substack{x\in F_q\\x\neq 0,1}}\chi\left(\frac{x}{1-x}\right).$$

令$y=\dfrac{x}{1-x}$,则$x=\dfrac{y}{1+y}$.不难看出:当x跑遍$F_q\backslash\{0,1\}$时,y恰好跑遍$F_q\backslash\{0,-1\}$.于是

$$J(\chi,\chi')=\sum_{\substack{y\in F_q\\y\neq 0,-1}}\chi(y)=-\chi(-1).$$

现在设$\chi,\chi',\chi\chi'$均不为ε.则对每个加法特征$\lambda\in A_q$,

$$G(\chi,\lambda)G(\chi',\lambda)=\sum_{x,y\in F_q^*}\chi(x)\chi'(y)\lambda(x+y)$$

$$= \sum_{a,y\in F_q^*} \chi(ay)\chi'(y)\lambda(ay+y)$$

$$= \sum_{a\in F_q^*} \chi(a) \sum_{y\in F_q^*} (\chi\chi')(y)\lambda((a+1)y).$$

当 $a=-1$ 时，$\lambda((a+1)y)=\lambda(0)=1$，所以上式右边第二个求和式为

$$\sum_{y\in F_q^*} (\chi\chi')(y) = 0 \quad (\text{因为 } \chi\chi' \neq \varepsilon).$$

因此

$$G(\chi,\lambda)G(\chi',\lambda) = \sum_{\substack{a\in F_q \\ a\neq 0,-1}} \chi(a)(\chi\chi')\left(\frac{1}{a+1}\right)\cdot \sum_{y\in F_q^*} (\chi\chi')((a+1)y)\lambda((a+1)y)$$

$$=G(\chi\chi',\lambda) \sum_{\substack{a\in F_q \\ a\neq 0,-1}} \chi\left(\frac{a}{a+1}\right)\chi'\left(\frac{1}{a+1}\right)$$

$$=G(\chi\chi',\lambda)J(\chi,\chi'),$$

于是

$$J(\chi,\chi') = \frac{G(\chi,\lambda)G(\chi',\lambda)}{G(\chi\chi',\lambda)}.$$

由于 $\chi,\chi',\chi\chi'$ 均不为 ε，从而对每个 $\lambda\neq 1$，上式右边三个高斯和的绝对值均为 $\sqrt{q}$（见(1)），从而 $|J(\chi,\chi')|=\sqrt{q}$.

(3)对于 $\beta\in F_q^*$，

$$G(\chi,\lambda_\beta) = \sum_{x\in F_q} \chi(x)\zeta_p^{T(\beta x)}$$

$$= \sum_{y\in F_q} \chi(y\beta^{-1})\zeta_p^{T(y)} \quad (y=\beta x)$$

$$=\overline{\chi}(\beta)\sum_{y\in F_q}\chi(y)\lambda_1(y)$$

$$=\overline{\chi}(\beta)G(\chi,\lambda_1)$$

(4) $$G(\mu,\overline{\lambda})=\sum_{x\in F_q}\mu(x)\overline{\lambda}(x)=\sum_{x}\mu(x)\lambda(-x)$$

$$=\sum_{y\in F_q}\mu(-y)\lambda(y)=\mu(-1)G(\mu,\lambda),$$

$$\overline{G(\mu,\lambda)}=\sum_{x\in F_q^*}\overline{\mu}(x)\overline{\lambda}(x)=\sum_{x\in F_q^*}\overline{\mu}(x)\lambda(-x)$$

$$=\sum_{y\in F_q^*}\overline{\mu}(-y)\lambda(y)=\overline{\mu}(-1)G(\overline{\mu},\lambda).$$

但是 $\mu(-1)^2=\mu(1)=1$，从而 $\mu(-1)=1$ 或 -1. 于是 $\overline{\mu}(-1)=\mu(-1)$. 这就完成了定理 3.4.2 的证明. □

注记 由于 $G(\chi,\lambda_\beta)=\overline{\chi}(\beta)G(\chi,\lambda_1)$（对于 $\beta\in F_q^*$），所以我们只需研究和计算 $G(\chi,\lambda_1)$. 我们把这个高斯和简记为 $G(\chi)$，即对于 $\chi\in M_q$，

$$G(\chi)=\sum_{x\in F_q}\chi(x)\zeta_p^{T(x)}.$$

由上面定理知 $G(\varepsilon)=-1$，而当 $\chi\neq\varepsilon$ 时，$|G(\chi)|=\sqrt{q}$. 因此 $G(\chi)=\sqrt{q}\,\mathrm{e}^{\mathrm{i}\theta}(0\leqslant\theta\leqslant2\pi)$.

计算高斯和的确切值（辐角 θ 的值）是代数数论的一个重要的问题，目前也只有一部分高斯和 $G(\chi)$ 算出值来. 历史上是高斯于 1800 年前后研究 F_p 上的高斯和，并用于解决一些数论问题. 我们这里介绍关于高斯和计算的几个结果.

和 F_q^* 的乘法群结构 $F_q^*=\{\gamma^0=1,\gamma,\cdots,\gamma^{q-2}\}$ 相类似，F_q 的乘法特征群 M_q 也是由一个乘法特征 χ 的方幂组成的：

$$M_q = \{\chi^0 = \varepsilon, \chi, \chi^2, \cdots, \chi^{q-2}\} \quad (\chi^{q-1} = \varepsilon),$$

其中 χ 定义为

$$\chi(\gamma^k) = \zeta_{q-1}^k \quad (0 \leqslant k \leqslant q-2),$$

这里 γ 是 F_q 的一个本原元素. 对于每个乘法特征 $\mu \in M_q$,满足 $\mu^d = \varepsilon$ 的最小正整数 d 叫作乘法特征 μ 的阶. 由于 $\mu^{q-1} = \varepsilon$,可知 μ 的阶一定是 $q-1$ 的正因子,并且对 $q-1$ 的每个正因子 d,M_q 中共有 $\varphi(d)$ 个 d 阶特征,它们是

$$\chi^{\frac{q-1}{d}l} \quad (1 \leqslant l \leqslant d, (l,d) = 1).$$

以上这些结论都可以像第二章研究乘法群 F_q^* 中元素阶一样类似地证明. 留给读者做练习.

设 p 是奇素数,$q = p^n (n \geqslant 1)$,则 $q-1$ 为偶数. 于是 M_q 中有 $\varphi(2) = 1$ 个 2 阶乘法特征,即 $\chi^{\frac{q-1}{2}}$. 今后把这个乘法特征表示成 η. 换句话说,$\eta(0) = 0$,并且

$$\eta(\gamma^k) = \chi^{\frac{q-1}{2}}(\gamma^k) = \zeta_{q-1}^{\frac{(q-1)}{2}k} \quad (0 \leqslant k \leqslant q-2).$$

还可以把 F_q 的 2 阶乘法特征 η 表示得更清楚一些. F_q^* 中的元素 α 叫作平方元素,是指存在 $\beta \in F_q^*$ 使得 $\alpha = \beta^2$. 否则 α 叫作非平方元素.

引理 3.4.3　设 $q = p^n$,p 是奇素数,$n \geqslant 1$,γ 是 F_q 的一个本原元素. 则

(1) F_q^* 中的平方元素和非平方元素各有 $\frac{q-1}{2}$ 个. 平方元素为 $\{1 = \gamma^0, \gamma^2, \cdots, \gamma^{q-3}\} = \left\{\gamma^{2j} \mid 0 \leqslant j \leqslant \frac{q-3}{2}\right\}$,而非平方元素为 $\{\gamma, \gamma^3, \cdots, \gamma^{q-2}\} = \left\{\gamma^{2j+1} \mid 0 \leqslant j \leqslant \frac{q-3}{2}\right\}$.

(2)F_q 的 2 阶乘法特征 η 为

$$\eta(\alpha)=\begin{cases}0,\text{若 }\alpha=0,\\ 1,\text{若 }\alpha\text{ 是 }F_q^*\text{ 中的平方元素},\\ -1,\text{若 }\alpha\text{ 是 }F_q^*\text{ 中的非平方元素}.\end{cases}$$

证明 (1)设 α 是 F_q^* 中的平方元素. 则 $\alpha=\beta^2$,其中 $\beta\in F_q^*$. 于是 $\beta=\gamma^j(0\leqslant j\leqslant q-2)$,从而 $\alpha=\gamma^{2j}$. 这就表明平方元素为 γ^{2j} $(0\leqslant j\leqslant q-2)$. 但是 γ 的阶为 $q-1$,所以 $\gamma^0=1,\gamma^2,\cdots,\gamma^{2(\frac{q-3}{2})}=\gamma^{q-3}$ 是两两不同的平方元素,而当 $q-2\geqslant j\geqslant\frac{q-1}{2}$ 时,$\gamma^{2j}=\gamma^{2(j-\frac{q-1}{2})}$,其中 $\frac{q-3}{2}\geqslant j-\frac{q-1}{2}\geqslant 0$. 于是 F_q^* 中恰好有 $\frac{q-1}{2}$ 个平方元素 γ^{2j} $(0\leqslant j\leqslant\frac{q-3}{2})$. F_q^* 中其余 $\frac{q-1}{2}$ 个元素 $\left\{\gamma^{2j+1}\mid 0\leqslant j\leqslant\frac{q-3}{2}\right\}$ 均是非平方元素.

(2)对每个 $\gamma^k\in F_q^*$,$\eta(\gamma^k)=\zeta_{q-1}^{\frac{q-1}{2}k}=(-1)^k$(因为 $\zeta_{q-1}^{\frac{q-1}{2}}=e^{\frac{2\pi i}{q-1}\cdot\frac{q-1}{2}}=e^{\pi i}=-1$). 所以对于平方元素 γ^{2j},$\eta(\gamma^{2j})=(-1)^{2j}=1$. 而对于非平方元素 γ^{2j+1},$\eta(\gamma^{2j+1})=(-1)^{2j+1}=-1$. 证毕. □

我们知道,高斯和 $G(\eta)$ 的绝对值应当为 $\sqrt{q}$. 下面定理给出 $G(\eta)$ 的确切值.

定理 3.4.4 设 $q=p^n$,p 为奇素数,$n\geqslant 1$,η 是 F_q 的 2 阶乘法特征. 则

$$G(\eta)=\sum_{x\in F_q}\eta(x)\zeta_p^{T(x)}=\begin{cases}(-1)^{n+1}\sqrt{q},\text{ 若 }p\equiv 1\pmod 4,\\ (-1)^{n+1}i^n\sqrt{q},\text{若 }p\equiv 3\pmod 4,\end{cases}$$

其中 $i=\sqrt{-1}$. □

为了节省篇幅,我们略去此定理的证明. 历史上,高斯对于

$q=p(n=1)$的情形证明了此定理，后人把它推广到一般情形($n\geqslant 2$情形).

当$q=p$(奇素数)时，F_p即初等数论中的模p同余类组成的有限域.对于每个与p互素的整数a，a是F_p中的平方元素，相当于说存在整数b，使得$a\equiv b^2 \pmod p$，即同余方程$x^2\equiv a \pmod p$有解.在初等数论中，称a是模p的二次剩余.a是F_p中的非平方元素，即同余方程$x^2\equiv a\pmod p$无解，称a是p的非二次剩余.F_p上的二阶乘法特征$\eta(a)$表示成$\left(\frac{a}{p}\right)$，叫作勒让德符号，以纪念18世纪法国数学家勒让德(Legendre).因此，对每个整数a，

$$\left(\frac{a}{p}\right)=\begin{cases}1, & \text{若 } p\nmid a \text{ 并且 } a \text{ 是模 } p \text{ 的二次剩余},\\ -1, & \text{若 } p\nmid a, \text{并且 } a \text{ 是模 } p \text{ 的非二次剩余},\\ 0, & \text{若 } p\mid a.\end{cases}$$

高斯证明了定理3.4.4中$n=1$的情形，即

定理3.4.5　设p是奇素数，则

$$\sum_{x=1}^{p-1}\left(\frac{x}{p}\right)\zeta_p^x=\begin{cases}\sqrt{p}, \text{若 } p\equiv 1 \pmod 4,\\ \mathrm{i}\sqrt{p}, \text{若 } p\equiv 3 \pmod 4.\end{cases}$$

证明大意　由于$\eta(a)=\left(\frac{a}{p}\right)$是$F_p$的2阶乘法特征，所以勒让德符号$\left(\frac{a}{p}\right)$有以下基本性质：对于$a,b\in\mathbf{Z}$，

(1)当$a\equiv b\pmod p$时，$\left(\frac{a}{p}\right)=\left(\frac{b}{p}\right)$.

(2)$\left(\frac{ab}{p}\right)=\left(\frac{a}{p}\right)\left(\frac{b}{p}\right)$.

(3) $\sum_{a=1}^{p-1}\left(\frac{a}{p}\right)=0$

(因为模 p 的二次剩余和非二次剩余各有$\frac{p-1}{2}$个).

(4) $\left(\frac{-1}{p}\right)=\begin{cases}1, & 若\ p\equiv 1 \pmod 4,\\ -1, & 若\ p\equiv 3 \pmod 4.\end{cases}$(证明留给读者作为习题.)

因此对于定理中的 $G=\sum_{x=1}^{p-1}\left(\frac{x}{p}\right)\zeta_p^x$，我们有

$$\begin{aligned}G^2&=\sum_{x,y=1}^{p-1}\left(\frac{xy}{p}\right)\zeta_p^{x+y}\\&=\sum_{a,y=1}^{p-1}\left(\frac{ay^2}{p}\right)\zeta_p^{y(a+1)}\quad (取\ x=ay)\\&=\sum_{a=1}^{p-1}\left(\frac{a}{p}\right)\sum_{y=1}^{p-1}\zeta_p^{y(a+1)}\end{aligned}$$

(当 $1\leqslant y\leqslant p-1$ 时，$\left(\frac{y^2}{p}\right)=\left(\frac{y}{p}\right)^2=1$).

如果 $a=p-1$，则 $a+1=p$，从而 $\sum_{y=1}^{p-1}\zeta_p^{y(a+1)}=\sum_{y=1}^{p-1}1=p-1$. 而当 $1\leqslant a\leqslant p-2$ 时，$p\nmid a+1$，因此

$$\begin{aligned}\sum_{y=1}^{p-1}\zeta_p^{y(a+1)}&=\sum_{z=1}^{p-1}\zeta_p^z\quad (y\ 过模\ p\ 的缩系时，y(a+1)=z\ 也如此)\\&=\sum_{z=0}^{p-1}\zeta_p^z-1=-1.\end{aligned}$$

所以

$$\begin{aligned}G^2&=\left(\frac{p-1}{p}\right)(p-1)-\sum_{a=1}^{p-2}\left(\frac{a}{p}\right)\\&=\left(\frac{p-1}{p}\right)(p-1)+\left(\frac{p-1}{p}\right)\qquad [由性质(3)]\end{aligned}$$

$$= p\left(\frac{-1}{p}\right) = \begin{cases} p, & 若\ p \equiv 1 \pmod 4, \\ -p, & 若\ p \equiv 3 \pmod 4, \end{cases} \quad [由性质(4)]$$

这就给出

$$G = \begin{cases} \pm\sqrt{p}, & 若\ p \equiv 1 \pmod 4, \\ \pm \mathrm{i}\sqrt{p}, & 若\ p \equiv 3 \pmod 4. \end{cases}$$

接下来,高斯决定了上面公式中的符号永远是正号.这就是定理3.4.5.证明是初等的,但是很有技巧性.为了节省篇幅我们略去后面的证明. □

对于比较小的 $d=3,4,5,6,8,9,\cdots$,人们对于 F_q 的 d 次乘法特征 χ 也计算出高斯和 $G(\chi)$ 的值,计算过程要采用代数数论中比较高深的知识.

高斯和与雅可比和是数学研究的重要工具,本书后面要讲到它们的一些应用.本节最后我们介绍雅可比和的一个应用例子.

费马的一个猜想是说,每个模 4 同余于 1 的素数 p 都可表示成两个整数的平方和,即存在 $A,B\in\mathbf{Z}$ 使得 $p=A^2+B^2$.前面讲过,欧拉第一个证明了这个猜想,后来高斯对此做了更深入的研究.现在我们用雅可比和来证明费马的这个猜想.

由于 $4\mid p-1$,可知有限域 F_q 有 4 阶乘法特征 χ.特别地,对每个整数 $a\not\equiv 0 \pmod p$,由 $\chi^4=\varepsilon$ 可知

$$1=\varepsilon(a)=\chi^4(a)=\chi(a)^4.$$

所以 $\chi(a)$ 取值为 ±1 或 $\pm\mathrm{i}(\mathrm{i}=\sqrt{-1}=\zeta_4)$.考虑 F_p 上的雅可比和

$$J(\chi,\chi)=\sum_{a=2}^{p-1}\chi(a)\chi(1-a).$$

则它是 $\{\pm1,\pm\mathrm{i}\}$ 中的数相加,所以 $J(\chi,\chi)=A+B\mathrm{i}$,其中 A 和 B 是整数.另外,由于 χ 的阶为 4,χ 和 χ^2 均不为 ε.根据

定理 3.4.2,$J(\chi,\chi)=A+B\mathrm{i}$ 是绝对值为$\sqrt{p}$的复数.于是

$$p=(A+B\mathrm{i})(A-B\mathrm{i})=A^2+B^2,$$

这就证明了上述的费马猜想.

这个证明是构造性的,即对每个素数 $p\equiv 1(\mathrm{mod}\ 4)$,可以求出 $A,B\in\mathbf{Z}$,使得 $p=A^2+B^2$.以 $p=13$ 为例,取模 p 的一个原根 2,F_p^* 中非零元素为

$$2^0=1,2^1=2,2^2=4,$$
$$2^3=8,2^4=3,2^5=6,$$
$$2^6=12,2^7=11,2^8=9,$$
$$2^9=5,2^{10}=10,2^{11}=7.$$

定义 $\chi(2^j)=\mathrm{i}^j(\mathrm{i}=\sqrt{-1})$,这是 F_{13} 的一个 4 阶乘法特征.全部取值为 $\chi(0)=0$,以及

$$\chi(1)=\chi(3)=\chi(9)=1,$$
$$\chi(2)=\chi(6)=\chi(5)=\mathrm{i},$$
$$\chi(4)=\chi(12)=\chi(10)=-1,$$
$$\chi(8)=\chi(11)=\chi(7)=-\mathrm{i}.$$

由此可算出

$$J(\chi,\chi)=\sum_{a=2}^{12}\chi(a)\chi(1-a)=3-2\mathrm{i},$$

于是 $13=(3-2\mathrm{i})(3+2\mathrm{i})=3^2+2^2$.

习　题

1. 设 p 是奇素数,$\left(\frac{a}{p}\right)$为勒让德符号,证明

$$\left(\frac{-1}{p}\right)=(-1)^{\frac{p-1}{2}}=\begin{cases}1, & 若\ p\equiv 1(\mathrm{mod}\ 4),\\ -1, & 若\ p\equiv 3(\mathrm{mod}\ 4).\end{cases}$$

2. 取模 7 的一个原根 γ.

(1)列出 F_7^* 的全部元素 $\gamma^i(0\leqslant i\leqslant 5)$.

(2)证明模 7 的 3 阶乘法特征共有两个. 设它们为 χ 和 χ',计算高斯和 $G(\chi)$,$G(\chi')$与雅可比和 $J(\chi,\chi)$,$J(\chi',\chi')$,$J(\chi,\chi')$.

3. 利用第 2.2 节例 2 给出的域 F_9 结构,对于 F_9 的 2 阶乘法特征 η,计算 F_9 上的高斯和 $G(\eta)$.

(提示:$\zeta_9=e^{2\pi i/9}$是多项式 $x^6-x^3+1\in\mathbf{Z}[x]$的根)

四　有限域上的几何

读者已经学过实数域 $\mathbf{R}$ 上的几何学. 实数轴 $\mathbf{R}$ 是一条直线，向量空间 $\mathbf{R}^2$ 是一个平面，其中每个向量 (a,b) 叫作此实平面上的一个点. 而方程 $ax+by+c=0$（$a,b,c\in\mathbf{R}$，并且 a 和 b 不全为零）的全部实数解 (x,y)，形成实平面 $\mathbf{R}^2$ 中的一条直线. 对于一个二次实系数多项式 $f(x,y)$，方程 $f(x,y)=0$ 的全部实数解组成的点集合，通常是实平面 $\mathbf{R}^2$ 中的一条曲线（双曲线、抛物线或者椭圆）.

更一般地，对于 $n\geqslant 3$，我们有实向量空间 $\mathbf{R}^n$，对于实系数多项式 $f(x_1,x_2,\cdots,x_n)$，方程 $f(x_1,x_2,\cdots,x_n)=0$ 的每个实数解 $(x_1,x_2,\cdots,x_n)=(a_1,a_2,\cdots,a_n)$ 是 $\mathbf{R}^n$ 中一个点，全部实数解构成 n 维空间 $\mathbf{R}^n$ 中一个几何图形. 利用方程或方程组来表示各种几何图形，使我们能够用代数工具来研究几何图形的性质，这就是解析几何的研究内容.

现在把实数域改成有限域 F_q. 在本章中向读者介绍一些有限域上的几何学知识. 有限域 F_q 上的 n 维向量空间 $\boldsymbol{F}_q^n$ 只有有限个（q^n 个）点，从而其中的每个几何图形也只有有限个点，这是与在实数域上几何学的不同之处. 我们在本章将介绍有限域上比较“平直”的几何图形，计算这些图形中点的个数和图形之间的相互关系，而把对“弯曲”图形的研究留给下一章.

§4.1　有限仿射几何

设 F_q 是有限域，$n\geqslant 1$，n 维向量空间 F_q^n 在几何上也叫作 F_q 上的 n 维仿射空间，它的 k 维向量子空间也叫作 k 维仿射子空间（$0\leqslant k\leqslant n$）. 零维仿射子空间只有全零向量（0，0，…，0）一个点，这个点叫作原点. 由线性代数知道，F_q^n 的每个 k 维仿射子空间 L 都可取一组基 $v_1,v_2,\cdots,v_k\in F_q^n$，使得 L 中每个点 A 都唯一表示成

$$\boldsymbol{a}=a_1v_1+a_2v_2+\cdots+a_kv_k\quad(a_k\in F_q),$$

从而对于一组固定的基 $v_1,v_2,\cdots,v_k$，L 中点 A 一一对应于 F_q^k 中的向量 $(a_1,a_2,\cdots,a_k)$. 特别地，每个 k 维仿射子空间 L 都恰好有 q^k 个点.

由线性代数还知道，对于 $1\leqslant k\leqslant n$，F_q^n 中每个 k 维仿射子空间 L 是某个关于 $x_1,x_2,\cdots,x_n$ 的线性齐次方程组

$$\begin{cases}a_{11}x_1+a_{12}x_2+\cdots+a_{1n}x_n=0\\a_{21}x_1+a_{22}x_2+\cdots+a_{2n}x_n=0\\\qquad\qquad\vdots\\a_{k'1}x_1+a_{k'2}x_2+\cdots+a_{k'n}x_n=0\end{cases}$$

在 F_q 上的全部解 $(x_1,x_2,\cdots,x_n)=(c_1,c_2,\cdots,c_n)$ 组成的集合，其中 $k'=n-k$，$a_{ij}\in F_q(1\leqslant i\leqslant k',1\leqslant j\leqslant n)$，并且 k' 行 n 列的系数矩阵

$$\boldsymbol{M}=\begin{pmatrix}a_{11}&a_{12}&\cdots&a_{1n}\\a_{21}&a_{22}&\cdots&a_{2n}\\\vdots&\vdots&&\vdots\\a_{k'1}&a_{k'2}&\cdots&a_{k'n}\end{pmatrix}$$

的秩为 k'. 上述方程组用矩阵运算简单地表示成

$$\boldsymbol{M}\begin{pmatrix} x_1 \\ x_2 \\ \vdots \\ x_n \end{pmatrix} = \begin{pmatrix} 0 \\ 0 \\ \vdots \\ 0 \end{pmatrix} \in F_q^{k'}. \tag{4.1.1}$$

如果把方程组右边的零向量改成任意的列向量,即考虑线性方程组

$$\boldsymbol{M}\begin{pmatrix} x_1 \\ x_2 \\ \vdots \\ x_n \end{pmatrix} = \begin{pmatrix} c_1 \\ c_2 \\ \vdots \\ c_{k'} \end{pmatrix} \quad (c_i \in F_q). \tag{4.1.2}$$

这个方程组有解,设$(x_1, x_2, \cdots, x_n) = (a_1, a_2, \cdots, a_n) = \underline{a}$ 是它在 F_q 上的一组解,我们知道式(4.1.2)的全部解为

$$S = \underline{a} + L = \{\underline{a} + \underline{l} \mid \underline{l} \in L\}.$$

换句话说,将方程组(4.1.1)的每个解 $\underline{l}$ 都加上同一个 $\underline{a}$,就得到方程组(4.1.2)的全部解. 用几何的语言,集合 S 是 k 维仿射子空间 L 的一个平移(把 L 中每个点 $\underline{l}$ 平移到 $\underline{l}+\underline{a}$). 我们把这样的集合 S 叫作 L 中的一个 k 维线性集. 于是,k 维仿射子空间就是过原点的 k 维线性集. 由于 F_q^n 是加法交换群,可知 $|S| = |L| = q^k$,即 F_q^n 中每个 k 维线性集中的点数均为 q^k. F_q^n 中 1 维线性集叫作仿射直线,2 维线性集叫作仿射平面,$n-1$ 维线性集叫作 F_q^n 的超平面,零维线性集就是一个点,而 n 维线性集就是 F_q^n 自身.

设 S_1 和 S_2 是 F_q^n 中的两个线性集,维数分别是 k_1 和 k_2,定义它们的线性方程组分别是(Ⅰ)和(Ⅱ),则交集 $S_1 \cap S_2$ 中的点即同时满足方程组(Ⅰ)和(Ⅱ)的那些点. 将(Ⅰ)和(Ⅱ)的所有

方程合在一起仍是线性方程组，所以当 $S_1 \cap S_2$ 不为空集时，$S_1 \cap S_2$ 仍是 F_q^n 中的线性集(注意 $S_1 \cap S_2$ 可以是空集，比如说在三维空间中就有不相交的两条直线，平面中的平行直线也不相交). 线性集 $S_1 \cap S_2$ 的维数显然不超过 k_1 和 k_2 当中的最小值. 另外，两个仿射子空间一定相交，因为它们都包含原点，所以两个仿射子空间的交一定是仿射子空间. 对于 F_q^n 中的仿射子空间 S_1 和 S_2，一般来说，$S_1 \cap S_2$ 会有各种不同的维数. 但是若 S_1 和 S_2 的维数都是 $n-1$，则当 $S_1 \neq S_2$ 时，仿射子空间 $S_1 \cap S_2$ 的维数一定为 $n-2$. 因为 F_q^n 中的 $n-1$ 维仿射子空间 S_1 是由 1 个齐次线性方程

$$a_1 x_1 + a_2 x_2 + \cdots + a_n x_n = 0$$

所定义的，其中 $a_1, a_2, \cdots, a_n$ 是 F_q 中不全为零的元素. 而 S_2 是由

$$b_1 x_1 + b_2 x_2 + \cdots + b_n x_n = 0$$

定义的，其中 $b_1, b_2, \cdots, b_n$ 是 F_q 中不全为零的常数. 当 $S_1 \neq S_2$ 时，这两个方程不等价，即两个非零向量$(a_1, a_2, \cdots, a_n)$和$(b_1, b_2, \cdots, b_n)$在 F_q 上是线性无关的. 所以将两个方程合在一起(方程组的全部解为 $S_1 \cap S_2$)，这个方程组的系数矩阵 $\begin{pmatrix} a_1, a_2, \cdots, a_n \\ b_1, b_2, \cdots, b_n \end{pmatrix}$的秩为 2，从而 $S_1 \cap S_2$ 是$n-2$维仿射子空间.

现在介绍有限域上的一些计数结果. 由于 F_q^n 是有限集合，从而它的子集合只有有限多个. 特别地，对每个 $k(0 \leqslant k \leqslant n)$，$n$ 维仿射空间 F_q^n 中 k 维仿射子空间的个数也只有有限多个，我们把这个数记成 $N(n,k)$. 当 $k=0$ 时，零维子空间只有原点，从而 $N(n,0)=1$. 当 $k=n$ 时，F_q^n 中的 n 维仿射子空间就是 F_q^n 自身，从而也有 $N(n,n)=1$. 那么当 $1 \leqslant k \leqslant n-1$时，$n$ 维仿射空间中 k

维子空间的个数 $N(n,k)$ 是多少？现在计算这个数 $N(n,k)$，同时还给出更一般的计算结果. 首先引入记号

$$\begin{bmatrix} n \\ k \end{bmatrix}_q = \prod_{i=0}^{k-1} \left(\frac{q^n - q^i}{q^k - q^i} \right), \qquad (4.1.3)$$

这里 $\prod$ 是“乘积”的意思，$\prod_{i=0}^{k} a_i = a_0 a_1 \cdots a_k$. 对比于求和的记号 $\sum_{i=0}^{k} a_i = a_0 + a_1 + \cdots + a_k$.

定理 4.1.1 设 $0 \leqslant l \leqslant k \leqslant n$. 则

(1)n 维仿射空间 F_q^n 中的 k 维仿射子空间的个数为 $\begin{bmatrix} n \\ k \end{bmatrix}_q$.

(2)更一般地，设 L 是 F_q^n 中一个固定的 l 维仿射子空间，则 F_q^n 中包含 L 的 k 维子空间的个数为 $\begin{bmatrix} n-l \\ k-l \end{bmatrix}_q$.

证明 (1)F_q^n 中任意 k 个线性无关的向量张成一个 k 维仿射子空间. 所以首先计算 F_q^n 中由 k 个线性无关向量构成的向量组的个数 $M(n,k)$. 为了得到这样一个向量组 $\{v_1, v_2, \cdots, v_k\}$，$v_1$ 一定是 F_q^n 中的非零向量，从而有 $q^n - 1$ 个可能. 然后在取 v_2 时，要和 v_1 线性无关，即 v_2 不能是由 v_1 张成的 1 维仿射子空间中的 q 个向量，从而有 $q^n - q$ 个选取可能. 同样地 v_3 要在由 v_1 和 v_2 张成的 2 维仿射子空间的 q^2 个向量之外选取，因此 v_3 有 $q^n - q^2$ 个可能. 一般地，在取定线性无关的 $v_1, v_2, \cdots, v_i$ 之后，v_{i+1} 要在由 $v_1, v_2, \cdots, v_i$ 张成的 i 维仿射子空间的 q^i 个向量以外选取，从而 v_{i+1} 有 $q^n - q^i$ 个选取可能. 由此可知，F_q^n 中线性无关(有序)向量组 $\{v_1, v_2, \cdots, v_k\}$ 的个数为

$$\prod_{i=1}^{k} (q^n - q^{i-1}) = \prod_{i=0}^{k-1} (q^n - q^i). \qquad (4.1.4)$$

但是,上述不同的向量组可能张成同一个 k-维仿射子空间,所以我们还要看每个 k 维仿射子空间包含多少由 k 个线性无关向量构成的向量组.这相当于将上面的推导中的 n 改为 k.从而这个数为

$$\prod_{i=0}^{k-1}(q^k-q^i), \tag{4.1.5}$$

于是 F_q^n 中 k 维仿射子空间的个数为式(4.1.4)中的数除以式(4.1.5)中的数,这就是 $\begin{bmatrix} n \\ k \end{bmatrix}_q$.

(2)设 L 是 $V=F_q^n$ 中一个固定的 l 维仿射子空间,则商空间 V/L 是 F_q 上的 $n-l$ 维仿射子空间.如果 M 是 V 的一个包含 L 的 k 维子空间,则这样的 M 一一对应于 V/L 中$k-l$维仿射子空间 M/L.所以(2)中要计算的数即一个$n-l$维仿射空间中 $k-l$ 维仿射子空间的个数,所以为 $\begin{bmatrix} n-l \\ k-l \end{bmatrix}_q$.证毕. □

定理 4.1.2 记 $V=F_q^n$,$0\leqslant k\leqslant n$.

(1)V 中 k 维线性集的个数为 $q^{n-k}\begin{bmatrix} n \\ k \end{bmatrix}_q$.

(2)设$\underline{a}$ 是 V 中一个点,则 V 中包含$\underline{a}$ 的 k 维线性集的个数为 $\begin{bmatrix} n \\ k \end{bmatrix}_q$.

(3)设$\underline{a}$ 和$\underline{b}$ 是 V 中两个不同的点,则 V 中包含$\underline{a}$ 和$\underline{b}$ 的 k 维线性集的个数为 $\begin{bmatrix} n-1 \\ k-1 \end{bmatrix}_q$.

证明 (1)设 L 是 V 的一个 k 维仿射子空间,则 L 是形如式(4.1.1)的齐次线性方程组的解集合,对于 F_q^{n-k} 中任意向量$\underline{c}=$

$(c_1, c_2, \cdots, c_{n-k})$，形如式(4.1.2)的线性方程组的解集合是 L 的一个陪集 $L+\underline{a}$，对于不同的向量 $\underline{c}$，方程组(4.1.2)的解集合给出的陪集两两不相交，这些陪集都是 k 维线性集，几何上叫作彼此平行的线性集. 由于 F_q^{n-k} 中向量 $\underline{c}$ 共有 q^{n-k} 种不同取法，所以和每个 k 维仿射子空间平行的 k 维线性集共有 q^{n-k} 个(它们构成商空间 V/L 的 q^{n-k} 个元素). 由于 V 中 k 维仿射子空间共有 $\begin{bmatrix} n \\ k \end{bmatrix}_q$ 个(定理4.1.1)，所以 k 维线性集的个数为 $q^{n-k}\begin{bmatrix} n \\ k \end{bmatrix}_q$.

(2)若 L 是过点 $\underline{a}$ 的 k 维线性集，则 $\underline{a} \in L$，从而

$$L - \underline{a} = \{\underline{l} - \underline{a} \mid \underline{l} \in L\}$$

是过 $\underline{a}-\underline{a}=0$(原点)的 k 维仿射子空间. 于是，过点 $\underline{a}$ 的 k 维线性集的个数等于 k 维仿射子空间的个数 $\begin{bmatrix} n \\ k \end{bmatrix}_q$.

(3)在 V 中，L 是过 $\underline{a}$ 和 $\underline{b}$ 的 k 维线性集当且仅当 $L-\underline{a}$ 是过 $\underline{a}-\underline{a}=0$ 和 $\underline{b}-\underline{a}(\neq 0)$ 的 k 维仿射子空间，也当且仅当 $L-\underline{a}$ 包含连接原点 0 和 $\underline{b}-\underline{a}$ 的仿射直线. 于是，V 中过 $\underline{a}$ 和 $\underline{b}$ 的 k 维线性集的个数等于包含一个固定的仿射直线(1 维仿射子空间)的 k 维仿射子空间的个数. 由定理 4.1.1 知这个数为 $\begin{bmatrix} n-1 \\ k-1 \end{bmatrix}_q$.

证毕. □

我们知道，n 个元素的集合中取出 k 个元素来 $(0 \leqslant k \leqslant n)$ 的方法数为

$$\binom{n}{k} = \frac{n(n-1)\cdots(n-k+1)}{k(k-1)\cdots 1} = \frac{n!}{k!(n-k!)}, \quad (4.1.6)$$

其中 $n!=n(n-1)\cdots 2\cdot 1$ 为 n 的阶乘. $\binom{n}{k}$ 即 n 元集合中 k 元子集的个数. 现在, F_q 上的 n 维向量空间 $V=F_q^n$ 中 k 维子空间的个数为式(4.1.3):

$$\begin{bmatrix} n \\ k \end{bmatrix}_q = \frac{(q^n-1)(q^n-q)\cdots(q^n-q^{k-1})}{(q^k-1)(q^k-q)\cdots(q^k-q^{k-1})}$$

$$= \frac{(q^n-1)(q^{n-1}-1)\cdots(q^{n-k+1}-1)}{(q^k-1)(q^{k-1}-1)\cdots(q-1)}$$

$$= \frac{(q^n-1)(q^{n-1}-1)\cdots(q^{n-k+1}-1)(q^{n-k}-1)(q^{n-k-1}-1)\cdots(q-1)}{(q^k-1)(q^{k-1}-1)\cdots(q-1)(q^{n-k}-1)(q^{n-k-1}-1)\cdots(q-1)}.$$

如果我们定义"q-阶乘":

$$(n)_q! = (q^n-1)(q^{n-1}-1)\cdots(q-1),$$

则

$$\begin{bmatrix} n \\ k \end{bmatrix}_q = \frac{(n)_q!}{(k)_q!\cdot(n-k)_q!}. \tag{4.1.7}$$

可以看出, $\begin{bmatrix} n \\ k \end{bmatrix}_q$ 的公式(4.1.7)很像 $\binom{n}{k}$ 的公式(4.1.6),只不过把阶乘改成 q-阶乘. 进而,若把 q 看成一个实变量,则对正整数 a 和 b,

$$\lim_{q\to 1}\frac{q^a-1}{q^b-1} = \lim_{q\to 1}\frac{q^{a-1}+q^{a-2}+\cdots+q+1}{q^{b-1}+q^{b-2}+\cdots+q+1} = \frac{a}{b}.$$

于是由式(4.1.7),

$$\lim_{q\to 1}\begin{bmatrix} n \\ k \end{bmatrix}_q = \lim_{q\to 1}\frac{(q^n-1)(q^{n-1}-1)\cdots(q^{n-k+1}-1)}{(q^k-1)(q^{k-1}-1)\cdots(q-1)}$$

$$= \frac{n}{k}\cdot\frac{n-1}{k-1}\cdots\frac{n-k+1}{1} = \binom{n}{k},$$

所以$\binom{n}{k}$是$\begin{bmatrix}n\\k\end{bmatrix}_q$在$q\to 1$时的极限值. 当然，我们没有一元有限域，但是以上看似荒唐的推导在数学甚至物理世界都是一种有益的看法. 比如在量子物理中，微观物理具有波粒二象性，而粒子性给出量子物理中许多突变的离散现象（如有限多个能级之间的跃迁），这些现象可以用一些q-恒等式来刻画，当$q\to 1$时，这些恒等式反映宏观世界中的某种现象，从而建立了微观世界和宏观世界的一些联系. 刻画量子物理现象的一种数学工具叫作量子群，那里有许多q-恒等式.

我们已知道组合数$\binom{n}{k}$的一些恒等式. 现在举例说明它们所对应的关于$\begin{bmatrix}n\\k\end{bmatrix}_q$的$q$-恒等式.

例 1 对于$0\leqslant k\leqslant n$，我们有$\binom{n}{k}=\binom{n}{n-k}$. 证明有两种方法，第一种方法是由公式$\binom{n}{k}=\frac{n!}{k!\ (n-k)!}$，右边将$k$改用$n-k$时不变，所以$\binom{n}{k}=\binom{n}{n-k}$. 第二种方法是用$\binom{n}{k}$的组合意义，即$\binom{n}{k}$是$n$元集合$S$中$k$元子集$S_k$的个数. 对于每个$k$元子集$S_k$，它在$S$中的补集$\overline{S}_k=S\backslash S_k$是$S$的$n-k$元子集. 而且$\overline{S}_k$的补集就是$S_k$. 这就表明$S$中$k$元子集和$n-k$元子集是一一对应的. 因此，$S$中$k$元子集的个数$\binom{n}{k}$等于$n-k$元子集的个数$\binom{n}{n-k}$.

现在我们证明

$$\begin{bmatrix} n \\ k \end{bmatrix}_q = \begin{bmatrix} n \\ n-k \end{bmatrix}_q \quad (0 \leqslant k \leqslant n).$$

（当 $q \to 1$ 时就是 $\binom{n}{k} = \binom{n}{n-k}$）. 我们也有两种证法. 第一种方法是用公式 $\begin{bmatrix} n \\ k \end{bmatrix}_q = \frac{(n)_q!}{(k)_q!\ (n-k)_q!}$ 直接证得. 第二种方法是采用几何的考虑. 为此，我们在 F_q 上 n 维向量空间 F_q^n 中定义一种内积. 对于 $v=(v_1, v_2, \cdots, v_n)$ 和 $u=(u_1, u_2, \cdots, u_n) \in F_q^n$，定义它们的内积为

$$(v, u) = v_1 u_1 + v_2 u_2 + \cdots + v_n u_n \in F_q.$$

当 $(v, u)=0$ 时，称向量 v 和 u 正交. F_q^n 中的内积有如下性质：

(1)（对称性）　$(v, u)=(u, v)$.

(2)（线性）　对于 $\alpha, \beta \in F_q, v_1, v_2, u \in F_q^n$，

$$(\alpha v_1 + \beta v_2, u) = \alpha(v_1, u) + \beta(v_2, u).$$

在实向量空间 $\mathbf{R}^n$ 中读者熟悉这个内积，因为对 $\mathbf{R}^n$ 中每个向量 $\boldsymbol{v}$，$(\boldsymbol{v}, \boldsymbol{v}) \geqslant 0$ 并且 $(\boldsymbol{v}, \boldsymbol{v})$ 是向量 $\boldsymbol{v}$ 的长度的平方. 但是在有限域上，这个内积有一个重大区别，对于非零实向量 $\boldsymbol{v}=(v_1, v_2, \cdots, v_n) \in \mathbf{R}^n$，至少有某个 v_i 是非零实数，从而 $(\boldsymbol{v}, \boldsymbol{v}) = \sum_{i=1}^{n} v_i^2$ 必是正数，即 $(v, v) \neq 0$，非零实向量不能和自己正交. 但是在 F_q^n 中，非零向量可以自正交，例如，$v=(1,1)$ 是 F_2^2 中非零向量，但是 $(v, v)= 1 \cdot 1 + 1 \cdot 1 = 2 = 0 \in F_2$.

设 C 是 F_q^n 的一个 k 维仿射子空间，考虑 F_q^n 中和 C 中所有向量都正交的那些向量组成的集合

$$C^{\perp} = \{v \in F_q^n \mid 对每个\ c \in C, (v, c) = 0\},$$

由上述关于内积的性质(2)，可知 $C^{\perp}$ 也是 F_q^n 的仿射子空间，叫

作 C 的对偶空间.

请读者利用线性代数知识证明 $C^{\perp}$ 的维数是 $n-k$. 再证明 $C^{\perp}$ 的对偶就是 C. 所以将 F_q^n 中每个 k 维仿射空间对应于它的对偶空间,给出全体 k 维仿射子空间和 $n-k$ 维子空间之间的一一对应. 这就表明:F_q^n 中 k 维仿射子空间的个数 $\begin{bmatrix} n \\ k \end{bmatrix}_q$ 等于 $n-k$ 维仿射子空间的个数 $\begin{bmatrix} n \\ n-k \end{bmatrix}_q$. 这个几何证法表明:子集合之间的互补关系对应地可类比于仿射子空间的相互对偶关系.

例 2 我们有 q-恒等式:(当 $1 \leqslant k \leqslant n$ 时)

$$\begin{bmatrix} n \\ k \end{bmatrix}_q = \begin{bmatrix} n-1 \\ k \end{bmatrix}_q + q^{n-k} \begin{bmatrix} n-1 \\ k-1 \end{bmatrix}_q, \tag{4.1.8}$$

当 $q \to 1$ 时,它变成熟知的恒等式

$$\binom{n}{k} = \binom{n-1}{k} + \binom{n-1}{k-1}. \tag{4.1.9}$$

公式(4.1.9)可以由式(4.1.6)直接计算证明,也可以用组合学的考虑:设在 n 元集合 S 中取 k 元子集 S_k. 我们固定 S 中一个元素 a. 当 $a \in S_k$ 时 S_k 有 $\binom{n-1}{k-1}$ 种取法,当 $a \notin S_k$ 时 S_k 有 $\binom{n-1}{k}$ 种取法. 这就给出式(4.1.9).

证明式(4.1.8)可以用 $\begin{bmatrix} n \\ k \end{bmatrix}_q$ 的公式(4.1.3)通过直接计算进行,也可采用下面的几何方法:取定 F_q^n 中一个 $n-1$ 维子空间 H,其定义方程为

$$a_1x_1 + a_2x_2 + \cdots + a_nx_n = 0, \tag{4.1.10}$$

其中 $a_1, a_2, \cdots, a_n$ 是 F_q 中不全为零的元素. F_q^n 中 k 维子空间 K 共有 $\begin{bmatrix} n \\ k \end{bmatrix}_q$ 个. 其中包含在 H 之中的有 $\begin{bmatrix} n-1 \\ k \end{bmatrix}_q$ 个. 只需再证明不包含在 H 中的 K 有 $q^{n-k}\begin{bmatrix} n-1 \\ k-1 \end{bmatrix}_q$ 个. 当 K 不包含在 H 之中时, $H \cap K = M$ 一定是 $k-1$ 维子空间,因为定义 K 的齐次线性方程组再加上方程(4.1.10),给出 $k-1$ 维子空间. H 中 $k-1$ 维子空间共有 $\begin{bmatrix} n-1 \\ k-1 \end{bmatrix}_q$ 个. 对每个 M, K 是由 M 和 $F_q^n \backslash H$ 中一点所生成的子空间, $|F_q^n \backslash H| = q^n - q^{n-1}$. 但是 $K \backslash M$ 中的 $q^k - q^{k-1}$ 个点中每个点和 M 均生成同一个 K. 因此不包含在 H 中的 K 共有 $\begin{bmatrix} n-1 \\ k-1 \end{bmatrix}_q \cdot \frac{q^n - q^{n-1}}{q^k - q^{k-1}} = \begin{bmatrix} n-1 \\ k-1 \end{bmatrix}_q \cdot q^{n-k}$ 个. 证毕.

习　题

1. 设 F 为域, F 上仿射平面 F^2 的每条仿射直线(1 维仿射集)是某个线性方程

$$L: ax + by = c \quad (a, b, c \in F \text{ 并且 } a \text{ 和 } b \text{ 不全为零})$$

在 F 中的全部解 (x, y) $(x, y \in F)$. 证明:

(1)直线 L 和直线

$$L': a'x + b'y = c' \quad (a', b', c' \in F \text{ 并且 } a' \text{ 和 } b' \text{ 不全为零})$$

是同一条直线当且仅当存在 F 中非零元素 α,使得

$$(a', b', c') = \alpha(a, b, c).$$

(2)直线 L 和 L' 平行当且仅当存在 F 中非零元素 α,使得 $(a', b') = \alpha(a, b)$,但是 $c' \neq \alpha c$.

(3)直线 L 和 L' 相交当且仅当不存在 F 中非零元素 α,使得 $(a', b') =$

$\alpha(a,b)$，即向量(a',b')和(a,b)是 F 上线性无关的，并且在满足这个条件之下，直线 L 和 L'恰好有一个交点.

2. 仿射平面 F_2^2 中共有多少条仿射直线？给出它们的定义方程并且求出每条直线上的点.

3. 仿射平面 F_3^2 中共有多少过原点的仿射直线(1 维子空间)？列出它们的定义方程和每条直线上的点.

4. 设 F 为域，仿射空间 F^n 中一个超平面是方程

$$a_1x_1+a_2x_2+\cdots+a_nx_n=b$$

的全部解$(x_1,x_2\cdots,x_n)\in F^n$ 组成的集合，即 F^n 中的 $n-1$ 维线性集. 其中 $a_1,a_2,\cdots,a_n,b\in F$ 并且 $a_1,a_2,\cdots,a_n$ 不全为零. 证明：任意两个不同的超平面如果相交，则交集一定是 $n-2$ 维的线性集.

5. 证明：对于 $1\leqslant k\leqslant n$，$\begin{bmatrix}n\\k\end{bmatrix}_q=\begin{bmatrix}n\\k-1\end{bmatrix}_q\dfrac{q^{n-k+1}-1}{q^k-1}$. 能否给出一个几何证明？

§4.2 有限射影几何

射影几何起源于古希腊，公元前三世纪，欧几里得和阿基米德等人发现了圆锥曲线的许多射影性质. 在 15 世纪和 16 世纪欧洲文艺复兴时代，由于绘画、雕塑、天文、航海和建筑的需要，发明了透视原理，把三维空间射影到二维平面上，射影几何得到蓬勃发展. 除了这些实际需要的推动之外，射影几何在数学内部的动力是由于人们对于非欧几何的研究.

欧氏几何中有一条平行公理：在平面中过一条直线 L 外任意一点恰好有一条直线和直线 L 平行. 长期以来，人们认为这不是公理，可以由其他公理推出来. 人们给出许多平行公理的证明，后来发现都是错的. 到了 19 世纪，高斯、波利埃(匈牙利)和罗巴切夫斯基(俄国)等数学家发现了一些几何，在这些几何中

平行公理不成立，这些几何均叫作非欧几何. 我们现在要介绍的射影平面就是一种非欧几何. 在这种几何中，任意两条不同的直线都相交，所以过直线 L 外一点不能有直线和 L 平行，因为平行直线根本不存在.

我们从实（仿射）平面 $\mathbf{R}^2$ 出发. 其中的每条（仿射）直线 L 上都加一个新的点 P，叫作无穷远点. 你可以想像直线 L 的两端延伸出去，汇集到无穷远点 P，所以成了一条封闭的图形，叫作一条射影直线. 进而又假定：$\mathbf{R}^2$ 上彼此平行的直线增加同一个无穷远点，彼此不平行的直线所增加的无穷远点是不同的. 这样一来，我们在仿射平面之外增加了许多无穷远点. 最后又假定：所有无穷远点又形成一条射影直线，叫作无穷远射影直线. 我们把原来仿射平面 $\mathbf{R}^2$ 上的点叫作仿射点，而 $\mathbf{R}^2$ 与全部无穷远点合在一起叫作实射影平面，表示成 $P^2(\mathbf{R})$［P 是英文 projective（射影的）第一个字母］，而其中每个点（仿射点或无穷远点）叫作射影点. 于是，射影平面 $P^2(\mathbf{R})$ 即仿射平面 $\mathbf{R}^2$ 加上一条无穷远直线.

定理 4.2.1　在实射影平面 $P^2(\mathbf{R})$ 中，

（1）任意两条不同的射影直线都恰好交于一个射影点.

（2）任意两个不同的射影点都恰好连成一条射影直线.

证明　（1）设 L 和 L' 是两条不同的射影直线. 如果 L 和 L' 均是仿射直线加上一个无穷远点. 当仿射直线相交时，它们扩大成射影直线仍只有这个交点，因为它们的无穷远点是不同的. 当这两条仿射直线平行时，它们有同一个无穷远点，从而这两条射影直线就交于这个公共的无穷远点. 如果 L 和 L' 其中有一条，比如说是 L，为无穷远直线，则它们的交集 $L \cap L'$ 恰好只有 L' 上那个无穷远点. 综合上述，任意两条不同的射影直线都恰好交于一个射影点.

(2)设 P 和 P'是两个不同的射影点.如果它们都是仿射点,则过它们只有一条仿射直线 L,从而它们只连成一条射影直线,就是 L 加上一个无穷远点的那条.如果 P 和 P'都是无穷远点,则它们也在唯一的一条射影直线上,就是那条无穷远直线,因为其他射影直线只有一个无穷远点.最后设 P 是无穷远点,而 P'是仿射点,则存在仿射直线 L,它所增加的无穷远点是 P.过仿射点 P'有唯一的仿射直线 L'与 L 平行,则 L'增加的无穷远点也是 P. 从而射影直线 $L'\cup\{P\}$就是连接 P 和 P'的唯一射影直线.证毕. □

读者会发现,我们在构作实射影平面 $P^2(\mathbf{R})$和证明上述定理时,并没有用到实数域的任何特别性质.所以对于任意域 F,都可按上述方式构作射影平面 $P^2(F)$,并且它仍具有定理 4.2.1 中的两条性质.现在我们给出构作射影平面的坐标方式,这次取 F 为有限域,但是这种坐标方式对于任何域 F 都是适用的.

定义 4.2.2 考虑集合 $V=F_q^3\backslash\{\underline{0}\}$,其中$\underline{0}=(0,0,0)$是零向量.两个非零向量$\underline{a}=(a_1,a_2,a_3)$,$\underline{b}=(b_1,b_2,b_3)$叫作射影等价的,是指存在 $\alpha\in F_q^*$,使得$\underline{b}=\alpha\underline{a}$.彼此射影等价的非零向量组成的射影等价类看成一个几何对象,叫作射影点.$\underline{a}=(a_1,a_2,a_3)$所在的射影等价类,其对应的射影点表示成$(a_1:a_2:a_3)$.所有射影点组成的集合叫作有限域 F_q 上的射影平面,表示成$P^2(F_q)$.

于是,对于任意两个非零向量$\underline{a}$ 和$\underline{b}$,它们表示同一个射影点当且仅当存在 F_q 中非零元素 α,使得$\underline{b}=\alpha\underline{a}$,即 $b_i=\alpha a_i(i=1,2,3)$.所以$(a_1:a_2:a_3)=(\alpha a_1:\alpha a_2:\alpha a_3)$.由于 F_q^3 中共有 q^3-1 个非零向量,而每个射影等价类包含 $q-1$ 个向量(因为 F_q 中非

零元素 α 有 $q-1$ 个取法)，可知射影平面 $P^2(F_q)$中共有$\frac{q^3-1}{q-1}=q^2+q+1$ 个射影点.

让我们看一下如何把射影平面 $P^2(F_q)$看成仿射平面的扩大. 考虑映射

$$f: F_q^2 \to P^2(F_q), (x,y) \mapsto (x:y:1), \qquad (4.2.1)$$

这是一个单射，因为若$(x:y:1)=(x':y':1)$，则$(x',y',1)=\alpha(x,y,1)$. 但是由第 3 个坐标得到 $1=\alpha \cdot 1$，可知 $\alpha=1$，于是 $x'=x, y'=y$，即$(x',y')=(x,y)$，从而 f 是单射. 通过映射 f 我们可以把仿射平面 F_q^2 中的仿射点(x,y)等同于射影平面 $P^2(F_q)$中的射影点$(x:y:1)$. 它们有 q^2 个. 这些射影点有形式 $(a_1:a_2:a_3)$，其中 $a_3 \neq 0$，由于$(a_1:a_2:a_3)=\left(\frac{a_1}{a_3}:\frac{a_2}{a_3}:1\right)$，即它对应于仿射点$\left(\frac{a_1}{a_3},\frac{a_2}{a_3}\right)$. 而不属于映射 f 的像中的射影点就是 $(a_1:a_2:0)$，其中 $a_1, a_2 \in F_q$ 并且不全为零，这些射影点叫作无穷远点. 所以射影平面 $P^2(F_q)$就是仿射平面 F_q^2 加上一些形如 $(a_1:a_2:0)$的无穷远点. 由于 $P^2(F_q)$中有 q^2+q+1 个射影点，其中 q^2 个是仿射点，可知无穷远点共有 $q+1$ 个. 事实上，这些无穷远点为$(a_i:1:0)(a_i \in F_q)$和$(1:0:0)$.

例 1　F_3 上的仿射平面共有 $3^2=9$ 个点$(a_1,a_2)(a_i \in F_3)$，它们给出射影平面 $P^2(F_3)$中 8 个射影点$(a_1:a_2:1)(a_1,a_2 \in F_3)$，而无穷远点共有 $3+1=4$ 个，它们是$(0:1:0)$，$(1:1:0)$，$(2:1:0)$和$(1:0:0)$.

定义 4.2.3　设 c_1, c_2, c_3 是 F_q 中不全为零的元素，则方程

$$L: c_1x+c_2y+c_3z=0 \qquad (4.2.2)$$

在 F_q 上的全部非零解$(x:y:z)=(a_1:a_2:a_3)$所组成的集合

L,叫作 $P^2(F_q)$ 中的一条射影直线. 注意,若(a_1,a_2,a_3)是方程(4.2.2)的解,由于它是齐次线性方程,可知对每个 $\alpha\in F_q^*$,$\alpha(a_1,a_2,a_3)$都是方程(4.2.2)的解,从而可以谈射影点$(a_1:a_2:a_3)$是方程(4.2.2)的一个解.

方程(4.2.2)在 F_q^3 中有 q^2 个解(因为它是仿射空间 F_q^3 中的一个超平面),非零解共 q^2-1 个,其中每 $q-1$ 个是一个射影等价类,这就表明:射影平面 $P^2(F_q)$的每条射影直线上都有 $\frac{q^2-1}{q-1}=q+1$ 个射影点.

进而,设

$$L':c'_1x+c'_2y+c'_3z=0 \tag{4.2.3}$$

也是 $P^2(F_q)$中的一条射影直线,则当存在 $\alpha\in F_q^*$ 使得$(c_1',c_2',c_3')=\alpha(c_1,c_2,c_3)=(\alpha c_1,\alpha c_2,\alpha c_3)$时,方程 L 和 L'是等价的,所以它们是同一条射影直线. 不然,则 F_q^3 中(c_1,c_2,c_3)和(c_1',c_2',c_3')在 F_q 上是线性无关的,两条射影直线 L 和 L'不同,因为它们的交点要满足式(4.2.2)和式(4.2.3)的联立方程,由于(c_1,c_2,c_3)和(c_1',c_2',c_3')线性无关,联立方程给出仿射空间 F_q^3 中的 1 维子空间,从而有 q 个解向量,非零解向量有 $q-1$ 个,它们组成一个射影点. 这就表明 L 和 L'是不同的射影直线,并且任意两条不同的射影直线均恰好交于一个射影点.

基于上述,我们也可以把由方程(4.2.2)定义的射影直线记成 $L=[c_1:c_2:c_3]$. 因为它和射影直线 $L'=[c_1':c_2':c_3']$相等,当且仅当存在 $\alpha\in F_q^*$ 使得$(c_1',c_2',c_3')=\alpha(c_1,c_2,c_3)$. 可以像计算射影点数一样得出,射影平面 $P^2(F_q)$中的射影直线有$\frac{q^3-1}{q-1}=q^2+q+1$ 条.

我们再证:射影平面 $P^2(F_q)$中任意两个不同的射影点恰好连成一条射影直线.设 $P=(a_1:a_2:a_3)$和 $P'=(a_1':a_2':a_3')$是不同的射影点.于是 F_q^3 中非零向量(a_1,a_2,a_3)和(a_1',a_2',a_3')是线性无关的.射影直线 $L=[c_1:c_2:c_3]$过点 P 和点 P' 当且仅当 F_q^3 中非零向量(c_1,c_2,c_3)满足以下方程组

$$\begin{cases}a_1x+a_2y+a_3z=0,\\ a'_1x+a'_2y+a'_3z=0.\end{cases}$$

由于(a_1,a_2,a_3)和(a_1',a_2',a_3')线性无关,可知此方程组在 F_q^3 中有 $q-1$ 个彼此相差 F_q^* 中常数倍的非零向量解,设其中一个解为(c_1,c_2,c_3),则它给出连接点 P 和 P' 的唯一射影直线$[c_1:c_2:c_3]$.

我们已经知道:射影平面 $P^2(F_q)$中的每条射影直线上都恰好有 $q+1$ 个点.现在证明:每个射影点 $P=(a_1:a_2:a_3)$也恰好在 $q+1$ 条不同的射影直线上.直线$L=[c_1:c_2:c_3]$过点 P,当且仅当(c_1,c_2,c_3)是方程 $a_1x+a_2y+a_3z=0$ 的解.这个方程在 F_q^3 中有 q^2-1 个非零向量解,其中每$q-1$个代表同一条射影直线.所以过点 P 恰有$\frac{q^2-1}{q-1}=q+1$ 条射影直线.

综合上述,我们证明了有限射影平面的如下计数结果.

定理 4.2.4　在射影平面 $P^2(F_q)$中,

(1)共有 q^2+q+1 个射影点和 q^2+q+1 条射影直线.

(2)任意两条不同射影直线均恰好交于一个射影点,任意两个不同的射影点恰好连成一条射影直线.

(3)每条射影直线上共有 $q+1$ 个射影点,过每个射影点恰好有 $q+1$ 条射影直线.　□

本节开始用几何方法构作射影平面,是把仿射平面中每条

仿射直线加上一个无穷远点.现在用坐标的方法来加以解释.我们知道,射影平面 $P^2(F_q)$ 上的无穷远点有形式 $(a_1 : a_2 : 0)$,其中 a_1 和 a_2 为 F_q 中元素并且不全为零,而通过式(4.2.1)的映射 f 把其他射影点 $(a_1 : a_2 : a_3)(a_3 \neq 0)$ 一一对应于仿射平面 F_q^2 中的点 $\left(\frac{a_1}{a_3}, \frac{a_2}{a_3}\right)$.

仿射平面 F_q^2 中的一条仿射直线有定义方程

$$l: c_1 x + c_2 y + c_3 = 0, \tag{4.2.4}$$

其中,$c_1, c_2, c_3 \in F_q$ 并且 c_1 和 c_2 不全为零.对应地,射影平面 $P^2(F_q)$ 中有一条射影直线 $[c_1 : c_2 : c_3]$,即

$$L: c_1 x + c_2 y + c_3 z = 0. \tag{4.2.5}$$

对于仿射直线 l 上的点 $(x, y) = (a_1, a_2)$,我们有射影直线 L 上的射影点 $(x : y : z) = (a_1 : a_2 : 1)$.这两个点在式(4.2.1)的映射 f 之下恰好是相对应的,所以射影直线 L 包含了仿射直线 l.另外,射影直线 L 上的无穷远点是 $z=0$ 的情形,这时式(4.2.5)成为方程 $c_1 x + c_2 y = 0$.它的全部解为 $(x, y) = (c_2 t, -c_1 t)$,其中 $t \in F_q$,对应给出射影直线 L 上的一个无穷远点 $(x : y : z) = (c_2 : -c_1 : 0)$(注意 c_1 和 c_2 不全为零,从而这是射影点).也就是说,仿射直线 l 加上无穷远点 $(c_2 : -c_1 : 0)$ 就成为射影直线 L.

以上我们假设 c_1 和 c_2 不全为零.如果 $c_1 = c_2 = 0$,则射影直线 L 的定义方程(4.2.5)中 $c_3 \neq 0$,不妨可设 $c_3 = 1$,于是方程(4.2.5)成为 $z = 0$,这个方程的所有解为全部无穷远点 $(x : y : z) = (a_1 : a_2 : 0)$.所以 $z=0$ 就是射影平面中的那条无穷远直线!这就用坐标的方式解释了射影平面的几何模型.

例 2 最简单的射影平面是 $P^2(F_2)$.它有 $2^2+2+1=7$ 个

射影点和 7 条射影直线. 每条射影直线上有 3 个射影点，每个射影点在 3 条射影直线上，这叫作法诺(Fano)平面，如下图所示. 比如说，无穷远直线[0∶0∶1]上的三个射影点为三个无穷远点 P_1，P_2 和 P_3. 射影直线[1∶1∶1]上的三个射影点为 P_3，P_5 和 P_6，这条射影直线如图 4-1 中虚线所示.

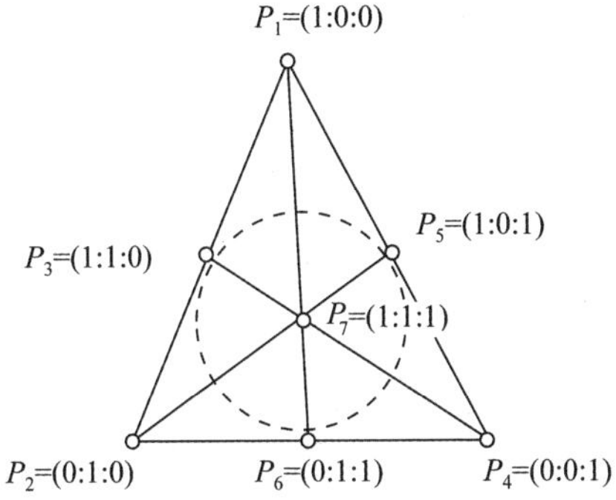

图 4-1

本节最后我们简单地介绍一下高维射影空间. 设 n 为任意正整数，V 为 F_q^{n+1} 中的非零向量(共 $q^{n+1}-1$ 个)组成的集合. 非零向量 $a=(a_1, a_2, \cdots, a_{n+1})$ 和 $b=(b_1, b_2, \cdots, b_{n+1})$ 叫作射影等价的，是指存在 F_q 中的非零元素 α，使得 $b=\alpha a$，即 $b_i=\alpha a_i(1\leqslant i\leqslant n+1)$. 由于 F_q 中有 $q-1$ 个非零元素，所以每 $q-1$ 个非零向量组成一个射影等价类，叫作一个射影点，从而共有 $\dfrac{q^{n+1}-1}{q-1}$ 个射影点. 它们构成的集合叫作 F_q 上的 n 维射影空间，表示成 $P^n(F_q)$.

F_q^{n+1} 的每个 $k+1$ 维向量子空间有 $q^{k+1}-1$ 个非零向量，从而给出射影空间 $P^n(F_q)$ 中 $\dfrac{q^{k+1}-1}{q-1}$ 个射影点. 这些射影点组成的集合叫作 $P^n(F_q)$ 的一个 k 维射影子空间. 1 维和 2 维射影子空间叫作射影直线和射影平面，$n-1$ 维射影子空间叫作$P^n(F_q)$的射影超平面.零维射影子空间即一个射影点.

设 $a=(a_1,a_2,\cdots,a_{n+1})$是 F_q^{n+1} 中非零向量，a 的射影等价类给出的 $P^n(F_q)$中射影点记为$(a_1:a_2:\cdots:a_{n+1})$. 我们有映射 $f:F_q^n\to P^n(F_q),(a_1,a_2,\cdots,a_n)\mapsto(a_1:a_2:\cdots:a_n:1)$，这是单射，从而 n 维仿射空间 F_q^n 在 f 之下可看成 n 维射影空间 $P^n(F_q)$的子集合，而 $P^n(F_q)$中多出来的射影点有形式$(a_1:a_2:\cdots:a_n:0)$(其中 $a_1,a_2,\cdots,a_n\in F_q$ 并且不全为零)，都叫作无穷远点. 所以 $P^n(F_q)$中无穷远点的个数是$|P^n(F_q)|-|F_q^n|=\dfrac{q^{n+1}-1}{q-1}-q^n=\dfrac{q^n-1}{q-1}$.

F_q^{n+1} 的一个 n 维仿射子空间有定义方程

$$c_1x_1+c_2x_2+\cdots+c_nx_n+c_{n+1}x_{n+1}=0, \tag{4.2.6}$$

其中 $c_1,c_2,\cdots,c_{n+1}\in F_q$ 并且不全为零. 该方程在 F_q 中的解$(x_1,x_2,\cdots,x_{n+1})=(a_1,a_2,\cdots,a_{n+1})$给出 $P^n(F_q)$中射影点$(a_1:\cdots:a_{n+1})$. 这些射影点全体是 $P^n(F_q)$的一个射影超平面($n-1$ 维射影子空间)H，式(4.2.6)也叫作这个射影超平面 H 的定义方程. 若 $c_1,c_2,\cdots,c_n$ 不全为零，则 H 中的仿射点集合为

$$\{(a_1:\cdots:a_n:1)\mid c_1a_1+c_2a_2+\cdots+c_na_n+c_{n+1}=0\},$$

而 H 中的无穷远点集合为

$$\{(a_1:\cdots:a_n:0)\mid c_1a_1+c_2a_2+\cdots+c_na_n=0\},$$

从而 H 中无穷远点个数为$\dfrac{q^{n-1}-1}{q-1}$，而仿射点个数为 q^{n-1}. 当 $c_1=c_2=\cdots=c_n=0$ 时，$c_{n+1}\neq0$，从而方程(4.2.6)成为 $x_{n+1}=0$. 由它决定的恰好是全部无穷远点，所以 $P^n(F_q)$中全部$\dfrac{q^n-1}{q-1}$个无穷远点形成一个射影超平面.

由于 F_q^{n+1} 中 $k+1$ 维向量子空间和 $P^n(F_q)$ 中 k 维射影子空间之间的一一对应，不难由仿射空间的计数定理4.1.1证明 n 维射影空间 $P^n(F_q)$ 的以下计数结果.

定理 4.2.5　设 $0\leqslant l\leqslant k\leqslant n$，则在 n 维射影空间 $P^n(F_q)$ 中，

(1) k 维射影子空间的个数为 $\begin{bmatrix} n+1 \\ k+1 \end{bmatrix}_q$.

(2) 包含一个固定的 l 维射影子空间的 k 维射影子空间的个数为 $\begin{bmatrix} n-l \\ k-l \end{bmatrix}_q$.

证明　(1) $P^n(F_q)$ 中的 k 维射影子空间和 F_q^{n+1} 中的 $k+1$ 维向量子空间是一一对应的，从而它们的个数相同. 由定理 4.1.1 可知这个数是 $\begin{bmatrix} n+1 \\ k+1 \end{bmatrix}_q$.

(2) $P^n(F_q)$ 中一个 l 维射影子空间 L 对应于 F_q^{n+1} 中一个 $l+1$ 维向量空间 L'，从而 $P^n(F_q)$ 中包含 L 的 k 维射影子空间的个数等于 F_q^{n+1} 中包含 L' 的 $k+1$ 维向量子空间的个数. 由定理 4.1.1 可知这个数是 $\begin{bmatrix} (n+1)-(l+1) \\ (k+1)-(l+1) \end{bmatrix}_q = \begin{bmatrix} n-l \\ k-l \end{bmatrix}_q$. 证毕. □

习　题

1. 列出射影平面 $P^2(F_3)$ 中全部射影直线和每条射影直线上的全部射影点.

2. 对于 $n\geqslant 2$，证明在 n 维射影空间 $P^n(F_q)$ 中任意两个不同的射影超平面（$n-1$ 维射影子空间）的交都是 $n-2$ 维的射影子空间.

3. 设 $n\geqslant 3$，n 维射影空间 $P^n(F_q)$ 中任意两条射影直线是否一定相交？

4. 证明：对每个 $k, 0\leqslant k\leqslant n-1$，在 n 维射影空间$P^n(F_q)$中，k 维射影子空间的个数等于 $n-k-1$ 维射影子空间的个数. 你能否从仿射空间 F_q^{n+1} 中的子空间对偶概念（见 4.1 节例 1）诱导出$P^n(F_q)$中射影子空间的对偶概念，从而给出上述命题的一个几何证明？

5. 设 $n\geqslant 2, A=(a_1:\cdots:a_{n+1})$ 和 $B=(b_1:\cdots:b_{n+1})$是 n 维射影空间 $P^n(F_q)$中两个不同的射影点. 证明：$P^n(F_q)$中过 A 和 B 恰好有一条射影直线 $L=\overline{AB}$，并且 L 上全部 $q+1$ 个射影点为

$$(\alpha a_1+(1-\alpha)b_1:\cdots:\alpha a_{n+1}+(1-\alpha)b_{n+1}) \qquad (\alpha\in F_q)$$

和$(a_1-b_1:\cdots:a_{n+1}-b_{n+1})$.

§4.3 平面仿射曲线和平面射影曲线

设 K 为域，射影平面 $P^2(K)$中的一条射影直线是

$$L: c_1x+c_2y+c_3z=0$$

上的全部射影点$(x:y:z)=(a_1:a_2:a_3)$组成的集合，其中 c_1, c_2, c_3 为域 K 中元素并且不全为零. 换句话说，$F(x,y,z)=c_1x+c_2y+c_3z$ 是$K[x,y,z]$中的 1 次齐次多项式. 当 c_1 和 c_2 不全为零时，L 的仿射部分为

$$\{(a_1:a_2:1)\mid c_1a_1+c_2a_2+c_3=0\},$$

即对应的仿射点是仿射平面 K^2 中仿射直线

$$L': c_1x+c_2y+c_3=0$$

的全部点(x,y). 而 L 上的无穷远点为满足 $c_1a_1+c_2a_2=0$ 的射影点$(a_1:a_2:0)$，即(a_1,a_2)是 $c_1x+c_2y=F(x,y,0)=0$的非零解. 从而只有一个无穷远点$(c_2:-c_1:0)$. 当$c_1=c_2=0$ 时，射影直线 L 为 $z=0$，全部射影点都是无穷远点.

现在我们考虑射影平面 $P^2(K)$上"弯曲"的射影曲线，即齐次多项式 $F(x,y,z)$的次数$\geqslant 2$ 的情形.

设 $F(x,y,z)$是系数属于域 K 的 n 次齐次多项式，从而

$F(x,y,z)$表达式中每个单项式都是 n 次的，即有形式 $cx^ry^sz^t$，其中 $c\in K$，而 $r+s+t=n$. 考虑方程

$$C:F(x,y,z)=0. \tag{4.3.1}$$

如果 K^3 中非零向量 (a_1, a_2, a_3) 满足此方程，即 $F(a_1,a_2,a_3)=0$，则对 K 中每个非零元素 α，

$$c(\alpha x)^r(\alpha y)^s(\alpha z)^t = c\alpha^{r+s+t}x^ry^sz^t = c\alpha^nx^ry^sz^t,$$

可知 $F(\alpha x,\alpha y,\alpha z)=\alpha^nF(x,y,z)$，从而 $F(\alpha a_1,\alpha a_2,\alpha a_3)=\alpha^nF(a_1,a_2,a_3)=0$，即 $\alpha(a_1,a_2,a_3)$也是方程(4.3.1)的解，所以可以说 $P^2(K)$中的射影点$(a_1:a_2:a_3)$是方程(4.3.1)的一个解. 方程(4.3.1)上的全部射影点组成的集合 C 叫作射影平面 $P^2(K)$中的一条(平面)射影曲线，(4.3.1)叫作射影曲线 C 的定义方程，而 F 的次数 n 也叫作射影曲线 C 的次数，于是，1 次射影曲线就是射影直线.

射影曲线 $C:F(x,y,z)=0$ 的仿射点构成的集合为

$$C_f=\{(a_1:a_2:1)\mid F(a_1,a_2,1)=0\},$$

而 C 上的无穷远点全体为

$$C_\infty=\{(a_1:a_2:0)\mid F(a_1,a_2,0)=0\}.$$

换句话说，仿射部分 C_f 和仿射平面 K^2 中曲线

$$C':f(x,y)=0 \tag{4.3.2}$$

的点(a_1,a_2)是一一对应的，其中 $f(x,y)=F(x,y,1)$. C'叫作(平面)仿射曲线，也叫作射影曲线 C 的仿射部分. 此外射影曲线 C 还可能有一些无穷远点.

反过来，设式(4.3.2)是仿射平面 K^2 中的一条 n 次仿射曲线 C'，其中 $f(x,y)$是 $K[x,y]$中的 n 次多项式. 从而$f(x,y)$表达式中每个单项式有形式 cx^ry^s，其中 $c\in K$，$r+s\leqslant n$. 我们把每个单项式添加 z^{n-r-s} 成为 n 次单项式，即把每个 cx^ry^s 都改成

$cx^r y^s z^{n-r-s}$，得到了一个 n 次齐次多项式 $F(x,y,z)$，并且 $F(x,y,1)=f(x,y)$. 从而由 n 次仿射曲线 C' 得出 $P^2(K)$ 中一条 n 次射影曲线

$$C: F(x,y,z)=0.$$

由 $F(x,y,1)=f(x,y)$ 可知 C' 就是射影曲线 C 的仿射部分，C 叫作仿射曲线 C' 的射影化.

例 1 我们在读者所熟悉的实数域 $\mathbf{R}$ 上，考察实平面 $\mathbf{R}^2$ 中的圆锥曲线. 这种曲线有三大类：

椭圆：$(\frac{x}{a})^2+(\frac{y}{b})^2=1.$

双曲线：$(\frac{x}{a})^2-(\frac{y}{b})^2=1.$

抛物线：$y=ax^2.$

其中 a 和 b 都是正实数. 这些 2 次仿射曲线的图形如图 4-2 所示.

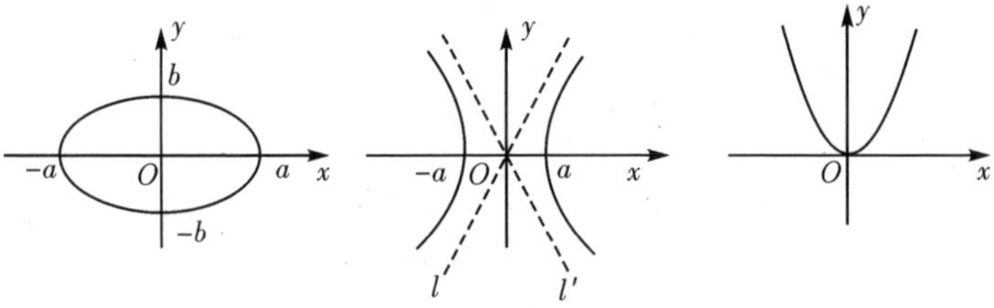

图 4-2

实仿射平面上这些图形很不相同：椭圆是一条有界的封闭曲线，双曲线和抛物线都是无界的不封闭曲线. 双曲线有两个分支，而抛物线只有一个分支. 现在把它们射影化，变成实射影平面 $P^2(\mathbf{R})$ 中的射影曲线.

对于椭圆 $f(x,y)=(\frac{x}{a})^2+(\frac{y}{b})^2-1=0$，多项式 $f(x,y)$ 的齐次化为 $F(x,y,z)=(\frac{x}{a})^2+(\frac{y}{b})^2-z^2$. 所以椭圆的射影化为

$P^2(\mathbf{R})$中射影曲线

$$\left(\frac{x}{a}\right)^2+\left(\frac{y}{b}\right)^2-z^2=0,$$

它所增加的无穷远点为$(a_1:a_2:0)$，其中a_1和a_2是不全为零的实数，并且$(x,y)=(a_1,a_2)$满足方程$f(x,y,0)=\left(\frac{x}{a}\right)^2+\left(\frac{y}{b}\right)^2=0$. 由于这个方程只有实数解$(x,y)=(0,0)$. 这表明没有无穷远点，即椭圆的射影化仍是自身.

双曲线$\left(\frac{x}{a}\right)^2-\left(\frac{y}{b}\right)^2-1=0$的射影化为射影曲线

$$F(x,y,z)=\left(\frac{x}{a}\right)^2-\left(\frac{y}{b}\right)^2-z^2=0,$$

其上的无穷远点为$(a_1:a_2:0)$，其中(a_1,a_2)是$\left(\frac{x}{a}\right)^2-\left(\frac{y}{b}\right)^2=0$的非零解. 从而由$\frac{x}{a}=\pm\frac{y}{b}$给出双曲线上有两个无穷远点$P=(a:b:0)$和$P'=(a:-b:0)$. 注意双曲线有两条渐近线，即仿射直线$l$和$l'$，其中

$$l:\frac{x}{a}-\frac{y}{b}=0,\quad l':\frac{x}{a}+\frac{y}{b}=0.$$

而点P和点P'分别是直线l和l'上增加的无穷远点. 这样一来，双曲线加上无穷远点P和P'之后，变成的射影曲线也是一条封闭曲线：从东北方向延伸到无穷远点P，然后由西南方向的另一个分支返回，再走到西北方向延伸至无穷远点P'，最后由东南方向返回来.

最后看抛物线$y=ax^2$. 射影化为$yz=ax^2$，令$z=0$，则成为$x=0$，从而增加一个无穷远点$(x:y:z)=(0:1:0)$，这是仿射

直线 $x=0$(y 轴)上增加的无穷远点.抛物线两个方向延伸,汇集到无穷远点$(0:1:0)$,所以射影化之后也是一条封闭曲线.以上表明:三类仿射圆锥曲线在射影化之后都是封闭曲线,不同之处在于:椭圆曲线之上没有无穷远点(无穷远直线和椭圆曲线不相交),双曲线和无穷远直线交于两点,而抛物线和无穷远直线交于一点(无穷远直线是抛物线的切线).

现在回到本书的主题,考虑有限域上的曲线.对于系数属于有限域的多项式 $f(x,y)\in F_q[x,y]$,$f(x,y)=0$ 是仿射平面 F_q^2 中的一条仿射曲线.这条曲线上的(仿射)点$(a_1,a_2)\in F_q^2$ 只有有限多个,即方程 $f(x,y)=0$ 在 F_q^2 中的解数.

在 20 世纪 40 年代左右,人们发现,如果把仿射曲线射影化,考虑有限域上射影曲线的点数,即把曲线上的无穷远点也放进来,则有很漂亮的结果,这就是第五章要介绍的韦伊定理.现在我们对一些仿射曲线来计算射影化之后其上无穷远点的个数,而把仿射点个数的计算放到第五章.

例 **2**(费马曲线) 设 n 为正整数,考虑有限域 F_q 上的仿射曲线

$$C_n: x^n + y^n = 1,$$

这条曲线的射影化为

$$\widetilde{C_n}: x^n + y^n = z^n.$$

当 $n=1$ 时,$\widetilde{C_1}$是一条射影曲线,它在 $P^2(F_q)$中共有 q 个仿射点和一个无穷远点$(x:y:z)=(1:-1:0)$.当 $n=2$ 时,欧几里得在公元前三世纪曾经研究方程 $x^2+y^2=z^2$ 的整数解,并且给出全部整数解的表达公式.由于 $x^n+y^n=z^n$ 的仿射点$(a_1:a_2:a_3)(a_3\neq 0)$和 $x^n+y^n=1$ 的解$\left(\frac{a_1}{a_3},\frac{a_2}{a_3}\right)$是一一对应的,

所以欧几里得也给出了 $x^n+y^n=1$ 在有理数域上的全部解. 当 $n\geqslant 3$时,1637 年费马研究 $x^n+y^n=z^n$ 的整数解,他猜想这个方程没有正整数解,这也相当于说:仿射曲线 $x^n+y^n=1$ 在 $n\geqslant 3$ 时没有非零有理数解(x,y)(x,y 均是非零的有理数). 由于这个原因,曲线 $x^n+y^n=1$ 被称为费马曲线. 我们将在第五章用雅可比和来计算费马曲线在有限域上的仿射点个数,现在先求其上的无穷远点个数.

在方程 $x^n+y^n=z^n$ 中令 $z=0$,可知费马曲线$\widetilde{C}_n$上的无穷远点为$(x:y:0)$,其中 $x^n+y^n=0$,即$\left(\dfrac{x}{y}\right)^n=-1$. 即对满足 $a^n=-1$ 的每个元素 $a\in F_q^*$,$\widetilde{C}_n$上有一个无穷远点$(a:1:0)$. 所以$\widetilde{C}_n$上无穷远点的个数等于满足 $a^n=-1$ 的 F_q 中非零元素 a 的个数.

设 $q=p^m$,其中 p 为素数,$m\geqslant 1$. 取 γ 为 F_q 的一个本原元素,即 γ 的阶为 $q-1$. 则 $a=\gamma^i\ (0\leqslant i\leqslant q-2)$. 当 $p=2$ 时,$-1=1$,于是

$$\begin{aligned} a^n = 1 &\Leftrightarrow \gamma^{in} = \gamma^0 \Leftrightarrow q-1 \mid in \\ &\Leftrightarrow \frac{q-1}{d}\,\Big|\,\frac{n}{d}i \quad (\text{其中 } d=(n,q-1)) \\ &\Leftrightarrow \frac{q-1}{d}\,\Big|\,i \quad \left(\text{由于}\left(\frac{q-1}{d},\frac{n}{d}\right)=1\right). \end{aligned}$$

所以满足 $a^n=-1(=1)$的共有 d 个元素 a^i,其中 $i=\dfrac{q-1}{d}j\ (0\leqslant j\leqslant d-1)$.

当 p 为奇素数时,$-1=\gamma^{\frac{q-1}{2}}$,于是

$$a^n=-1\Leftrightarrow \gamma^{ni}=\gamma^{\frac{q-1}{2}}\Leftrightarrow ni\equiv\frac{q-1}{2}(\bmod q-1).$$

我们知道,存在 i 使右边同余式成立当且仅当 $d=(n,q-1)$ 为 $\frac{q-1}{2}$ 的因子. 并且当 $d\left|\frac{q-1}{2}\right.$ 成立时,满足 $ni\equiv\frac{q-1}{2}\pmod{q-1}$ 的整数 i 共有模 $q-1$ 的 d 个同余类. 令 $q-1=2^s\cdot N$,其中 $s\geqslant 1$,N 为奇数,则 $d\left|\frac{q-1}{2}\right.$ 当且仅当 $(n,2^sN)\mid 2^{s-1}N$,这相当于 $2^s\nmid n$. 综合上述我们得到:以 M 表示射影平面 $P^2(F_q)$ 中费马曲线 $\widetilde{C_n}$ 上无穷远点的个数,则

$$M=\begin{cases}(n,q-1), & \text{若 } 2|q\text{,或者 } q-1=2^sN, s\geqslant 1, 2\nmid N, 2^s\nmid n,\\ 0, & \text{否则.}\end{cases}$$

例 3(阿廷-施莱尔曲线)　设 $q=p^m$,其中 p 为素数,$m\geqslant 1$. 对于正整数 d,F_q^2 中仿射曲线

$$C: y^p - y = x^d$$

叫作阿廷-施莱尔(Artin-Schreier)曲线. 以 $\widetilde{C}$ 表示仿射曲线 C 的射影化,则

(1)当 $d>p$ 时,射影曲线 $\widetilde{C}$ 的方程为 $y^pz^{d-p}-yz^{d-1}=x^d$. 其上的无穷远点为 $(x:y:0)$,其中 $x^d=0$. 从而 $\widetilde{C}$ 上只有一个无穷远点 $(0:1:0)$.

(2)当 $d=p$ 时,$\widetilde{C}$ 的方程为 $y^p-yz^{p-1}=x^p$. 取 $z=0$,则方程为 $y^p-x^p=0$. 由 $y^p-x^p=(y-x)^p$,可知它等价于 $y=x$. 因此 $\widetilde{C}$ 上只有一个无穷远点 $(1:1:0)$.

(3)当 $d<p$ 时,$\widetilde{C}$ 的方程为 $y^p-yz^{p-1}=x^dz^{p-d}$. 令 $z=0$,则方程为 $y=0$. 所以 $\widetilde{C}$ 上只有一个无穷远点 $(1:0:0)$.

综合上述,可知在任何情形下,射影曲线 $\widetilde{C}$ 上均只有一个无穷远点.

习　题

1. 设 C_n 为例 2 中定义的 F_q 上费马曲线 $x^n+y^n=1$，令 $d=(n,q-1)$，证明 C_n 和 C_d：$x^d+y^d=1$ 射影化之后，它们在 $P^2(F_q)$ 中有同样多个无穷远点.

2. 设 $f(x)\in F_q[x]$，d 是多项式 $f(x)$ 的次数. 对于 F_q^2 中的仿射曲线

$$C: y^2 = f(x),$$

决定 C 的射影化曲线在 $P^2(F_q)$ 中的无穷远点个数.

五　有限域中解方程

对于有限域 F_q，$n\geqslant 1$，$m\geqslant 1$，令 $F_q[x_1,x_2,\cdots,x_n]$ 为系数属于 F_q 的关于 $x_1,x_2,\cdots,x_n$ 的多项式全体，对于 $f_i(x)=f_i(x_1,x_2,\cdots,x_n)\in F_q[x_1,x_2,\cdots,x_n]$ $(1\leqslant i\leqslant m)$，我们有代数方程组

$$f_i(x_1,x_2,\cdots,x_n)=0 \quad (1\leqslant i\leqslant m).$$

对于 $(a_1,a_2,\cdots,a_n)\in F_q^n$，如果 $f_i(a_1,a_2,\cdots,a_n)=0$ $(1\leqslant i\leqslant m)$，则 $(a_1,a_2,\cdots,a_n)$ 叫作上述方程组在 F_q 上的一组解.

我们的问题是：给了一个定义在 F_q 上的方程组，它在 F_q 上何时有解？如果有解，那么解数是多少？是否有好的解数表达式？

在这章我们对于某些方程组研究上述问题，介绍这方面的一些漂亮的结果和理论.

§5.1　谢瓦莱-瓦宁定理：解的存在性

我们用 $N_q(f_1,f_2,\cdots,f_m)$ 表示上述方程组在 F_q 上解的个数. 则方程组在 F_q 上有解相当于 $N_q(f_1,f_2,\cdots,f_m)\geqslant 1$. 如果多项式 f_i $(1\leqslant i\leqslant m)$ 的常数项均为零，则 $f_i(0,0,\cdots,0)=0$ $(1\leqslant i\leqslant m)$，即全零向量是方程组的一组解，我们要问：它是否有非零解 $(x_1,x_2,\cdots,x_n)=(a_1,a_2,\cdots,a_n)\neq(0,0,\cdots,0)$？

1909 年,狄克逊(Dickson)猜想:对于 $f(x_1,x_2,\cdots,x_n)\in F_q[x_1,x_2,\cdots,x_n]$,$f(0,0,\cdots,0)=0$(多项式 f 无常数项). 如果它的次数 $\deg f$ 小于变量个数 n,则 $f(x_1,x_2,\cdots,x_n)$在 F_q上必有非零解. 这个猜想于 1936 年由谢瓦莱(Chevalley)和瓦宁(Warning)独立地证明,并且给出如下更强的结果.

定理 5.1.1　(1)设 $f\in F_q[x_1,x_2,\cdots,x_n]$,$q=p^s$,其中 p 为素数,$s\geqslant 1$. 如果 $\deg f<n$,则 $p\mid N_q(f)$. 特别地,又若 $f(0,0,\cdots,0)=0$,则方程 $f(x_1,x_2,\cdots,x_n)=0$ 在 F_q上至少有 $p-1$个非零解.

(2)设 $q=p^s$,$f_1,f_2,\cdots,f_m\in F_q[x_1,x_2,\cdots,x_n]$, $\sum\limits_{i=1}^{m}\deg(f_i)<n$,则 $p\mid N_q(f_1,f_2,\cdots,f_m)$. 特别又若 $f_i(0,0,\cdots,0)=0(1\leqslant i\leqslant m)$,则方程组

$$f_i(x_1,x_2,\cdots,x_n)=0(1\leqslant i\leqslant m)$$

在 F_q上至少有 $p-1$ 个非零解.

证明　(1)令

$$F(x_1,x_2,\cdots,x_n)=1-f(x_1,x_2,\cdots,x_n)^{q-1},$$

则对每个 $c=(c_1,c_2,\cdots,c_n)\in F_q^n$,

$$F(c)=\begin{cases}1, & \text{如果 } f(c)=0,\\ 0, & \text{如果 } f(c)\neq 0.\end{cases}$$

这就表明

$$N_q(f)=\sum_{c_1,c_2,\cdots,c_n\in F_q}F(c_1,c_2,\cdots,c_n), \qquad (5.1.1)$$

等式右边为 F_q中元素,左边是整数. 现在把 $N_q(f)$也看成 F_q中元素,从而 $N_q(f)$属于 F_p. 由假设可知 $\deg F=(q-1)\deg f<n(q-1)$. 所以将多项式展开成单项式之和时,每个单项式均有

形式

$$cx_1^{k_1}x_2^{k_2}\cdots x_n^{k_n}\quad (c\in F_q,k_1+k_2+\cdots+k_n<n(q-1)),$$

于是存在 $i,1\leqslant i\leqslant n$,使得 $0\leqslant k_i\leqslant q-2$. 不妨设 $0\leqslant k_1\leqslant q-2$,于是

$$\sum_{c_1,c_2,\cdots,c_n\in F_q} cc_1^{k_1}c_2^{k_2}\cdots c_n^{k_n} = \sum_{c_2,\cdots,c_n\in F_q} cc_2^{k_2}\cdots c_n^{k_n}\sum_{c_1\in F_q} c_1^{k_1}. \quad (5.1.2)$$

但是 $0\leqslant k_1\leqslant q-2$,当 $k_1=0$ 时 $\sum_{c_1\in F_q} c_1^{k_1}=\sum_{c_1\in F_q} 1=q=0\in F_q$;而当 $1\leqslant k_1\leqslant q-2$ 时,取 F_q的一个本原元素 α,则 $\alpha^{k_1}\neq 1,\alpha^{q-1}=1$,从而

$$\sum_{c_1\in F_q} {c_1}^{k_1} = \sum_{i=0}^{q-2}\alpha^{ik_1}=\frac{1-\alpha^{k_1(q-1)}}{1-\alpha^{k_1}}=0,$$

这就表明式(5.1.2)右边为零. 由于左边为 $cx_1^{k_1}\cdots x_n^{k_n}$ 在$(x_1,x_2,\cdots,x_n)\in F_q^n$求和,其中 $cx_1^{k_1}\cdots x_n^{k_n}$ 是多项式 $F(x_1,x_2,\cdots,x_n)$的任意单项式,这表明 $F(x_1,x_2,\cdots,x_n)$对于$(x_1,x_2,\cdots,x_n)\in F_q^n$求和也为$F_q$中元素零. 由式(5.1.1)知 $N_q(f)$是 F_p 中元素零,也就是 $p\mid N_q(f)$. 进而,若又有 $f(0,0,\cdots,0)=0$,则 $N_q(f)\geqslant 1$,从而$N_q(f)\geqslant p$. 于是 $f(x_1,x_2,\cdots,x_n)=0$ 的非零解至少有 $p-1$个.

(2)令 $f(x_1,x_2,\cdots,x_n)=(1-f_1(x_1,x_2,\cdots,x_n)^{q-1})\cdots(1-f_m(x_1,x_2,\cdots,x_n)^{q-1})$. 则对每个 $a=(a_1,a_2,\cdots,a_n)\in F_q^n$,

$$f(a)=\begin{cases}1, & 若\ f_i(a)=0\quad(1\leqslant i\leqslant m),\\ 0, & 否则,\end{cases}$$

于是

$$N_q(f_1,f_2,\cdots,f_m)=\sum_{c_1,c_2,\cdots,c_n\in F_q} f(c_1,c_2,\cdots,c_n).$$

将(1)用于此 f 即得结论. 证毕. □

注记　下面的例子表明定理 5.1.1 中的一些条件是不可缺少的.

例 1　取 F_{q^2} 对 F_q 的一组基 v_1, v_2. 考虑多项式

$$\begin{aligned} f(x_1, x_2) &= (x_1 v_1 + x_2 v_2)(x_1 v_1^q + x_2 v_2^q) \\ &= x_1^2 v_1^{q+1} + x_1 x_2 (v_1 v_2^q + v_1^q v_2) + x_2^2 v_2^{q+1}, \end{aligned}$$

这是 x_1 和 x_2 的 2 次齐次多项式. 由 $v_1, v_2 \in F_{q^2}$ 可知 f 的系数均属于 F_{q^2}. 事实上,这些系数均属于 F_q,因为

$$(v_1^{q+1})^q = v_1^{q^2+q} = v_1^{q+1} \quad (\text{由 } v_1 \in F_{q^2} \text{ 知 } v_1^{q^2} = v_1),$$

$$(v_2^{q+1})^q = v_2^{q+1} \quad (\text{同样原因}),$$

$$(v_1 v_2^q + v_1^q v_2)^q = v_1^q v_2 + v_1 v_2^q,$$

所以 $f(x_1, x_2)$的系数均属于 F_q. 但是 $f(x_1, x_2)=0$ 在 F_q上只有零解,因为若 $x_1, x_2 \in F_q$,则 $x_1^q = x_1, x_2^q = x_2$,从而

$$\begin{aligned} f(x_1, x_2) &= (x_1 v_1 + x_2 v_2) \cdot (x_1^q v_1^q + x_2^q v_2^q) \\ &= (x_1 v_1 + x_2 v_2)^{q+1} \end{aligned}$$

于是 $f(x_1, x_2)=0$ 当且仅当 $x_1 v_1 + x_2 v_2 = 0$. 但是 v_1 和 v_2 是 F_{q^2} 在 F_q 上的一组基, 从而 $(x_1, x_2) = (0, 0)$. 这就证明了 $f(x_1, x_2)=0$在 F_q上没有非零解. 这和定理 5.1.1(1)的结论不一致,原因是 $\deg f = n = 2$,不满足定理条件 $\deg f < n$.

例 2　考虑 4 元域 $F_4 = \{0, 1, \alpha, \alpha^2\}$,其中 $\alpha^2 = 1 + \alpha$. 对于正整数 $n \geqslant 4$,考虑多项式 $f(x_1, x_2, \cdots, x_n) = x_1^3 + x_2^3 + \cdots + x_n^3 + \alpha \in F_4[x_1, x_2, \cdots, x_n]$. 由定理 5.1.1 的(1)的证明可知$2 \mid N_4(f)$,即 $f(x_1, x_2, \cdots, x_n) = 0$ 在 F_4 上的解数为偶数.

但是对每个 $x_i \in F_4$, $x_i^3 = 0$ 或 1. 所以当 $x_i \in F_4\ (1 \leqslant i \leqslant n)$ 时, $x_1^3 + x_2^3 \cdots + x_n^3 \in F_2$, 而 $\alpha \notin F_2$. 这表明方程

$f(x_1,x_2,\cdots,x_n)=0$ 在 F_4 上无解，即 $N_4(f)=0$. 这是由于 f 的常数项不为零，从而 $f(x_1,x_2,\cdots,x_n)=0$ 没有零解，所以定理 5.1.1中条件 $f(0,0,\cdots,0)=0$ 也是不可去掉的.

定理 5.1.1 是说，若 $f_1,f_2,\cdots,f_m\in F_q[x_1,x_2,\cdots,x_n]$，$\deg(f_1)+\deg(f_2)+\cdots+\deg(f_m)<n$，则当 $N_q(f_1,f_2,\cdots,f_m)\geqslant 1$ 时，必然 $N_q(f_1,f_2,\cdots,f_m)\geqslant p$，其中 p 为 q 的素因子. 现在我们要证明瓦宁的一个更强的结果.

定理 5.1.2 设 $f_i(x_1,x_2,\cdots,x_n)\in F_q[x_1,x_2,\cdots,x_n](1\leqslant i\leqslant m)$，$d_i=\deg(f_i)$，$d=d_1+d_2+\cdots+d_m<n$. 如果 $N_q(f_1,f_2,\cdots,f_m)\geqslant 1$，则 $N_q(f_1,f_2,\cdots,f_m)\geqslant q^{n-d}$. □

这个定理的证明需要更精细的技巧，特别是第 4.1 节有限仿射几何中关于线性集的知识. 首先做一些准备工作.

设 $f_i(x_1,x_2,\cdots,x_n)\in F_q[x_1,x_2,\cdots,x_n](1\leqslant i\leqslant m)$. 考虑方程组

$$f_i(x_1,x_2,\cdots,x_n)=0(1\leqslant i\leqslant m) \qquad (5.1.3)$$

在 n 维仿射空间 F_q^n 中的全部解，它们形成 F_q^n 的一个子集 V. 而 V 中点数 $|V|$ 就是此方程组在 F_q上的解数. 考虑 F_q^n 上的可逆线性变换

$$\varphi:F_q^n\to F_q^n,\boldsymbol{a}=(a_1,a_2,\cdots,a_n)\mapsto\varphi(\boldsymbol{a})=\boldsymbol{M}\boldsymbol{a}^{\mathrm{T}},$$

其中 $\boldsymbol{M}=(m_{ij})_{1\leqslant i,j\leqslant n}$是元素 m_{ij} 属于 F_q的 n 阶可逆方阵，$\boldsymbol{a}^{\mathrm{T}}$ 是行向量 $\boldsymbol{a}=(a_1,a_2,\cdots,a_n)$的转置(列向量). 作变量代换

$$\boldsymbol{y}^{\mathrm{T}}=\boldsymbol{M}\boldsymbol{x}^{\mathrm{T}}\quad(\text{从而 }\boldsymbol{x}^{\mathrm{T}}=\boldsymbol{M}^{-1}\boldsymbol{y}^{\mathrm{T}}),$$

$$\boldsymbol{y}=(y_1,y_2,\cdots,y_n),$$

$$\boldsymbol{x}=(x_1,x_2,\cdots,x_n).$$

则方程组(5.1.3)变成关于 $y_1,y_2,\cdots,y_n$ 的方程组

$$F_i(y_1,y_2,\cdots,y_n)=0\quad(1\leqslant i\leqslant m). \qquad (5.1.4)$$

方程组(5.1.3)的一个解$(x_1,x_2,\cdots,x_n)=(a_1,a_2,\cdots,a_n)$给出方程组(5.1.4)的一个解$(y_1,y_2,\cdots,y_n)=(b_1,b_2,\cdots,b_n)$，其中$\boldsymbol{b}^{\mathrm{T}}=\boldsymbol{M}\boldsymbol{a}^{\mathrm{T}}$，反之亦然. 这就表明式(5.1.3)和式(5.1.4)在F_q上有相同多个解，即$N_q(f_1,f_2,\cdots,f_m)=N_q(F_1,F_2,\cdots,F_m)$.

引理 5.1.3　设p是q的素因子，V是方程组(5.1.3)在F_q^n中的解集合，$d=\deg(f_1)+\deg(f_2)+\cdots+\deg(f_m)<n$. 则对于$F_q^n$中任意两个平行的$d$维线性集$W_1$，$W_2$，均有

$$|V\cap W_1|=|V\cap W_2|\pmod p.$$

证明　我们不妨假定W_1是过原点的，即F_q^n的一个d维向量子空间，因为若对任意平行于W_1的d维线性集W_2，W_2'均有

$$|V\cap W_1|\equiv|V\cap W_2|,\quad |V\cap W_1|=|V\cap W_2'|\pmod p,$$

则

$$|V\cap W_2|\equiv|V\cap W_2'|\pmod p.$$

令$k=n-d$. F_q^n的一个d维向量子空间W_1是齐次线性方程组

$$\boldsymbol{M}\boldsymbol{x}^{\mathrm{T}}=\boldsymbol{0}^{\mathrm{T}}\tag{5.1.5}$$

的解空间，其中$\boldsymbol{M}=(m_{ij})_{1\leqslant i\leqslant k,1\leqslant j\leqslant n}$是$F_q$上$k$行$n$列的矩阵并且秩为$k$. $\boldsymbol{0}=(0,0,\cdots,0)$是长为$k$的零向量，$\boldsymbol{x}=(x_1,x_2,\cdots,x_n)$. 而和$W_1$平行的$d$维线性集是它的一个陪集

$$\boldsymbol{M}\boldsymbol{x}^{\mathrm{T}}=\boldsymbol{c}^{\mathrm{T}},\tag{5.1.6}$$

其中$\boldsymbol{c}=(c_1,c_2,\cdots,c_k)$是$F_q^k$中非零向量. 由于$\boldsymbol{M}$是秩$k$的矩阵，它的$k$行在$F_q$上线性无关，从而可以添加上$d$行，使得$n$个行向量成为$F_q^n$在$F_q$上的一组基，即得到一个$F_q$上的$n$阶可逆方阵$\boldsymbol{G}=\begin{bmatrix}\boldsymbol{M}\\ \boldsymbol{M}'\end{bmatrix}$. 考虑$F_q^n$上可逆线性变换

$$\boldsymbol{y}^{\mathrm{T}}=\boldsymbol{G}\boldsymbol{x}^{\mathrm{T}}=\begin{bmatrix}\boldsymbol{M}\\ \boldsymbol{M}'\end{bmatrix}\boldsymbol{x}^{\mathrm{T}},$$

这时方程组(5.1.5)变为 $y_1=y_2=\cdots=y_k=0$,而式(5.1.6)变为 $(y_1,y_2,\cdots,y_k)=(c_1,c_2,\cdots,c_k)$. 我们还可作进一步简化,再用一个可逆线性变换把非零向量 $(c_1,c_2,\cdots,c_k)$ 变成 $(1,0,\cdots,0)$. 所以最后我们有可逆线性变换 φ,它把 W_1 和 W_2 分别变成

$$\begin{aligned} W'_1: z_1 &= z_2 = \cdots = z_k = 0, \\ W'_2: z_1 &= 1, z_2 = \cdots = z_k = 0. \end{aligned} \tag{5.1.7}$$

令 $(z_1,z_2,\cdots,z_n)=\varphi(x_1,x_2,\cdots,x_n)$,代入多项式 $f_i(x_1,x_2,\cdots,x_n)$得到

$$F_i(z_1,z_2,\cdots,z_n) = f_i(\varphi^{-1}(z_1,z_2,\cdots,z_n)) \quad (1 \leqslant i \leqslant m),$$

则方程组(5.1.3)变成关于 $z_1,z_2,\cdots,z_n$ 的方程组

$$F_i(z_1,z_2,\cdots,z_n) = 0 \quad (1 \leqslant i \leqslant m). \tag{5.1.8}$$

以 V' 表示这个方程组在 F_q^n 中解 $(z_1,z_2,\cdots,z_n)$ 的集合. 由于可逆线性变换 φ 是 F_q^n 到自身的一一对应,所以 $|V'\cap W'_1|=|V\cap W_1|$, $|V'\cap W'_2|=|V\cap W_2|$. 为了证明 $|V\cap W_1|\equiv|V\cap W_2| \pmod p$,我们只需证明

$$|V'\cap W'_1| \equiv |V'\cap W'_2| \pmod p. \tag{5.1.9}$$

注意多项式在变量的可逆线性变换之下次数保持不变,从而

$$\deg F_i = \deg f_i \quad (1 \leqslant i \leqslant m).$$

现在证明式(5.1.9). 为此我们考虑多项式

$$\begin{aligned} g(z_1,z_2,\cdots,z_n) &= -(1+z_1+\cdots+z_1^{q-2})(1-z_2^{q-1})\cdots(1-z_k^{q-1}), \\ h(z_1,z_2,\cdots,z_n) &= g(z_1,z_2,\cdots,z_n)(1-F_1(z_1,z_2,\cdots,z_n)^{q-1}) \\ &\quad \cdots(1-F_m(z_1,z_2,\cdots,z_n)^{q-1}), \end{aligned} \tag{5.1.10}$$

由 W'_1 和 W'_2 的定义方程组(5.1.7)可知

$$g(z_1,z_2,\cdots,z_n) = \begin{cases} -1, & 若(z_1,z_2,\cdots,z_n) \in W'_1, \\ 1, & 若(z_1,z_2,\cdots,z_n) \in W'_2, \\ 0, & 否则. \end{cases}$$

于是

$$h(z_1,z_2,\cdots,z_n)=\begin{cases}-1, & 若(z_1,z_2,\cdots,z_n)\in W_1'\cap V',\\ 1, & 若(z_1,z_2,\cdots,z_n)\in W_2'\cap V',\\ 0, & 否则,\end{cases}$$

这就表明

$$\sum_{(z_1,z_2,\cdots,z_n)\in F_q^n} h(z_1,z_2,\cdots,z_n)=|W_2'\cap V'|-|W_1'\cap V'|. \tag{5.1.11}$$

但是由式(5.1.10)知

$$\begin{aligned}\deg(h)&=\deg(g)+(q-1)[\deg(F_1)+\cdots+\deg(F_m)]\\ &=\deg(g)+(q-1)[\deg(f_1)+\cdots+\deg(f_m)]\\ &=(q-1)(n-d)-1+(q-1)d=(q-1)n-1.\end{aligned}$$

由定理 5.1.1 的证明可知式(5.1.11)左边是 p 的倍数. 从而 $|W_1'\cap V'|\equiv|W_2'\cap V'|\pmod p$,这就完成了引理 5.1.3 的证明.

□

现在证明定理 5.1.2:如果有一个 d 维线性集 W_1 使得 $p\nmid|W_1\cap V|$,由引理 5.1.3 可知对每个 d 维线性集 W,均有 $p\nmid|W\cap V|$,从而$|W\cap V|\geqslant1$. 但是和 W_1 平行的 d 维线性集共有 q^{n-d}个,它们的定义方程组为式(5.1.6),其中 $c=(c_1,c_2,\cdots,c_{n-d})$分别取 F_q^{n-d} 中 q^{n-d}个不同的向量. 由于这些彼此平行的 d 维线性集没有公共元素,合起来为 F_q^n,因此

$$\begin{aligned}|V|&=\sum_{W_1}|W\cap V|\ (W\text{ 过和 }W_1\text{ 平行的 }q^{n-d}\text{ 个 }d\text{ 维线性集})\\ &\geqslant\sum_{W_1}1=q^{n-d}.\end{aligned}$$

以下设对于 F_q^n的每个 d 维线性集 W,均有 $p\mid|W\cap V|$. 由假设$|V|\geqslant1$(V 中至少有一点),可知存在某个 $j(1\leqslant j\leqslant d)$,使得

对 F_q^n 的每个 j 维线性集 W，均有 $p \mid |W\cap V|$，但是存在 $j-1$ 维线性集 U，使得 $p \nmid |U\cap V|$. 根据定理 4.1.1，F_q^n 中包含 U 的 j 维线性集 W 共有 $\begin{bmatrix} n-(j-1) \\ j-(j-1) \end{bmatrix}_q = \begin{bmatrix} n-j+1 \\ 1 \end{bmatrix}_q = \frac{q^{n-j+1}-1}{q-1}$ 个. 对于每个这样的 W，

$$0 \equiv |W \cap V| = |(W-U) \cap V| + |U \cap V| \pmod p,$$

由 $|U\cap V| \not\equiv 0 \pmod p$ 可知 $|(W-U)\cap V| \geqslant 1$. 于是

$$|V| = |U \cap V| + \sum_W |(W-U) \cap V|$$

（W 过所有包含 U 的 j 维线性集）

$$\geqslant 1 + \frac{q^{n-j+1}-1}{q-1} \geqslant 1 + q^{n-j} \geqslant q^{n-d} \quad (\text{由于 } j \leqslant d).$$

这就完成了定理 5.1.2 的证明. □

注记 在定理 5.1.2 中考虑 $m=1$，$f(x_1,x_2,\cdots,x_n)=(x_1v_1+x_2v_2)(x_1v_1^q+x_2v_2^q)$，其中 $n\geqslant 2$，$\{v_1,v_2\}$ 是 F_{q^2} 对于 F_q 的一组基. 在前面例 1 中已证 $f\in F_q[x_1,x_2,\cdots,x_n]$，并且 $f(x_1,\cdots,x_n)=0(x_i\in F_q)$ 当且仅当 $x_1=x_2=0$. 于是 $N_q(f)=q^{n-2}$，从而这个例子达到定理 5.1.2 中的下界 $q^{n-d}(d=\deg f=2)$，即这个下界已是最佳.

更一般地，对每个正整数 $d\leqslant n$，取 F_{q^d} 对于 F_q 的一组基 $v_1,v_2,\cdots,v_d$，考虑多项式

$$f(x_1,x_2,\cdots,x_n) = \prod_{i=0}^{d-1}(x_1v_1^{q^i} + \cdots + x_dv_d^{q^i}).$$

可以证明 $f(x_1,x_2,\cdots,x_n)\in F_q[x_1,x_2,\cdots,x_n]$ 并且当 $x_i\in F_q\ (1\leqslant i\leqslant n)$ 时，$f(x_1,x_2,\cdots,x_n)=0$ 当且仅当 $x_i=0(1\leqslant i\leqslant d)$. 于是 $N_q(f)=q^{n-d}$，从而定理 5.1.2 的下界已最佳.

设 $f_1,f_2,\cdots,f_m\in F_q[x_1,x_2,\cdots,x_n]$, $\deg f_i=d_i(1\leqslant i\leqslant m)$, $d=d_1+d_2+\cdots+d_m<n$.

定理 5.1.1 给出 $p\mid N_q(f_1,f_2,\cdots,f_m)$,其中 p 是 q 的素因子. 定理 5.1.2 给出 $N_q(f_1,f_2,\cdots,f_m)\geqslant q^{n-d}$. 证明都是比较初等的. 1964 年,J. Ax 使用数论中的 p 进分析方法将定理5.1.1作了重大的改进,得到

$$q^{\lambda}\mid N_q(f_1,f_2,\cdots,f_m),\quad 其中\ \lambda=\left\lceil\frac{n-d}{d}\right\rceil(\geqslant 1),$$

这里对于实数 $\alpha>0$, $\lceil\alpha\rceil$表示满足 $l\geqslant\alpha$ 的最小整数 l. 1971 年,美国著名数论学家 N. Katz 又把上述结果改进为

$$q^{\mu}\mid N_q(f_1,f_2,\cdots,f_m),\mu=\left\lceil\frac{n-d}{\max(d_1,d_2,\cdots,d_m)}\right\rceil. \tag{5.1.12}$$

Katz 的证明使用了深刻的代数几何知识. 1989 年,万大庆对这个结果给了一个简化的证明,使用我们在第 3.4 节的高斯和,但是需要比本书介绍的关于高斯和更深刻的知识(高斯和在分圆域中的素理想分解). 1995 年,O. Moreno 和 C. J. Moreno 又给出改进. 对于每个正整数 $m\geqslant 2$,我们可把整数 $d\geqslant 0$ 作 m 进制展开:

$$d=a_0+a_1m+\cdots+a_tm^t\quad(0\leqslant a_i\leqslant m-1),$$

以 $s_m(d)$表示这个展开式的诸位数字之和 $a_0+a_1+\cdots+a_t$. 进而,每个 $f(x_1,x_2,\cdots,x_n)\in F_q[x_1,x_2,\cdots,x_n]$可表示成

$$f(x_1,x_2,\cdots,x_n)=\sum_{d_1,d_2,\cdots,d_n}c(d_1,d_2,\cdots,d_n)x_1^{d_1}x_2^{d_2}\cdots x_n^{d_n}$$

$$(c(d_1,d_2,\cdots,d_n)\in F_q).$$

我们定义单项式 $x_1^{d_1}x_2^{d_2}\cdots x_n^{d_n}$ 的m-进次数为 $s_m(d_1)+s_m(d_2)+\cdots+s_m(d_n)$,而多项式 f 的m-进次数为它所包含的单项式次数

的最大值

$$\deg_m(f) = \max\{s_m(d_1) + s_m(d_2) + \cdots + s_m(d_n) \mid c(d_1, d_2, \cdots, d_n) \neq 0\}.$$

Moreno-Moreno 的结果是说：当 $q=p^s$ 时，

$$p^{\mu} \mid N_q(f_1, f_2, \cdots, f_m), \quad \mu = \left\lceil s\left(\frac{n - \sum_{i=1}^{m} \deg_p(f_i)}{\max(\deg_p(f_1), \cdots, \deg_p(f_m))}\right)\right\rceil. \tag{5.1.13}$$

由于 $\deg_p(f_i)$ 通常小于 $\deg(f_i)$，所以这个结果比 Katz 的结果有所改进. 事实上，结果(5.1.13)还可改进. 设 $q=p^s$，$s=ab$，其中 a 和 b 均为正整数，则

$$p^{\mu} \mid N_q(f_1, f_2, \cdots, f_m), \mu = a\left\lceil b\left(\frac{n - \sum_{i=1}^{m} \deg_{p^a}(f_i)}{\max(\deg_{p^a}(f_1), \cdots, \deg_{p^a}(f_m))}\right)\right\rceil. \tag{5.1.14}$$

当 $a=1, b=s$ 时就是结果(5.1.13)，而当 $a=s, b=1$ 时就是结果(5.1.12).

例 3　设 $q=3^4$，考虑 $F_q[x_1, x_2, \cdots, x_5]$中多项式

$$f(x_1, x_2, \cdots, x_5) = x_1^{20} + x_2^{20} + x_3^{20} + x_4^{20} + x_5^{20}.$$

20 的 3 进制展开为 $20=2+2\cdot 3^2$，所以 $\deg_3(f)=s_3(20)=2+2=4$. 式(5.1.13)结果给出($n=5$)

$$3^{\mu} \mid N_q(f), \quad \mu = \left\lceil 4\left(\frac{5-4}{4}\right)\right\rceil = 1.$$

Katz 结果(5.1.12)给出 $\mu=\left\lceil\frac{5-20}{20}\right\rceil=0$ 的平凡结果 $3^0 \mid N_q(f)$.

但是对于 $4=ab$，$a=b=2$，20 的 $3^2=9$ 进制展开为 $20=2+2\cdot 9$，所以 $\deg_9(f)=s_9(20)=4$. 于是公式(5.1.14)给出

$$3^{\mu} \mid N_q(f), \text{其中 } \mu = 2\left\lceil 2 \cdot \frac{5-4}{4} \right\rceil = 2 \cdot 1 = 2.$$

即给出最好的结果 $9 \mid N_q(f)$. 由于 $f(x_1, x_2, \cdots, x_5) = 0$ 有零解，可知它在 $F_{3^4}^5$ 中的非零解至少有 8 组.

本节最后我们向大家介绍有限域中的定理 5.1.1 在图论中的一个奇妙的应用. 所谓一个图(graph)是有限个顶点，并且在顶点之间连一些边. 比如图 5-1 的 5 个图中，G_1 和 G_2 均有三个顶点 v_1, v_2, v_3；G_3 有两个顶点 v_1 和 v_2. 在图 G_2 中，顶点 v_1 和 v_2 之间有 3 条边，顶点 v_1 和 v_3 之间有 2 条边. 注意，我们不允许某个顶点到它自身引一条边. 但是不同顶点之间可以没有边相连，也可以有边甚至于多条边相连.

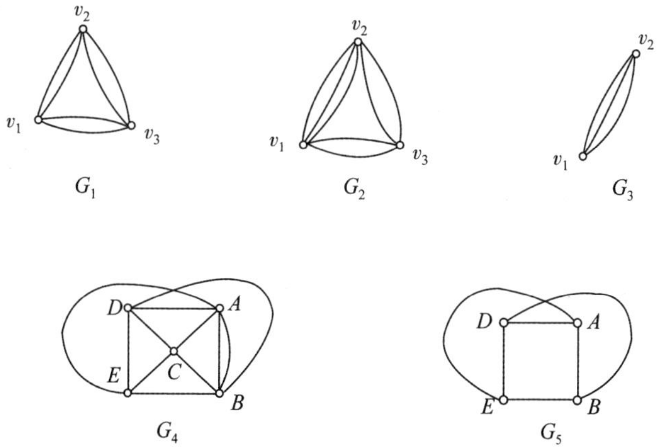

图 5-1

一个图 G' 叫作图 G 的子图，是指 G' 的顶点都是 G 中顶点，并且对于 G' 中任意两个不同顶点 v_1 和 v_2，它们在图 G' 中相连边数均不超过它们在图 G 中相连的边数. 例如，图 G_3 是 G_2 的子图，但不是 G_1 的子图. 又如 G_5 是 G_4 的子图.

如果图 G 中每个顶点都有 k 条边相连，我们称 G 为 k 正则图. 例如，G_1 是 4 正则图，G_3 和 G_5 都是 3 正则图. 如果图 G 中去掉一边（顶点保持不变）之后为 k 正则图，则图 G 叫作 k 正则图加一边. 例如，G_2 是 4 正则图加一边（G_2 去掉连 v_1 和 v_2 的一条边变成 4 正则图 G_1），G_4 也是 4 正则图加一边（去掉连 A 和 B 的一边变成 4 正则图）.

图 G_1 是 4 正则图，但是它没有 3 正则的子图. 但是将 G_1 加上一边成为图 G_2 之后，G_2 有 3 正则子图 G_3. 同样地，图 G_4 是 4 正则图加一边，它也有 3 正则子图 G_5. 于是人们猜想：任何 4 正则图加一边的图都有 3 正则子图. 这个猜想由数学家 Alon, Friedman 和 Kalai 巧妙地用定理 5.1.1 有限域工具加以证明.

定理 5.1.4 若图 G 是 4 正则图加一边，则 G 有 3 正则子图.

证明 设图 G 有 n 个顶点 $V=\{v_1, v_2, \cdots, v_n\}$，它是 4 正则图 G' 加上一条边. 4 正则图 G' 中每个顶点 v_i 都有 4 条边，从而有 $4n$ 条边，但是每条边都有两个端点，所以每条边都被计算了两次. 这表明 4 正则图 G' 共有 $2n$ 条边. 于是图 G 共有 $m=2n+1$ 条边. 记图 G 的边集合为 $L=\{l_1, l_2, \cdots, l_m\}$. 我们考虑如下的 n 行 m 列矩阵，叫作图 G 的联系矩阵.

$$\mathbf{A} = (c_{ij})_{1\leqslant i\leqslant n, 1\leqslant j\leqslant m},$$

其中

$$c_{ij} = \begin{cases} 1, & \text{若 } v_i \text{ 是边 } l_j \text{ 的端点,} \\ 0, & \text{否则.} \end{cases}$$

由于每边 l_j 有两个端点，可知矩阵每列之和 $c_{1j}+c_{2j}+\cdots+c_{nj}$ 为 $2(1\leqslant j\leqslant m)$. 另外，4 正则图 G' 每个顶点均有 4 边相连，加上一条边之后，G 中有 2 个顶点均有 5 条边相连. 所以矩阵 $\mathbf{A}$ 中有两行每行之和为 5，而其余行每行之和均为 4.

现在把 c_{ij} 均看成 3 元域 F_3 中的元素. 考虑 F_3 上的如下方程组

$$\boldsymbol{A}\begin{pmatrix} x_1^2 \\ x_2^2 \\ \vdots \\ x_m^2 \end{pmatrix} = \begin{pmatrix} 0 \\ 0 \\ \vdots \\ 0 \end{pmatrix} \in F_3^n,$$

即方程组

$$f_i(x_1, x_2, \cdots, x_m) = \sum_{j=1}^{m} c_{ij} x_j^2 = 0 (1 \leqslant i \leqslant n). \quad (5.1.15)$$

由于每个 f_i 的次数均为 2, 变量个数为 $m=2n+1$, 而 $\deg(f_1)+\deg(f_2)+\cdots+\deg(f_n)=2n<m$. 根据定理 5.1.1, 方程组 (5.1.15) 在 F_3^m 中有非零解 $(x_1, x_2, \cdots, x_m)=(a_1, a_2, \cdots, a_m)\neq(0,0,\cdots,0)$. 现在令

$$J = \{j \mid 1 \leqslant j \leqslant m, a_j \neq 0\},$$

则当 $j\in J$ 时, $a_j=\pm1\in F_3$, 从而 $a_j^2=1$. 以 $\boldsymbol{B}$ 表示 $\boldsymbol{A}$ 中以 J 为列标的那些列, 而把其余列去掉. 由于方程组 (5.1.15) 代入解 $(x_1, x_2, \cdots, x_m)=(a_1, a_2, \cdots, a_m)$ 之后为

$$0 = \sum_{j=1}^{m} c_{ij} a_j^2 = \sum_{j\in J} c_{ij} \quad (1 \leqslant i \leqslant n),$$

这就表明

$$\boldsymbol{B}\begin{pmatrix} 1 \\ 1 \\ \vdots \\ 1 \end{pmatrix} = \begin{pmatrix} 0 \\ 0 \\ \vdots \\ 0 \end{pmatrix} \in F_3^n,$$

于是矩阵 $\boldsymbol{B}$ 的每行之和是 3 的倍数. 但是 $\boldsymbol{B}$ 是 $\boldsymbol{A}$ 去掉一些列而得的子矩阵, $\boldsymbol{A}$ 中每行之和不超过 5. 这就表明矩阵 $\boldsymbol{B}$ 的每行之

和为 0 或 3. 我们再把 **B** 中所有零行去掉，得到一个矩阵 **C**. 这时 **C** 的每行之和均为 3. 则以 **C** 为联系矩阵的图就是 **G** 的一个 3 正则子图. 证毕. □

习 题

1. 计算例 3 中方程 $x_1^{20}+x_2^{20}+x_3^{20}+x_4^{20}+x_5^{20}$ 在 F_{81}^{20} 中解的个数.（答案:349136001）

2. 2 正则图和 1 正则图都是什么样的图？一个 2 正则图何时有 1 正则的子图？

3. 设 p 为奇素数. 证明每个$(2p-2)$正则图加一边均有 p 正则子图.

§5.2 多元二次方程

上节讨论了有限域 F_q上方程组 $f_i(x_1,x_2,\cdots,x_n)=0(1\leqslant i\leqslant m)$的可解性问题，即何时保证 $N_q(f_1,f_2,\cdots,f_m)\geqslant 1$(一定有解)，并且有较多的解(下界). 进一步，我们希望能求出解数 $N_q(f_1,f_2,\cdots,f_m)$的确切值，或者计算解数的公式. 一个最简单情形是所有 f_i 都是 1 次多项式. 这时，若 m 个方程是线性无关的，方程组在 F_q^n 中的全部解是一个 $n-m$ 维线性集，从而 $N_q(f_1,f_2,\cdots,f_m)=q^{n-m}$. 下一个情形自然是 f_i 为二次多项式的情形. 当 $m\geqslant 2$ 时问题也相当复杂，所以本节只考虑 $m=1$，即一个二次多项式 $f(x_1,x_2,\cdots,x_n)$的情形. 这时

$$f(x_1,x_2,\cdots,x_n)=\sum_{i,j=1}^{n}a_{ij}x_ix_j+\sum_{k=1}^{n}c_kx_k+d,\quad(5.2.1)$$

其中 $a_{ij},c_k,d\in F_q$ 并且 $\boldsymbol{A}=(a_{ij})_{1\leqslant i,j\leqslant n}$ 不是零方阵. 令 $\boldsymbol{c}=(c_1,c_2,\cdots,c_n)$，则此多项式可表示为 $\boldsymbol{x}=(x_1,x_2,\cdots,x_n)$的如下形式

$$f(x)=\boldsymbol{xAx}^{\mathrm{T}}+\boldsymbol{c}\cdot\boldsymbol{x}^{\mathrm{T}}+d.\qquad(5.2.2)$$

我们的目的是计算 $f(x)=0$ 在 F_q^n 中解的个数 $N_q(f)$.

设 $q=p^s$,首先考虑 p 是奇素数的情形.这种情形的好处是 2 为 F_q 中可逆元素($2\neq 0$),我们可以像通常线性代数中研究实数域上的多元二次方程一样,用变量之间的可逆线性变换和平移,以及配方法将 $f(x)$ 变成简单的形式.确切地说,我们作如下变换.

(1)式(5.2.1)中 $x_ix_j\,(i\neq j)$ 的系数为 $a_{ij}+a_{ji}$. 令 $b_{ij}=\frac{1}{2}(a_{ij}+a_{ji})$,则 $a_{ij}x_ix_j+a_{ji}x_jx_i=b_{ij}x_ix_j+b_{ji}x_jx_i$,其中$b_{ij}=b_{ji}$.所以式(5.2.2)中的 n 阶方阵 $\boldsymbol{A}$ 可改用对称方阵.以下我们设 $\boldsymbol{A}=(a_{ij})$是 F_q上的 n 阶对称方阵,即 $a_{ij}\in F_q$并且 $a_{ij}=a_{ji}$. 于是 $\boldsymbol{A}=\boldsymbol{A}^{\mathrm{T}}$,其中 $\boldsymbol{A}^{\mathrm{T}}$ 为矩阵 $\boldsymbol{A}$ 的转置.

(2)考虑平移变换 $x=y+b$,其中 $b=(b_1,b_2,\cdots,b_n)\in F_q^n$. 由 $y=x-b$ 可知这是 F_q^n 到自身的一一对应,代入 $x=y+b$ 之后,式(5.2.2)的函数 f 变为

$$\begin{aligned}F(y)&=f(y+b)=(y+b)\boldsymbol{A}(y+b)^{\mathrm{T}}+c\cdot(y+b)^{\mathrm{T}}+d\\&=y\boldsymbol{A}y^{\mathrm{T}}+b\boldsymbol{A}y^{\mathrm{T}}+y\boldsymbol{A}b^{\mathrm{T}}+b\boldsymbol{A}b^{\mathrm{T}}+c\cdot y^{\mathrm{T}}+c\cdot b^{\mathrm{T}}+d\\&=y\boldsymbol{A}y^{\mathrm{T}}+(2b\boldsymbol{A}+c)y^{\mathrm{T}}+b\boldsymbol{A}b^{\mathrm{T}}+c\cdot b^{\mathrm{T}}+d,\end{aligned}$$

这里利用了 $y\boldsymbol{A}b^{\mathrm{T}}=b\boldsymbol{A}^{\mathrm{T}}y^{\mathrm{T}}=b\boldsymbol{A}y^{\mathrm{T}}$. 如果 $\boldsymbol{A}$ 是可逆方阵($\boldsymbol{A}$ 的行列式 $\det(\boldsymbol{A})$为 F_q中非零元素),则取 $b=-\frac{1}{2}c\boldsymbol{A}^{-1}$,消去 $F(y)$中的 1 次项,得到 $F(y)=y\boldsymbol{A}y^{\mathrm{T}}+d'$,其中 $d'=b\boldsymbol{A}b^{\mathrm{T}}+cb^{\mathrm{T}}+d\in F_q$,并且 $N_q(f)=N_q(F)$. 当 $\boldsymbol{A}$ 不可逆时我们以后再讨论,所以我们先考虑如下的方程

$$x\boldsymbol{A}x^{\mathrm{T}}=d,\tag{5.2.3}$$

其中 $d\in F_q$,$\boldsymbol{A}$ 是 F_q上的 n 阶对称方阵,并且 $\boldsymbol{A}=(a_{ij})$中元素 a_{ij}

$(1\leqslant i,j\leqslant n)$不全为零(方阵 $\boldsymbol{A}$ 的秩$\geqslant 1$). 函数

$$f(x)=x\boldsymbol{A}x^{\mathrm{T}}=\sum_{i,j=1}^{n}a_{ij}x_ix_j \quad (a_{ij}=a_{ji})$$

叫作 $x_1,x_2,\cdots,x_n$ 在 F_q上的二次型. 如果方程(5.2.3)在 F_q 上有解,我们称二次型 $f(x)$可以表示 d.

(3)和实数域上的二次型一样,我们可以把有限域$F_q(2\nmid q)$上的二次型 $f(x)=x\boldsymbol{A}x^{\mathrm{T}}$ 对角化,即存在 F_q上的 n 阶可逆方阵 $\boldsymbol{M}$,使得 $\boldsymbol{MAM}^{\mathrm{T}}$是对角阵,对角元素为 $d_1,d_2,\cdots,d_n\in F_q$. 令 $x=y\boldsymbol{M}$,则代入 $f(x)$成为 $F(y)=y\boldsymbol{MAM}^{\mathrm{T}}y^{\mathrm{T}}=d_1y_1^2+d_2y_2^2+\cdots+d_ny_n^2$. 从而方程(5.2.3)变为对角型方程 $d_1y_1^2+d_2y_2^2+\cdots+d_ny_n^2=d$. 此方程和方程(5.2.3)在 F_q^n中有相同的解数.

让我们从最简单的情形开始. 当 $n=1$ 时,方程(5.2.3)为

$$f(x)=ax^2-d=0, \tag{5.2.4}$$

其中 $a,d\in F_q,a\neq 0$. 于是 $x^2=\dfrac{d}{a}$. 当 $d=0$ 时,方程有一个解 $x=0$. 若 $d\neq 0$,如果$\dfrac{d}{a}$是 F_q中的平方元素,即存在 $b\in F_q^*$,使得 $\dfrac{d}{a}=b^2$,则方程有两个解 $x=\pm b$. 若$\dfrac{d}{a}$是 F_q中非平方元素,则方程在 F_q中无解. 因此

$$N_q(f)=\begin{cases}1, & 若\ d=0,\\ 2, & 若\ d/a\ 是\ F_q\ 中的平方元素, d\neq 0,\\ 0, & 若\ d/a\ 是\ F_q\ 中的非平方元素.\end{cases}$$

我们用域 F_q的 2 阶乘法特征 η 把以上结论表述得更简洁一些. 根据第 3.4 节,2 阶乘法特征 η 的定义为:对于 $b\in F_q$,

$$\eta(b)=\begin{cases}0, & 若\ b=0,\\ 1, & 若\ b\neq 0\ 并且\ b\ 是\ F_q\ 中的平方元素,\\ -1, & 若\ b\ 是\ F_q\ 中的非平方元素.\end{cases}$$

于是我们得到

引理 5.2.1　设 $a,d\in F_q,a\neq 0$. 则方程 $ax^2=d$ 在 F_q 中的解数为 $\eta(d/a)+1$. □

现在考虑 $n=2$ 时的对角型方程

$$a_1x^2+a_2y^2=b, \tag{5.2.5}$$

其中 $a_1,a_2\in F_q^*,b\in F_q$.(一般的方程 $a_1x^2+2a_{12}xy+a_2y^2=b$ 可通过对角化归结于对角型方程,见引理 5.2.3).

我们有一个简单方法证明方程(5.2.5)在 F_q^2 中一定有解. 考虑 F_q 的两个子集合

$$S=\{a_1x^2\mid x\in F_q\},\quad S'=\{b-a_2y^2\mid y\in F_q\}.$$

由于 F_q 中有 $\frac{q-1}{2}$ 个平方元素,再加上 0,可知 S 中元素个数为 $\frac{q-1}{2}+1=\frac{q+1}{2}$. 同样可知 S' 中也有 $\frac{q+1}{2}$ 个元素. 于是 $|S|+|S'|=q+1$,而 F_q 中只有 q 个元素,这就表明 S 和 S' 必有公共元素. 即存在 $x_0,y_0\in F_q$,使得 $a_1x_0^2=b-a_2y_0^2$. 从而 $(x,y)=(x_0,y_0)$ 就是方程(5.2.5)的一个解.

现在进一步计算方程(5.2.5)在 F_q^2 中解的个数. 今后我们把这个解数记为 $N_q(a_1x^2+a_2y^2=b)$. 令

$$v(a)=\begin{cases}q-1,若\ a=0,\\-1,\ 若\ a\in F_q^*.\end{cases}$$

定理 5.2.2　设 $a_1,a_2\in F_q^*,b\in F_q,2\nmid q$,则

$$N_q(a_1x^2+a_2y^2=b)=q+v(b)\eta(-a_1a_2).$$

证明　我们有

$$N_q(a_1x^2+a_2y^2=b)=\sum_{\substack{c_1,c_2\in F_q\\c_1+c_2=b}}N_q(a_1x^2=c_1)N_q(a_2y^2=c_2)$$

$$= \sum_{c_1+c_2=b} [1+\eta(c_1a_1^{-1})][1+\eta(c_2a_2^{-1})]$$

（用引理 5.2.1）

$$= \sum_{c_1+c_2=b} [1+\eta(c_1a_1^{-1})+\eta(c_2a_2^{-1})+ \eta(c_1c_2a_1^{-1}a_2^{-1})],$$

这里利用 η 是乘法特征，即对于 $a,b\in F_q$，$\eta(ab)=\eta(a)\eta(b)$. 前三项求和容易计算：

$$\sum_{\substack{c_1,c_2\in F_q\\ c_1+c_2=b}} 1 = N_q(x+y=b)=q,$$

$$\sum_{c_1+c_2=b} \eta(c_1a_1^{-1}) = \eta(a_1)\sum_{c_1\in F_q}\eta(c_1)=0,$$

$$\sum_{c_1+c_2=b} \eta(c_2a_2^{-1}) = 0,$$

所以（注意当 $a\in F_q{}^*$ 时，$\eta(a^{-1})=\eta(a)$）

$$N_q(a_1x^2+a_2y^2=b)=q+\eta(a_1a_2)\sum_{c_1\in F_q}\eta(c_1(b-c_1)). \tag{5.2.6}$$

当 $b=0$ 时，

$$\begin{aligned} N_q(a_1x^2+a_2y^2=b) &= q+\eta(a_1a_2)\sum_{c_1\in F_q}\eta(-c_1^2) \\ &= q+(q-1)\eta(-1)\eta(a_1a_2) \\ &= q+v(b)\eta(-a_1a_2), \end{aligned}$$

当 $b\neq 0$ 时，

$$\begin{aligned} \sum_{c_1\in F_q}\eta(c_1(b-c_1)) &= \sum_{a\in F_q}\eta(ba(b-ba)) \quad （令 c_1=ba） \\ &= \sum_{a\in F_q}\eta(a(1-a)) \quad （由于 \eta(b^2)=1）, \end{aligned}$$

所以上式左边不依赖非零元素 b. 记上式左边为 A，则

$$
\begin{aligned}
(q-1)A &= \sum_{b\in F_q^*}\sum_{c_1\in F_q}\eta(c_1)\eta(b-c_1)\\
&= \sum_{c_1\in F_q}\eta(c_1)\sum_{b\in F_q^*}\eta(b-c_1)\\
&= \sum_{c_1\in F_q}\eta(c_1)(-\eta(-c_1)) \quad (\text{由于}\sum_{b\in F_q}\eta(b-c_1)=0)\\
&= -\sum_{c_1\in F_q}\eta(-c_1^2) = -(q-1)\eta(-1),
\end{aligned}
$$

于是 $A=-\eta(-1)$. 由式(5.2.6)可知当 $b\neq 0$ 时,

$$
\begin{aligned}
N_q(a_1x^2+a_2y^2=b) &= q+\eta(a_1a_2)A\\
&= q-\eta(-a_1a_2)\\
&= q+v(b)\eta(-a_1a_2).
\end{aligned}
$$

定理 5.2.2 证明完毕. □

现在考虑 $n\geqslant 3$ 的二次型. 我们仿照实数域的方法将二次型对角化.

引理 5.2.3　设 $2\nmid q$, $f(x_1,x_2,\cdots,x_n)=x\boldsymbol{A}x^{\mathrm{T}}$ 是 F_q 上的二次型, $n\geqslant 2$. 如果 f 可以表示 F_q 中非零元素 a, 则存在 F_q^n 中可逆线性变换 $x=yM$, 使得二次型 $f(x)$ 变成

$$F(y)=ay_1^2+g(y_2,y_3,\cdots,y_n),$$

其中 g 是 F_q 上 $n-1$ 个变量 $y_2,y_3,\cdots,y_n$ 的二次型.

证明　由假设知存在 $(c_1,c_2,\cdots,c_n)\in F_q^n$ 使得 $f(c_1,c_2,\cdots,c_n)=c\boldsymbol{A}c^{\mathrm{T}}=a$. 由于 $a\neq 0$, 可知 $(c_1,c_2,\cdots,c_n)$ 是非零向量, 从而它可扩充成 F_q^n 在 F_q 上的一组基 $v_1,v_2,\cdots,v_n$, 其中 $v_1=(c_1,c_2,\cdots,c_n)$. 于是

$$\boldsymbol{M}=\begin{pmatrix} v_1\\ v_2\\ \vdots\\ v_n\end{pmatrix}$$

是可逆方阵. 令 $x=yM$，则 $F(y)=y(\boldsymbol{MAM}^{\mathrm{T}})y^{\mathrm{T}}$，这个二次型中 y_1^2 的系数为 $v_1\boldsymbol{A}v_1^{\mathrm{T}}=c\boldsymbol{A}c^{\mathrm{T}}=a$. 从而 $F(y)$ 有形式

$$\begin{aligned}F(y) &= ay_1^2+2b_2y_1y_2+\cdots+2b_ny_1y_n+h(y_2,y_3,\cdots,y_n)\\ &= a(y_1+b_2a^{-1}y_2+\cdots+b_na^{-1}y_n)^2+g(y_2,y_3,\cdots,y_n),\end{aligned}$$

其中 $g(y_2,y_3,\cdots,y_n)$ 是 $y_2,y_3,\cdots,y_n$ 在 F_q 上的二次型. 再用 $y_1'=y_1+b_2a^{-1}y_2+\cdots+b_na^{-1}y_n$ 代替 y_1，而其余 $y_i(2\leqslant i\leqslant n)$ 不变，这也是可逆线性变换，由此即得到结果 $F(y)=ay_1'^2+g(y_2,\cdots,y_n)$. 证毕. □

定理 5.2.4(二次型对角化) 设 $2\nmid q$，则 F_q 上每个二次型 $f(x_1,x_2,\cdots,x_n)$ 通过可逆线性变换都可化为对角型方程

$$F(y)=a_1y_1^2+a_2y_2^2+\cdots+a_ny_n^2\quad(a_i\in F_q).$$

证明 当 $n=1$ 时，$f(x)=ax^2$ 已是对角型. 现在设 $n\geqslant 2$，并且假设 F_q 上每个 $n-1$ 个变量的二次型均可对角化. 如果 $f(x_1,x_2,\cdots,x_n)\equiv 0$，则证毕(取 $a_1=\cdots=a_n=0$). 否则当二次型 $f=\sum\limits_{i,j=1}^{n}a_{ij}x_ix_j$ 中有 $a_{ii}\neq 0$ 时，f 可以表示 a_{ii}(取 $x_i=1$，其余 $x_j(j\neq i)$ 为 0).

如果 $a_{ii}(1\leqslant i\leqslant n)$ 均为零，则有 $a_{ij}=a_{ji}\neq 0(i\neq j)$. 这时 f 也可表示非零元素 $2a_{ij}$(取 $x_i=x_j=1$，其余 $x_k(k\neq i,j)$ 为零). 也就是说，当 $f\neq 0$ 时，f 必可表示 F_q 中某个非零元素 a. 由引理 5.2.3，通过可逆线性变换可把 f 化为 $F(y)=ay_1^2+g(y_2,y_3,\cdots,y_n)$，然后再对二次型 g 利用归纳假设，即可把 f 完全对角化. 证毕. □

注记 定理 5.2.4 表明：当 $2\nmid q$ 时，对于每个 F_q 上 n 阶对称方阵 $\boldsymbol{A}$，均有 F_q 上可逆方阵 $\boldsymbol{M}$，使得

$$MAM^{\mathrm{T}} = \begin{pmatrix} a_1 & & & \\ & a_2 & & \\ & & \ddots & \\ & & & a_n \end{pmatrix}.$$

以 r 表示 $a_1, a_2, \cdots, a_n$ 中非零元素的个数，则 MAM^{T} 的秩为 r. 但是 $\boldsymbol{A}$ 乘以可逆方阵之后秩不变，从而 r 就是对称方阵 $\boldsymbol{A}$ 的秩. 特别地，如果 $\boldsymbol{A}$ 是可逆对称方阵，即 $\boldsymbol{A}$ 的秩为 n，则对角化后 a_1，$a_2, \cdots, a_n$ 均是非零元素. 这时我们还可证明对角化只有两种形式，并且还可算出 $f(x)=b(b\in F_q)$ 在 F_q^n 中的解数.

定理 5.2.5　设 $2\nmid q, f(x)=f(x_1, x_2, \cdots, x_n)=x\boldsymbol{A}x^{\mathrm{T}}$ 是 F_q 上的二次型，并且 $\boldsymbol{A}$ 的秩为 n. 取 F_q 中一个本原元素 γ. 则

(1) 当 $\det(\boldsymbol{A})$ 是 F_q 中平方元素时 $(\eta(\det(\boldsymbol{A}))=1)$，$f(x)$ 可对角化为 $y_1^2+y_2^2+\cdots+y_n^2$. 而当 $\det(\boldsymbol{A})$ 是 F_q 中非平方元素时 $(\eta(\det(\boldsymbol{A}))=-1)$，则 $f(x)$ 可对角化为 $y_1^2+y_2^2+\cdots+y_{n-1}^2+\gamma y_n^2$.

(2) 对每个 $b\in F_q$，方程 $f(x_1, x_2, \cdots, x_n)=b$ 在 F_q^n 中的解数为

$$N_q(f(x_1, x_2, \cdots, x_n) = b)$$

$$= \begin{cases} q^{n-1} + v(b)q^{\frac{n}{2}-1}\eta((-1)^{n/2}\det(\boldsymbol{A})), & 若\ 2\mid n, \quad (5.2.7) \\ q^{n-1} + q^{\frac{n-1}{2}}\eta((-1)^{\frac{n-1}{2}}b\det(\boldsymbol{A})), & 若\ 2\nmid n. \quad (5.2.8) \end{cases}$$

证明　(1) 我们已经把 $f(x_1, x_2, \cdots, x_n)$（通过可逆线性变换）化为对角型 $a_1y_1^2+a_2y_2^2+\cdots+a_ny_n^2$，其中 $a_1, a_2, \cdots, a_n$ 是 F_q 中非零元素. 当 $n\geqslant 2$ 时，$a_1y_1^2+a_2y_2^2$ 可表示 1，因为在定理 5.2.2 之前已证明方程 $a_1y_1^2+a_2y_2^2=1$ 在 F_q^2 中有解. 所以由引理 5.2.3 可知存在可逆线性变换 $(y_1, y_2)=(z_1, z_2)\boldsymbol{M}$，其中 $\boldsymbol{M}$ 是 F_q 上 2 阶可逆方阵，把 $a_1y_1^2+a_2y_2^2$ 变成 $z_1^2+a'_2z_2^2$. 由 $\begin{pmatrix} 1 & \\ & a'_2 \end{pmatrix} =$

$\boldsymbol{M}\begin{pmatrix} a_1 & \\ & a_2 \end{pmatrix}\boldsymbol{M}^{\mathrm{T}}$知左边是可逆方阵，即 $a'_2\neq 0$. 从而 $a_1y_1^2+a_2y_2^2+\cdots+a_ny_n^2$ 变为 $z_1^2+a'_2z_2^2+a_3y_3^2+\cdots+a_ny_n^2$. 依次这样做下去，可将 $a_1y_1^2+\cdots+a_ny_n^2$ 变为 $z_1^2+\cdots+z_{n-1}^2+a'_nz_n^2$. 从而有可逆的方阵 $\boldsymbol{N}$，变换 $(x_1,x_2,\cdots,x_n)=(z_1,z_2,\cdots,z_n)\boldsymbol{N}$ 把 $f(x_1,x_2,\cdots,x_n)=x\boldsymbol{A}x^{\mathrm{T}}$ 变为 $z_1^2+\cdots+z_{n-1}^2+a'_nz_n^2$. 即

$$\begin{pmatrix} 1 & & & \\ & \ddots & & \\ & & 1 & \\ & & & a'_n \end{pmatrix}=\boldsymbol{NAN}^{\mathrm{T}}.$$

取行列式可知 $a'_n=\det(\boldsymbol{A})\cdot\det(\boldsymbol{N})^2\neq 0$. 于是 $\eta(a'_n)=\eta(\det(\boldsymbol{A}))$. 当 $\eta(\det(\boldsymbol{A}))=1$ 时，a'_n为 F_q 中平方元素，即 $a'_n=a^2$，其中$a\in F_q^*$. 令 $z'_n=az_n$，则 $f(x_1,x_2,\cdots,x_n)$最后变为 $z_1^2+\cdots+z_{n-1}^2+z'^2_n$. 当 $\eta(\det(\boldsymbol{A}))=-1$ 时，a'_n是非平方元素，于是 $a'_n=\gamma^{2l+1}\,(l\in\mathbf{Z})$. 令 $z'_n=\gamma^lz_n$，则 $f(x_1,x_2,\cdots,x_n)$最后变为$z_1^2+\cdots+z_{n-1}^2+\gamma z'^2_n$.

(2) 由(1)知 $N_q(f(x_1,x_2,\cdots,x_n)=b)=N_q(y_1^2+\cdots+y_{n-1}^2+\varepsilon y_n^2=b)$，其中 $\eta(\varepsilon)=\eta(\det(A))$. 先设 n 为偶数. 当 $n=2$ 时，定理 5.2.2 给出

$$N_q(y_1^2+\varepsilon y_2^2=b)=q+v(b)\eta(-\varepsilon),$$

可知式(5.2.7)对于 $n=2$ 成立. 以下设 $2\mid n\geqslant 4$ 并且式(5.2.7)对于 $n-2$ 成立. 于是

$$\begin{aligned}&N_q(y_1^2+\cdots+y_{n-1}^2+\varepsilon y_n^2=b)\\ =&\sum_{\substack{a,c\in F_q\\ a+c=b}}N_q(y_1^2+y_2^2=a)N_q(y_3^2+\cdots+y_{n-1}^2+\varepsilon y_n^2=c)\end{aligned}$$

$$= \sum_{\substack{a,c\in F_q \\ a+c=b}} (q+v(a)\eta(-1))(q^{n-3}+v(c)q^{\frac{n}{2}-2}\eta((-1)^{\frac{n}{2}-1}\varepsilon))$$

（由归纳假设）

$$= \sum_{a+c=b} (q^{n-2}+q^{n-3}v(a)\eta(-1)+q^{\frac{n}{2}-1}v(c)\eta((-1)^{\frac{n}{2}-1}\varepsilon)+$$

$$q^{\frac{n}{2}-2}v(a)v(c)\eta((-1)^{\frac{n}{2}}\varepsilon)).$$

但是

$$\sum_{\substack{a,c\in F_q \\ a+c=b}} q^{n-2}=q^{n-1},$$

$$\begin{aligned}\sum_{a+c=b} q^{n-3}v(a)\eta(-1) &= q^{n-3}\eta(-1)\sum_{a\in F_q} v(a)\\ &= q^{n-3}\eta(-1)[q-1-(q-1)]\\ &= 0,\end{aligned}$$

同样地有

$$\sum_{a+c=b} v(c) = 0.$$

于是

$$\begin{aligned}&N_q(y_1^2+\cdots+y_{n-1}^2+\varepsilon y_n^2=b)\\ &= q^{n-1}+q^{\frac{n}{2}-2}\eta((-1)^{\frac{n}{2}}\varepsilon)\sum_{a\in F_q} v(a)v(b-a). \quad (5.2.9)\end{aligned}$$

当 $b=0$ 时，

$$\begin{aligned}\sum_{a\in F_q} v(a)v(b-a) &= \sum_{a\in F_q} v(a)v(-a)\\ &= (q-1)^2+(q-1)=q(q-1),\end{aligned}$$

从而由式(5.2.9)，

$$\begin{aligned}N_q(f(x_1,x_2,\cdots,x_n)=b) &= N_q(y_1^2+\cdots+y_{n-1}^2+\varepsilon y_n^2=b)\\ &= q^{n-1}+q^{\frac{n}{2}-1}(q-1)\eta((-1)^{\frac{n}{2}}\varepsilon)\\ &= q^{n-1}+q^{\frac{n}{2}-1}v(b)\eta((-1)^{\frac{n}{2}}\det(\mathbf{A})).\end{aligned}$$

当 $b\neq 0$ 时

$$\begin{aligned}\sum_{a\in F_q} v(a)v(b-a) &= v(0)v(b)+v(b)v(0)+\sum_{\substack{a\in F_q\\ a\neq 0,b}} 1\\ &= -2(q-1)+(q-2)\\ &= -q,\end{aligned}$$

由式(5.2.9)也有

$$\begin{aligned}N_q(f(x_1,x_2,\cdots,x_n)=b) &= q^{n-1}-q^{\frac{n}{2}-1}\eta((-1)^{\frac{n}{2}}\varepsilon)\\ &= q^{n-1}+q^{\frac{n}{2}-1}v(b)\eta((-1)^{\frac{n}{2}}\det(\mathbf{A})).\end{aligned}$$

现在设 n 为奇数. 当 $n=1$ 时, $N_q(\varepsilon x^2=b)=1+\eta(b\varepsilon)$(引理5.2.1),可知公式(5.2.8)对于 $n=1$ 成立. 现在设 $2\nmid n\geqslant 3$,并且公式(5.2.8)对于 $n-2$ 成立. 则

$$\begin{aligned}&N_q(y_1^2+\cdots+y_{n-1}^2+\varepsilon y_n^2=b)\\ =&\sum_{\substack{a,c\in F_q\\ a+c=b}} N_q(y_1^2+y_2^2=a)N_q(y_3^2+\cdots+y_{n-1}^2+\varepsilon y_n^2=c)\\ =&\sum_{a+c=b}(q+v(a)\eta(-1))(q^{n-3}+q^{\frac{n-3}{2}}\eta((-1)^{\frac{n-3}{2}}c\varepsilon))\\ =&\sum_{a+c=b}(q^{n-2}+q^{\frac{n-3}{2}}v(a)\eta((-1)^{\frac{n-1}{2}}\varepsilon c))\\ =&q^{n-1}+q^{\frac{n-3}{2}}\eta((-1)^{\frac{n-1}{2}}\varepsilon)\sum_{a\in F_q}v(a)\eta(b-a)\\ =&q^{n-1}+q^{\frac{n-1}{2}}\eta((-1)^{\frac{n-1}{2}}\varepsilon b),\end{aligned}$$

最后等式是由于

$$\begin{aligned}\sum_{a\in F_q}v(a)\eta(b-a) &= v(0)\eta(b)-\sum_{a\in F_q^*}\eta(b-a)\\ &= (q-1)\eta(b)+\eta(b)\\ &= q\eta(b).\end{aligned}$$

这就完成了定理 5.2.5 的证明. □

注记 当 $2\nmid q$ 时,对于最一般的二次多项式

$$f(x_1, x_2, \cdots, x_n) = x\boldsymbol{A}x^{\mathrm{T}} + c \cdot x^{\mathrm{T}} + d,$$

其中 $\boldsymbol{A}$ 是 F_q 上的秩 r 的 n 阶对称方阵($1 \leqslant r \leqslant n$),$c = (c_1, c_2, \cdots, c_n) \in F_q^n$,$d \in F_q$. 由定理 5.2.5 可知存在 n 阶可逆方阵 $\boldsymbol{M}$,使得变换 $x = y\boldsymbol{M}$ 把 $f(x_1, x_2, \cdots, x_n)$ 变为

$$F(y_1, y_2, \cdots, y_n) = y_1^2 + \cdots + y_{r-1}^2 + \varepsilon y_r^2 + c'_1 y_1 + \cdots + c'_n y_n + d,$$

其中 $\varepsilon = 1$ 或 γ,$(c'_1, c'_2, \cdots, c'_n) = c\boldsymbol{M}^{\mathrm{T}}$. 再令

$$y_i = y'_i - \frac{c'_i}{2} \quad (1 \leqslant i \leqslant r-1), \quad y_r = y'_r - \frac{c'_r}{2\varepsilon},$$

则 $F(y_1, y_2, \cdots, y_n)$ 又变为

$$F'(y'_1, \cdots, y'_r, y_{r+1}, \cdots, y_n)$$
$$= y'^2_1 + \cdots + y'^2_{r-1} + \varepsilon y'^2_r + c'_{r+1} y_{r+1} + \cdots + c'_n y_n + d' \quad (d' \in F_q).$$

设 $n > r$. 如果某个 $i(r+1 \leqslant i \leqslant n)$ 使得 $c'_i \neq 0$,则对每个 $D \in F_q$,

$$N_q(f(x_1, x_2, \cdots, x_n) = D) = N_q(F'(y'_1, \cdots, y'_r, y_{r+1}, \cdots, y_n) = D) = q^{n-1}.$$

这是由于对于任意给定的 $y'_1, \cdots, y'_r$ 和 $y_j(r+1 \leqslant j \leqslant n, j \neq i)$,方程 $F'(y'_1, \cdots, y'_r, y_{r+1}, \cdots, y_n) = D$ 都唯一决定 y'_i 的值. 如果所有 $c'_i(r+1 \leqslant i \leqslant n)$ 均为零,则 $y_{r+1}, \cdots, y_n$ 可取 F_q 中任意元素,从而

$$N_q(f(x_1, x_2, \cdots, x_n) = D) = N_q(y_1^2 + \cdots + y_{r-1}^2 + \varepsilon y_r^2 = D - d')q^{n-r}.$$

最后若 $r = n$,则 $F'(y_1, y_2, \cdots, y_n) = y_1^2 + \cdots + y_{n-1}^2 + \varepsilon y_n^2 + d'$. 从而

$$N_q(f(x_1, x_2, \cdots, x_n) = D) = N_q(y_1^2 + \cdots + y_{n-1}^2 + \varepsilon y_n^2 = D - d').$$

这就对于任意二次多项式 $f(x_1, x_2, \cdots, x_n)$ 决定出解数 $N_q(f(x_1, x_2, \cdots, x_n) = D)$.

现在介绍 $2 \mid q$ 的情形,即 $q = 2^s (s \geqslant 1)$. 这时,F_q 上的一个二

次多项式表示成

$$f(x_1,x_2,\cdots,x_n)=\sum_{1\leqslant i<j\leqslant n}a_{ij}x_ix_j+c\cdot x^{\mathrm{T}}+d,$$

其中 $a_{ij},d\in F_q,c=(c_1,c_2,\cdots,c_n)\in F_q^n$.研究这种多项式的困难在于:由于在 F_q 中 $2=0$,我们不能把三角方阵 $\mathbf{A}=(a_{ij})$ 化成对称方阵,也不能通过配方去掉1次项 cx^{T}.但是也有一个好处,即每个 $a\in F_q$ 在 F_q 中均可开平方,即存在唯一的 $b\in F_q$,使得 $a=b^2$.事实上,$b=a^{\frac{q}{2}}$.我们今后把 b 记成$\sqrt{a}$.为了简单起见,我们只考虑 f 是二次型的情形,即设

$$f(x_1,x_2,\cdots,x_n)=\sum_{1\leqslant i<j\leqslant n}a_{ij}x_ix_j+\sum_{\lambda=1}^{n}a_{\lambda\lambda}x_\lambda^2,\qquad(5.2.10)$$

其中 $a_{ij}\in F_q$ 并且不全为零.进而我们还假定二次型 $f(x_1,x_2,\cdots,x_n)$是非退化的,即不存在可逆线性变换把 f 变成少于 n 个变量的二次型.在上述假定之下,我们要用 F_q上的可逆线性变换把二次型 f 变成简单的标准形式,然后对每个 $b\in F_q$,给出方程$f(x_1,x_2,\cdots,x_n)=b$ 在 F_q^n中的解数公式.

引理 5.2.6 设 $f(x_1,x_2,\cdots,x_n)$是 F_q上的非退化二次型,$q=2^s,n\geqslant3$.则由可逆线性变换可把 f 变成二次型$x_1x_2+g(x_3,\cdots,x_n)$,其中 g 是 F_q上 $n-2$ 个变量的非退化二次型.

证明 设二次型 f 有公式(5.2.10)的形式.我们先证由可逆线性变换可使 $a_{11}=0$.如果某个 $a_{ii}=0$,则将 x_1 和 x_i 互换而其余 x_j 不变(这是可逆线性变换),得到 $a_{11}=0$.以下设所有 $a_{ii}\neq0(1\leqslant i\leqslant n)$.如果所有 $a_{ij}=0(i\neq j)$,则

$$\begin{aligned}f(x_1,x_2,\cdots,x_n)&=a_{11}x_1^2+a_{22}x_2^2+\cdots+a_{nn}x_n^2\\&=(\sqrt{a_{11}}x_1+\sqrt{a_{22}}x_2+\cdots+\sqrt{a_{nn}}x_n)^2\\&=y^2,\end{aligned}$$

这和 f 非退化的假设相矛盾. 所以存在 $i\neq j$ 使 $a_{ij}\neq 0$. 我们不妨设 $a_{23}\neq 0$. 这时(注意当 $i>j$ 时 $a_{ij}=0$)

$$f(x_1,x_2,\cdots,x_n)=a_{22}x_2^2+x_2(a_{12}x_1+a_{23}x_3+\cdots+a_{2n}x_n)+g_1(x_1,x_3,\cdots,x_n),$$

利用可逆线性变换

$$x_3=a_{23}^{-1}(a_{12}y_1+y_3+a_{24}y_4+\cdots+a_{2n}y_n),$$
$$x_i=y_i\quad(1\leqslant i\leqslant n,i\neq 3),$$

则 $f(x_1,x_2,\cdots,x_n)$变为

$$F(y_1,y_2,\cdots,y_n)=a_{22}y_2^2+y_2y_3+g_2(y_1,y_3,\cdots,y_n),$$

其中 g_2 为二次型. 记 y_1^2 的系数为 b_{11},再通过可逆线性变换

$$y_2=\sqrt{a_{22}^{-1}b_{11}}\,z_1+z_2,$$
$$y_i=z_i\quad(1\leqslant i\leqslant n,i\neq 2),$$

$F(y_1,y_2,\cdots,y_n)$变成二次型 $G(z_1,z_2,\cdots,z_n)$之后,z_1^2 的系数为 0.

现在设式(5.2.10)中 $a_{11}=0$. 由于 f 是非退化的,从而有 j, $2\leqslant j\leqslant n$,使 $a_{1j}\neq 0$. 不妨设 $a_{12}\neq 0$. 由可逆线性变换

$$x_2=a_{12}^{-1}(y_2+a_{13}y_3+\cdots+a_{1n}y_n),$$
$$x_i=y_i\quad(1\leqslant i\leqslant n,i\neq 2),$$

即可把 f 变成 $z_1z_2+g(z_3,\cdots,z_n)$. 最后由 f 非退化可知二次型 g 也是非退化的. 证毕. □

现在给出二次型的标准形式. 我们要使用第 3.3 节中的迹函数 $T:F_q\to F_2$,对于每个 $a\in F_q(q=2^s)$,$T(a)=a+a^2+a^{2^2}+\cdots+a^{2^{s-1}}\in F_2$.

定理 5.2.7　设 $2|q$,$f(x_1,x_2,\cdots,x_n)$是 F_q上的非退化二次型. 则利用可逆线性变换,

(1)当 $2\nmid n$ 时,f 可变为 $x_1x_2+x_3x_4+\cdots+x_{n-2}x_{n-1}+x_n^2$.

(2)当 $2|n$ 时,f 可变为 $x_1x_2+x_3x_4+\cdots+x_{n-1}x_n$ 或者 $x_1x_2+x_3x_4+\cdots+x_{n-1}x_n+x_{n-1}^2+ax_n^2$,其中 $a\in F_q$,$T(a)=1$.

证明 (1)如果 $2\nmid n$,利用引理 5.2.6 可知 f 可变为 $x_1x_2+\cdots+x_{n-2}x_{n-1}+ax_n^2$,其中 $a\neq 0$. 于是 $ax_n^2=(\sqrt{a}x_n)^2$,即给出结果.

(2)设 $2|n$. 利用引理 5.2.6 可把 f 变为

$$x_1x_2+\cdots+x_{n-3}x_{n-2}+bx_{n-1}^2+cx_{n-1}x_n+dx_n^2,$$

其中 $b,c,d\in F_q$ 并且 $bx_{n-1}^2+cx_{n-1}x_n+dx_n^2$ 是非退化的. 所以 $c\neq 0$(否则 $bx_{n-1}^2+dx_n^2=(\sqrt{b}x_{n-1}+\sqrt{d}x_n)^2$ 是退化的). 如果 $b=0$,则 $cx_{n-1}x_n+dx_n^2=(cx_{n-1}+dx_n)x_n$,这就归结于第一种形式. 如果 $b\neq 0$,令

$$x_{n-1}=\sqrt{b^{-1}}y_{n-1},\quad x_n=\sqrt{b}c^{-1}y_n,$$

则

$$bx_{n-1}^2+cx_{n-1}x_n+dx_n^2=y_{n-1}^2+y_{n-1}y_n+ay_n^2,$$

其中 $a=dbc^{-2}$. 当 x^2+x+a 在 $F_q[x]$中可约时,$x^2+x+a=(x+c_1)(x+c_2)$,其中 $c_1,c_2\in F_q$,则 $y_{n-1}^2+y_{n-1}y_n+ay_n^2=(y_{n-1}+c_1y_n)(y_{n-1}+c_2y_n)=z_{n-1}z_n$,这又归结于第一种形式. 若 x^2+x+a 在 $F_q[x]$中不可约,则必然 $T(a)=1$,因为若 $0=T(a)=\sum_{i=0}^{s-1}a^{2^i}$,取 x^2+x+a 在 F_q的扩域中的一个根 β,则 $\beta^2+\beta=a$,于是

$$0=\sum_{i=0}^{s-1}(\beta^2+\beta)^{2^i}=\sum_{i=0}^{s-1}(\beta^{2^{i+1}}+\beta^{2^i})=\beta^{2^s}+\beta,$$

即 $\beta=\beta^{2^s}=\beta^q$. 这表明 $\beta\in F_q$,从而 x^2+x+a 在 F_q中有根 β,这与

x^2+x+a 在 $F_q[x]$ 中不可约相矛盾. 因此 $T(a)=1$，于是归结为第二种形式. 证毕. □

定理 5.2.7 已经把 F_q 上非退化二次型 $f(x_1,x_2,\cdots,x_n)$ 化成简单的标准形式 $F(y_1,y_2,\cdots,y_n)$. 现在用这些标准形式计算方程 $f(x_1,x_2,\cdots,x_n)=b$ 的解数 $N_q(f(x_1,x_2,\cdots,x_n)=b)=N_q(F(y_1,y_2,\cdots,y_n)=b)$.

引理 5.2.8　设 $2|q$，a 为 F_q 中元素，$T(a)=1$，$b\in F_q$. 则

$$N_q(x^2+xy+ay^2=b)=q-v(b),$$

其中 $v(0)=q-1$，而当 $b\in F_q^*$ 时，$v(b)=-1$.

证明　先证 x^2+x+a 在 $F_q[x]$ 中不可约. 因为若 x^2+x+a 可约，则它在 F_q 中有根 c，即 $c^2+c+a=0$，于是

$$\begin{aligned}0&=T(c^2+c+a)=T(c^2)+T(c)+T(a)\\&=T(c)+T(c)+T(a)=T(a),\end{aligned}$$

这与假设 $T(a)=1$ 相矛盾. 因此 x^2+x+a 在 $F_q[x]$ 中不可约，从而它的两个根为 F_{q^2} 中的 α 和 α^q，$F_{q^2}=F_q[\alpha]$，并且 $1,\alpha$ 是 F_{q^2} 对于 F_q 的一组基(定理 2.2.10 和定理 3.2.6). 这时

$$f(x,y)=x^2+xy+ay^2=(x+\alpha y)(x+\alpha^q y).$$

而对 $c_1,c_2\in F_q$，

$$\begin{aligned}f(c_1,c_2)&=(c_1+\alpha c_2)(c_1+\alpha^q c_2)\\&=(c_1+\alpha c_2)(c_1+\alpha c_2)^q\\&=(c_1+\alpha c_2)^{q+1}.\end{aligned}$$

由于 $1,\alpha$ 是 F_{q^2} 对于 F_q 的一组基，从而 $F_{q^2}=\{c_1+\alpha c_2\mid c_1,c_2\in F_q\}$. 这就表明：对于每个 $b\in F_q$，

$$f(c_1,c_2)=c_1^2+c_1c_2+ac_2^2=b\Leftrightarrow(c_1+\alpha c_2)^{q+1}=b.$$

所以 $N_q(x^2+xy+ay^2=b)$ 是满足 $\beta^{q+1}=b$ 的 F_{q^2} 中元素 β 的个

数. 当 $b=0$ 时,只有 $\beta=0$. 于是

$$N_q(x^2+xy+ay^2=b)=1=q-v(0)=q-v(b).$$

以下设 b 为 F_q 中非零元素. 取 γ 为 F_{q^2} 的一个本原元素,则 γ^{q+1} 的阶为 $q-1$,所以 γ^{q+1} 是 F_q 的一个本原元素. 于是 $b=\gamma^{(q+1)i}$ $(0\leqslant i\leqslant q-2)$. 满足 $\beta^{q+1}=b=\gamma^{(q+1)i}$ 的 β 共有 $q+1$ 个,即 $\beta=\gamma^{i+(q-1)j}(0\leqslant j\leqslant q)$. 从而当 $b\neq 0$ 时,

$$N_q(x^2+xy+ay^2=b)=q+1=q-v(b).$$

证毕. □

定理 5.2.9 设 $2|q, b\in F_q, a\in F_q, T(a)=1$. 则

(1) 当 $2\nmid n$ 时, $N_q(x_1x_2+x_3x_4+\cdots+x_{n-2}x_{n-1}+x_n^2=b)=q^{n-1}$.

(2) 当 $2|n$ 时,

$$N_q(x_1x_2+x_3x_4+\cdots+x_{n-1}x_n=b)=q^{n-1}+v(b)q^{\frac{n}{2}-1}, \tag{5.2.11}$$

$$N_q(x_1x_2+x_3x_4+\cdots+x_{n-1}x_n+x_{n-1}^2+ax_n^2=b)=q^{n-1}-v(b)q^{\frac{n}{2}-1}. \tag{5.2.12}$$

证明 (1) 对于 F_q 中 $x_1,x_2,\cdots,x_{n-1}$ 的任意取值,可唯一决定 $x_n=(b+x_1x_2+\cdots+x_{n-2}x_{n-1})^{1/2}$. 所以 $x_1x_2+\cdots+x_{n-2}x_{n-1}+x_n^2=b$ 在 F_q^n 中解数为 q^{n-1}.

(2) 先证式(5.2.11). 当 $n=2$ 时,

$$N_q(x_1x_2=b)=\begin{cases}q-1, & 若\ b\neq 0,\\ 2q-1, & 若\ b=0,\end{cases}=q+v(b),$$

从而式(5.2.11)对 $n=2$ 成立. 以下设 $2|n\geqslant 4$,并且式(5.2.11)对于 $n-2$ 成立. 于是

$$
\begin{aligned}
& N_q(x_1x_2+\cdots+x_{n-1}x_n=b) \\
=& \sum_{\substack{a+c=b \\ a,c\in F_q}} N_q(x_1x_2=a)N_q(x_3x_4+\cdots+x_{n-1}x_n=c) \\
=& \sum_{a+c=b}(q+v(a))(q^{n-3}+v(c)q^{\frac{n}{2}-2}) \\
=& q^{n-1}+q^{\frac{n}{2}-2}\sum_{a\in F_q}v(a)v(b+a) \\
=& q^{n-1}+q^{\frac{n}{2}-1}v(b),
\end{aligned}
$$

（请读者验证 $\sum_{a\in F_q} v(a)v(b+a)=v(b)q$）.

再证式(5.2.12). 当 $n=2$ 时，由引理 5.2.8 知式(5.2.12)成立. 然后可像式(5.2.11)一样归纳证明式(5.2.12)对任意偶数 $n\geqslant 2$ 均成立. 证毕. □

习　题

1. 求方程 $3x_1^2+x_3^2-2x_1x_2+x_1x_3+3x_2x_3=2$ 在 F_7^3 中解的个数.

2. 求方程 $x_2^2-x_3^2+x_4^2-x_1x_2-x_1x_3+x_1x_4+x_3x_4+x_2+x_4=1$ 在 F_3^4 中的解数.

3. 求方程 $x_1^2+x_2^2+x_1x_2+x_1x_3=1$ 在 F_4^3 中的解数.

4. 设 $2\nmid q$，$\{a_1,a_2,\cdots,a_r\}$ 是 F_q 中 $r=\frac{q-1}{2}$ 个非零平方元素，试问在 $\{a_1+1,\cdots,a_r+1\}$ 当中有多少是 F_q 中的非零平方元素？

（提示：这个数为 $N=\frac{1}{4}\sum_{\substack{x\in F_q \\ x\neq 0,1}}(1+\eta(x))(1+\eta(x+1))$. 经过计算可得到：当 $q\equiv 1(\bmod 4)$ 时 $N=\frac{q-5}{4}$，而当 $q\equiv 3(\bmod 4)$ 时 $N=\frac{q-3}{4}$.）

§5.3 费马曲线和阿廷-施莱尔曲线

上一节介绍了多元二次方程在有限域上的求解问题，所用的数学工具和解线性方程组一样，本质上使用的是线性代数，即二次型通过可逆和线性变换化成标准形式. 然后对标准形式算出方程在有限域上的解数. 对于次数$\geqslant 3$的高次方程，一般来说计算它在有限域上的解数是困难的. 本节介绍两个变量的情形，即研究方程

$$f(x,y)=0$$

在仿射平面 F_q^2 中的解数，其中 $f(x,y)\in F_q[x,y]$是系数属于F_q的多项式. 我们称它的全部解组成的集合 C 为仿射平面 F_q^2 中一条仿射曲线. 20 世纪 40 年代，法国数学家韦伊由于第二次世界大战移居美国. 他用高斯和以及雅可比和作为数学工具，计算出两类代数曲线在有限域中的解数公式. 这些计算引发出数学发展史上一段有趣的故事. 我们先介绍韦伊的计算结果.

第一类曲线是

$$F_d: x^d+y^d=1. \tag{5.3.1}$$

我们要计算此曲线在 F_q^2 中的解数 $N_q(x^d+y^d=1)$. 如果把这个曲线射影化，则得到射影曲线 $x^d+y^d=z^d$. 费马在 1637 年研究过这个方程的整数解，并且猜想当 $d\geqslant 3$ 时此方程没有正整数解. 基于这个历史的原因，人们把曲线(5.3.1)称作费马曲线.

利用第 5.2 节使用的技巧，我们有

$$N_q(x^d+y^d=1)=\sum_{\substack{a,b\in F_q\\ a+b=1}} N_q(x^d=a)N_q(y^d=b).$$

令 $i=(d,q-1)$，由有限域 F_q的乘法结构不难证明对每个 $c\in$

F_q,方程 $x^d=c$ 和方程 $x^i=c$ 在 F_q中解数相同. 于是

$$N_q(x^d + y^d = 1) = \sum_{\substack{a,b\in F_q\\ a+b=1}} N_q(x^i = a)N_q(y^i = b)$$
$$= N_q(x^i + y^i = 1).$$

所以化为 x 和 y 的指数是 $q-1$ 的因子 i 的情形. 于是我们一开始不妨假定费马曲线(5.3.1)中的 d 是 $q-1$ 的正因子. 当 $d=1$ 时,这是仿射直线,$N_q(x+y=1)=q$. 当 $d=2$ 时,我们在上节已经计算出 $N_q(x^2+y^2=1)$. 所以以下假定$d\geqslant 3$.

为了计算 $N_q(x^d+y^d=1)$,我们先作一点准备. 由于 $d|q-1$,可知 F_q有 d 阶乘法特征. 事实上,取 F_q 的一个本原元素 α,则映射

$$\chi: F_q^* \to \Lambda_d, \chi(\alpha^j) = \zeta_d^j \quad (0 \leqslant j \leqslant q-2), \chi(0) = 0. \tag{5.3.2}$$

就是一个 d 阶乘法特征,其中 $\zeta_d=\mathrm{e}^{\frac{2\pi\mathrm{i}}{d}}$. 本节要用到有限域的加法特征和乘法特征,以及高斯和、雅可比和的知识,参见第 3.3 节和第 3.4 节.

引理 5.3.1　设 d 是 $q-1$ 的正因子,χ 是 F_q的 d 阶乘法特征. 则对每个 $a\in F_q^*$,

$$N_q(x^d = a) = \sum_{i=0}^{d-1} \chi^i(a). \tag{5.3.3}$$

证明　设 α 为 F_q的一个本原元素,则 $a=\alpha^j$ $(0\leqslant j\leqslant q-2)$. 令 $q-1=dl$. 如果 $x^d=a$ 在 F_q中有解,即有 $b\in F_q{}^*$ 使 $b^d=a$,则 $\alpha^{jl}=a^l=b^{dl}=b^{q-1}=1$,于是 $q-1\,|\,jl$, 即 $d\,|\,j$. 令 $j=dt$,则方程 $x^d=a=\alpha^{dt}$ 在 F_q中共有 d 个解 $x=\alpha^{t+\lambda l}$ $(0\leqslant\lambda\leqslant d-1)$. 另外,我们也有

$$\sum_{i=0}^{d-1}\chi^i(a)=\sum_{i=0}^{d-1}\chi^i(\alpha^{dt})=\sum_{i=0}^{d-1}\chi(\alpha)^{itd}=\sum_{i=0}^{d-1}1$$
$$=d\quad(\text{由于}\ \chi\ \text{是}\ d\ \text{阶乘法特征},\chi^d(\alpha)=1),$$

即在 $d|j$ 时,式(5.3.3)两边均为 d. 当 $d\nmid j$ 时 $x^d=a$ 在 F_q 中无解. 另外,

$$\begin{aligned}\sum_{i=0}^{d-1}\chi^i(a)&=\sum_{i=0}^{d-1}\chi^i(\alpha^j)\\&=\sum_{i=0}^{d-1}\zeta_d^{ij}\quad(\text{见}\ \chi\ \text{的定义公式}(5.3.2))\\&=\frac{1-(\zeta_d^j)^d}{1-\zeta_d^j}\quad(\text{由}\ d\nmid j\ \text{知}\ \zeta_d^j\neq 1)\\&=0.\end{aligned}$$

所以当 $d\nmid j$ 时式(5.3.3)两边均为 0. 证毕. □

定理 5.3.2 设 d 是 $q-1$ 的正因子,χ 是 F_q 的一个 d 阶乘法特征. 则

$$N_q(x^d+y^d=1)=q+1-\sum_{i=0}^{d-1}\chi^i(-1)+\sum_{\substack{1\leqslant i,j\leqslant d-1\\ i+j\neq d}}J(\chi^i,\chi^j),$$

其中 $J(\chi^i,\chi^j)$ 是第 3.4 节中 F_q 上的雅可比和.

证明 我们有

$$\begin{aligned}N_q(x^d+y^d=1)=&\sum_{\substack{a,b\in F_q\\ a+b=1}}N_q(x^d=a)N_q(y^d=b)\\=&N_q(x^d=0)N_q(y^d=1)+\\&N_q(x^d=1)N_q(y^d=0)+\\&\sum_{\substack{a,b\in F_q\\ a+b=1\\ a\neq 0,1}}N_q(x^d=a)N_q(y^d=b)\end{aligned}$$

$$=2d+\sum_{\substack{a\in F_q\\ a\neq 0,1}}\sum_{i,j=0}^{d-1}\chi^i(a)\chi^j(1-a)\text{(引理 5.3.1)}$$

$$=2d+\sum_{i,j=0}^{d-1}J(\chi^i,\chi^j).$$

由定理 3.4.2 可知,

$$J(\chi^i,\chi^j)=\begin{cases}q-2,\text{若 } i=j=0,\\ -1,\text{若 } i=0,1\leqslant j\leqslant d-1 \text{ 或者 } j=0,1\leqslant i\leqslant d-1,\\ -\chi^i(-1),\text{若 } 1\leqslant i\leqslant d-1,i+j=d.\end{cases}$$

因此

$$N_q(x^d+y^d=1)=2d+q-2-2(d-1)-\sum_{i=1}^{d-1}\chi^i(-1)+\sum_{\substack{1\leqslant i,j\leqslant d-1\\ i+j\neq d}}J(\chi^i,\chi^j)$$

$$=q+1-\sum_{i=0}^{d-1}\chi^i(-1)+\sum_{\substack{1\leqslant i,j\leqslant d-1\\ i+j\neq d}}J(\chi^i,\chi^j).$$

证毕. □

注记　如果把费马曲线 $x^d+y^d=1(d|q-1)$ 射影化,加入射影曲线 $x^d+y^d=z^d$ 在 $P^2(F_q)$ 中的无穷远点 $(x:y:0)$,则 $x^d+y^d=0$,于是 x 和 y 为 F_q 中非零元素,从而无穷远点为 $(1:\frac{y}{x}:0)$,其中 $(\frac{y}{x})^d=-1$. 由引理 5.3.1 知此方程在 F_q 中解 $\frac{y}{x}$ 的个数为 $\sum_{i=0}^{d-1}\chi^i(-1)$,这就是费马曲线在射影平面 $P^2(F_q)$ 中无穷远点的个数. 把它们加进去之后,以 N 表示射影曲线 $x^d+y^d=z^d$ 的全部射影点数,则

$$N=N_q(x^d+y^d=1)+\sum_{i=0}^{d-1}\chi^i(-1)$$

$$= q + 1 + \sum_{\substack{1 \leqslant i,j \leqslant d-1 \\ i+j \neq d}} J(\chi^i, \chi^j).$$

右边的雅可比和 $J(\chi^i, \chi^j)$ 共有 $(d-1)(d-2)$ 个，每个的绝对值均为 $\sqrt{q}$（定理 3.4.2）. 所以

$$|N - (q+1)| \leqslant (d-1)(d-2)\sqrt{q}.$$

换句话说，当 q 充分大时，对于固定的 d，费马射影曲线 $x^d + y^d = z^d$ 的射影点数 N 和射影直线上的点数 $q+1$ 相差是一个阶比 q 小的数.

第二类曲线叫作阿廷-施莱尔（Artin-Schreier）曲线，设 $q = p^s$，d 是 $q-1$ 的正因子，这类曲线有形式

$$C: y^p - y = x^d. \tag{5.3.4}$$

为了计算这个曲线上的仿射点数 $N_q(y^p - y = x^d)$，我们需要下列结果.

引理 5.3.3 设 $q = p^s$，其中 p 为素数，$s \geqslant 1$. 以 $T: F_q \to F_p$ 表示迹函数，即对于 $a \in F_q$，$T(a) = \sum_{i=0}^{s-1} a^{p^i}$. 则对每个 $a \in F_q$，

$$N_q(y^p - y = a) = \sum_{x \in F_p} \zeta_p^{T(ax)} = \begin{cases} p, 若\ T(a) = 0, \\ 0, 否则. \end{cases}$$

证明 如果 $y^p - y = a$ 在 F_q 中有解，即有 $b \in F_q$ 使得 $b^p - b = a$，则 $T(a) = T(b^p - b) = T(b^p) - T(b) = 0$. 所以当 $T(a) \neq 0$ 时方程 $y^p - y = a$ 在 F_q 中无解. 另外，

$$\begin{aligned} \sum_{x \in F_p} \zeta_p^{T(ax)} &= \sum_{i=0}^{p-1} \zeta_p^{iT(a)} \\ &= \frac{1 - \zeta_p^{T(a)p}}{1 - \zeta_p^{T(a)}} \quad (由\ T(a) \neq 0 \in F_p\ 知\ \zeta_p^{T(a)} \neq 1) \\ &= 0. \end{aligned}$$

从而引理 5.3.3 在 $T(a)\neq 0$ 时成立. 以下设 $T(a)=0$. 令 b 为 F_q 的扩域中的元素,满足 $b^p-b=a$. 则

$$0=T(a)=\sum_{i=0}^{s-1}a^{p^i}=\sum_{i=0}^{s-1}(b^p-b)^{p^i}$$

$$=\sum_{i=0}^{s-1}(b^{p^{i+1}}-b^{p^i})=b^{p^s}-b.$$

这表明 $b^q=b$,所以 $b\in F_q$,即方程 $y^p-y=a$ 在 F_q中有解$y=b$. 进而,对每个 $b'\in F_q$,

$$b'^p-b'=a\Leftrightarrow(b'-b)^p-(b'-b)$$

$$=a-a=0\Leftrightarrow b'-b\in F_p.$$

这就表明当 $T(a)=0$ 时,方程 $y^p-y=a$ 恰有 p 个解$b+x(x\in F_p)$. 于是 $N_q(y^p-y=a)=p$. 另外,当$T(a)=0$ 时,

$$\sum_{x\in F_p}\zeta_p^{T(ax)}=\sum_{x\in F_p}\zeta_p^{xT(a)}=\sum_{x\in F_p}1=p.$$

从而当 $T(a)=0$ 时引理 5.3.3 也成立. 证毕. □

定理 5.3.4　设 $q=p^s$,其中 p 为素数,$s\geqslant 1$,d 是 $q-1$ 的正因子. 则

$$N_q(y^p-y=x^d)=q+\sum_{c=1}^{p-1}\sum_{j=1}^{d-1}\overline{\chi}^j(c)G(\chi^j),$$

其中 χ 是 F_q的一个 d 阶乘法特征,$G(\chi^j)$是第 3.4 节中 F_q上的高斯和.

证明　由引理 5.3.3 我们有

$$N_q(y^p-y=x^d)=\sum_{a\in F_q}N_q(y^p-y=a)N_q(x^d=a)$$

$$=p+\sum_{a\in F_q^*}\sum_{x=0}^{p-1}\zeta_p^{T(xa)}\sum_{j=0}^{d-1}\chi^j(a)$$

$$= p + \sum_{x=0}^{p-1} \sum_{j=0}^{d-1} \sum_{a \in F_q^*} \zeta_p^{T(xa)} \chi^j(a)$$

$$= p + \sum_{j=0}^{d-1} \sum_{a \in F_q^*} \chi^j(a) + \sum_{x=1}^{p-1} \sum_{j=0}^{d-1} \sum_{b \in F_q^*} \chi^j(bx^{-1}) \zeta_p^{T(b)}$$

$$= p + q - 1 - (p-1) + \sum_{x=1}^{p-1} \sum_{j=1}^{d-1} \overline{\chi}^j(x) G(\chi^j)$$

$$= q + \sum_{c=1}^{p-1} \sum_{j=1}^{d-1} \overline{\chi}^j(c) G(\chi^j). \qquad \square$$

注记 请读者验证，曲线 $y^p - y = x^d$ 的射影化上只有一个无穷远点，确切地说，当 $d>p$，$d<p$ 和 $d=p$ 时，这个无穷远点分别是 $(x:y:0)=(0:1:0)$，$(1:0:0)$ 和 $(1:1:0)$. 于是该曲线上射影点的总数为

$$N = 1 + N_q(y^p - y = x^d)$$

$$= q + 1 + \sum_{c=1}^{p-1} \sum_{j=1}^{d-1} \overline{\chi}^j(c) G(\chi^j).$$

由于每个高斯和 $G(\chi^j)(1 \leqslant j \leqslant d-1)$ 的绝对值均为 $\sqrt{q}$，而 $|\overline{\chi}^j(c)|=1$. 从而

$$|N-(q+1)| \leqslant (p-1)(d-1)\sqrt{q}.$$

这表明对于固定的 p 和 d，当 q 充分大时，阿廷-施莱尔曲线(5.3.4)在射影平面 $P^2(F_q)$ 中的射影点数和射影直线上的点数 $q+1$ 之差是一个阶为 $\sqrt{q}$ 的数.

以上我们用雅可比和与高斯和分别表达出费马曲线和阿廷-施莱尔曲线在射影平面 $P^2(F_q)$ 中的射影点数 N，发现存在一个常数 c，使得

$$|N-(q+1)| \leqslant c\sqrt{q}. \qquad (5.3.5)$$

也就是说，当 q 充分大时，这些曲线上的射影点数和最简单的射影直线上的点数 $q+1$ 相差不多. 如果我们再考虑二次曲线 $x^2+ay^2=b$，其中 a 和 b 是 F_q 中非零元素. 当 $2\nmid q$ 时，定理 5.2.5 中的公式(5.2.7)给出

$$N_q(x^2+ay^2=b)=q-\eta(-a).$$

曲线 $x^2+ay^2=b$ 的射影化为 $x^2+ay^2=bz^2$，其上的无穷远点 $(x:y:0)$ 应当满足 $x^2+ay^2=0$，其中 x 和 y 均是 F_q 中非零元素，于是 $\left(\frac{x}{y}\right)^2=-a$. 如果 $\eta(-a)=1$，则 $-a$ 是 F_q 中平方元素，即有 $b\in F_q^*$ 使得 $b^2=-a$. 这时曲线有两个无穷远点 $(\pm b:1:0)$. 从而曲线上射影点总数为 $N=q-1+2=q+1$. 如果 $\eta(-a)=-1$，则 $\left(\frac{x}{y}\right)^2=-a$ 在 F_q 中无解，即曲线上没有无穷远点. 所以也有 $N=q-\eta(-a)+0=q+1$. 这表明二次射影曲线 $x^2+ay^2=bz^2$ 上射影点数和射影直线上的点数一样，从而式(5.3.5)中可以取 $c=0$.

基于上述例子，韦伊提出一个猜想：射影平面 $P^2(F_q)$ 上任何一条"好"的射影曲线 C，它的射影点数和射影直线上的点数 $q+1$ 相差不多，即存在着一个只与此曲线有关的常数 c，使得式(5.3.5)成立，因为定义在 F_q 上的一条射影曲线有形式

$$C:F(x,y,z)=0,$$

其中 $F(x,y,z)$ 是 $F_q[x,y,z]$ 中齐次多项式. 对于 F_q 的每个扩张域 F_{q^n}，C 自然也可看成 $F_{q^n}[x,y,z]$ 中齐次多项式，从而 C 也是 F_{q^n} 上的射影曲线. 韦伊的猜想是说：如果 C 是"好"的曲线，则对每个正整数 n，均有

$$|N_n-(q^n+1)|\leqslant c\sqrt{q^n},\qquad(5.3.6)$$

其中 N_n 表示曲线 C 在射影平面 $P^2(F_{q^n})$ 中的射影点数，c 是和 n 无关，只依赖于曲线 C 的常数.

如果我们把费马曲线和阿廷-施莱尔曲线的定义域 F_q 改成 F_{q^n}，则定理 5.3.2 和定理 5.3.4 的计算仍然适用，只是取 χ 为 F_{q^n} 中的 d 阶乘法特征(注意由 $d|q-1$ 可知$d|q^n-1$)，从而对于这两种曲线，式(5.3.6)对于任何正整数都成立，其中常数 c 分别为$(d-1)(d-2)$和$(p-1)(d-1)$，它们和 n 无关.

什么是韦伊所谓的"好"曲线？严格的定义要用更深入的代数几何语言，本书不打算作确切地阐述. 但是其中一类好的曲线比较容易理解，叫作"绝对不可约的无奇点曲线".

定义 5.3.5 设 $F(x,y,z)$是 $F_q[x,y,z]$中的 d 次齐次多项式，$d\geqslant1$. 射影曲线

$$C:F(x,y,z)=0$$

叫作绝对不可约的，是指对于任何正整数 n，$F(x,y,z)$都是 $F_{q^n}[x,y,z]$中的不可约多项式.

我们用$\frac{\partial F}{\partial x}(x,y,z)$，$\frac{\partial F}{\partial y}(x,y,z)$和$\frac{\partial F}{\partial z}(x,y,z)$分别表示多项式 $F(x,y,z)$对于 x,y,z 的偏微商. 则对于任何$n\geqslant1$，C 在射影平面 $P^2(F_{q^n})$中的一个射影点$(a_1:a_2:a_3)$(指 a_1,a_2,a_3 是 F_{q^n} 中不全为零的元素并且满足 $F(a_1,a_2,a_3)=0$)叫作曲线 C 上的奇点，是指

$$\frac{\partial F}{\partial x}(a_1,a_2,a_3)=\frac{\partial F}{\partial y}(a_1,a_2,a_3)=\frac{\partial F}{\partial z}(a_1,a_2,a_3)=0.$$

例 1 费马射影曲线

$$F(x,y,z) = x^d + y^d - z^d = 0 \quad (d \mid q-1) \tag{5.3.7}$$

是 F_q 上绝对不可约的无奇点曲线.

先证明它是绝对不可约的. 由 $d|q-1$ 可知 F_q 中有 d 阶元素 a. 于是

$$F(x,y,z) = x^d + (y-z)(y-az)\cdots(y-a^{d-1}z).$$

对于每个 $n \geqslant 1$, $y-z, y-az, \cdots, y-a^{d-1}z$ 均是 $F_{q^n}[y,z]$ 中一次不可约多项式,并且彼此不相伴. 利用所谓"爱森斯坦"判别法可知 $F(x,y,z)$ 在 $F_{q^n}[x,y,z]$ 中不可约,即 $F(x,y,z)$ 是绝对不可约的.

再证曲线(5.3.7)没有奇点. 设 $(a_1 : a_2 : a_3)$ 是此曲线在 $P^2(F_{q^n})$ 中的一个射影点,即 a_1, a_2, a_3 是 F_{q^n} 中不全为零的元素并且 $a_1^d + a_2^d = a_3^d$. 由于

$$\frac{\partial F}{\partial x}(x,y,z) = dx^{d-1},$$

$$\frac{\partial F}{\partial y}(x,y,z) = dy^{d-1},$$

$$\frac{\partial F}{\partial z}(x,y,z) = -dz^{d-1}.$$

如果 $(a_1 : a_2 : a_3)$ 为曲线的奇点,则 $da_1^{d-1} = da_2^{d-1} = -da_3^{d-1} = 0$. 由 $d|q-1$ 可知,在 F_{q^n} 中 $d \neq 0$,由此得出 $a_1 = a_2 = a_3 = 0$. 这和 a_1, a_2, a_3 不全为零相矛盾. 所以费马射影曲线没有奇点.

例 2　考虑阿廷-施莱尔曲线

$$y^p - y = x^d \quad (d \mid q-1, q = p^s). \tag{5.3.8}$$

由于 $x^d = y(y+1)\cdots(y+p-1)$,右边是彼此不同的一次多项式. 同样由爱森斯坦判别法可知这个仿射曲线是绝对不可约的,

它的射影化曲线同样也是绝对不可约的.

另外,这个曲线在无穷远点处可以是奇点.例如当 $d \geqslant p+1$ 时对应的射影曲线为

$$F(x,y,z) = y^p z^{d-p} - yz^{d-1} - x^d = 0,$$

它有一个无穷远点$(x:y:z)=(0:1:0)$.由于(注意在 F_q 中 $p=0$)

$$\frac{\partial F}{\partial x} = -dx^{d-1}, \quad \frac{\partial F}{\partial y} = -z^{d-1},$$

$$\frac{\partial F}{\partial z} = dy^p z^{d-p-1} - (d-1)yz^{d-2},$$

可知$(0:1:0)$是一个奇点.但是这个曲线对于韦伊的定义,仍然是"好"的曲线.

例 3 设 $2 \nmid q$, $f(x)=a_d x^d+\cdots+a_1 x+a_0$ 是 $F_q[x]$中 d 次多项式,并且 $f(x)$在 F_q的任何扩域 F_{q^n} 中均没有重根.可以证明仿射曲线

$$y^2 = f(x) \tag{5.3.9}$$

和它的射影化 C 都是绝对不可约的.当 $d=3$ 时,C 是没有奇点的.而当 $d \geqslant 4$ 时,C 上无穷远点$(x:y:z)=(0:1:0)$是奇点,但是 C 仍然是"好"的射影曲线.曲线(5.3.9)叫作**超椭圆曲线**,当 $d=3$ 时叫作**椭圆曲线**.对于有限域上的这类曲线,阿廷早在20世纪20年代的博士论文中就有过韦伊的想法.1935年,英国数学家 Davenport 和德国数学家 Hasse 合作,对于椭圆曲线甚至证明了式(5.3.6),其中$c=2$.到了1941年,韦伊对于任意"好"的射影曲线 C 提出猜想的公式(5.3.6).

1948年,韦伊证明了他自己的这个猜想.为了证明这个猜

想，韦伊对于代数几何学创造了一些新的概念和理论，写了一本书《代数几何基础》. 韦伊的工作不仅在于证明了他的猜想，而且把代数几何学的研究发展到一个新的阶段. 事实上，韦伊还对于高维的情形提出了类似的猜想（代数曲线是 1 维情形），高维的韦伊猜想由数学家德林（Deligne）于 1972 年证明，这项工作使德林荣获国际数学最高奖——费尔兹奖.

我们将在下节描述一下韦伊猜想的证明思路和它的意义.

习　题

1. 设 $2 \nmid q$，$f(x)$ 是 $F_q[x]$ 中的 3 次多项式，并且（在 F_q 的扩域中）$f(x)$ 没有重根. 证明曲线 $y^2=f(x)$ 的射影化是一条绝对不可约并且没有奇点的射影曲线（这叫作椭圆曲线）.

§5.4　韦伊定理

设 C：$F(x,y,z)=0$ 是定义在 F_q 上的一条射影曲线，即 $F(x,y,z)$ 是 $F_q[x,y,z]$ 中的齐次多项式. 则对每个 $m\geqslant 1$，C 也是 F_{q^m} 上的射影曲线. 我们以 N_m 表示曲线 C 在射影平面 $P^2(F_{q^m})$ 中的射影点数. 韦伊考虑如下的一个幂级数

$$Z_C(U)=\exp\left(\sum_{m=1}^{\infty}\frac{N_m}{m}U^m\right). \tag{5.4.1}$$

这个幂级数叫作曲线 C 的“采他”函数.

对于实数 x，$\exp(x)$ 是通常的指数函数

$$\exp(x)=\mathrm{e}^x=\sum_{n=0}^{\infty}\frac{x^n}{n!}=1+x+\frac{x^2}{2}+\frac{x^3}{6}+\cdots,$$

熟知对于任意实数 x，这个级数都是收敛的. 在公式(5.4.1)中，我们只是把它看成关于 U 的一个“形式”幂级数

$$\begin{aligned} Z_C(U) &= a_0 + a_1U + a_2U^2 + \cdots + a_nU^n + \cdots \\ &= \sum_{n=0}^{\infty} a_nU^n \\ &= 1 + \left(N_1U + \frac{N_2}{2}U^2 + \frac{N_3}{3}U^3 + \cdots\right) + \\ &\quad \frac{1}{2}\left(N_1U + \frac{N_2}{2}U^2 + \frac{N_3}{3}U^3 + \cdots\right)^2 + \\ &\quad \frac{1}{6}\left(N_1U + \frac{N_2}{2}U^2 + \frac{N_3}{3}U^3 + \cdots\right)^3 + \cdots. \end{aligned}$$

由于 $\frac{1}{n!}\left(N_1U+\frac{N_2}{2}U^2+\cdots\right)^n$ 中最低次项为 $\frac{1}{n!}N_1^nU^n$，所以对每项 a_lU^l，系数 a_l 只由上式右边的前 $l+1$ 项所完全决定. 例如

$$a_0 = 1, \quad a_1 = N_1, \quad a_2 = \frac{N_2}{2} + \frac{N_1^2}{2},$$

$$a_3 = \frac{N_3}{3} + \frac{N_1N_2}{2} + \frac{N_1^3}{6}, \cdots$$

由于 N_m 都是非负整数，可知所有系数 a_n 都是非负有理数. 从而

$$Z_C(U) = \sum_{n=0}^{\infty} a_nU^n \in \mathbf{Q}[[U]].$$

当 x 是绝对值小于 1 的实数时，我们有对数函数

$$\ln(1-x) = -\sum_{n=1}^{\infty} \frac{x^n}{n},$$

并且 ln 和 exp 是互逆的函数，即当 $|x|<1$ 时，

$$\ln(\exp(x)) = x, \quad \exp(\ln(1-x)) = 1-x.$$

用形式的运算，同样可以证明：对于幂级数 $a(U)$

$= \sum_{n=1}^{\infty} a_n U^n \in \mathbf{Q}[[U]](a_0=0)$，也可以定义

$$\ln(1-a(U)) = -\sum_{n=1}^{\infty} \frac{a(U)^n}{n} \in \mathbf{Q}[[U]],$$

并且

$$\ln(\exp(a(U))) = a(U),$$

$$\exp(\ln(1-a(U))) = 1-a(U).$$

例 1　我们计算 $P^2(F_q)$中射影直线 L 的采他函数$Z_L(U)$. 对每个 m，它在射影平面 $P^2(F_{q^m})$中有 q^m+1 个点，即 $N_m=q^m+1$. 因此

$$\begin{aligned} Z_L(U) &= \exp\left(\sum_{m=1}^{\infty} \frac{N_m}{m} U^m\right) = \exp\left(\sum_{m=1}^{\infty} \frac{q^m+1}{m} U^m\right) \\ &= \exp\left(\sum_{m=1}^{\infty} \frac{U^m}{m} + \sum_{m=1}^{\infty} \frac{(qU)^m}{m}\right) \\ &= \exp(-\ln(1-U) - \ln(1-qU)) \\ &= \exp\left(\ln \frac{1}{(1-U)(1-qU)}\right) = \frac{1}{(1-U)(1-qU)}. \end{aligned}$$

所以射影直线的采他函数是 U 的有理函数.

例 2　对于上节由式(5.3.8)定义的阿廷-施莱尔曲线 C，它在 $P^2(F_q)$中的射影点数为(见定理 5.3.4 后面的注记)

$$N_1 = q+1+\sum_{c=1}^{p-1} \sum_{j=1}^{d-1} \overline{\chi}^j(c) G(\chi^j).$$

更一般地，对每个 $m \geqslant 1$，它在 $P^2(F_{q^m})$中的射影点数为

$$N_m = q^m+1+\sum_{c=1}^{p-1} \sum_{j=1}^{d-1} \overline{\chi}_m^j(c) G(\chi_m^j),$$

这里 χ_m 是 F_{q^m} 的一个 d 阶乘法特征，而 $G(\chi_m^j)$是 F_{q^m} 上的

高斯和.可以证明:对每个 $m\geqslant 1$,可以找到 F_{q^m} 的 d 阶乘法特征 χ_m,使得 $\chi_m(c)=\chi^m(c)$. 并且对于这个 χ_m,$G(\chi_m^j)=(-1)^{m-1}G(\chi^j)^m$. 于是

$$N_m = q^m + 1 + (-1)^{m-1}\sum_{c=1}^{p-1}\sum_{j=1}^{d-1}\overline{\chi}^{jm}(c)G(\chi^j)^m.$$

由此可算出阿廷-施莱尔曲线 C 的采他函数为

$$Z_C(U) = \exp\left[\sum_{m=1}^{\infty}\frac{U^m}{m}\left(1+q^m+(-1)^{m-1}\sum_{c=1}^{p-1}\sum_{j=1}^{d-1}\overline{\chi}_m^j(c)G(\chi^j)^m\right)\right]$$

$$=\frac{F(U)}{(1-U)(1-qU)},$$

其中

$$F(U)=\prod_{c=1}^{p-1}\prod_{j=1}^{d-1}(1+\overline{\chi}^j(c)G(\chi^j)U).$$

这是关于 U 的 $(p-1)(d-1)$ 次多项式,每个根的倒数为 $\alpha_{j,c}=-\overline{\chi}^j(c)G(\chi^j)$,它的绝对值为

$$|\alpha_{j,c}|=|G(\chi^j)|=\sqrt{q}$$
$$(1\leqslant j\leqslant d-1, 1\leqslant c\leqslant p-1).$$

例 3 费马曲线 C:$x^d+y^d=1(d\mid q-1)$ 在 $P^2(F_q)$ 中射影点数为

$$N_1 = q+1+\sum_{\substack{1\leqslant i,j\leqslant d-1\\ i+j\neq d}} J(\chi^i,\chi^j),$$

其中 χ 是 F_q 的一个 d 阶乘法特征(见定理 5.3.2 的注记).对每个 $m\geqslant 1$,同样可证曲线 C 在 $P^2(F_{q^m})$ 中的射影点数为

$$N_m = 1+q^m+\sum_{\substack{1\leqslant i,j\leqslant d-1\\ i+j\neq d}} J(\chi_m^i,\chi_m^j),$$

其中 χ_m 是 F_{q^m} 的 d 阶乘法特征，而 $J(\chi_m^i,\chi_m^j)$ 为 F_{q^m} 上的雅可比和. 如例 2 中所述，可以取 χ_m 使 $G(\chi_m^i)=(-1)^{m-1}G(\chi^i)^m$. 于是

$$J(\chi_m^i,\chi_m^j)=\frac{G(\chi_m^i)G(\chi_m^j)}{G(\chi_m^{i+j})}=(-1)^{m-1}\frac{G(\chi^i)^m G(\chi^j)^m}{G(\chi^{i+j})^m}$$
$$=(-1)^{m-1}J(\chi^i,\chi^j)^m,$$

所以

$$N_m=1+q^m+(-1)^{m-1}\sum_{\substack{1\leqslant i,j\leqslant d-1\\ i+j\neq d}}J(\chi^i,\chi^j)^m.$$

由此可得到费马曲线 C 的采他函数为

$$Z_C(U)=\exp\left(\sum_{m=1}^{\infty}\frac{N_m}{m}U^m\right)=\frac{F(U)}{(1-U)(1-qU)},$$

其中

$$F(U)=\prod_{\substack{1\leqslant i,j\leqslant d-1\\ i+j\neq d}}(1+J(\chi^i,\chi^j)U)$$

是 U 的 $(d-1)(d-2)$ 次多项式，这个多项式的根的倒数为 $\alpha_{i,j}=-J(\chi^i,\chi^j)$，其绝对值为

$$|\alpha_{i,j}|=|J(\chi^i,\chi^j)|=\sqrt{q}$$
$$(1\leqslant i,j\leqslant d-1,i+j\neq d).$$

基于上述例子，韦伊提出关于一般射影曲线的下列猜想.

设 C 是定义于 F_q 上的一条"好"的射影曲线(比如说 C 是绝对不可约并且没有奇点). 则

(1)曲线 C 的采他函数是关于 U 的有理函数

$$Z_C(U)=\frac{F(U)}{(1-U)(1-qU)},$$

其中分母均为 $(1-U)(1-qU)$，而 $F(U)$ 是关于 U 的整系数多项

式

$$F(U)=c_0+c_1U+\cdots+c_{2g}U^{2g},(c_i\in\mathbf{Z})$$

并且 $c_0=1,c_{2g}=q^g$. $F(U)$的次数为 $2g$,其中 $g=g(C)$是和曲线有关的一个非负整数,叫作此射影曲线 C 的亏格(genus).

由上述可知多项式 $F(U)$可表示成

$$F(U)=\prod_{j=1}^{2g}(1-w_jU),$$

其中复数 $w_j(1\leqslant j\leqslant 2g)$是多项式 $F(U)$的 $2g$ 个根的倒数.

(2)适当排列 $w_j(1\leqslant j\leqslant 2g)$的次序,可以使

$$w_jw_{j+g}=q\quad(1\leqslant j\leqslant g).$$

也就是说,可以把 $2g$ 个 w_j 分成 g 对,每对之积为 q.

(3)更进一步,每个复数 w_j 的绝对值均为$\sqrt{q}$,从而

$$w_j=\sqrt{q}\,\mathrm{e}^{\mathrm{i}\theta_j},\quad w_{j+g}=\sqrt{q}\,\mathrm{e}^{-\mathrm{i}\theta_j},$$

$$(1\leqslant j\leqslant g),\mathrm{i}=\sqrt{-1},\quad 0\leqslant\theta_j<2\pi.$$

证明(1)和证明(2)并不十分困难,要用到代数曲线理论的一个重要结果:黎曼-洛赫(Riemann-Roch)定理. 困难在于证明(3). 1948 年韦伊在证明结论(3)时,使用了他所建立的代数几何复杂理论. 由于韦伊上述猜想的叙述形式非常初等,所以在韦伊给出证明之后,人们一直在努力寻找更初等的证明. 1979 年,著名数论学家、费尔兹奖得主本别里(Bombieri)给出结论(3)的一个初等证明,所用工具主要是黎曼-诺赫定理和一些估计技巧. 今后我们把上面的结论(1)(2)(3)称为韦伊定理.

由前面三个例子的计算,可知射影曲线、阿廷-施莱尔曲线和费马曲线符合韦伊定理的结论,并且它们的亏格分别为 0,

$\frac{1}{2}(p-1)(d-1)$和$\frac{1}{2}(d-1)(d-2)$. 我们说过，超椭圆曲线

$$C: y^2 = f(x)$$

也是 F_q 上好的曲线，从而也满足韦伊定理. 这里 $2 \nmid q$，$f(x)$是 $F_q[x]$中的 d 次多项式，并且 $f(x)$在 F_q 的任何扩域 F_{q^m} 中都没有重根. 可以计算出这个曲线的亏格为

$$g = g(C) = \left[\frac{d-1}{2}\right].$$

本节最后我们给出韦伊定理的一些重要的推论.

定理 5.4.1　设 C 是定义在 F_q 上一条好的射影曲线. 它的采他函数为

$$Z_C(U) = \frac{F(U)}{(1-U)(1-qU)},\quad F(U) = \prod_{i=1}^{2g}(1-w_iU),$$

其中 $g=g(C)$是曲线 C 的亏格. 则对每个正整数 m，曲线 C 在射影平面 $P^2(F_{q^m})$中的射影点数为

$$N_m = 1 + q^m - (w_1^m + \cdots + w_{2g}^m). \tag{5.4.2}$$

特别地，

$$| N_m - (1 + q^m) | \leqslant 2gq^{m/2}. \tag{5.4.3}$$

证明　由于 C 的采他函数为

$$\exp\left(\sum_{m=1}^{\infty} \frac{N_m}{m}U^m\right) = \prod_{j=1}^{2g}(1-w_jU)/(1-U)(1-qU),$$

两边取对数，得到

$$\sum_{m=1}^{\infty} \frac{N_m}{m}U^m = \sum_{j=1}^{2g}\ln(1-w_iU) - \ln(1-U) - \ln(1-qU)$$

$$= \sum_{m=1}^{\infty}\left(\frac{U^m}{m} + \frac{(qU)^m}{m} - \sum_{j=1}^{2g}\frac{(w_i U)^m}{m}\right).$$

比较 U^m 的系数即得式(5.4.2)，再由 $|w_i| = \sqrt{q}$ 便给出式(5.4.3). 证毕. □

式(5.4.3)就是韦伊最原始的猜想：好的射影曲线上的点数和射影直线上点数相差不多.

现在讲韦伊定理的第二个推论. 设 C 是定义在 F_q 上的一条好的射影曲线. 由 $w_j = \sqrt{q}\,e^{i\theta_j}$，$w_{j+g} = \sqrt{q}\,e^{-i\theta_j}$ $(1 \leqslant j \leqslant g)$ 可知式(5.4.2)为：对每个 $m \geqslant 1$，

$$N_m = 1 + q^m - q^{m/2}\sum_{j=1}^{g}(e^{i\theta_j m} + e^{-i\theta_j m})$$

$$= 1 + q^m - 2q^{m/2}(\cos m\theta_1 + \cdots + \cos m\theta_g), \quad (5.4.4)$$

右边需要决定的是 g 个幅角 $\theta_1, \theta_2, \cdots, \theta_g$. 一般来说，如果我们计算出 $N_1, N_2, \cdots, N_g$（射影曲线 C 在 $P^2(F_{q^m})$ 中的射影点数，$1 \leqslant m \leqslant g$)，则由式(5.4.4)的 g 个方程可以决定出 $\theta_1, \theta_2, \cdots, \theta_g$. 于是对于任意 $m \geqslant g+1$，我们由式(5.4.4)给出 N_m 的公式，即对任意 m，式(5.4.4)给出曲线 C 在 $P^2(F_{q^m})$ 中点数的计算公式，与此同时，我们也决定出全部 w_j $(1 \leqslant j \leqslant 2g)$，从而由 N_1，$N_2, \cdots, N_g$ 的值可以完全决定曲线 C 的采他函数

$$Z_C(U) = L(U)/(1-U)(1-qU),$$

其中

$$L(U) = \prod_{j=1}^{g}(1 - w_j U)(1 - w_{j+g}U)$$

$$= \prod_{j=1}^{g}[1 - (2\sqrt{q}\cos\theta_j)U + qU^2].$$

例 4　考虑 F_5 上的仿射曲线

$$E: y^2 = x^3 + x.$$

由于 $f(x)=x^3+x$ 和它的微商 $f'(x)=3x^2+1$ 互素，可知 x^3+x 没有重根. 从而这是一条 F_5 上的椭圆曲线，它是绝对不可约并且没有奇点. 韦伊定理对于椭圆曲线是适用的. 曲线 E 上只有一个无穷远点 $(x,y,z)=(0:1:0)$. 而 F_{5^2} 中的仿射点为

$$(x,y) = (0,0),(2,0),(3,0),$$

所以此椭圆曲线在 $P^2(F_{5^2})$ 中的射影点数为 $N_1=1+3=4$.

椭圆曲线的亏格为 $g=1$，于是曲线 E 的采他函数为

$$Z_E(U) = F(U)/(1-U)(1-5U),$$

$$F(U) = (1-\alpha U)(1-\bar{\alpha}U),$$

其中 $\alpha=\sqrt{5}\,\mathrm{e}^{\mathrm{i}\theta}$. 进而对每个 $m\geqslant 1$，曲线 E 在射影平面 $P^2(F_{5^m})$ 中的射影点数为

$$N_m = 1+5^m-(\alpha^m+\bar{\alpha}^m) = 1+5^m-2.\,5^{\frac{m}{2}}\cos(m\theta).$$

当 $m=1$ 时，上式为 $4=1+5-2\sqrt{5}\cos\theta$，由此给出 $\cos\theta=\dfrac{1}{\sqrt{5}}$.

于是

$$\alpha,\bar{\alpha} = \sqrt{5}(\cos\theta \pm \mathrm{i}\sin\theta) = \sqrt{5}\left(\frac{1}{\sqrt{5}} \pm \frac{2}{\sqrt{5}}\mathrm{i}\right) = 1 \pm 2\mathrm{i},$$

$$F(U) = 1-(\alpha+\bar{\alpha})U+5U^2 = 1-2U+5U^2.$$

并且对每个 $m\geqslant 1$，

$$N_m = 1+5^m-[(1+2\mathrm{i})^m+(1-2\mathrm{i})^m].$$

例如对 $m=2$，曲线 E 在 $P^2(F_{5^2})$ 中的射影点数为

$$N_2 = 1+25-[(1+2\mathrm{i})^2+(1-2\mathrm{i})^2]$$

$$=1+25+6=32.$$

例 5 考虑 F_3 上的超椭圆曲线

$$C: y^2 = x^5 + 1.$$

由于 x^5+1 在 F_3 的扩域中没有重根,这是一条好的曲线,韦伊定理对于曲线 C 适用. 曲线的亏格为 $\left[\frac{5-1}{2}\right]=2$. 所以它的采他函数为

$$Z_C(U) = F(U)/(1-U)(1-3U),$$

$$F(U) = (1-\alpha_1 U)(1-\bar{\alpha}_1 U)(1-\alpha_2 U)(1-\bar{\alpha}_2 U)$$

$$= [1-(\alpha_1+\bar{\alpha}_1)U+3U][1-(\alpha_2+\bar{\alpha}_2)U+3U],$$

$$\alpha_1 = \sqrt{3}\,e^{i\theta_1}, \quad \alpha_2 = \sqrt{3}\,e^{i\theta_2}.$$

而曲线 C 在 $P^2(F_{3^m})$ 中的射影点数为

$$N_m = 1+3^m+2\cdot 3^{\frac{m}{2}}(\cos m\theta_1+\cos m\theta_2).$$

现在计算 N_1 和 N_2,以便求幅角 θ_1 和 θ_2. 曲线 C 只有一个无穷远点$(x:y:z)=(0:1:0)$. 容易算出 C 在 F_3^2 中的仿射点为

$$(x,y) = (0,\pm 1),(2,0), \tag{5.4.5}$$

于是 $N_1=1+3=4$. 为求 N_2,我们要做出域 F_9 的一个模型. 取 $F_3[x]$中的不可约多项式 x^2+2x+2,令 α 为它的一个根,则$F_9=F_3[\alpha]$,$\alpha^2=1+\alpha$. 所以 F_9 中元素为($c_0+c_1\alpha$ 记成向量(c_0,c_1))

$$0 = (0,0),$$

$$1 = (1,0), \quad \alpha^4 = (2,0) = 2,$$

$$\alpha = (0,1), \quad \alpha^5 = (0,2)(\alpha^8 = 1),$$

$$\alpha^2 = (1,1), \quad \alpha^6 = (2,2),$$

$$\alpha^3 = (1,2), \quad \alpha^7 = (2,1).$$

利用上面的元素表，可知曲线 C 在 F_9^2 中的仿射点除了式(5.4.5)中的3个点之外，还有如下6个点

$$(x,y)=(1,\pm\alpha^2),(\alpha^5,\pm\alpha),(\alpha^7,\pm\alpha^3).$$

于是 $N_2=1+9=10$. 现在用方程组

$$\begin{cases}4=N_1=1+3-2\sqrt{3}(\cos\theta_1+\cos\theta_2)\\10=N_2=1+3^2-2\cdot 3(\cos 2\theta_1+\cos 2\theta_2)\end{cases}$$

来求 θ_1 和 θ_2. 第一个方程为 $\cos\theta_1+\cos\theta_2=0$，从而 $\theta_2=\pi-\theta_1$. 第二个方程为 $\cos 2\theta_1+\cos 2\theta_2=0$，由于 $\cos 2\theta_2=\cos(2\pi-2\theta_1)=\cos 2\theta_1$，可知 $\cos 2\theta_1=0$，即 $\theta_1=\frac{\pi}{4}$，于是 $\theta_2=\frac{3\pi}{4}$. 从而

$$\alpha_1=\sqrt{3}\,\mathrm{e}^{\frac{\pi}{4}\mathrm{i}}=\sqrt{3}\left(\frac{1+\mathrm{i}}{\sqrt{2}}\right),\quad \alpha_2=\sqrt{3}\,\mathrm{e}^{\frac{3\pi}{4}\mathrm{i}}=\sqrt{3}\left(\frac{-1+\mathrm{i}}{\sqrt{2}}\right),$$

这就算出

$$\begin{aligned}F(U)&=[1-(\alpha_1+\bar{\alpha}_1)U+3U^2][1-(\alpha_2+\bar{\alpha}_2)U+3U^2]\\&=(1-\sqrt{6}U+3U^2)(1+\sqrt{6}U+3U^2)\\&=(1+3U^2)^2-6U^2=1+9U^4,\end{aligned}$$

并且对每个 $m\geqslant 1$，

$$\begin{aligned}N_m&=1+3^m-(\alpha_1^m+\bar{\alpha}_1^m+\alpha_2^m+\bar{\alpha}_2^m)\\&=1+3^m-2\cdot 3^{\frac{m}{2}}\left(\cos\frac{m\pi}{4}+\cos\frac{3m\pi}{4}\right).\end{aligned}$$

由于 $(\pm(1+\mathrm{i}))^2=2\mathrm{i}$，$(\pm(1-\mathrm{i}))^2=-2\mathrm{i}$，$(\pm(1+\mathrm{i}))^4=(\pm(1-\mathrm{i}))^4=-4$，可知

$$N_m=\begin{cases}1+3^{4l}+(-1)^{l+1}3^{2l}\cdot 4, & \text{若 } m=4l,\\1+3^m, & \text{若 } 4\nmid m.\end{cases}$$

习 题

1. 考虑 F_3 上的椭圆曲线 E：$y^2=x^3-x$（它的亏格为$g=1$）. 计算 E 的采他函数 $Z_E(U)$. 并对每个 $m\geqslant 1$，计算此曲线在射影平面 $P^2(F_{3^m})$中的射影点数 N_m.

2. 计算 F_4 上费马曲线 C：$x^3+y^3=1$ 的采他函数 $Z_C(U)$和它在 $P^2(F_{4^m})$中的射影点数 N_m.

3. 计算 F_2 上曲线 C：$y^2+y=x^5+x+1$ 的采他函数 $Z_C(U)$和它在 $P^2(F_{2^m})$中的射影点数 N_m.

应用部分

本书的理论部分我们构作出全部有限域,并且介绍了有限域的优美结构.我们还介绍了有限域和有限域上的多项式的许多特殊的性质,它们和通常实数域或复数域有很多相似之处,也有很大的区别.这一部分我们介绍有限域的一些应用,主要介绍两个方面的应用:组合设计与通信.我们用有限域构作满足各种"平衡"条件的组合结构,这些结构的研究是组合学的重要数学对象,同时也被工农业科学实验广泛地采用,用有限域构作各种组合试验设计方案始于20世纪50年代.其中一个标志性事件是构作出10阶正交拉丁方,推翻了欧拉的一个猜想(见第6章).差不多与此同时,有限域开始成为数字通信的重要数学工具.20世纪60年代之后,数字通信技术得到飞速发展,在数字通信中,信号用一串数字表示,每位数字只取有限多个可能的值.最常用的数字信号是每位只取0或1,这可看成二元域 F_2 中的元素.一般地,考虑每位数字取为某个有限域 F_q 中的元素,便可以用有限域 F_q 和其上的多项式和幂级数来研究通信中的各种实际问题.例如:如何设计可靠的通信系统,使得能有效地纠正信息传输过程中产生的错误?(见第7章,纠错码)在通信中如何加密和满足信息安全的各种需求?(见第8章)有限域理论成为解决信息科学中这些问题不可缺少的数学工具.

六　组合设计

§6.1　正交拉丁方

设 S 是一个 n 元集合.不妨设 $S=\{1,2,\cdots,n\}$，$n\geqslant 2$. S 上的一个 n 阶方阵 $\boldsymbol{A}$ 是指 n^2 个数按下列方式排成一个 n 行 n 列的方块

$$\boldsymbol{A}=\begin{pmatrix} a_{11} & a_{12} & \cdots & a_{1n} \\ a_{21} & a_{22} & \cdots & a_{2n} \\ \vdots & \vdots & & \vdots \\ a_{n1} & a_{n2} & \cdots & a_{nn} \end{pmatrix},$$

其中每个 a_{ij} 都是 S 中的元素.这个 n 阶方阵也简记为 $\boldsymbol{A}=(a_{ij})_{n\times n}$ 或 $\boldsymbol{A}=(a_{ij})$.其中元素 a_{ij} 位于第 i 行第 j 列的交叉处.

如果 $\boldsymbol{A}$ 的每一行和每一列的 n 个元素均恰好是 $1,2,\cdots,n$ 这 n 个数(排列次序可不同)，称 $\boldsymbol{A}$ 是一个 n 阶拉丁方.例如

$$\boldsymbol{A}=(a_{ij})=\begin{pmatrix} 1 & 2 & 3 \\ 2 & 3 & 1 \\ 3 & 1 & 2 \end{pmatrix},\quad \boldsymbol{B}=(b_{ij})=\begin{pmatrix} 1 & 2 & 3 \\ 3 & 1 & 2 \\ 2 & 3 & 1 \end{pmatrix}$$

都是三阶拉丁方.一般地，对于 $(1,2,\cdots,n)$ 的任意一个排列 $(a_1,a_2,\cdots,a_n)$，则

$$\begin{pmatrix} a_1 & a_2 & a_3 & \cdots & a_{n-1} & a_n \\ a_2 & a_3 & a_4 & \cdots & a_n & a_1 \\ a_3 & a_4 & a_5 & \cdots & a_1 & a_2 \\ \vdots & \vdots & \vdots & & \vdots & \vdots \\ a_n & a_1 & a_2 & \cdots & a_{n-2} & a_{n-1} \end{pmatrix}$$

是 n 阶拉丁方.

将上面所举两个三阶拉丁方 $\boldsymbol{A}=(a_{ij})$ 和 $\boldsymbol{B}=(b_{ij})$ 重叠在一起,即把 $\boldsymbol{A}$ 和 $\boldsymbol{B}$ 在同一位置 (i,j) 处的两个元素 a_{ij} 和 b_{ij} 合并成 (a_{ij},b_{ij}),便得到合并方阵

$$\begin{pmatrix} (1,1) & (2,2) & (3,3) \\ (2,3) & (3,1) & (1,2) \\ (3,2) & (1,3) & (2,1) \end{pmatrix}.$$

我们发现对集合 $S=\{1,2,3\}$ 中任意两个数 a,b 在合并方阵中恰好有一个 (a,b). 于是合并方阵中的 9 个 (a_{ij},b_{ij}) 恰好就是 (a,b) $(1\leqslant a,b\leqslant 3)$ 全体. 这样的两个拉丁方叫作正交的. 换句话说,两个 n 阶拉丁方 $\boldsymbol{A}=(a_{ij})$ 和 $\boldsymbol{B}=(b_{ij})$ 叫作正交的,是指对任意两个 $a,b\in\{1,2,\cdots,n\}$,均存在方阵唯一的位置 (i,j)(表示第 i 行第 j 列交叉处),使得 $(a_{ij},b_{ij})=(a,b)$.

二阶拉丁方只有两个:

$$\begin{pmatrix} 1 & 2 \\ 2 & 1 \end{pmatrix},\begin{pmatrix} 2 & 1 \\ 1 & 2 \end{pmatrix}.$$

它们不是正交的,从而不存在二阶正交拉丁方.

关于正交拉丁方的一个基本问题是:对于哪些 n,必存在正交拉丁方? 如果存在 n 阶正交拉丁方,那么最多可以有多少个 n 阶拉丁方 $\boldsymbol{A}_1,\cdots,\boldsymbol{A}_t$,使得它们是两两正交的?

正交拉丁方问题起源于欧拉于 1782 年提出的所谓"三十六军官问题":有来自六个团队并且具有六种军衔的三十六名军

官,每个团队里每种军衔都各有一名军官.能否将这三十六名军官排成六行六列的方阵,使得每行和每列的六名军官,既来自不同的团队,又具有不同的军衔?

不难看出,这个问题相当于构作一对六阶正交拉丁方(第一个拉丁方中的1,2,…,6表示六个军衔,第二个拉丁方中的元素1,2,…,6则表示六个团队).1900年,Tarry用穷举法证明了不存在一对六阶正交拉丁方,即"三十六军官问题"是无解的.欧拉根据二阶和六阶正交拉丁方均不存在这个事实,做出了大胆的猜想:对于每个正整数$n\equiv 2 \pmod 4$,$n\geqslant 10$,均不存在一对n阶正交拉丁方.然而欧拉犯了一个大错误.1959年,印度统计学家Bose等人彻底否定了欧拉的这个猜想,他们证明了,对于每个$n\equiv 2 \pmod 4$,$n\geqslant 10$,均存在一对n阶正交拉丁方!后来,我国组合设计专家朱烈教授于1982年对此给出更为简洁和巧妙的证明(Zhu Lie, A short disproof of Euler's conjecture concerning orthogonal Latin squares, Ars. Comb. 14(1982)).

下面是一对10阶正交拉丁方:

$$\begin{pmatrix}
1 & 2 & 3 & 4 & 5 & 6 & 7 & 8 & 9 & 10\\
7 & 8 & 1 & 2 & 3 & 5 & 6 & 9 & 10 & 4\\
6 & 7 & 9 & 8 & 1 & 2 & 5 & 10 & 4 & 3\\
5 & 6 & 7 & 10 & 9 & 8 & 1 & 4 & 3 & 2\\
8 & 5 & 6 & 7 & 4 & 10 & 9 & 3 & 2 & 1\\
10 & 9 & 5 & 6 & 7 & 3 & 4 & 2 & 1 & 8\\
3 & 4 & 10 & 5 & 6 & 7 & 2 & 1 & 8 & 9\\
9 & 10 & 4 & 3 & 2 & 1 & 8 & 7 & 6 & 5\\
4 & 3 & 2 & 1 & 8 & 9 & 10 & 6 & 5 & 7\\
2 & 1 & 8 & 9 & 10 & 4 & 3 & 5 & 7 & 6
\end{pmatrix},$$

$$\begin{pmatrix} 1 & 2 & 3 & 4 & 5 & 6 & 7 & 8 & 9 & 10 \\ 10 & 5 & 2 & 3 & 4 & 8 & 9 & 6 & 7 & 1 \\ 7 & 1 & 8 & 2 & 3 & 4 & 6 & 9 & 10 & 5 \\ 9 & 10 & 5 & 6 & 2 & 3 & 4 & 7 & 1 & 8 \\ 4 & 7 & 1 & 8 & 9 & 2 & 3 & 10 & 5 & 6 \\ 3 & 4 & 10 & 5 & 6 & 7 & 2 & 1 & 8 & 9 \\ 2 & 3 & 4 & 1 & 8 & 9 & 10 & 5 & 6 & 7 \\ 5 & 8 & 6 & 9 & 7 & 10 & 1 & 2 & 3 & 4 \\ 8 & 6 & 9 & 7 & 10 & 1 & 5 & 3 & 4 & 2 \\ 6 & 9 & 7 & 10 & 1 & 5 & 8 & 4 & 2 & 3 \end{pmatrix}.$$

现在我们给出两两正交 n 阶拉丁方个数的上界.

定理 6.1.1　设 $\boldsymbol{A}_1,\boldsymbol{A}_2,\cdots,\boldsymbol{A}_t$ 是两两正交的 n 阶拉丁方,则

$$t\leqslant n-1.$$

证明　设 $\boldsymbol{A}_1$ 的第一行为 $(c_1,c_2,\cdots,c_n)$,这是 $(1,2,\cdots,n)$ 的一种排列.如果把 $\boldsymbol{A}_1$ 中所有数字 c_1 均改成 1,c_2 均改成 2,$\cdots$,c_n 均改成 n,所得仍为一个拉丁方,并且此时第一行为 $(1,2,\cdots,n)$.我们今后把第一行为 $(1,2,\cdots,n)$ 的拉丁方叫作标准的.采用同样办法,我们也把 $\boldsymbol{A}_2,\cdots,\boldsymbol{A}_t$ 都变成标准的拉丁方.并且不难看出,这 t 个标准的拉丁方仍然是两两正交的.所以我们不妨一开始就假定 $\boldsymbol{A}_1,\boldsymbol{A}_2,\cdots,\boldsymbol{A}_t$ 是标准的两两正交的 n 阶拉丁方.从而它们有形式

$$\boldsymbol{A}_i=\begin{pmatrix} 1 & 2 & \cdots & n \\ d_i & * & \cdots & * \\ * & * & & * \\ \cdots & \cdots & \cdots & \cdots \end{pmatrix}.$$

设拉丁方 $\boldsymbol{A}_i$ 在第 2 行第 1 列处为 d_i,则 $2\leqslant d_i\leqslant n$.我们证明 d_1,

$d_2,\cdots,d_t$ 彼此不同. 因若 $d_i=d_j=k,i\neq j,2\leqslant k\leqslant n$,则 $\mathbf{A}_i$ 和 $\mathbf{A}_j$ 重叠之后,在第 2 行第 1 列处和第 1 行第 k 列处都是(k,k). 这和 A_i 与 A_j 正交相矛盾. 由于 $d_1,d_2,\cdots,d_t$ 是$\{2,3,\cdots,n\}$中 t 个不同元素,从而 $t\leqslant n-1$. 证毕. □

由定理 6.1.1 可知,两两正交的 n 阶拉丁方组最多有 $n-1$ 个拉丁方. 我们将 $n-1$ 个两两正交的 n 阶拉丁方叫作 n 阶完备正交拉丁方组. 现在我们用有限域来构作这样的完备正交拉丁方组.

定理 6.1.2 设 $q=p^m$(p 为素数,$m\geqslant 1$). 则当 $q\geqslant 3$ 时,存在 q 阶完备正交拉丁方组.

证明 我们不用$\{1,2,\cdots,q\}$这 q 个元素而改用有限域 F_q 中的 q 个元素,并且把它们记为

$$F_q=\{a_0=0,a_1=1,a_2,\cdots,a_{q-1}\}.$$

考虑 $q-1$ 个 q 阶方阵 $\mathbf{A}_1,\mathbf{A}_2,\cdots,\mathbf{A}_{q-1}$,

$$\mathbf{A}_e=(a_{ij}^{(e)})\quad(0\leqslant i,j\leqslant q-1,1\leqslant e\leqslant q-1),$$

其中

$$a_{ij}^{(e)}=a_ea_i+a_j\in F_q.$$

先证每个 $\mathbf{A}_e$ 均是拉丁方. 因若 $\mathbf{A}_e$ 的第 i 行有两个元素相同,即有 j 和 j',使得

$$a_ea_i+a_j=a_ea_i+a_{j'},$$

则 $a_j=a_{j'}$,从而 $j=j'$. 同样若 $\mathbf{A}_e$ 中第 j 列有两个元素相同,即有 i 和 i',使得

$$a_ea_i+a_j=a_ea_{i'}+a_j.$$

由于 $1\leqslant e\leqslant q-1$,可知 $a_e\neq 0$. 因此由上式又给出 $a_i=a_{i'}$,于是又有 $i=i'$. 这就表明每个 $\mathbf{A}_e$ 均是拉丁方.

再证当 $1\leqslant e<f\leqslant q-1$ 时，$\boldsymbol{A}_e$ 和 $\boldsymbol{A}_f$ 正交. 因若有方阵的两个位置 (i,j) 和 (i',j')，使得

$$(a_{ij}^{(e)},a_{ij}^{(f)})=(a_{i'j'}^{(e)},a_{i'j'}^{(f)}),$$

则 $a_{ij}^{(e)}=a_{i'j'}^{(e)},a_{ij}^{(f)}=a_{i'j'}^{(f)}$，即

$$\begin{cases}a_ea_i+a_j=a_ea_{i'}+a_{j'},\\a_fa_i+a_j=a_fa_{i'}+a_{j'},\end{cases}$$

于是 $(a_e-a_f)a_i=(a_e-a_f)a_{i'}$. 由 $e\neq f$ 可知 $a_e\neq a_f$，从而 $a_i=a_{i'}$，即 $i=i'$. 并且又有 $a_j=a_{j'}$，即 $j=j'$. 这就表示 (i,j) 和 (i',j') 是方阵的同一位置. 即 $\boldsymbol{A}_e$ 和 $\boldsymbol{A}_f$ 是正交的（对任意 $1\leqslant e<f\leqslant q-1$），从而如上定义的 $\boldsymbol{A}_1,\boldsymbol{A}_2,\cdots,\boldsymbol{A}_{q-1}$ 是完备的 q 阶正交拉丁方组. □

例　取 $q=4$. $F_4=\{a_0=0,a_1=1,a_2=\alpha,a_3=\alpha^2=\alpha+1\}$，用定理 6.1.2 的证明中所述方法，可构作出三个彼此正交的 4 阶拉丁方 $\boldsymbol{A}_1,\boldsymbol{A}_2$ 和 $\boldsymbol{A}_3$，其中 $\boldsymbol{A}_e=(a_{ij}^{(e)})$，$a_{ij}^{(e)}=a_ea_i+a_j\ (0\leqslant i,j\leqslant 3)$. 例如对于 $\boldsymbol{A}_1$：

$$a_{00}^{(1)}=a_1a_0+a_0=0,\quad a_{01}^{(1)}=a_1a_0+a_1=1,$$

$$a_{02}^{(1)}=a_1a_0+a_2=\alpha,\quad a_{03}^{(1)}=\alpha^2.$$

$$a_{10}^{(1)}=a_1a_1+a_0=1,\quad a_{11}^{(1)}=0,$$

$$a_{12}^{(1)}=1+\alpha=\alpha^2,\quad a_{13}^{(1)}=1+\alpha^2=\alpha.$$

$$a_{20}^{(1)}=a_1a_2+a_0=\alpha,\quad a_{21}^{(1)}=\alpha+1=\alpha^2,$$

$$a_{22}^{(1)}=0,\quad a_{23}^{(1)}=\alpha+\alpha^2=1.$$

$$a_{30}^{(1)}=a_1a_3+a_0=\alpha^2,\quad a_{31}^{(1)}=\alpha^2+1=\alpha,$$

$$a_{32}^{(1)}=\alpha^2+\alpha=1,\quad a_{33}^{(1)}=\alpha^2+\alpha^2=0.$$

从而

$$\boldsymbol{A}_1=\begin{pmatrix}0&1&\alpha&\alpha^2\\1&0&\alpha^2&\alpha\\\alpha&\alpha^2&0&1\\\alpha^2&\alpha&1&0\end{pmatrix}.$$

同样算出

$$\boldsymbol{A}_2=\begin{pmatrix}0&1&\alpha&\alpha^2\\\alpha&\alpha^2&0&1\\\alpha^2&\alpha&1&0\\1&0&\alpha^2&\alpha\end{pmatrix},\quad \boldsymbol{A}_3=\begin{pmatrix}0&1&\alpha&\alpha^2\\\alpha^2&\alpha&1&0\\1&0&\alpha^2&\alpha\\\alpha&\alpha^2&0&1\end{pmatrix}.$$

现在介绍完备正交拉丁方组和另一种组合结构的密切联系,这就是我们在有限域的几何学中所介绍的射影平面.它纯粹是一种组合结构,使用几何中的名词只是为了更加形象.

定义 6.1.3 集合 π 叫作一个射影平面,是指我们给出集合 π 的一些特定的子集,每个子集叫作一条直线,而 π 中每个元素叫作一个点,它们满足以下三个条件:

(P1)π 中任意两个不同点恰好在一条直线上;

(P2)π 中任意两条不同直线恰好交于一点;

(P3)π 中存在 4 个不同的点,其中任意 3 点都不在一条直线上.

如果射影平面 π 是有限集合,则称 π 是有限射影平面.

我们用有限域已经构作出一批有限射影平面 $P^2(F_q)$,其中 q 是素数的方幂.它满足定义 6.1.3 中的条件(P1)和条件(P2),而条件(P3)也满足,因为点$(1:0:0)$,$(0:1:0)$,$(0:0:1)$和$(1:1:1)$当中任意三点都不在一条射影直线上.

我们的问题是:除了由有限域构作出的射影平面之外,是否还有别的有限射影平面?组合学中的一个重要猜想是:

除了由有限域构作的 $P^2(F_q)$ 之外,不再有别的有限射影平面.

这个猜想目前没有解决.

我们对有限射影平面作进一步的分析,看一下由定义中的性质(P1),(P2)和(P3)还能得到有限射影平面的哪些性质.

射影平面的所有性质均应从三条公理(P1),(P2)和(P3)推出.注意(P1)和(P2)是彼此对偶的:即只要把"点"改成"直线",把"直线"改成"点",把"点在直线上"改成"直线过点",那么(P1)就变成(P2),而(P2)就变成(P1).类似地,公理(P3)的对偶命题应当叙述成:

(P4)π 中存在四条不同直线,它们当中任意三条直线均不交于同一点.

事实上,(P4)可以从前三条公理推出,从而它也是任意射影平面的特性.现在我们来证明(P4):设 P_1,P_2,P_3,P_4 是(P3)中所给出的四个点.则它们任意三点均不共线.由公理(P1)知道过 P_1 和 P_2 恰好有一条直线,我们记作$\overline{P_1P_2}$.同样有直线$\overline{P_2P_3}$,$\overline{P_3P_4}$,$\overline{P_4P_1}$.现在我们证明这四条直线满足(P4)的要求.先证这是四条不同的直线.例如,若$\overline{P_1P_2}=\overline{P_2P_3}$,则点 P_1,P_2,P_3 在同一直线上,与假设矛盾.其余情形类似.再证任三条直线均不交于一点.比如考虑直线$\overline{P_1P_2}$,$\overline{P_2P_3}$,它们交于点 P_2.根据(P2)知它们只有这一个交点,从而可表示成$\overline{P_1P_2}\cap\overline{P_2P_3}=P_2$,类似知$\overline{P_2P_3}\cap\overline{P_3P_4}=P_3\neq P_2$,从而$\overline{P_1P_2}$,$\overline{P_2P_3}$和$\overline{P_3P_4}$不能有公共交点.同样可证其他情形.于是我们证明了(P4).由于(P3)和(P4)也是相互对偶的,而射影平面上的所有性质均由(P1)到(P4)推出来.可知若一个命题在射影平面中正确,那么它的对偶命题在射影平面中也正确.射影平面上的这个对偶原则,体现了射影平面的一种内在美.

定理 6.1.4 设 π 是有限射影平面,则

(1)任意两条直线上的点数相等.

(2)过点 P 的直线数等于过另一点 P' 的直线数.

(3)直线 l 上的点数等于过点 P 的直线数.

(4)设(1)到(3)中那个公共数字为 $n+1$,则 π 中共有 n^2+n+1个点和 n^2+n+1 条直线.

证明 (1)设 l 和 l' 是 π 中两条不同直线.我们先证 π 中必有点 O 既不在 l 上又不在 l' 上.因为若不然,则 π 中所有的点均或在 l 上或在 l' 上.但是由(P3)我们有四个点,其中任意三点均不共线.所以必然其中两点 A 和 B 在 l 上,而另两点 C 和 D 在 l' 上.然后易知直线$\overline{AC}$和$\overline{BD}$的交点 O 既不在 l 上又不在 l' 上(请读者自证).

现在设点 O 既不在 l 上又不在 l' 上.对于 l 上每个点 P,由于 $O\notin l'$(这表示点 O 不在直线 l' 上),可知$\overline{OP}\neq l'$.于是$\overline{OP}$和 l' 交于一点 P'.由此给出从直线 l 到直线 l'的一个映射 σ,即 $\sigma(P)=P'$,其中 P' 由上述方式做出(这个映射通常叫作以点 O 为中心的投射,如图 6-1 所示).现在证明 $\sigma: l\to l'$是一一对应.如果又有 $Q\in l,\sigma(Q)=P'$,并且 $Q\neq P$.则两条不同直线 l 和$\overline{OP'}$就有两个交点 P 和 Q,这与(P1)矛盾.因此 σ 为单射,即 l 中不同的点通过σ 映成l'中不同的点.另外,对于 l' 上每个点 Q',必然$\overline{OQ'}\neq l$(因为点 O 不在 l 上).从而$\overline{OQ'}$和 l 有交点 Q,易知 $\sigma(Q)=Q'$(为什么?).从而 σ 为满射,于是 $\sigma: l\to l'$为一一对应.这就表明直线 l 和 l'有相同的点数.

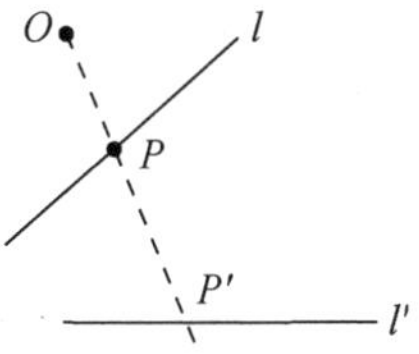

图 6-1

(2)是(1)的对偶命题.所以由(1)正确自然得出(2)的正确性.

(3)由于过每点的直线数相同,每条直线上的点数也相同,我们不妨取点 P 不在直线 l 上(由公理(P3)知存在不在一条直线上的三点 P,A,B. 于是点 P 便不在直线$\overline{AB}=l$ 上). 于是,过点 P 的每条直线 l_i 均不为 l,从而 l_i 与 l 交于一点 Q_i(图 6-2). 易知 $l_i \to Q_i$ 是过 P 的诸直线与 l 上诸点之间的一一对应. 于是,过点 P 的直线数等于 l 上的点数.

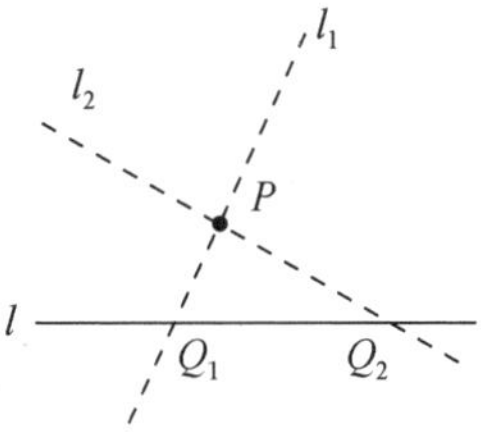

图 6-2

(4)过点 O 共有 $n+1$ 条直线 $l_1,\cdots,l_{n+1}$. π 中除了点 O 之外,每个点 P 均在唯一的一条直线 l_i 上(因为 $P\neq O$,由公理(P1),过 P 和 O 有唯一直线,它们必是某个 l_i). 每条直线 l_i 上除了点 O 之外还有 n 个点. 并且不同的直线 l_i 和 l_j 只有一个公共交点(公理(P2)). 所以 π 中点的总数为$1+n(n+1)=n^2+n+1$. 再由对偶原则,π 中直线总数也是 n^2+n+1. □

定义 6.1.5　每条直线上均恰有 $n+1$ 个点的有限射影平面叫作 n 阶射影平面.

定理 6.1.6　设 $n\geqslant 3$,则存在 n 阶完备正交拉丁方组$\Leftrightarrow$存在 n 阶射影平面.

证明 设 π 为 n 阶射影平面，l 为 π 中一条直线，l 上的 $n+1$ 个点为 $P_1,P_2,\cdots,P_{n+1}$，l 外的 $(n^2+n+1)-(n+1)=n^2$ 个点为 $Q_1,Q_2,\cdots,Q_{n^2}$. 对于每个点 P_j，我们把除了 l 之外过 P_j 的其余 n 条直线随意标记成 $1,2,\cdots,n$. 现在我们用 a_{ij} 表示直线 $\overline{Q_iP_j}$ 的标记. 于是得到一个 n^2 行 $(n+1)$ 列的长方阵：

$$\boldsymbol{M}=\begin{pmatrix} a_{11} & a_{12} & \cdots & a_{1,n+1} \\ \vdots & \vdots & & \vdots \\ a_{n^2,1} & a_{n^2,2} & \cdots & a_{n^2,n+1} \end{pmatrix},$$

对于这个长方阵的任意两列，例如第 i 列和第 j 列 $(1\leqslant i\neq j\leqslant n+1)$，$n^2$ 个数对 (a_{li},a_{lj}) $(1\leqslant l\leqslant n^2)$ 是彼此不同的. 因若 $(a_{li},a_{lj})=(a_{l'i},a_{l'j})$ $(l\neq l')$，则 $\overline{Q_lP_i}=\overline{Q_{l'}P_i}$，$\overline{Q_lP_j}=\overline{Q_{l'}P_j}$，从而直线 $\overline{Q_lQ_{l'}}$ 既过 P_i 又过 P_j. 于是 $\overline{Q_lQ_{l'}}=l$. 这和 $Q_l,Q_{l'}$ 均不在 l 上的假定相矛盾.

将 $\boldsymbol{M}$ 的 n^2 个行上下顺序作适当调整（置换），总可得到新的长方阵 $\boldsymbol{M}'$，前两列有如下形式：

$$\boldsymbol{M}'=\begin{pmatrix} 1 & 1 & \cdots \\ 1 & 2 & \cdots \\ \vdots & \vdots & \\ 1 & n & \\ 2 & 1 & \\ 2 & 2 & \\ \vdots & \vdots & \cdots \\ 2 & n & \\ \vdots & \vdots & \\ n & 1 & \\ n & 2 & \\ \vdots & \vdots & \\ n & n & \cdots \end{pmatrix}.$$

由于 $\boldsymbol{M}'$ 的诸行只是 $\boldsymbol{M}$ 中诸行的一个置换，从而 $\boldsymbol{M}'$ 仍有上述性质. 现在把长方阵 $\boldsymbol{M}'$ 后边 $n-1$ 列的每一列中的 n^2 个元素都作成一个 n 阶方阵. 方法是：前 n 个数为第一列，接下来的 n 个数为第二列，…，最后 n 个数作为第 n 列. 利用长方阵 $\boldsymbol{M}'$ 的上述性质不难验证：如此构作出的 $n-1$ 个 n 阶方阵是彼此正交的拉丁方.

现在设 $\boldsymbol{A}_1,\boldsymbol{A}_2,\cdots,\boldsymbol{A}_{n-1}$ 是彼此正交的 n 阶拉丁方. 将每个 $\boldsymbol{A}_i$ 拉长成一列，然后将这 $n-1$ 列排在一起，再将上面 M' 的前两列排在它们的最左边，从而得到一个 n^2 行 $(n+1)$ 列的长方阵 $\overline{\boldsymbol{M}}=(a_{ij})(1\leqslant i\leqslant n^2,1\leqslant j\leqslant n+1)$. 这个 $\overline{\boldsymbol{M}}$ 便有上面 $\boldsymbol{M}$ 所具有的性质. 现在我们设想：对应于 $\overline{\boldsymbol{M}}$ 的 n^2 个行，我们分别有 n^2 个点 $Q_1,Q_2,\cdots,Q_{n^2}$，此外还有 $n+1$ 个点 $P_1,P_2,\cdots,P_{n+1}$. 另外，对于每个 $k,j(1\leqslant k\leqslant n,1\leqslant j\leqslant n+1)$，我们定义一条直线 l_{kj}，其上的 $n+1$ 个点为 P_j 和 $\{Q_i\mid a_{ij}=k,1\leqslant i\leqslant n^2\}$，除了这 $n(n+1)$ 条直线之外，我们还定义 $P_1,P_2,\cdots,P_{n+1}$ 也构成一条直线. 请读者利用长方阵 $\overline{M}$ 的性质证明上面构作出一个 n 阶射影平面（验证射影平面的三条公理）. □

利用有限域，我们已经构作出了阶为 2,3,4,5,7,8,9,11 的射影平面. 我们在前面说过，Tarry 证明了不存在一对 6 阶的正交拉丁方，从而更不存在完备的 6 阶正交拉丁方组. 于是不存在 6 阶射影平面. 我们在前面已经具体给出了一对 10 阶的正交拉丁方. 但是一个 10 阶射影平面相当于 9 个彼此正交的 10 阶拉丁方！1988 年底，在加拿大工作的林永康教授（中国香港人）利用电脑证明了 10 阶有限射影平面是不存在的. 利用相当深刻的代数数论知识，Bruck 和 Ryser 证明了：若 $n\equiv1$ 或者 $2(\bmod 4)$，n 没有平方因子并且 n 有素因子 $p\equiv3(\bmod 4)$，则不存在 n 阶射影平面. 由此可知不存在 6,14,21,22 阶的射影平面. 其他 n 阶 $(n=12,15,18,20,\cdots)$ 射影平面的存在性至今均未解决.

现在回到正交拉丁方问题，前面已说过，当 $n\equiv2(\bmod 4)$ 并

且 $n\geqslant 10$ 时,均存在一对 n 阶正交拉丁方,构作方法比较复杂.但是对于 $n\not\equiv 2 \pmod 4$ $(n\geqslant 3)$ 的情形,可以很容易构作出一对 n 阶正交拉丁方.这是基于下面的结果.

定理 6.1.7 若存在一对 m 阶正交拉丁方,也存在一对 n 阶正交拉丁方,则必然存在一对 nm 阶正交拉丁方.

证明 构作方法是利用方阵的一种"乘积",叫作 Kronecker 积.为了避免使用复杂的数学符号,我们举一个具体例子.

设 $\boldsymbol{A},\boldsymbol{A}'$ 是一对正交的 3 阶拉丁方,$\boldsymbol{B},\boldsymbol{B}'$ 为正交的 4 阶拉丁方.$\boldsymbol{A}=(a_{ij})(1\leqslant i,j\leqslant 3)$,$\boldsymbol{B}=(b_{ij})(1\leqslant i,j\leqslant 4)$.我们用 $\boldsymbol{A}$ 和 $\boldsymbol{B}$ 构作出一个 12 阶方阵 $\boldsymbol{C}$.首先我们将它的 12 行和 12 列用下面的 12 个标记来表示:(1,1),(1,2),(1,3),(1,4),(2,1),(2,2)(2,3),(2,4),(3,1),(3,2),(3,3),(3,4).而 12 阶方阵 $\boldsymbol{C}$ 中第 (i,j) 行和第 (i',j') 列处的元素为 $\langle a_{ii'},b_{jj'}\rangle$.我们规定 $\langle a,b\rangle=\langle a',b'\rangle$ 是指 $a=a'$ 同时 $b=b'$.由于 a 有 3 个取值,b 有 4 个取值,从而共有 12 个元素 $\langle a,b\rangle$.将方阵 $\boldsymbol{C}$ 的第 1 行和第 1 列写出则为

$$
\begin{array}{c}
\\
(1,1)\\(1,2)\\(1,3)\\(1,4)\\(2,1)\\(2,2)\\(2,3)\\(2,4)\\(3,1)\\(3,2)\\(3,3)\\(3,4)
\end{array}
\begin{array}{l}
\quad(1,1)\qquad\quad (1,2)\qquad\quad (1,3)\qquad\quad (1,4)\qquad (2,1)\cdots(2,4)(3,1)\cdots(3,4)\\
\left(\begin{array}{lll}
\langle a_{11},b_{11}\rangle & \langle a_{11},b_{12}\rangle\langle a_{11},b_{13}\rangle\langle a_{11},b_{14}\rangle\langle a_{12},b_{11}\rangle\cdots\cdots\cdots\cdots\langle a_{13},b_{14}\rangle\\
\langle a_{11},b_{21}\rangle\cdots & \\
\langle a_{11},b_{31}\rangle\cdots & \\
\langle a_{11},b_{41}\rangle\cdots & \\
\langle a_{21},b_{11}\rangle\cdots & \qquad\qquad\qquad (i',j')\\
\langle a_{21},b_{21}\rangle\cdots & \qquad\qquad\qquad\quad \vdots\\
\langle a_{21},b_{31}\rangle\cdots & \qquad\qquad (i,j)\cdots\langle a_{ii'},b_{jj'}\rangle\\
\langle a_{21},b_{41}\rangle\cdots & \\
\langle a_{31},b_{11}\rangle\cdots & \\
\langle a_{31},b_{21}\rangle\cdots & \\
\langle a_{31},b_{31}\rangle\cdots & \\
\langle a_{31},b_{41}\rangle\cdots &
\end{array}\right).
\end{array}
$$

由 $\boldsymbol{A}$ 和 $\boldsymbol{B}$ 均为拉丁方，可知上面方阵 $\boldsymbol{C}$ 的第一列恰好为 12 个不同的元素 $\langle \boldsymbol{a}, \boldsymbol{b} \rangle$. 同理知其余诸列和诸行也是如此. 从而 $\boldsymbol{C}$ 为 12 阶拉丁方. 我们再用同样办法由 $\boldsymbol{A}'$ 和 $\boldsymbol{B}'$ 构作出另一个 12 阶拉丁方 $\boldsymbol{C}'$. 由 $\boldsymbol{A}$ 与 $\boldsymbol{A}'$ 正交和 $\boldsymbol{B}$ 与 $\boldsymbol{B}'$ 正交可以证明 $\boldsymbol{C}$ 与 $\boldsymbol{C}'$ 是正交的. □

定理 6.1.8　当 $n \geqslant 3, n \not\equiv 2 \pmod 4$ 时，均存在一对正交的 n 阶拉丁方.

证明　设 $n = 2^{a_0} p_1^{a_1} \cdots p_s^{a_s}$ 是 n 的素因子分解式，其中 $p_1, p_2, \cdots, p_s$ 是奇素数，$a_1, a_2, \cdots, a_s \geqslant 1$. 由 $n \not\equiv 2 \pmod 4$ 可知 $a_0 = 0$ 或者 $a_0 \geqslant 2$. 由定理 6.1.2 可知当 $a_0 \geqslant 2$ 时，存在一对 2^{a_0} 阶正交拉丁方，并且也存在一对 $p_i^{a_i}$ 阶正交拉丁方 $(1 \leqslant i \leqslant s)$. 再由定理 6.1.7 即知存在一对 n 阶正交拉丁方. 证毕. □

将定理 6.1.8 和 Bose 的结果合并起来，便知对每个 $n \geqslant 3 (n \neq 6)$，均存在一对正交的 n 阶拉丁方. 但是对每个不是素数幂的 n，彼此正交的 n 阶拉丁方最大个数问题是一个未完全解决的问题.

习　题

1. 构作 4 个彼此正交的 5 阶拉丁方.

2. 设 $L^{(k)} = (a_{ij}^{(k)})$ 为 9 阶方阵 $(1 \leqslant i, j \leqslant 9)$，其中 $a_{ij}^{(k)} \equiv i + jk \pmod 9$，$0 \leqslant a_{ij}^{(k)} \leqslant 8$.

试问：$L^{(k)} (1 \leqslant k \leqslant 8)$ 当中哪些是拉丁方？$L^{(2)}$ 和 $L^{(5)}$ 是否正交？$L^{(4)}$ 和 $L^{(5)}$ 是否正交？

3. 若存在 a 个彼此正交的 m 阶拉丁方，又存在 b 个彼此正交的 n 阶拉丁方. 则必存在 $\min(a, b)$ 个彼此正交的 mn 阶拉丁方，其中 $\min(a, b)$ 表示 a 和 b 当中最小的数.

§6.2 区组设计

假设某种农作物的栽培依赖于 k 个因素（水份，土壤，肥料，…），每个因素有 v 种选择，我们想研究各种因素对农作物生长的影响. 如果将各种因素的各种选择均试验一次，就需要试验 v^k 次. 这个数目往往太大，所以通常要求设计一些试验次数 b 较小的方案，使得各种因素均衡地组合，以看出各种因素的影响和它们之间的相互影响. 上节的正交拉丁方可用来设计这种试验方案. 而多数试验方案是借助于下面的组合构图.

定义 6.2.1 设 $X=\{x_1,x_2,\cdots,x_v\}$ 是一个 v 元集合，X_1，$X_2,\cdots,X_b$ 是 X 的 b 个不同的子集. 称这 b 个子集组成一个参数为 (b,v,k,r) 的组合构图，是指满足以下两个条件（今后用 $|S|$ 表示集合 S 中元素个数）：

(1) $|X_i|=k(1\leqslant i\leqslant b)$，即每个 X_i 都是 k 元子集.

(2) 每个 x_i 都恰好在 r 个 X_j 之中 $(1\leqslant i\leqslant v)$.

每个子集 X_j 叫作一个区组（block），每个元素 x_i 叫作一个品种（variety）. 由于每个区组均有 k 个品种，b 个区组 $X_1,X_2,\cdots,X_b$ 一共包含 bk 个品种，但是 v 个品种的每个 x_i 都在 $X_1,X_2,\cdots$，X_b 中恰好出现 r 次，于是得到参数之间的如下关系

$$vr=bk. \tag{6.2.1}$$

当 $v=b$（从而 $r=k$）时，则称为参数 (v,k) 的对称组合构图.

组合构图只是考虑了各种因素的均衡选择，假如还要考虑不同因素之间的相互交叉影响，还需加入如下的条件而成为一种常用的试验设计方案.

定义 6.2.2 一个参数为 (b,v,k,r) 的组合构图叫作不完全平衡区组设计（balanced imcomplete block design，BIBD），是指

$v \geqslant k \geqslant 2$，并且 X 中任意两个不同的品种 x_i 和 x_j 均恰好同时出现在 λ 个区组之中，其中 λ 为常数.

包含品种 x_1 的区组共 r 个，和 x_1 共处于一个区组的其他品种有 $k-1$ 个，从而和 x_1 共处的共有 $r(k-1)$ 个其他品种. 但是 x_1 和 $v-1$ 个其他品种每个均共处在 λ 个区组中，这就得到

$$r(k-1)=\lambda(v-1). \tag{6.2.2}$$

由式(6.2.1)和式(6.2.2)可知 $r=\dfrac{\lambda(v-1)}{k-1}$，$b=\dfrac{rv}{k}=\dfrac{\lambda v(v-1)}{k(k-1)}$由 v,k,λ 所完全决定，所以通常对于 BIBD 只列出参数(v,k,λ). 当 $b=v$（从而 $k=r$）时，BIBD 也叫作对称的，这时 $k(k-1)=\lambda(v-1)$.

现在我们用第 4 章中关于有限几何的计数结果来构作平衡不完全区组设计.

(A)对于 $n\geqslant 2$，$1\leqslant t\leqslant n-1$，取有限域 F_q 上的 n 维射影空间 $P^n(F_q)=X$ 中的点作为品种. 则一共有 $v=\begin{bmatrix} n+1 \\ 1 \end{bmatrix}_q=\dfrac{q^{n+1}-1}{q-1}$个品种. 每个 t 维射影子空间为一个区组，则每个区组有 $k=\begin{bmatrix} t+1 \\ 1 \end{bmatrix}_q=\dfrac{q^{t+1}-1}{q-1}$个品种. 根据定理 4.2.5 关于有限射影空间的计数结果，X 中区组的个数($P^n(F_q)$中 t 维射影子空间的个数)为 $b=\begin{bmatrix} n+1 \\ t+1 \end{bmatrix}_q$，每个品种均恰好在 $r=\begin{bmatrix} n \\ t \end{bmatrix}_q$ 个区组之中. 最后，对于 $P^n(F_q)$中任意两个不同的点 P 和 Q，一个 t 维射影子空间同时包含点 P 和 Q 相当于包含连接 P 和 Q 的射影直线. 这表明，任意两个不同品种恰好出现在 $\lambda=\begin{bmatrix} n-1 \\ t-1 \end{bmatrix}_q$ 个区组之中(包

含一个固定 1 维射影子空间$\overline{PQ}$的 t 维射影子空间个数). 这就表明上述组合构图是一个参数 $(v,k,\lambda)=\left(\begin{bmatrix}n+1\\1\end{bmatrix}_q,\begin{bmatrix}t+1\\1\end{bmatrix}_q,\begin{bmatrix}n-1\\t-1\end{bmatrix}_q\right)$的 BIBD. 这就证明了:

定理 6.2.3 对于每个 $q=p^m$(其中 p 为素数,$m\geqslant1$),均存在参数为$(v,k,\lambda)=\left(\begin{bmatrix}n+1\\1\end{bmatrix}_q,\begin{bmatrix}t+1\\1\end{bmatrix}_q,\begin{bmatrix}n-1\\t-1\end{bmatrix}_q\right)$的 BIBD. □

特别令 $t=1$,即 n 维射影空间 $P^n(F_q)$中的每条射影直线作为区组,这时给出参数$(v,k,\lambda)=\left(\begin{bmatrix}n+1\\1\end{bmatrix}_q,\begin{bmatrix}2\\1\end{bmatrix}_q,\begin{bmatrix}n-1\\0\end{bmatrix}_q\right)=\left(\frac{q^{n+1}-1}{q-1},q+1,1\right)$的 BIBD. 又再令 $n=2$,即品种集合取为射影平面 $P^2(F_q)$,区组为射影直线. 这时参数为$(v,k,\lambda)=(q^2+q+1,q+1,1)$. 由于射影平面中射影直线数和点数一样多,即 $b=v$,所以这是对称的 BIBD. 当 $t=n-1$ 时,对应 BIBD 的参数为

$$(v,k,\lambda)=\left(\frac{q^{n+1}-1}{q-1},\frac{q^n-1}{q-1},\frac{q^{n-1}-1}{q-1}\right).$$

组合学许多分支(组合设计,图论,Ramsey 理论,……)的源头都可找到一些数学智力游戏. 1892 年,波尔写了一本书《数学游戏与小品》,其中第十章一开头便提出如下的问题:

一位好客的女主人打算邀请她的 7 位朋友来家里晚宴,每晚只请 3 位朋友,但她希望任何 2 位朋友都恰好相遇一次. 她应当如何安排?

我们把 7 位朋友作为"品种"集合 $X(v=7)$,每晚的 3 位朋友均是一个区组($k=3$). 每个客人在每次晚会都认识 2 位新朋友,所以要参加三次晚宴才恰好和其余 6 人均相遇一次. 于是

$r=3$,而 $\lambda=1$. 所以上述问题相当于构作一个参数 $(v,k,\lambda)=(7,3,1)$ 的 BIBD. 由 $k=r=3$ 知 $b=v=7$,即这是对称设计.

用射影平面 $P^2(F_2)$ 给出此问题的一个答案,因为它的 7 个点表示 7 位朋友,每条射影直线上的 3 个点表示一次晚宴的客人,给出的 BIBD 参数恰好为 $(v,k,\lambda)=(q^2+q+1,q+1,1)=(7,3,1)(q=2)$. 由第 4.2 节例 2 中的图可得到女主人 7 天晚宴安排(7 条射影直线)为:

$$\{P_1,P_2,P_3\},\{P_1,P_4,P_5\},\{P_1,P_6,P_7\},$$

$$\{P_2,P_5,P_7\},\{P_2,P_4,P_6\},\{P_3,P_4,P_7\},\{P_3,P_5,P_6\}.$$

(B)现在用有限仿射几何. 设 $1\leqslant t\leqslant n-1$. 取 n 维仿射空间 $V=F_q^n$ 中的点为品种,共有 $v=q^n$ 个品种. 将 V 中每个 t 维线性集作为区组,由有限仿射几何的计数定理 4.1.2,可知这是参数 (b,v,r,k,λ) 的 BIBD,其中

$$b=q^{n-t}\begin{bmatrix}n\\t\end{bmatrix}_q \quad (V\text{ 中 } t \text{ 维线性集个数})$$

$$v=q^n \quad (V\text{ 中点数})$$

$$r=\begin{bmatrix}n\\t\end{bmatrix}_q \quad (\text{包含一个固定点的 } t \text{ 维线性集个数})$$

$$k=q^t \quad (t\text{ 维线性集的点数})$$

$$\lambda=\begin{bmatrix}n-1\\t-1\end{bmatrix}_q \quad (\text{包含两个给定不同点的 } t \text{ 维线性集个数}).$$

这就得到:

定理 6.2.4　对每个 $q=p^m$(p 为素数,$m\geqslant 1$),$1\leqslant t\leqslant n-1$,均存在参数

$$(b,v,r,k,\lambda)=\left(q^{n-t}\begin{bmatrix}n\\t\end{bmatrix}_q, q^n, \begin{bmatrix}n\\t\end{bmatrix}_q, q^t, \begin{bmatrix}n-1\\t-1\end{bmatrix}_q\right)$$

的 BIBD. 特别当 $t=1$ 时(取每条仿射直线为区组),则 BIBD 的参数为$(b,v,r,k,\lambda)=\left(q^{n-1}\cdot\frac{q^n-1}{q-1},q^n,\frac{q^n-1}{q-1},q,1\right)$. 而当$t=n-1$时,BIBD 的参数为

$$(b,v,r,k,\lambda)=\left(q\cdot\frac{q^n-1}{q-1},q^n,\frac{q^n-1}{q-1},q^{n-1},\frac{q^{n-1}-1}{q-1}\right).\qquad\square$$

(C)现在用有限域 F_q 中的平方元素来构作 BIBD.

定理 6.2.5 设 q 为奇素数的方幂. $q\equiv3\pmod 4$. 以 D 表示 F_q 中$\frac{q-1}{2}$个(非零)平方元素构成的集合. 对每个$a\in F_q$,令

$$B_a=D+a=\{x+a\mid x\in D\}.$$

则 q 个区组 $B_a(a\in F_q)$构成参数$(v,k,\lambda)=\left(q,\frac{q-1}{2},\frac{q-3}{4}\right)$的对称 BIBD.

证明 显然 $v=|F_q|=q,k=|B_a|=|D|=\frac{q-1}{2}$,区组个数为 $b=q$. 对 F_q 中每个元素 x,x 所在的区组个数为

$$\begin{aligned}r&=\#\{a\in F_q\mid x\in B_a=D+a\}\\&=\#\{a\in F_q\mid x-a\in D\}\\&=\#\{x-y\in F_q\mid y\in D\}\quad(\text{令 } x-a=y)\\&=|D|=k.\end{aligned}$$

最后设 x 和 y 是 F_q 中不同的元素,它们共处的区组个数为

$$\begin{aligned}\lambda&=\#\{a\in F_q\mid x,y\in B_a\}\\&=\#\{a\in F_q\mid x-a,y-a\in D\}.\end{aligned}$$

现在用 F_q 的 2 阶乘法特征 η. 由于 $\eta(0)=0$,当 $b\in D$ 时$\eta(b)=1$,

而当 b 是 F_q 中非平方元素时 $\eta(b)=-1$. 所以

$$\lambda = \#\{a \in F_q \mid \eta(x-a) = \eta(y-a) = 1\}$$

$$=\frac{1}{4}\sum_{\substack{a\in F_q\\ a\neq x,y}}(1+\eta(x-a))(1+\eta(y-a))$$

$$=\frac{1}{4}\Big[q-2+\sum_{\substack{a\in F_q\\ a\neq y}}\eta(x-a)+\sum_{\substack{a\in F_q\\ a\neq x}}\eta(y-a)+$$

$$\sum_{a\in F_q}\eta((x-a)(y-a))\Big]$$

$$=\frac{1}{4}[q-2-\eta(x-y)-\eta(y-x)+$$

$$\sum_{z\in F_q}\eta(z(z+y-x))]\quad (\text{令 } z=x-a)$$

$$=\frac{1}{4}[q-2-\eta(b)-\eta(-b)+$$

$$\sum_{z\in F_q}\eta(z(z+b))]\quad (b=y-x\neq 0)$$

$$=\frac{1}{4}\Big[q-2+\sum_{w\in F_q}\eta(w(w+1))\Big]$$

$$(z=bw, \text{由 } q\equiv 3 \pmod 4 \text{ 知 } \eta(-1)=-1)$$

$$=\frac{q-3}{4}.$$

最后是由于在定理 5.2.2 的证明中给出 $\sum_{w\in F_q}\eta(w(w+1)) = -1$. 这就证明了定理 6.2.5. □

取 $q=7$, F_7 中平方元素组成集合 $D=\{1,2,4\}$. 所以 $D+a$ $(0\leqslant a\leqslant 6)$ 给出参数 $(v,k,\lambda)=\left(7,\frac{7-1}{2},\frac{7-3}{4}\right)=(7,3,1)$ 的 BIBD. 这就给出上面“女主人请客”问题的一个答案：以$\{0,1,2,$

$\cdots,6\}=F_7$ 表示 7 位客人，则女主人 7 天晚宴的安排分别为

$$\{1,2,4\},\{2,3,5\},\{3,4,6\},\{4,5,0\},$$
$$\{5,6,1\},\{6,0,2\},\{0,1,3\}.$$

习 题

1. 设 X 的 b 个子集 $X_1,X_2,\cdots,X_b$ 构成参数为 (v,k,λ) 的 BIBD. 令 $\overline{X}_i$ 是 X_i 在 X 中的补集合，证明 $\overline{X}_1,\overline{X}_2,\cdots,\overline{X}_b$ 也是一个 BIBD. 试计算这个 BIBD 的参数.

2. 设 $v>3$. 参数为 $(v,k,\lambda)=(v,3,1)$ 的 BIBD 叫作一个 v 阶的斯坦纳(Steiner)三元系. 求证：若存在 v 阶的斯坦纳三元系，必然 $v\equiv 1$ 或 $3 \pmod 6$.（注记：早在 1859 年，Reiss 对于 $v\equiv 1,3 \pmod 6$ 的每个 $v>3$，均构作出 v 阶的斯坦纳三元系. 所以同余条件 $v\equiv 1,3 \pmod 6$ 是 v 阶斯坦纳三元系存在的充分必要条件.）

3. 试构作参数 $(v,k,\lambda)=(13,4,1),(19,9,4),(23,11,5),(31,6,1)$ 和 $(40,13,4)$ 的 BIBD.

§6.3 阿达玛方阵

定义 6.3.1 设 $\boldsymbol{H}_n$ 是 n 阶方阵，$\boldsymbol{H}_n=(a_{ij})_{1\leqslant i,j\leqslant n}$，其中 a_{ij} 为整数 1 或 -1，$\boldsymbol{H}_n$ 叫 n 阶阿达玛方阵，是指 $\boldsymbol{H}_n\boldsymbol{H}_n^{\mathrm{T}}=n\boldsymbol{I}_n$，这里 $\boldsymbol{I}_n$ 为 n 阶单位方阵，而 $\boldsymbol{H}_n^{\mathrm{T}}$ 为方阵 $\boldsymbol{H}_n$ 的转置.

换句话说，元素为 1 或 -1 的 $\boldsymbol{H}_n$ 是阿达玛方阵，当且仅当

$$\sum_{k=1}^{n} a_{jk}a_{ik}=\begin{cases} n, 若\ j=i, \\ 0, 若\ j\neq i. \end{cases}$$

上式左边是方阵 $\boldsymbol{H}_n$ 第 j 行和第 i 行的内积，所以这也相当于说：$\boldsymbol{H}_n$ 的任意两个不同行均是正交的（当 $j=i$ 时，显然有 $\sum\limits_{k=1}^{n}a_{ik}a_{ik}$

$=\sum_{k=1}^{n}1=n$). 由于 $\boldsymbol{H}_n\boldsymbol{H}_n^{\mathrm{T}}=n\boldsymbol{I}_n$ 当且仅当 $\boldsymbol{H}_n^{\mathrm{T}}\boldsymbol{H}_n=n\boldsymbol{I}_n$. 可知若 $\boldsymbol{H}_n$ 为阿达玛方阵,则 $\boldsymbol{H}_n^{\mathrm{T}}$ 也是阿达玛方阵,所以 $\boldsymbol{H}_n$ 的任意两个不同列向量也是正交的.

这种方阵的研究源于法国数学家阿达玛(Hadamard). 他的一个著名结果是说:若 $\boldsymbol{M}$ 是 n 阶实方阵(每个元素均为实数),如果 $\boldsymbol{M}$ 中元素的绝对值均不超过 1,则 $\boldsymbol{M}$ 的行列式的绝对值 $|\det\boldsymbol{M}|\leqslant n^{n/2}$. 当 $\boldsymbol{H}_n$ 是 n 阶阿达玛方阵时达到上界,因为

$$\begin{aligned}|\det\boldsymbol{H}_n|^2&=\det\boldsymbol{H}_n\cdot\det\boldsymbol{H}_n^{\mathrm{T}}=\det(\boldsymbol{H}_n\boldsymbol{H}_n^{\mathrm{T}})\\&=\det(n\boldsymbol{I}_n)=n^n.\end{aligned}$$

近年来,阿达玛方阵在数字通信中有重要应用,用来进行快速数字计算和离散傅里叶分析.

例 1　最简单的阿达玛方阵是 $\boldsymbol{H}_2=\begin{pmatrix}1&1\\1&-1\end{pmatrix}$. 由 $\boldsymbol{H}_2$ 可构作出 4 阶阿达玛方阵

$$\boldsymbol{H}_4=\begin{pmatrix}\boldsymbol{H}_2&\boldsymbol{H}_2\\\boldsymbol{H}_2&-\boldsymbol{H}_2\end{pmatrix}=\begin{pmatrix}1&1&1&1\\1&-1&1&-1\\1&1&-1&-1\\1&-1&-1&1\end{pmatrix}.$$

一般地,若 $\boldsymbol{H}_d$ 是 d 阶阿达玛方阵(于是 $\boldsymbol{H}_d\boldsymbol{H}_d^{\mathrm{T}}=d\boldsymbol{I}_d$),则

$$\boldsymbol{H}_{2d}=\begin{pmatrix}\boldsymbol{H}_d&\boldsymbol{H}_d\\\boldsymbol{H}_d&-\boldsymbol{H}_d\end{pmatrix}$$

为 $2d$ 阶阿达玛方阵,因为

$$\boldsymbol{H}_{2d}\boldsymbol{H}_{2d}^{\mathrm{T}}=\begin{pmatrix}\boldsymbol{H}_d&\boldsymbol{H}_d\\\boldsymbol{H}_d&-\boldsymbol{H}_d\end{pmatrix}\begin{pmatrix}\boldsymbol{H}_d^{\mathrm{T}}&\boldsymbol{H}_d^{\mathrm{T}}\\\boldsymbol{H}_d^{\mathrm{T}}&-\boldsymbol{H}_d^{\mathrm{T}}\end{pmatrix}=\begin{pmatrix}2\boldsymbol{H}_d\boldsymbol{H}_d{}^{\mathrm{T}}&\boldsymbol{0}\\\boldsymbol{0}&2\boldsymbol{H}_d\boldsymbol{H}_d^{\mathrm{T}}\end{pmatrix}$$

$$=\begin{pmatrix} 2d\boldsymbol{I}_d & \\ & 2d\boldsymbol{I}_d \end{pmatrix}=2d\boldsymbol{I}_{2d}.$$

这表明:若 d 阶阿达玛方阵存在,则对每个 $i\geqslant 1$,均存在 2^id 阶阿达玛方阵.由于 2 阶阿达玛方阵存在,可知对每个 $i\geqslant 1$,均存在 2^i 阶阿达玛方阵.

下一结果表明当 $n\neq 2$ 时阿达玛方阵的阶 n 必为 4 的倍数,所以 3,5,6,7 阶阿达玛方阵都是不存在的.

引理 6.3.2 设 $n\geqslant 3$,如果存在 n 阶阿达玛方阵,则$n\equiv 0 \pmod 4$.

证明 设 $\boldsymbol{H}_n=(a_{ij})_{1\leqslant i,j\leqslant n}$为 n 阶阿达玛方阵,由 $n\geqslant 3$,$a_{ij}=\pm 1$ 以及前三行彼此正交,可知

$$\begin{aligned}
&\sum_{j=1}^{n}(a_{1j}+a_{2j})(a_{1j}+a_{3j})\\
=&\sum_{j=1}^{n}(a_{1j}^2+a_{1j}a_{2j}+a_{1j}a_{3j}+a_{2j}a_{3j})\\
=&\sum_{j=1}^{n}a_{1j}^2\\
=&\sum_{j=1}^{n}1\\
=&\,n.
\end{aligned}$$

但是 $a_{1j}+a_{2j}$ 和 $a_{1j}+a_{3j}$ 均为偶数,从而上式左边求和式中每项都是 4 的倍数.因此左边为 4 的倍数,这给出 $n\equiv 0 \pmod 4$. □

关于阿达玛方阵的一个著名的猜想为:

对于每个正整数 $n\equiv 0 \pmod 4$,均存在 n 阶阿达玛方阵.

目前已构作出许多阿达玛方阵,但是上述猜想至今未完全解决.

我们已对每个 $n=2^i(i\geqslant 1)$均构作了 n 阶阿达玛方阵.现在

我们用前面所学的有限域知识继续构作阿达玛方阵.

(A)利用有限域 $F_q(2\nmid q)$ 中的 2 次乘法特征 $\eta(x)$. 我们知道当 $x\in F_q^*$ 时, $\eta(x)=1$(若 x 为 F_q 中平方元素)或 -1(若 x 为 F_q 中非平方元素).

定理 6.3.3 设 F_q 为有限域, $q\equiv 3\pmod 4$, $F_q=\{a_1,a_2,\cdots,a_q\}$. 令 $b_{ij}=\eta(a_j-a_i)$(对于 $1\leqslant i\neq j\leqslant q$). 则

$$H_{q+1}=\begin{pmatrix}1 & 1 & 1 & 1 & \cdots & 1\\ 1 & -1 & b_{12} & b_{13} & \cdots & b_{1q}\\ 1 & b_{21} & -1 & b_{23} & \cdots & b_{2q}\\ \vdots & \vdots & \vdots & \vdots & & \vdots\\ 1 & b_{q1} & b_{q2} & b_{q3} & \cdots & -1\end{pmatrix}$$

是 $q+1$ 阶阿达玛方阵. 从而对每个奇素数的方幂 $q\equiv 3\pmod 4$, 均存在 $q+1$ 阶阿达玛方阵.

证明 我们只需证明 H_{q+1} 的任意两个不同行的内积均为 0. 对于 $1\leqslant i\leqslant q$, 第 1 行和第 $i+1$ 行的内积为

$$\begin{aligned}1-1+\sum_{\substack{j=1\\ j\neq i}}^{q}b_{ij}&=\sum_{j=1}^{q}\eta(a_j-a_i)\qquad(\text{注意 }\eta(0)=0)\\ &=\sum_{x\in F_q}\eta(x-a_i)=\sum_{y\in F_q}\eta(y)=0.\end{aligned}$$

而当 $1\leqslant i<k\leqslant q$ 时, 第 $i+1$ 行和第 $k+1$ 行的内积为

$$\begin{aligned}&1-b_{ki}-b_{ik}+\sum_{\substack{j=1\\ j\neq i,k}}^{q}b_{ij}b_{kj}\\ =&1-\eta(a_i-a_k)-\eta(a_k-a_i)+\\ &\sum_{j=1}^{q}\eta((a_j-a_i)(a_j-a_k))\\ =&1+\sum_{x\in F_q}\eta(x^2-(a_i+a_k)x+a_ia_k)\end{aligned}$$

(由 $q\equiv 3 \pmod 4$ 知 $\eta(-1)=-1$)

$=1-1=0.$

关于 $\sum\limits_{x\in F_q}\eta(x^2+ax+b)=-1(a,b\in F_q,a^2-4b\neq 0)$,参见定理 5.2.2 的证明,于是 $\boldsymbol{H}_{q+1}$ 为阿达玛方阵. □

由这个定理可知对于 $n=12,20,28,44,60,68,\cdots$ 均存在 n 阶阿达玛方阵,从而对于 $n=24,40,48,56,\cdots$ 也存在 n 阶阿达玛方阵.

(B)由已知阿达玛方阵构作新的阿达玛方阵.

定理 6.3.4 如果存在 n 阶和 m 阶阿达玛方阵,则存在 nm 阶阿达玛方阵.

证明 设 $\boldsymbol{H}_n=(a_{ij})(1\leqslant i,j\leqslant n)$ 和 $H_m=(b_{kl})(1\leqslant k,l\leqslant m)$ 分别是 n 阶和 m 阶阿达玛方阵. 对于 $a=\pm 1$,我们用 $a\boldsymbol{H}_m$ 表示 $\boldsymbol{H}_m$ 中每个元素乘以 a 而得的方阵. 请读者验证:nm 阶方阵

$$\begin{pmatrix} a_{11}\boldsymbol{H}_m & a_{12}\boldsymbol{H}_m & \cdots & a_{1n}\boldsymbol{H}_m \\ a_{21}\boldsymbol{H}_m & a_{22}\boldsymbol{H}_m & \cdots & a_{2n}\boldsymbol{H}_m \\ \vdots & \vdots & & \vdots \\ a_{n1}\boldsymbol{H}_m & a_{n2}\boldsymbol{H}_m & \cdots & a_{nn}\boldsymbol{H}_m \end{pmatrix}$$

是阿达玛方阵,证毕. □

例如由定理 6.3.3 可知存在 12 阶和 68 阶的阿达玛方阵,根据定理 6.3.4 可知存在 $12\times 68=2^4\times 3\times 17$ 阶阿达玛方阵,而定理 6.3.3 不能得到这种阿达玛方阵的存在性,因为 $12\times 68-1=815,6\times 68-1=407,3\times 68-1=203$ 都不是素数的方幂.

最后我们证明阿达玛方阵和一种特殊参数的对称 BIBD 是等价的.

定理 6.3.5　设 $n=4t$,则存在 n 阶阿达玛方阵的充要条件是存在参数$(v,k,\lambda)=(4t-1,2t-1,t-1)$的 BIBD.

证明　设 $\boldsymbol{H}_n=(a_{ij})$是一个阿达玛方阵.将 $\boldsymbol{H}_n$ 的某一行或其一列变号之后,仍是阿达玛方阵.所以我们不妨设 $\boldsymbol{H}_n$ 的第一行和第一列的所有元素全是 1.令 $X=\{2,3,\cdots,n\}$为品种集合,X 中以下面 $n-1$ 个子集作为区组

$$X_i=\{j\mid 2\leqslant j\leqslant n,a_{ij}=1\}\quad(2\leqslant i\leqslant n).$$

我们证明$\{X_2,X_3,\cdots,X_n\}$是参数$(v,k,\lambda)=(4t-1,2t-1,t-1)$的对称 BIBD.首先,当 i 或 j 为 1 时,$a_{ij}=1$.由于第 1 行与第 i 行正交$(2\leqslant i\leqslant n)$,从而

$$0=\sum_{j=1}^{n}a_{1j}a_{ij}=1+\sum_{j=2}^{n}a_{ij}.$$

于是$\sum\limits_{j=2}^{n}a_{ij}=-1$.另外,设 $a_{ij}\,(2\leqslant j\leqslant n)$ 当中有 k 个为 1,则另外 $n-k-1$ 个为 -1.于是$\sum\limits_{j=2}^{n}a_{ij}=k-(n-k-1)=2k-n+1$.于是 $-1=2k-n+1$,$k=\dfrac{n}{2}-1=2t-1$.这就表明每个区组 $X_i(2\leqslant i\leqslant n)$都有 $k=2t-1$ 个品种.类似地,利用第 1 列和第 j 列正交$(2\leqslant j\leqslant n)$,可证得每个品种均恰好在 k 个区组之中.最后设 i 和 j 是两个不同的品种,即 $2\leqslant i\neq j\leqslant n$.则

$$i\text{ 和 }j\text{ 同时在区组 }X_h\text{ 中}\Leftrightarrow a_{hi}=a_{hj}=1.$$

设 i 和 j 同时出现在λ 个区组 $X_h(2\leqslant h\leqslant n)$之中,即有 λ 个 h 值使得 $a_{hi}=a_{hj}=1$.由于 $a_{hi}\,(2\leqslant h\leqslant n)$中共有 $k=2t-1$ 个为 1,从而对于剩下的 $k-\lambda$ 个 h 值,$a_{hi}=1$,$a_{hj}=-1$.同样地也有 $k-\lambda$个 h 值,使 $a_{hi}=-1$,$a_{hj}=1$.最后剩下 $n-1-2(k-\lambda)-\lambda$ 个 h 值,使 $a_{hi}=a_{hj}=-1$.于是由第 i 列和 j 列正交,可知

$$
\begin{aligned}
-1 &= \sum_{h=2}^{n} a_{hi}a_{hj} = \lambda - 2(k-\lambda) + n - 1 - 2(k-\lambda) - \lambda \\
&= n - 1 - 4(k-\lambda).
\end{aligned}
$$

从而 $\lambda=k-\dfrac{n}{4}=2t-1-t=t-1$. 即任意两个不同品种均恰好同时出现在 $t-1$ 个区组之中. 于是 $\{X_2, X_3, \cdots, X_n\}$ 是参数 $(v,k,\lambda)=(4t-1,2t-1,t-1)$ 的对称 BIBD.

反过来,设 $X=\{2,3,\cdots,n\}$ 为品种,$\{X_2,X_3,\cdots,X_n\}$ 为 X 的 $n-1$ 个子集,并且以 $X_2,X_3,\cdots,X_n$ 为区组构成参数 $(v,k,\lambda)=(4t-1,2t-1,t-1)$ 的对称 BIBD($n=4t$). 对于 $2\leqslant i$, $j\leqslant n$,令

$$
a_{ij}=\begin{cases}1,若\ j\in X_i, \\ -1,若\ j\notin X_i.\end{cases}
$$

再令 $a_{11}=a_{12}=\cdots=a_{1n}=a_{21}=a_{31}=\cdots=a_{n1}=1$. 将上面的证明反其道而行之,可证 $\boldsymbol{H}_n=(a_{ij})_{(1\leqslant i,j\leqslant n)}$ 是 n 阶阿达玛方阵. □

习 题

试构造 12 阶阿达玛方阵.

七 纠错码

这一章介绍有限域在通信中的一个应用:如何保障通信的可靠性.具体通信方式可以是多种多样的(打电话,传送电子邮件,宇宙飞船将金星图片传回地球,邮差传送信件和公文……),它们的抽象数学模型可以表示成以下最基本的形式:

$$\boxed{\text{发方}} \xrightarrow{x} \overset{\text{信道}}{\cdots\cdots} \xrightarrow{x} \boxed{\text{收方}}$$

发方把信息 x(声音,文字,图像,数据……)通过信道(电话线,大气层……)输送给收方.信息在传输过程中会产生错误,我们的问题是:如何设计信息编制方法,使得收方能检查出接收信号中的错误,并且能纠正错误以恢复真实信息?

从 20 世纪 60 年代起,有限域理论运用于通信纠错问题,构作了性能良好的纠错码,不断地提高效率和纠错能力,改进纠错译码算法,以使得用有限域理论构作的纠错码在工程上得到实际应用.在这一章我们将介绍如何纠正通信中的错误,利用前面所学关于有限域的知识讲述构作纠错码的数学方法和重要例子.

§7.1 何为纠错码?

在数学通信中,不同形式的原始信息(声音,文字,图像,数据……)利用物理手段统一编成离散的脉冲信号发出，脉冲信号只有有限多个状态，假设有 m 个状态($m\geqslant 2$)，可以表示成 0，1，…，$m-1$，并且看成模 m 同余类环 Z_m 中的元素，从而有加减乘运算. 如果 m 是素数 p，则 Z_p 为有限域，或者更一般地，$m=q$ 是素数方幂，通信的每位采用有限域 F_q 中元素，我们可以用有限域工具解决通信中的各种问题.

事实上，数字通信中最常用的脉冲信号只有两个状态，即最常用的是二元域 F_2 中 0 和 1. 一般地，我们用 n 维向量空间 F_q^n 中的 q^n 个向量表示 q^n 个不同的信息. 比如 F_2^3 中有 8 个向量，可以表示“赵钱孙李周吴郑王”8 个不同的姓：

赵＝(000)，钱＝(100)，孙＝(010)，李＝(110)，

周＝(001)，吴＝(101)，郑＝(011)，王＝(111).

设想发方把某个姓“李”传给对方，即传出(110). 如果信道传输时出错(受到干扰或设备故障)，第 3 位的 0 错成 1，则收方得到(111). 这时收方无法发现错误，因为(111)也是信息，它代表“王”，收方无法判别是正确信息“王”，还是信息“郑”＝(011)的第 1 位出错，还是其他情况. 所以这个通信系统完全没有检查错误和纠正错误的能力.

如何使通信系统具有纠错能力？这需要将信息再进行一次编码(纠错编码). 我们先举两个例子，它们也是通信系统中最早采用的检错和纠错方式.

例 1(奇偶校验码)　前面已经把“赵钱孙李周吴郑王”分别用 F_2^3 中向量(000)，(100)，…，(111)来传输. 现在把它们加上一位(0 或 1)，使得新向量有偶数个 1，从而均成为长为 4 的二元向量：

赵＝(0000)，钱＝(1001)，孙＝(0101)，李＝(1100)，

周＝(0011)，吴＝(1010)，郑＝(0110)，王＝(1111).

长为 4 的二元向量共有 16 个，其中只有上述 8 个是有意义的，称为码字，而其余 8 个向量(包含奇数个 1 分量)均没有意义，不是码字.

如果码字在传输中出现一位错误，比如李＝(1100)错成(1110)(第 3 位出错，0 变为 1)，则收方接到(1110)有奇数个 1，不是码字，从而发现有错误，但是不知是哪位出错，因为吴＝(1010)的第 2 位出错也是(1110). 这个纠错编码可以发现 1 位错误，但是没有纠错能力. 此外，8 个信息本来每个用 3 位传输，现在为了纠错重新编码，每个信息要用 4 位. 所以传输信息的速度比(叫作效率)是 3/4.

例 **2**(重复码)　在电话中噪声很大时，常常把讲话重复几遍. 现在我们也把前面的信息每个都重复三遍传出：

$$赵=(000000000),钱=(100100100),\cdots,$$

$$郑=(011011011),王=(111111111).$$

长为 9 的二元向量(F_2^9 中向量)为 $2^9=512$ 个，其中只有形如($c_0c_1c_2c_0c_1c_2c_0c_1c_2$)的 8 个为有意义的码字，所以效率为 $\frac{3}{9}=\frac{1}{3}$. 另外，由于 8 个码字彼此至少有三位是不同的，所以若码字在传输中 1 位或 2 位发生错误，它不是任何码字，收方收到后便发现错误. 这表明上述纠错码可以检查出每个码字的 9 位当中任何 1 位或 2 位的错误(但是不能发现 3 位错误，比如赵＝(000000000)的第 1，4，7 位出错可成为另一个码字：钱＝(100100100)). 进而，如果码字只有 1 位出现错误，则收方收到向量 $\boldsymbol{x}$ 之后，这个向量 $\boldsymbol{x}$ 和发送的码字只有 1 位不同，而与其他码字至少有 2 位不同，于是收方认定发来的是和收到向量 $\boldsymbol{x}$ 相异位最少的那个唯一的码字，便认定了正确的信息，即可以纠1位错误. 例如收方得到 $x=(101111101)$，如果假定错位只有1个，那么把向量分成三段，其中两段为(101)，中间一段为(111). 可知是中间段出现错位，恢复成(101101101)＝吴. 综合上述，这个纠错编码方法可以检查≤2位错，也可以纠正1位错. 效率为$\frac{1}{3}$.

有了以上两个例子，可以看出纠错码的本质为：

(1)为了使通信系统具有检错和纠错能力，我们把 F_q^k 中的 q^k 个信息$(c_0, c_1, \cdots, c_{k-1})$的长度加大，编成 F_q^n 中向量$(a_0, a_1, \cdots, a_{n-1})(n>k)$，从而 F_q^n 中 q^n 个向量只有 q^k 个为代表信息的码字，效率为$\frac{k}{n}$. 所以，我们是在降低通信效率的情况下提高通信纠错能力的.

(2)为了使纠错编码具有好的检错和纠错能力，要使不同码字之间都在许多位上是不同的元素(这叫相异位). 在例1中，不同码字之间至少有2个相异位，从而可检查1位错. 在例2中，不同码字之间至少有3个相异位，从而可检查2位错，也可纠正1位错.

(3)将通信系统加上纠错功能之后，数学模型便成为如下形式：

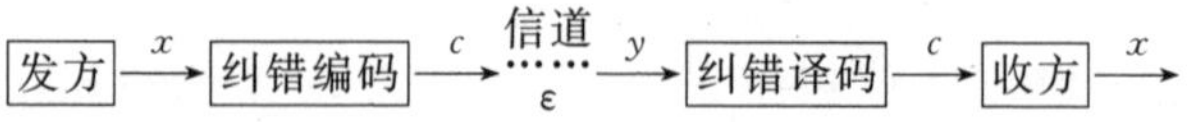

发方将信息 $x\in F_q^k$ 编成码字 $c\in F_q^n$，在传送过程中信道出现错误 $\varepsilon\in F_q^n$，从而收方得到 $y=c+\varepsilon$，收方进行纠错，恢复成正确的码字 c，然后得到信息 x. 信道中将码字 c 发生了 l 位错误，即指错误向量 $\boldsymbol{\varepsilon}=(\varepsilon_1, \varepsilon_2, \cdots, \varepsilon_n)$中有 l 个分量 ε_i 是 F_q 中非零元

素，这时 $\boldsymbol{y}=\boldsymbol{c}+\boldsymbol{\varepsilon}=(c_1+\varepsilon_1,c_2+\varepsilon_2,\cdots,c_n+\varepsilon_n)$中有 l 个分量 $c_i+\varepsilon_i$ 与 c_i 不同，出现了错误.

综合上述，现在可以给出纠错码的确切数学概念.

定义 7.1.1 F_q^n 表示有限域 F_q 上的 n 维向量空间. F_q^n 的每个非空子集合 C 都叫作一个 q 元码，n 叫该码的码长，C 中向量叫作码字.

用 K 表示 C 中码字个数，即 $K=|C|$，则 $1\leqslant K\leqslant q^n$.

$k=\log_q K$ 叫作码 C 的信息位数(k 为实数，$0\leqslant k\leqslant n$).

$\frac{k}{n}$叫作码 C 的效率(或叫信息率).

我们还需要一个概念来衡量码 C 的纠错能力，由上面直观描述可知，这个概念应当是不同码字之间的相异位个数.

定义 7.1.2 设 $\boldsymbol{a}=(a_1,a_2,\cdots,a_n)$和 $\boldsymbol{b}=(b_1,b_2,\cdots,b_n)$是 F_q^n 中两个向量，则向量 $\boldsymbol{a}$ 的 Hamming 权(weight)定义为非零分量 a_i 的个数，表示成 $w_H(\boldsymbol{a})$，即

$$w_H(\boldsymbol{a})=\#\{i\,|\,1\leqslant i\leqslant n,a_i\neq 0\}.$$

而向量 $\boldsymbol{a}$ 和 $\boldsymbol{b}$ 之间的 Hamming 距离是指它们相异位的个数，表示成 $d_H(\boldsymbol{a},\boldsymbol{b})$，即

$$d_H(\boldsymbol{a},\boldsymbol{b})=\#\{i\,|\,1\leqslant i\leqslant n,a_i\neq b_i\}=w_H(\boldsymbol{a}-\boldsymbol{b}).$$

F_q^n 中这个距离的定义非常简单，但是它具有通常距离类似的性质，以下将 $w_H(\boldsymbol{a})$和 $d_H(\boldsymbol{a},\boldsymbol{b})$分别简记为 $w(\boldsymbol{a})$和$d(\boldsymbol{a},\boldsymbol{b})$.

对于 $\boldsymbol{a},\boldsymbol{b},\boldsymbol{c}\in F_q^n$，

(1)$d(\boldsymbol{a},\boldsymbol{b})\geqslant 0$，并且 $d(\boldsymbol{a},\boldsymbol{b})=0$ 当且仅当 $\boldsymbol{a}=\boldsymbol{b}$；

(2)$d(\boldsymbol{a},\boldsymbol{b})=d(\boldsymbol{b},\boldsymbol{a})$；

(3)(三角形不等式) $d(\boldsymbol{a},\boldsymbol{c})\leqslant d(\boldsymbol{a},\boldsymbol{b})+d(\boldsymbol{b},\boldsymbol{c})$.

定义 7.1.3 设 C 是码长为 n 的 q 元码(C 为 F_q^n 的非空子

集合)，$K=|C|\geqslant 2$. 定义 C 的最小距离为不同码字之间 Hamming 距离的最小值，表示成 $\mathrm{d}(C)$，即

$$d=d(C)=\min\{d(\boldsymbol{c},\boldsymbol{c}')\mid \boldsymbol{c},\boldsymbol{c}'\in C,\boldsymbol{c}\neq\boldsymbol{c}'\}.$$

下面结果虽然简单，但却是整个纠错理论的基础. 对于实数 α，以 $[\alpha]$ 表示不超过 α 的最大整数，叫 α 的整数部分.

定理 7.1.4 如果纠错码 C 的最小距离为 d，则 C 可检查 $\leqslant d-1$ 位错，也可纠正 $\leqslant\left[\frac{d-1}{2}\right]$ 位错.

证明 设发出码字 $\boldsymbol{c}\in C$，信道出错，但错位不超过 $d-1$，即错误向量 $\boldsymbol{\varepsilon}$ 满足 $1\leqslant w(\boldsymbol{\varepsilon})\leqslant d-1$，则收到向量 $\boldsymbol{v}=\boldsymbol{c}+\boldsymbol{\varepsilon}$. 由 $\boldsymbol{\varepsilon}\neq\boldsymbol{0}$ 可知 $\boldsymbol{v}\neq\boldsymbol{c}$，进而 $d(\boldsymbol{c},\boldsymbol{v})=w(\boldsymbol{v}-\boldsymbol{c})=w(\boldsymbol{\varepsilon})\leqslant d-1$. 由于对每个码字 $\boldsymbol{c}'\neq\boldsymbol{c}$，$d(\boldsymbol{c},\boldsymbol{c}')\geqslant d$，所以 $\boldsymbol{v}$ 也不为 $\boldsymbol{c}'$，这表明 $\boldsymbol{v}$ 不是码字，从而收方知道出错，即可检查出 $\leqslant d-1$ 位错.

现在设 $1\leqslant w(\boldsymbol{\varepsilon})\leqslant\left[\frac{d-1}{2}\right]$，这时 $d(\boldsymbol{c},\boldsymbol{v})=w(\boldsymbol{\varepsilon})\leqslant\left[\frac{d-1}{2}\right]$，而对每个码字 $\boldsymbol{c}'\neq\boldsymbol{c}$，由三角形不等式知

$$\begin{aligned}d(\boldsymbol{c}',\boldsymbol{v})&\geqslant d(\boldsymbol{c}',\boldsymbol{c})-d(\boldsymbol{c},\boldsymbol{v})\\&\geqslant d-\left[\frac{d-1}{2}\right]>\left[\frac{d-1}{2}\right].\end{aligned}$$

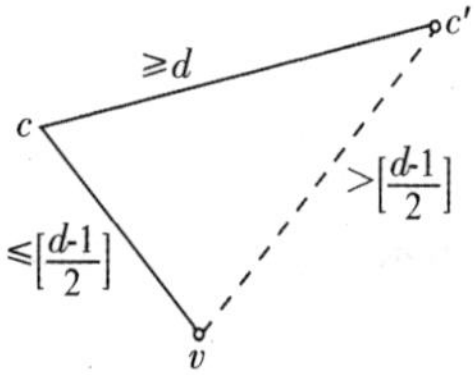

图 7-1

如图 7-1 所示，这表明 $\boldsymbol{c}$ 是唯一的与 $\boldsymbol{v}$ 最近的码字，收方将 $\boldsymbol{v}$ 译成 $\boldsymbol{c}$ 是正确纠错，从而可纠 $\leqslant\left[\frac{d-1}{2}\right]$ 位错，证毕. □

对每个固定的有限域 F_q，q 元纠错码 $C(\subseteq F_q^n)$ 有三个基本参数：

码长 n.

码字个数 $K=|C|$（或用信息位数 $k=\log_q K$，$0\leqslant k\leqslant n$）.

最小距离 $d=d(C)$，$1\leqslant d\leqslant n$.

我们把这个纠错码表示成$(n,K,d)_q$或者$[n,k,d]_q$，也说成：q元码(n,K,d)或q元码$[n,k,d]$.

纠错码数学理论的最基本研究课题有以下两个问题：

(1)构作性能良好的纠错码，即要求效率$\frac{k}{n}$和反映纠错能力的d愈大愈好.

(2)寻求好的译码算法.

对于问题(1)，易知三个参数n，K(或k)和d之间是相互制约的，有两个极端的情形：一种情形，若$\frac{k}{n}$为最大值1，即$k=n$，则$K=q^n$，从而$C=F_q^n$(每个向量都是码字)，则d为最小值1(不能检错和纠错)；另一种情形，若d为最大值$d=n$，则q元码C的码字最多有q个，即$K\leqslant q$，$k\leqslant 1$，于是效率$\frac{k}{n}\leqslant\frac{1}{n}$. 所以我们可以固定其中两个参数，而问第三个参数最佳可能的值是多少. 比如：

对固定的n和$K(1\leqslant K\leqslant q^n)$，$F_q^n$中一个$K$元子集合$C$的最小距离$d$最大可能是多少？

对于固定的n和$d(1\leqslant d\leqslant n)$，码长为$n$且最小距离为$d$的纠错码，最多可以有多少码字？

我们在下面将给出一个码$(n,K,d)_q$的参数之间应当满足的一些不等式，叫作纠错码的各种界，达到某个界的码就是性能最好的纠错码.

例 3 考虑由以下16个码字构成的二元码(码长$n=7$，$K=16$).

0010111 1101000

1001011 0110100

$$
\begin{matrix}
1100101 & 0011010 \\
1110010 & 0001101 \\
0111001 & 1000110 \\
1011100 & 0100011 \\
0101110 & 1010001 \\
0000000 & 1111111
\end{matrix}
$$

这是(0010111)循环移位给出的 7 个码字与(1101000)循环移位给出的 7 个码字,再加上(0000000)和(1111111).

可直接验证此码的最小距离为 3,即二元码(7,16,3)(或表示为[7,4,3]).

例 2 中的重复码是二元码[9,3,3],例 3 中二元码[7,4,3]的效率$\frac{k}{n}=\frac{4}{7}$比$\frac{3}{9}=\frac{1}{3}$要好,而纠错能力相同,所以例 3 中二元码比例 2 中重复码要好. 事实上,$[7,4,3]_2$ 是一种性能最好的纠错码,达到下面定理 7.1.5 中的 Hamming 界. 构作好的纠错码是很有学问的.

问题(2)则源于应用,一个好的纠错码在通信中真正能够被采用,还需要有好的纠错编码和纠错译码方法,使得工程上得以实用. 纠错编码是希望给出一种方便的办法把 K 个信息一一对应于 C 中的 K 个码字,通常容易实现,而纠错译码是收方得到 $\boldsymbol{v}=\boldsymbol{c}+\boldsymbol{\varepsilon}$之后,要有方便的办法译出正确的码字 $\boldsymbol{c}$. 让我们考察一下定理 7.1.4,它的证明实际上给出了一种译码算法:每收到向量 $\boldsymbol{v}=\boldsymbol{c}+\boldsymbol{\varepsilon}$,都要把 $\boldsymbol{v}$ 与 C 中所有码字加以比较,即对所有 $\boldsymbol{c}'\in C$,计算 $d(\boldsymbol{v},\boldsymbol{c}')=w(\boldsymbol{v}-\boldsymbol{c}')$,从中找到码字 $\boldsymbol{c}$ 使 $d(\boldsymbol{v},\boldsymbol{c})$最小,将 $\boldsymbol{v}$ 译成码字 $\boldsymbol{c}$,这是非常耗时的译码算法. 所以,找到好的纠错码之后,要给出好的译码算法,在工程上才能应用.

围绕以上两个基本问题，还需要研究纠错码的一些其他问题，特别是分析好码的组合结构、代数结构甚至是几何结构. 这就需要使用各种组合学、代数学甚至是几何学的工具，利用码的结构特点不仅可以发现好码，也可用来找到好的译码算法.

现在我们给出纠错码三个参数之间一些相互制约的关系.

定理 7.1.5（**Hamming 界**） 如果存在纠错码$(n,K,d)_q$，则

$$q^n \geqslant K \sum_{i=0}^{\left[\frac{d-1}{2}\right]} (q-1)^i \binom{n}{i},$$

这里$\binom{n}{i}$是组合数（n 个物体中取 i 个的方法数）：

$$\binom{n}{i} = \frac{n(n-1)\cdots(n-i+1)}{i(i-1)\cdots 1} = \frac{n!}{(n-i)!\,i!}.$$

证明 对每个整数 $r \geqslant 0$ 和向量 $\boldsymbol{v}=(v_1,v_2,\cdots,v_n)\in F_q^n$，我们用 $S_q(\boldsymbol{v},r)$表示和 $\boldsymbol{v}$ 的 Hamming 距离$\leqslant r$ 的所有向量组成的集合

$$S_q(\boldsymbol{v},r)=\{\boldsymbol{u}\in F_q^n \mid d(\boldsymbol{u},\boldsymbol{v})\leqslant r\}.$$

叫作以 $\boldsymbol{v}$ 为中心，半径为 r 的（闭）球. 不难算出这个球中向量的个数：对每个 $i\geqslant 0$，若 $\boldsymbol{u}$ 与 $\boldsymbol{v}$ 的 Hamming 距离为 i，则 $\boldsymbol{u}$ 和 $\boldsymbol{v}$ 恰有 i 个分量不同. 由于 $\boldsymbol{v}=(v_1,v_2,\cdots,v_n)$是固定的，$n$ 个分量中选 i 个的方法数为$\binom{n}{i}$. 在这 i 个分量上 $\boldsymbol{u}$ 的元素与 $\boldsymbol{v}$ 不一致，从而每分量均有 $q-1$ 种取法，其余分量上与 $\boldsymbol{v}$ 一致，因此 $d(\boldsymbol{u},\boldsymbol{v})=i$的 $\boldsymbol{u}$ 有$(q-1)^i\binom{n}{i}$个. 于是球 $S_q(\boldsymbol{v},r)$中元素个数为

$$|S_q(\boldsymbol{v},r)| = \sum_{i=0}^{r} \binom{n}{i}(q-1)^i.$$

现在设存在参数为(n,K,d)的 q 元码 C，令 $l=\left[\frac{d-1}{2}\right]$，考虑以 C 中每个码字为中心的所有半径均为 l 的球 $S_q(\boldsymbol{c},l)(\boldsymbol{c}\in C)$，这样的球共 K 个. 对于其中两个不同的球 $S_q(\boldsymbol{c}_1,l)$和 $S_q(\boldsymbol{c}_2,l)(\boldsymbol{c}_1,\boldsymbol{c}_2\in C,\boldsymbol{c}_1\neq\boldsymbol{c}_2)$，由 $d(\boldsymbol{c}_1,\boldsymbol{c}_2)\geqslant d$ 可知这两个球不相交，因若有向量 $\boldsymbol{u}$ 同时在这两个球中，则 $d(\boldsymbol{u},\boldsymbol{c}_1)\leqslant l,d(\boldsymbol{u},\boldsymbol{c}_2)\leqslant l$. 由三角形不等式，$d(\boldsymbol{c}_1,\boldsymbol{c}_2)\leqslant d(\boldsymbol{c}_1,\boldsymbol{u})+d(\boldsymbol{u},\boldsymbol{c}_2)\leqslant 2l=2\left[\frac{d-1}{2}\right]\leqslant d-1$，这与 $d(\boldsymbol{c}_1,\boldsymbol{c}_2)\geqslant d$ 相矛盾. 于是，上述 K 个球两两不相交，这些球所有元素个数之和为 $K\sum\limits_{i=0}^{l}\binom{n}{i}(q-1)^i$，它应不超过整个空间 F_q^n 的元素个数 q^n，这就证明了定理 7.1.5. □

设 C 为 q 元码$(n,K,2l+1)$. 如果

$$q^n=K\cdot\sum_{i=0}^{l}(q-1)^i\binom{n}{i},$$

则称 C 为完全(perfect)码.

完全码是一类好的纠错码，几何上，如果 C 是上述参数的 q 元完全码，则 K 个球 $S_q(\boldsymbol{c},l)(\boldsymbol{c}\in C)$恰好填满整个空间 F_q^n. 上面例 3 中的二元码(7,16,3)是完全码，因为

$$q^n=2^7=128,$$

$$K\cdot\sum_{i=0}^{l}(q-1)^i\binom{n}{i}=16\cdot\sum_{i=0}^{l}\binom{7}{i}=16\times(1+7)=128.$$

定理 7.1.6(Singleton 界) 如果存在 q 元码(n,K,d)，$1\leqslant d\leqslant n-1$，则

$$K\leqslant q^{n-d+1}\quad(n\geqslant k+d-1).$$

证明 设 C 是 q 元码(n,K,d)，对每个 $a\in F_q$，令 C_a 是 C 中所有末位是 a 的码字去掉 a 之后组成的 F_q^{n-1} 中一个子集合

$$C_a=\{(c_1,c_2,\cdots,c_{n-1})\mid(c_1,c_2,\cdots,c_{n-1},a)\in C\}.$$

易知 $d(C_a)\geqslant d(C)=d$. 对于码长为 $n-1$ 的 q 个码字 $C_a(a\in F_q)$,所有码字个数之和为 $|C|=K$,即 $K=\sum_{a\in F_q}|C_a|$. 从而至少存在 $a\in F_q$,使 $|C_a|\geqslant\frac{K}{q}$,所以必存在参数 $(n-1,\geqslant\frac{K}{q},\geqslant d)$ 的 q 元码. 这样做下去,即知存在参数为 $(d,\geqslant\frac{K}{q^{n-d}},d)$ 的 q 元码 C'. 由于 C' 的码长和最小距离均为 d,可知 C' 至多有 q 个码字,于是 $q\geqslant|C'|\geqslant\frac{K}{q^{n-d}}$,从而 $K\leqslant q^{n-d+1}$. □

设 C 是 q 元码 (n,K,d),如果 $K=q^{n-d+1}(n=k+d-1)$,则 C 叫作极大距离可分码(Maximal Distance Separable, MDS)码.

Hamming 界和 Singleton 界只是纠错码的参数之间需要满足的必要条件. 对于满足这些条件的 n,K,d,q,是否有参数为 (n,K,d) 的 q 元码,即是否在 F_q^n 中能找到 K 个码字,使得彼此之间的 Hamming 距离都 $\geqslant d$? 这纯粹是一个组合学的问题. 为了更加有效地利用数学工具,我们对于纠错码 C 加一些限制,不仅 C 为 F_q^n 的一个子集合,而且有其他结构. 例如在下节,我们取 C 为 F_q^n 的线性子空间,这时就可以利用线性代数工具.

习　题

1. 一个长为 8 的二元码,最小距离为 5,试问最多能有多少码字?
2. 码长为 n 的 q 元码,最小距离为 2,试问最多能有多少码字?
3. 能否构作一个参数为 $[8,4,4]$ 的二元码? 能否构作一个参数为 $(n,$

$K,d)=(5,4,3)$的二元码?

4. 设 d 为偶数，$2\leqslant d\leqslant n$. 证明：存在参数(n,K,d)的二元码当且仅当存在参数$(n-1,K,d-1)$的二元码.

5. 设 $m\geqslant 3$. 证明：若存在 m 阶的阿达玛方阵，则存在参数为$(m,2m,\frac{m}{2})$的二元码，也存在参数为$(m-1,m,\frac{m}{2})$的二元码.

注记 可以证明，如果存在参数为(n,K,d)的二元码，并且 $2d>n$，则 $K\leqslant 2\left[\frac{d}{2d-n}\right]$. 这叫二元码的 Plotkin 界. 参数为$(m-1,m,\frac{m}{2})$的二元码达到 Plotkin 界，所以是一类好的纠错码. 请读者由此构作参数$(n,K,d)=(7,8,4)$和$(11,12,6)$的二元码.

§7.2 线性码

定义 7.2.1 向量空间 F_q^n 的一个 F_q 上的线性子空间 C 叫作 q 元线性码. 换句话说，F_q^n 的一个非空子集合 C 叫作 q 元线性码，是指若 $\boldsymbol{c},\boldsymbol{c}'\in C$，则对任意 $a,a'\in F_q$，均有 $a\boldsymbol{c}+a'\boldsymbol{c}'\in C$.

记 $k=\dim_{F_q}C$（F_q-向量子空间 C 的维数），则 $K=|C|=q^k$，所以 C 的维数 k 就是码 C 的信息位数，C 的码长为 n. 根据定义，码 C 的最小距离 $d=d(C)$ 应为 $\binom{K}{2}=\frac{1}{2}K(K-1)$ 个 $d(\boldsymbol{c},\boldsymbol{c}')$（$\boldsymbol{c},\boldsymbol{c}'\in C,\boldsymbol{c}\neq\boldsymbol{c}'$）的最小值. 下面引理表明，对于线性码 C，$d(C)$可以有更简单的刻画方式.

引理 7.2.2 对于线性码 C，

$$d(C)=\min\{w(\boldsymbol{c})\mid \boldsymbol{0}\neq\boldsymbol{c}\in C\},$$

即 d 为 C 中所有 $K-1$ 个非零码字 $\boldsymbol{c}$ 的 Hamming 权的最小值.

证明 零向量 $\boldsymbol{0}$ 是线性码 C 中的码字，并且任何两个不同码字之差仍是码字，可知 C 中不同码字之差所成的集合就是 C 的所有非零码字所成的集合. 由此即证引理. □

对于线性码可以利用线性代数工具，取 C 的一组 F_q-基$\{\boldsymbol{v}_1,\boldsymbol{v}_2,\cdots,\boldsymbol{v}_k\}$，

$$\boldsymbol{v}_i=(a_{i1},a_{i2},\cdots,a_{in})(1\leqslant i\leqslant k),$$

其中 $a_{ij}\in F_q(1\leqslant j\leqslant n,1\leqslant i\leqslant k)$. 则每个码字可唯一表示成

$$\begin{aligned}\boldsymbol{c}&=b_1\boldsymbol{v}_1+b_2\boldsymbol{v}_2+\cdots+b_k\boldsymbol{v}_k\\&=(b_1,b_2,\cdots,b_k)\boldsymbol{G},\end{aligned}\quad(b_1,b_2,\cdots,b_k\in F_q)$$

其中 $\boldsymbol{G}$ 是 F_q 上秩为 k 的 $k\times n$(k 行 n 列)矩阵

$$\boldsymbol{G}=\begin{pmatrix}\boldsymbol{v}_1\\\boldsymbol{v}_2\\\vdots\\\boldsymbol{v}_k\end{pmatrix}=\begin{pmatrix}a_{11}&a_{12}&\cdots&a_{1n}\\a_{21}&a_{22}&\cdots&a_{2n}\\\vdots&\vdots&&\vdots\\a_{k1}&a_{k2}&\cdots&a_{kn}\end{pmatrix},$$

$\boldsymbol{G}$ 叫作线性码 C 的一个生成阵. 我们可以先把 $K=q^k$ 个信息编成 F_q^k 中向量$(b_1,b_2,\cdots,b_k)$(共 q^k 个)，为了纠错，再把它们编成 C 中码字 $\boldsymbol{c}=(b_1,b_2,\cdots,b_k)\boldsymbol{G}$，所以纠错编码即 F_q-线性的单射

$$\varphi:F_q^k\to C\subseteq F_q^n,\quad(b_1,b_2,\cdots,b_k)\mapsto(b_1,b_2,\cdots,b_k)\boldsymbol{G}.$$

另外，F_q^n 的一个 k 维向量子空间 C 必是某个齐次线性方程组

$$\begin{cases}b_{11}x_1+b_{12}x_2+\cdots+b_{1n}x_n=0,\\b_{21}x_1+b_{22}x_2+\cdots+b_{2n}x_n=0,\\\qquad\vdots\\b_{n-k,1}x_1+b_{n-k,2}x_2+\cdots+b_{n-k,n}x_n=0\end{cases}$$

的全部解，其中

$$\boldsymbol{H}=(b_{ij})_{1\leqslant i\leqslant n-k,1\leqslant j\leqslant n}$$

是 F_q 上$(n-k)\times n$($n-k$ 行 n 列)矩阵，并且秩为 $n-k$. $\boldsymbol{H}$ 叫作线性码 C 的一个校验阵. 由定义可知，对每个 $\boldsymbol{v}\in F_q^n$，

$$\boldsymbol{v}\in C\Leftrightarrow\boldsymbol{v}\boldsymbol{H}^{\mathrm{T}}=\boldsymbol{0}(\text{长为 }n-k\text{ 的零向量}),$$

所以可用 $\boldsymbol{H}$ 来检查向量 $\boldsymbol{v}$ 是否为 C 中的码字(这里 $\boldsymbol{H}^{\mathrm{T}}$ 表示矩阵 $\boldsymbol{H}$ 的转置矩阵).

校验阵还可用来决定线性码 C 的最小距离.为此,我们把 $\boldsymbol{H}$ 表示成列向量的形式:

$$\boldsymbol{H}=(\boldsymbol{u}_1,\boldsymbol{u}_2,\cdots,\boldsymbol{u}_n),\boldsymbol{u}_i=\begin{pmatrix} b_{1i} \\ b_{2i} \\ \vdots \\ b_{n-k,i} \end{pmatrix} \quad (1\leqslant i\leqslant n).$$

引理 7.2.3 设 C 是参数为$[n,k]$的 q 元线性码,$\boldsymbol{H}=(\boldsymbol{u}_1,\boldsymbol{u}_2,\cdots,\boldsymbol{u}_n)$是 C 的一个校验阵.如果 $\boldsymbol{u}_1,\boldsymbol{u}_2,\cdots,\boldsymbol{u}_n$ 当中任意 $d-1$ 个均 F_q-线性无关,并且存在 d 个列向量是 F_q-线性相关的,则 C 的最小距离为 d.

证明 设 $\boldsymbol{c}=(c_1,c_2,\cdots,c_n)$是 F_q^n 中 Hamming 权为 l 的向量,即 $\boldsymbol{c}$ 有 l 个分量 $c_{j_1},c_{j_2},\cdots,c_{j_l}$ 不为零,而其余分量为零,则

$$\boldsymbol{c}\in C\Leftrightarrow \boldsymbol{0}=\boldsymbol{H}\boldsymbol{c}^{\mathrm{T}}=(\boldsymbol{u}_1,\boldsymbol{u}_2,\cdots,\boldsymbol{u}_n)\begin{pmatrix} c_1 \\ c_2 \\ \vdots \\ c_n \end{pmatrix}=c_{j_1}\boldsymbol{u}_{j_1}+c_{j_2}\boldsymbol{u}_{j_2}+\cdots+c_{j_l}\boldsymbol{u}_{j_l}.$$

这表明:C 中每个权为 l 的非零码字对应给出 $\boldsymbol{H}$ 中 l 个 F_q-线性相关的列向量.从而 C 的最小距离(非零码字的最小权)就等于 $\boldsymbol{u}_1,\boldsymbol{u}_2,\cdots,\boldsymbol{u}_n$ 中线性相关列向量的最少个数.由此即证引理. □

由于线性码 C 中的基有不同的选取方式,所以 C 的生成阵不是唯一的.如果 $\boldsymbol{A}$ 是 F_q 上一个 k 阶可逆方阵,对于

$$AG=A\begin{pmatrix}v_1\\v_2\\\vdots\\v_k\end{pmatrix}=\begin{pmatrix}v'_1\\v'_2\\\vdots\\v'_k\end{pmatrix},$$

则 $v'_1,v'_2,\cdots,v'_k$ 也是 C 的一组基，从而 $G'=AG$ 也是线性码 C 的一个生成阵. 如果 G 的前 k 列是线性无关的，则适当选取可逆方阵 A，总可使 G' 有形式：$G'=[I_kP]$，其中 I_k 是 k 阶单位方阵，而 P 是 F_q 上的 k 行 $(n-k)$ 列矩阵. 这时，$H'=[-P^{\mathrm{T}}I_{n-k}]$ 就是 C 的一个校验阵(习题). 我们以例表明构作校验阵的这种方法.

例 1　考虑以

$$G=\begin{pmatrix}0&0&1&0&1&1&1\\1&0&0&1&0&1&1\\1&1&0&0&1&0&1\\1&1&1&1&1&1&1\end{pmatrix}$$

为生成阵的二元线性码 C，G 的前 4 列构成的行列式其值为 1，于是 G 的秩为 4，可知 C 是 $[n,k]=[7,4]$ 的二元线性码. 这个码具有码字

(1000110)　(G 的 4 行之和)，

(0100011)　(G 的第 1,2,4 行之和)，

(0010111)　(G 的第 1 行)，

(0001101)　(G 的第 1,3,4 行之和).

这 4 个码字是线性无关的，从而也构成线性码 C 的一组基. 于是 C 也有生成阵

$$G' = \left(\begin{array}{c:ccc} & 1 & 1 & 0 \\ I_4 & 0 & 1 & 1 \\ & 1 & 1 & 1 \\ & 1 & 0 & 1 \end{array}\right) = (I_4 \;\vdots\; P).$$

由此便可写出线性码 C 的一个校验阵

$$H = (P^{\mathrm{T}} \;\vdots\; I_3) = \left(\begin{array}{cccc:ccc} 1 & 0 & 1 & 1 & 1 & 0 & 0 \\ 1 & 1 & 1 & 0 & 0 & 1 & 0 \\ 0 & 1 & 1 & 1 & 0 & 0 & 1 \end{array}\right).$$

二元矩阵 $\boldsymbol{H}$ 的 7 列恰好是 F_2 上长为 3 的全部非零列向量，任意两列均线性无关，而第 1 列和第 2 列相加为第 4 列，即第 1，2，4 这三列线性相关，由引理 7.2.3 可知线性码 C 的最小距离为 3. 即 C 是$[n,k,d]=[7,4,3]$的二元线性码. 写出它的全部 16 个码字，可知这就是 7.1 节例 3 中给出的纠错码(二元完全码).

线性码的校验阵不仅可用来决定码的最小距离，而且还可用来纠错.

定理 7.2.4(线性码的纠错译码算法) 设 C 是参数 $[n,k,d]$的 q 元线性码，$l=\left[\frac{d-1}{2}\right]$，并且 C 有校验阵

$$\boldsymbol{H}=(\boldsymbol{u}_1,\boldsymbol{u}_2,\cdots,\boldsymbol{u}_n),$$

其中 $\boldsymbol{u}_i(1\leqslant i\leqslant n)$均是 F_q 上长为 $n-k$ 的列向量. 如果码字 $\boldsymbol{c}\in C$ 在传送时错位个数$\leqslant l$，即收到向量 $\boldsymbol{y}=\boldsymbol{c}+\boldsymbol{\varepsilon}$，其中$w(\boldsymbol{\varepsilon})\leqslant l$. 则用下列算法可以纠错：

(1)计算

$$\boldsymbol{v}=\boldsymbol{H}\boldsymbol{y}^{\mathrm{T}},$$

这是 F_q 上长为 $n-k$ 的列向量，叫作 y 的校验向量；

(2)如果 $\boldsymbol{v}=\boldsymbol{0}$(零向量)，则 $\boldsymbol{\varepsilon}=\boldsymbol{0}$，$\boldsymbol{y}=\boldsymbol{c}$(无错)；

(3)如果 $\boldsymbol{v}\neq\boldsymbol{0}$,则 $\boldsymbol{v}$ 必可表示成 $\boldsymbol{u}_1,\boldsymbol{u}_2,\cdots,\boldsymbol{u}_n$ 当中不超过 l 个列向量的线性组合:

$$\boldsymbol{v}=a_{i_1}\boldsymbol{u}_{i_1}+a_{i_2}\boldsymbol{u}_{i_2}+\cdots+a_{i_t}\boldsymbol{u}_{i_t}\,(1\leqslant i_1<i_2<\cdots<i_t\leqslant n),\tag{7.2.1}$$

其中 $1\leqslant t\leqslant l$,而 $a_{i_1},a_{i_2},\cdots,a_{i_t}$ 均是 F_q 中非零元素.这时,

$$\boldsymbol{\varepsilon}=(\varepsilon_1,\varepsilon_2,\cdots,\varepsilon_n),$$

其中 $\varepsilon_{i_1}=a_{i_1},\cdots,\varepsilon_{i_t}=a_{i_t}$,而当 $i\neq i_1,i_2,\cdots,i_t$ 时,$\varepsilon_i=0$,于是 $\boldsymbol{c}=\boldsymbol{y}-\boldsymbol{\varepsilon}$.换句话说,传送时出现了 t 位错误,错位为 $i_1,i_2,\cdots,i_t$,而错值分别为 $a_{i_1},a_{i_2},\cdots,a_{i_t}$.

证明　由于 $\boldsymbol{c}$ 是码字,从而 $\boldsymbol{H}\boldsymbol{c}^{\mathrm{T}}=\boldsymbol{0}$.于是

$$\boldsymbol{v}=\boldsymbol{H}\boldsymbol{y}^{\mathrm{T}}=\boldsymbol{H}(\boldsymbol{c}^{\mathrm{T}}+\boldsymbol{\varepsilon}^{\mathrm{T}})=\boldsymbol{H}\boldsymbol{\varepsilon}^{\mathrm{T}}=\varepsilon_1\boldsymbol{u}_1+\varepsilon_2\boldsymbol{u}_2+\cdots+\varepsilon_n\boldsymbol{u}_n.$$

由于 $w(\boldsymbol{\varepsilon})\leqslant l$,可知 $\boldsymbol{v}$ 必是 $\boldsymbol{u}_1,\boldsymbol{u}_2,\cdots,\boldsymbol{u}_n$ 当中不超过 l 个的线性组合.为了证明上面译码算法的正确性,我们只需证明:将 $\boldsymbol{v}$ 表示成 $\boldsymbol{u}_1,\boldsymbol{u}_2,\cdots,\boldsymbol{u}_n$ 中不超过 l 个列向量线性组合的方式是唯一的.现在设有两个向量 $\boldsymbol{a}=(a_1,a_2,\cdots,a_n),\boldsymbol{b}=(b_1,b_2,\cdots,b_n)\in F_q^n$,$w(\boldsymbol{a})\leqslant l$,$w(\boldsymbol{b})\leqslant l$,使得

$$\boldsymbol{H}\boldsymbol{a}^{\mathrm{T}}=a_1\boldsymbol{u}_1+a_2\boldsymbol{u}_2+\cdots+a_n\boldsymbol{u}_n=\boldsymbol{v},$$

$$\boldsymbol{H}\boldsymbol{b}^{\mathrm{T}}=b_1\boldsymbol{u}_1+b_2\boldsymbol{u}_2+\cdots+b_n\boldsymbol{u}_n=\boldsymbol{v},$$

于是 $\boldsymbol{H}(\boldsymbol{a}-\boldsymbol{b})^{\mathrm{T}}=\boldsymbol{v}-\boldsymbol{v}=\boldsymbol{0}$.从而 $\boldsymbol{a}-\boldsymbol{b}\in C$.但是 $w(\boldsymbol{a}-\boldsymbol{b})\leqslant w(\boldsymbol{a})+w(\boldsymbol{b})\leqslant 2l<d$,而 C 中非零码字的 Hamming 权均 $\geqslant d$.这表明 $\boldsymbol{a}-\boldsymbol{b}=\boldsymbol{0}$,即 $\boldsymbol{a}=\boldsymbol{b}$,这就表明 $\boldsymbol{v}$ 表示成 $\boldsymbol{u}_1,\boldsymbol{u}_2,\cdots,\boldsymbol{u}_n$ 中不超过 l 个列向量线性组合的方式是唯一的.所以由译码算法中的表达式(7.2.1)得到的错误向量 $\boldsymbol{\varepsilon}$ 是正确的,证毕.　□

继续前面的例 1.即考虑以

$$H=\begin{pmatrix}1&0&1&1&1&0&0\\1&1&1&0&0&1&0\\0&1&1&1&0&0&1\end{pmatrix}=(\boldsymbol{u}_1\ \ \boldsymbol{u}_2\ \ \boldsymbol{u}_3\ \ \boldsymbol{u}_4\ \ \boldsymbol{u}_5\ \ \boldsymbol{u}_6\ \ \boldsymbol{u}_7)$$

为校验阵的二元线性码 C. 它的最小距离为 $d=3$,从而可纠 $l=1$ 个错. 设发出码字 $\boldsymbol{c}=(0101110)\in C$(它是生成阵 $\boldsymbol{G}$ 中第 2,3 行之和). 传送时出现 1 位错误:$\boldsymbol{\varepsilon}=(0100000)$,于是收到向量为 $\boldsymbol{y}=\boldsymbol{c}+\boldsymbol{\varepsilon}=(0001110)$. 我们计算校验向量

$$\boldsymbol{v}=\boldsymbol{H}\boldsymbol{y}^{\mathrm{T}}=\begin{pmatrix}1&0&1&1&1&0&0\\1&1&1&0&0&1&0\\0&1&1&1&0&0&1\end{pmatrix}\begin{pmatrix}0\\0\\0\\1\\1\\1\\0\end{pmatrix}$$

$$=\begin{pmatrix}0\\1\\1\end{pmatrix}=\boldsymbol{u}_2,$$

可知第 2 位出现错误,于是得出 $\boldsymbol{\varepsilon}=(0100000)$,而 $\boldsymbol{c}=\boldsymbol{y}-\boldsymbol{\varepsilon}=(0001110)+(0100000)=(0101110)$.

例 2　设 C 是以 F_7 上的矩阵

$$\boldsymbol{H}=\begin{pmatrix}1&1&1&1&1&1&1\\0&1&2&3&4&5&6\\0^2&1^2&2^2&3^2&4^2&5^2&6^2\\0^3&1^3&2^3&3^3&4^3&5^3&6^3\end{pmatrix}=\begin{pmatrix}1&1&1&1&1&1&1\\0&1&2&3&4&5&6\\0&1&4&2&2&4&1\\0&1&1&6&1&6&6\end{pmatrix}$$

为校验阵的 7 元线性码. $\boldsymbol{H}$ 中任意 4 列构成方阵

$$\begin{pmatrix} 1 & 1 & 1 & 1 \\ a_1 & a_2 & a_3 & a_4 \\ a_1^2 & a_2^2 & a_3^2 & a_4^2 \\ a_1^3 & a_2^3 & a_3^3 & a_4^3 \end{pmatrix},$$

其中 a_1, a_2, a_3, a_4 是 F_7 中不同元素. 从而它的行列式(Vandermonde 行列式)不为零. 这表明 $\boldsymbol{H}$ 中任意 4 列均线性无关. 特别地,$\boldsymbol{H}$ 的秩为 4. $\boldsymbol{H}$ 中任意 5 列显然线性相关,于是 $d=5$. 所以 C 是 F_7 上参数为$[n,k,d]=[7,3,5]$的线性码(这是 MDS 码). 对于每个 $\boldsymbol{v}=(v_0, v_1, \cdots, v_6)\in F_7^7$,$\boldsymbol{v}\in C$ 当且仅当 $\boldsymbol{H}\boldsymbol{v}^{\mathrm{T}}=\mathbf{0}$,所以线性码 C 是线性方程组

$$\begin{cases} v_0+v_1+v_2+v_3+v_4+v_5+v_6=0, \\ v_1+2v_2+3v_3+4v_4+5v_5+6v_6=0, \\ v_1+4v_2+2v_3+2v_4+4v_5+v_6=0, \\ v_1+v_2+6v_3+v_4+6v_5+6v_6=0, \end{cases}$$

在 F_7^7 中的所有解$(v_0, v_1, \cdots, v_6)$组成的. 分别令$(v_4, v_5, v_6)=(1,0,0)$,$(0,1,0)$和$(0,0,1)$,得到$(v_0, v_1, v_2, v_3)=(1,3,6,3)$,$(4,6,6,4)$和$(3,6,3,1)$. 于是得到线性码 C 的生成阵

$$\boldsymbol{G}=\begin{pmatrix} 1 & 3 & 6 & 3 & 1 & 0 & 0 \\ 4 & 6 & 6 & 4 & 0 & 1 & 0 \\ 3 & 6 & 3 & 1 & 0 & 0 & 1 \end{pmatrix}.$$

由于 $d=5$,从而可以纠正$\leqslant 2$ 位错. 设发出码字 $\boldsymbol{c}=(1363100)$,信道传送时有两位错误:$\boldsymbol{\varepsilon}=(0100200)$,从而收到 $\boldsymbol{y}=\boldsymbol{c}+\boldsymbol{\varepsilon}=(1463300)$. 收方计算校验向量

$$
\boldsymbol{H}\boldsymbol{y}^{\mathrm{T}}=\begin{pmatrix}1&1&1&1&1&1&1\\0&1&2&3&4&5&6\\0&1&4&2&2&4&1\\0&1&1&6&1&6&6\end{pmatrix}\begin{pmatrix}1\\4\\6\\3\\3\\0\\0\end{pmatrix}=\begin{pmatrix}3\\2\\5\\3\end{pmatrix}
$$

$$
=\begin{pmatrix}1\\1\\1\\1\end{pmatrix}+2\cdot\begin{pmatrix}1\\4\\2\\1\end{pmatrix}\quad(\boldsymbol{H}\text{ 的第 2 列加上第 5 列的 2 倍}).
$$

由定理 7.2.4 可知,错误在第 2 位和第 5 位,错值分别为 1 和 2. 即 $\boldsymbol{\varepsilon}=(0100200)$,于是发出的码字为 $\boldsymbol{c}=\boldsymbol{y}-\boldsymbol{\varepsilon}=(1463300)-(0100200)=(1363100)$.

综合上述,我们可以用生成阵或者校验阵来描述一个线性码. 特别是校验阵可决定线性码的最小距离,并且可用来进行纠错译码,这种译码方法比上节定理 7.1.4 的证明中使用的方法要简单. 下节我们给出线性码的一些重要的例子.

习　题

1. 设 C 是参数$[n,k]$的 q 元线性码,$\boldsymbol{G}$ 是 C 的一个生成阵. 则

(1)对每个 F_q 上 $k\times n$ 的矩阵 $\boldsymbol{G}'$,$\boldsymbol{G}'$ 是 C 的生成阵当且仅当存在 F_q 上 k 阶可逆方阵 $\boldsymbol{A}$,使得 $\boldsymbol{G}'=\boldsymbol{A}\boldsymbol{G}$.

(2)F_q 上一个$(n-k)\times n$ 的矩阵 $\boldsymbol{H}$ 是 C 的校验阵当且仅当 $\boldsymbol{H}$ 的秩为 $n-k$ 并且 $\boldsymbol{G}\boldsymbol{H}^{\mathrm{T}}=\boldsymbol{O}_{k,n-k}$($k\times(n-k)$的零矩阵).

(3)如果 $\boldsymbol{G}$ 的前 k 列是线性无关的，则 C 有生成阵$\boldsymbol{G}'=[\boldsymbol{I}_k\boldsymbol{P}]$，其中 $\boldsymbol{I}_k$ 为 k 阶单位方阵，$\boldsymbol{P}$ 为 $F_q=\boldsymbol{k}\times(\boldsymbol{n}-\boldsymbol{k})$ 的矩阵. 并且这时 $\boldsymbol{H}'=[-\boldsymbol{P}^{\mathrm{T}},\boldsymbol{I}_{n-k}]$ 是 C 的一个校验阵.

2. 对于 F_q^n 中的向量 $\boldsymbol{v}=(v_1,v_2,\cdots,v_n)$ 和 $\boldsymbol{u}=(u_1,u_2,\cdots,u_n)$，定义它们的内积为

$$(\boldsymbol{v},\boldsymbol{u})=\sum_{i=1}^{n}v_iu_i\in F_q.$$

如果$(\boldsymbol{u},\boldsymbol{c})=0$，称 $\boldsymbol{u}$ 和 $\boldsymbol{v}$ 正交.

(1)设 C 是 F_q 上参数为$[n,k]$的线性码，证明 F_q^n 的子集合

$$C^{\perp}=\{\boldsymbol{v}\in F_q^n \mid 对每个\ \boldsymbol{c}\in C,(\boldsymbol{v},\boldsymbol{c})=0\}$$

也是 F_q 上的线性码，并且 $C^{\perp}$ 在 F_q 上的维数为 $n-k$. $C^{\perp}$ 叫作 C 的对偶码.

(2)证明 $C^{\perp}$ 的对偶码为 C，即$(C^{\perp})^{\perp}=C$.

(3)证明 C 的生成阵为 $C^{\perp}$ 的校验阵，C 的校验阵为 $C^{\perp}$ 的生成阵.

3. 设 $n\geqslant 1$.

(1)证明重复码 $C=\{(\underbrace{cc\cdots c}_{n个})\mid c\in F_q\}$是 q 元线性码. 决定此码的参数(n,K,d).

(2)给出上述重复码 C 的一个生成阵和校验阵.

(3)决定对偶码 $C^{\perp}$ 的最小距离.

4. 设 C 是参数为$[n,k,d]$的 2 元线性码，d 为正奇数，证明：
$C'=\{(c_1,c_2,\cdots,c_n,c_{n+1})\in F_2^{n+1}\mid(c_1,c_2,\cdots,c_n)\in C,c_1+c_2+\cdots+c_n=c_{n+1}\}$
是参数$[n+1,k,d+1]$的 2 元线性码.

5. 设 C_1 和 C_2 是 q 元线性码，证明

(1) $C_1\oplus C_2=\{(c_1,c_2)\mid c_1\in C_1,c_2\in C_2\}$是 q 元线性码，并且$(C_1\oplus C_2)^{\perp}=C_1^{\perp}\oplus C_2^{\perp}$.

(2)若 $\boldsymbol{G}_1$ 和 $\boldsymbol{H}_1$ 分别是 C_1 的生成阵和校验阵，$\boldsymbol{G}_2$ 和 $\boldsymbol{H}_2$ 分别是 C_2 的生成阵和校验阵，证明

$$\boldsymbol{G}=\begin{pmatrix}\boldsymbol{G}_1 & \boldsymbol{0}\\ \boldsymbol{0} & \boldsymbol{G}_2\end{pmatrix},\quad \boldsymbol{H}=\begin{pmatrix}\boldsymbol{H}_1 & \boldsymbol{0}\\ \boldsymbol{0} & \boldsymbol{H}_2\end{pmatrix},$$

分别是 $C_1 \oplus C_2$ 的生成阵和校验阵.

(3)若 C_1 和 C_2 的参数分别为$[n_1,k_1,d_1]$和$[n_2,k_2,d_2]$,试决定线性码 $C_1 \oplus C_2$ 的参数$[n,k,d]$.

§7.3 汉明码、多项式码和里德-马勒二元线性码

这一节我们介绍三类好的线性纠错码.第一类是最小距离为 3 的 q 元完全码.根据第 7.1 节,参数为$[n,k,3]$的 q 元码叫作完全码,是指它达到汉明界,即

$$q^{n-k} = \sum_{i=0}^{1} \binom{n}{i} (q-1)^i = 1 + n(q-1).$$

设 $m \geqslant 2$,F_q^m 中非零向量共 q^m-1 个.其中任意两个非零向量 $\boldsymbol{v}_1$ 和 $\boldsymbol{v}_2$ 是 F_q-线性相关的,当且仅当存在 $\alpha \in F_q^*$,使得 $\boldsymbol{v}_1 = \alpha \boldsymbol{v}_2$.我们将这样两个非零向量叫作射影等价的.这是一个等价关系,每个等价类中均恰好有 $q-1$ 个向量(因为与非零向量 $\boldsymbol{v}$ 等价的向量为 $\alpha \boldsymbol{v}$($\alpha \in F_q^*$)),从而共有$\frac{q^m-1}{q-1}$个等价类.现在从每个等价类中取出一个代表向量,共取出 $n=\frac{q^m-1}{q-1}$个向量 $\boldsymbol{u}_1, \boldsymbol{u}_2, \cdots, \boldsymbol{u}_n$,每个向量表示成长为 m 的列向量,排成 F_q 上一个 $m \times n$ 的矩阵

$$\boldsymbol{H}_m = (\boldsymbol{u}_1, \boldsymbol{u}_2, \cdots, \boldsymbol{u}_n).$$

定义 7.3.1 设 $m \geqslant 2$,以 $\boldsymbol{H}_m$ 为校验阵的 q 元线性码 C 叫作Hamming码.

定理 7.3.2 Hamming 码是参数为 $[n,k,d] = \left[\frac{q^m-1}{q-1}, \frac{q^m-1}{q-1}-m, 3\right]$的 q 元完全线性码.

证明 $(1,0,\cdots,0),(0,1,0,\cdots,0),\cdots,(0,0,\cdots,0,1)$属于

不同的射影等价类. 这 m 个等价类取出的代表元构成矩阵 $\boldsymbol{H}$ 中 m 个列向量是线性无关的. 这表明 $\boldsymbol{H}$ 的秩为 m. 于是 $n=\frac{q^m-1}{q-1}$ (等价类数), $k=n-m=\frac{q^m-1}{q-1}-m$. 进而, $\boldsymbol{H}$ 中诸列属于不同的等价类, 所以任意两个不同的列是线性无关的. 特别地, 任意两个不同列之和是非零向量, 从而必与 $\boldsymbol{H}$ 中某个列向量等价. 于是这三列是线性相关的, 这表明 $d=3$(引理 7.2.3). 最后, 由于

$$\sum_{i=0}^{1}(q-1)^i\binom{n}{i}=1+(q-1)n=1+q^m-1=q^m=q^{n-k},$$

可知 Hamming 码是完全码. □

例 1(二元 **Hamming** 码) 当 $q=2$ 时, $\boldsymbol{H}_m$ 即由全部 2^m-1 个长为 m 的非零列向量构成的矩阵. 从而二元 Hamming 码的参数为 $[n,k,3]=[2^m-1,2^m-1-m,3]$(对每个 $m\geqslant 2$). 比如对于 $m=3$,

$$\boldsymbol{H}_3=\begin{pmatrix}1&0&0&0&1&1&1\\0&1&0&1&0&1&1\\0&0&1&1&1&0&1\end{pmatrix}=(\boldsymbol{I}_3 \vdots \boldsymbol{P}),$$

从而以 $\boldsymbol{H}_3$ 为校验阵的二元 Hamming 码有生成阵

$$\boldsymbol{G}_3=(\boldsymbol{P}^{\mathrm{T}} \vdots \boldsymbol{I}_4)=\begin{pmatrix}0&1&1&1&0&0&0\\1&0&1&0&1&0&0\\1&1&0&0&0&1&0\\1&1&1&0&0&0&1\end{pmatrix}.$$

这个二元线性码的参数为[7,4,3]. 不难看出, 这个线性码与 7.2 节例 1 中的线性码是等价的, 因为两个码的校验阵中诸列只是排列的次序不同.

例 2 取 $q=3,m=3$,则 $\boldsymbol{F}_3^3$ 中非零向量共有 $\frac{q^3-1}{q-1}=\frac{3^3-1}{3-1}=13$ 个等价类.取出 13 个代表向量组成 F_3 上矩阵

$$\boldsymbol{H}_3=\begin{pmatrix}1&0&0&0&0&1&1&1&1&1&1&1&1\\0&1&0&1&1&0&0&1&2&1&1&2&2\\0&0&1&1&2&1&2&0&0&1&2&1&2\end{pmatrix}=(\boldsymbol{I}_3 \vdots \boldsymbol{P}).$$

以 $\boldsymbol{H}_3$ 为校验阵的三元 Hamming 码是参数 $[n,k,d]=[13,10,3]$ 的完全码,它有生成阵 $\boldsymbol{G}_3=(-\boldsymbol{P}^{\mathrm{T}} \vdots \boldsymbol{I}_{10})$.

Hamming 码的最小距离为 3,所以可以纠正 1 位错误,根据定理 7.2.4 给出的译码算法,如果发出码字为 $\boldsymbol{c}$,错误向量为 $\boldsymbol{\varepsilon}$,则 $\boldsymbol{\varepsilon}=(0,\cdots,0,\varepsilon_i,0,\cdots,0)$,其中 $\boldsymbol{\varepsilon}$ 的第 i 位 ε_i 是 F_q 中非零元素.则收方得到向量 $\boldsymbol{c}+\boldsymbol{\varepsilon}=\boldsymbol{y}$.收方用校验阵算出

$$\boldsymbol{H}\boldsymbol{y}^{\mathrm{T}}=\boldsymbol{H}(\boldsymbol{c}^{\mathrm{T}}+\boldsymbol{\varepsilon}^{\mathrm{T}})=\boldsymbol{H}\boldsymbol{\varepsilon}^{\mathrm{T}},$$

这是 $\boldsymbol{H}$ 的第 i 列的 ε_i 倍.由此可知 $\boldsymbol{y}$ 的第 i 位有错,并且错值为 ε_i.

比如对于上面例 2 中的三元 Hamming 码.如果收到 $\boldsymbol{y}=(1202210020022)$,并且假设错位至多有一个,收方计算 $\boldsymbol{H}_3\boldsymbol{y}^{\mathrm{T}}=(201)^{\mathrm{T}}$,这是校验阵第 7 列的 2 倍,可知 $\boldsymbol{y}$ 的第 7 位有错,错值为 2,将 $\boldsymbol{y}$ 的第 7 位减去 2,得到正确码字 $\boldsymbol{c}=\boldsymbol{y}-(0000002000000)=(1202211020022)$.

现在介绍另一类好的线性码:MDS 线性码(达到 Singleton 界 $n=k+d-1$).首先给出这种线性码的一些刻画方式.

定理 7.3.3 设 C 是参数为 $[n,k,d]$ 的 q 元线性码.$\boldsymbol{G}$ 和 $\boldsymbol{H}$ 分别为码 C 的生成阵和校验阵.则下列四个条件彼此等价:

(1)C 是 MDS 码($n=k+d-1$);

(2)$\boldsymbol{G}$ 中任意 k 列均是 F_q-线性无关的；

(3)$\boldsymbol{H}$ 中任意 $n-k$ 列均是 F_q-线性无关的；

(4)$C^{\perp}$ 是 MDS 码.

证明　(1)⇔(3)：若 $d=n-k+1$，可知 $\boldsymbol{H}$ 中任 $n-k$ 列均线性无关(引理 7.2.3). 反之若 $\boldsymbol{H}$ 中任 $n-k$ 列均线性无关，由引理 7.2.3 知 $d\geqslant n-k+1$. 但是我们有 Singleton 界 $d\leqslant n-k+1$. 因此 $d=n-k+1$.

(2)⇔(4)：由于 $\boldsymbol{G}$ 是 $C^{\perp}$ 的校验阵，从而与(1)⇔(3)的证明一样.

(1)⇔(2)：记

$$\boldsymbol{G}=\begin{pmatrix}\boldsymbol{v}_1\\ \boldsymbol{v}_2\\ \vdots\\ \boldsymbol{v}_k\end{pmatrix}=(\boldsymbol{u}_1\ \boldsymbol{u}_2\cdots\ \boldsymbol{u}_n),$$

其中 $\boldsymbol{v}_1,\boldsymbol{v}_2,\cdots,\boldsymbol{v}_k$ 是线性码 C 的一组基，而 $\boldsymbol{u}_1,\boldsymbol{u}_2,\cdots,\boldsymbol{u}_n$ 均是长为 k 的列向量. 如果 C 不是 MDS 码，即 $d<n-k+1$，则 C 中有非零码字 $\boldsymbol{c}=\alpha_1\boldsymbol{v}_1+\alpha_2\boldsymbol{v}_2+\cdots+\alpha_k\boldsymbol{v}_k$($\alpha_i\in F_q$，$\alpha_i$ 不全为零)使得 $1\leqslant w(\boldsymbol{c})\leqslant n-k$. 于是 $\boldsymbol{c}=(c_1,c_2,\cdots,c_n)$至少有 k 位为 0. 设$c_{i_1}=c_{i_2}=\cdots=c_{i_k}=0$. 则 k 阶方阵($\boldsymbol{u}_{i_1}\boldsymbol{u}_{i_2}\cdots\boldsymbol{u}_{i_k}$)的 k 行是线性相关的. 从而此阵的 k 列 $\boldsymbol{u}_{i_1},\boldsymbol{u}_{i_2},\cdots,\boldsymbol{u}_{i_k}$ 也是线性相关的. 反推回去可知：如果 $\boldsymbol{G}$ 有 k 列是线性相关的，则 C 中必有权 $<n-k+1$ 的非零码字，即 C 不是 MDS 码. 这就证明了(1)⇔(2).

综合上述，我们完成了定理 7.3.3 的证明.　□

推论 7.3.4　若 C 是 MDS 线性码，参数为$[n,k,d]$，则 $C^{\perp}$ 的参数为$[n,n-k,k+1]$.

证明　由定理 7.3.3 知 $C^{\perp}$ 也是 MDS 码，它的码长和信息

位数分别为 n 和 $n-k$,从而最小距离为 $n-(n-k)+1=k+1$.

□

现在构作一批 MDS 线性码.

定理 7.3.5(多项式码)　设 $a_1,a_2,\cdots,a_n$ 是 F_q 中 n 个不同的元素(从而 $n\leqslant q$),$1\leqslant k\leqslant n$. 则集合

$$C=\{\boldsymbol{c}_f=(f(a_1),f(a_2),\cdots,f(a_n))\in F_q^n \mid f(x)\in F_q[x],\ \deg f\leqslant k-1\}$$

是 q 元线性码,参数为 $[n,k,d]$,其中 $d=n-k+1$,从而 C 是 MDS 线性码.

证明　集合

$$M=\{f\in F_q[x] \mid \deg f\leqslant k-1\}$$

是 F_q 上的 k 维向量空间,$\{1,x,x^2,\cdots,x^{k-1}\}$ 是 M 的一组 F_q-基. 考虑映射

$$\varphi: M\to F_q^n,\ \varphi(f)=\boldsymbol{c}_f=(f(a_1),f(a_2),\cdots,f(a_n)),$$

易知这是 F_q-线性映射,并且 $C=Im\varphi(=\varphi(M))$. 所以 C 为 F_q^n 的向量子空间,即 C 是 q 元线性码,码长为 n. 为了证明 $\dim_{F_q}C=k(=\dim M)$,我们只需证明 φ 是单射,即要证 $\operatorname{Ker}\varphi=(0)$,这里

$$\begin{aligned}\operatorname{Ker}\varphi &=\{f\in M \mid \varphi(f)=\boldsymbol{c}_f=(0,0,\cdots,0)\}\\ &=\{f\in M \mid f(a_1)=f(a_2)=\cdots=f(a_n)=0\}\quad (\varphi\text{ 的核}).\end{aligned}$$

由于 $\deg f\leqslant k-1\leqslant n-1$,当 $f\neq 0$ 时,f 至多有 $n-1$ 个零点. 所以当 $a_1,a_2,\cdots,a_n$ 均为 $f(x)$ 的零点时,必然 $f\equiv 0$. 这就表明 $\operatorname{Ker}\varphi=(0)$,于是 $\dim C=\dim M=k$.

现在决定线性码 C 的最小距离 d. 先证 $d\geqslant n-k+1$. 设

$$\boldsymbol{c}_f=(f(a_1),f(a_2),\cdots,f(a_n))\in C,\ f(x)\in F_q[x],\ \deg f(x)\leqslant k-1.$$

如果 $w(\boldsymbol{c}_f)\leqslant n-k$,则 $f(a_i)(1\leqslant i\leqslant n)$ 当中至少有 $n-(n-k)=$

k 个为 0,即 $f(x)$至少有 k 个不同的零点.由于 $\deg f \leqslant k-1$,可知必然 $f\equiv 0$,于是 $\boldsymbol{c}_f$ 为零向量.这表明 C 中非零码字的 Hamming 权均$\geqslant n-k+1$.于是 $d\geqslant n-k+1$,再由 Singleton 界可知 $d=n-k+1$.从而 C 是 MDS 线性码. □

如果在定理 7.3.5 中 $a_1,a_2,\cdots,a_n$ 取成 F_q 中全部元素,则得到以下结果.

推论 7.3.6 设 $a_1,a_2,\cdots,a_q$ 为 F_q 中全部元素.对于$1\leqslant k\leqslant q-1$,记 $C_k=\{\boldsymbol{c}_f=(f(a_1),f(a_2),\cdots,f(a_q))\in F_q^q \mid f(x)\in F_q[x],\deg f\leqslant k-1\}$,则

(1)C_k 是参数为$[q,k,d]$的 q 元 MDS 线性码,其中$d=q-k+1$.

(2)$C_k^{\perp}=C_{q-k}$.特别当 $2k\leqslant q$ 时,C_k 是自正交码,即 $C_k\subseteq C_k^{\perp}$.而当 q 为偶数(q 是 2 的方幂)时,$C_{q/2}$是参数$\left[q,\frac{q}{2},\frac{q}{2}+1\right]$的 q 元自对偶码,即 $C_{q/2}^{\perp}=C_{q/2}$.

证明 (1)是定理 7.3.5 的直接推论.

(2)$\boldsymbol{c}_{x^i}=(a_1^i,a_2^i,\cdots,a_q^i)(0\leqslant i\leqslant k-1)$是线性码 C_k 的一组 F_q-基.$\boldsymbol{c}_{x^j}(0\leqslant j\leqslant q-k-1)$是 C_{q-k}的一组 F_q-基.而$\dim C_k+\dim C_{q-k}=k+q-k=q$.为证 $C_k^{\perp}=C_{q-k}$,我们只需证明对任意$0\leqslant i\leqslant k-1,0\leqslant j\leqslant q-k-1$,$\boldsymbol{c}_{x^i}$和$\boldsymbol{c}_{x^j}$正交.当 $i=j=0$ 时,

$$(\boldsymbol{c}_1,\boldsymbol{c}_1)=\sum_{\lambda=1}^{q}1=q=0\in F_q.$$

当 $i+j\geqslant 1$ 时,

$$\begin{aligned}(\boldsymbol{c}_{x^j},\boldsymbol{c}_{x^j}) &= \sum_{\lambda=1}^{q}a_\lambda^{i+j}=\sum_{a\in F_q^*}a^{i+j}\\ &= \sum_{l=0}^{q-2}(\alpha^l)^{i+j} \qquad (\text{其中 } \alpha \text{ 是 } F_q \text{ 的一个本原元素})\end{aligned}$$

$$= \sum_{l=0}^{q-2}(\alpha^{i+j})^l = \frac{1-(\alpha^{q-1})^{i+j}}{1-\alpha^{i+j}}$$

$$= 0 \quad (\text{由于 } 1 \leqslant i+j \leqslant k-1+q-k-1 = q-2, \alpha^{i+j} \neq 1. \text{ 而 } \alpha^{q-1}=1).$$

这就证明了 $C_k^{\perp}=C_{q-k}$. 由定义可知当 $1\leqslant k\leqslant k'\leqslant q-1$ 时,$C_k\subseteq C_{k'}$. 从而当 $2k\leqslant q$ 时,$C_k^{\perp}=C_{q-k}\supseteq C_k$,即 C_k 是自正交的. 当 $k=\frac{q}{2}\in\mathbf{Z}$ 时,$C_k^{\perp}=C_{q-k}=C_k$,所以 $C_{q/2}$ 自对偶. □

对于定理 7.3.5 给出的多项式码,由于$\{1,x,x^2,\cdots,x^{k-1}\}$是 F_q-向量空间 M 的一组基,通过证明中的线性映射(单射)φ,可知$\{c_1,c_x,\cdots,c_{x^{k-1}}\}$是多项式码 $C=\varphi(M)$的一组基. 从而 q 元多项式码 C 有生成阵

$$\boldsymbol{G}=\begin{pmatrix} c_1 \\ c_x \\ \vdots \\ c_{x^{k-1}} \end{pmatrix}=\begin{pmatrix} 1 & 1 & \cdots & 1 \\ a_1 & a_2 & \cdots & a_n \\ \vdots & \vdots & & \vdots \\ a_1^{k-1} & a_2^{k-1} & \cdots & a_n^{k-1} \end{pmatrix}.$$

例 3 令 $F_7=\{a_0,a_1,a_2,a_3,a_4,a_5,a_6\}=\{0,1,2,3,4,5,6\}$,$k=3$. 则由推论 7.3.6 给出的 7 元线性码 C_3,其参数为 $[n,k,d]=[7,3,5]$. 它有生成阵

$$\boldsymbol{G}=\begin{pmatrix} c_1 \\ c_x \\ c_{x^2} \end{pmatrix}=\begin{pmatrix} 1 & 1 & 1 & 1 & 1 & 1 & 1 \\ 0 & 1 & 2 & 3 & 4 & 5 & 6 \\ 0 & 1^2 & 2^2 & 3^2 & 4^2 & 5^2 & 6^2 \end{pmatrix}$$

$$=\begin{pmatrix} 1 & 1 & 1 & 1 & 1 & 1 & 1 \\ 0 & 1 & 2 & 3 & 4 & 5 & 6 \\ 0 & 1 & 4 & 2 & 2 & 4 & 1 \end{pmatrix}.$$

C_3 的对偶码为 $C_3^{\perp}=C_4$,从而 C_3 的校验阵 $\boldsymbol{H}$ 即 C_4 的生成阵:

$$\boldsymbol{H}=\begin{pmatrix}c_1\\c_x\\c_{x^2}\\c_{x^3}\end{pmatrix}=\begin{pmatrix}1&1&1&1&1&1&1\\0&1&2&3&4&5&6\\0&1&4&2&2&4&1\\0&1&1&6&1&6&6\end{pmatrix}.$$

这个码可以纠正≤2 位错(因为 $d=5$). 现在设发出码字 $\boldsymbol{c}$,信道错位数≤2,即错误向量 $\boldsymbol{\varepsilon}\in F_7^7$ 的 Hamming 权≤2. 收到 $\boldsymbol{a}=\boldsymbol{c}+\boldsymbol{\varepsilon}$. 如果 $\boldsymbol{H}\boldsymbol{a}^{\mathrm{T}}$ 是零向量,则 $\boldsymbol{a}=\boldsymbol{c}$,$\boldsymbol{\varepsilon}=\boldsymbol{0}$,即信道没有错误. 如果

$$\boldsymbol{H}\boldsymbol{a}^{\mathrm{T}}=\alpha\begin{pmatrix}1\\t\\t^2\\t^3\end{pmatrix}\quad(t\in F_7,\alpha\in F_7^*),\tag{7.3.1}$$

这时 $\boldsymbol{H}\boldsymbol{a}^{\mathrm{T}}$ 是 $\boldsymbol{H}$ 中第 t 列向量的 α 倍. 则 $\boldsymbol{a}$ 的第 t 位有错,错值为 α,把 $\boldsymbol{a}$ 的第 t 位减去 α 之后即码字 $\boldsymbol{c}$. 最后是

$$\boldsymbol{H}\boldsymbol{a}^{\mathrm{T}}=x\begin{pmatrix}1\\i\\i^2\\i^3\end{pmatrix}+y\begin{pmatrix}1\\j\\j^2\\j^3\end{pmatrix},\tag{7.3.2}$$

其中 $0\leqslant i\neq j\leqslant 6$,$x$ 和 y 均是 F_7 中非零元素. 这时 $\boldsymbol{a}$ 的第 i 位和第 j 位出错,错值分别为 x 和 y.(注意:以上我们把 H 的诸列由左到右分别叫作第 0 列,…,第 6 列,而 F_7^7 中向量 $\boldsymbol{a}=(y_0,y_1,\cdots,y_6)$的诸位由左到右分别叫作第 0 位,…,第 6 位).

事实上,我们还有更方便的译码算法. 记

$$\boldsymbol{H}\boldsymbol{a}^{\mathrm{T}}=\begin{pmatrix}a_0\\a_1\\a_2\\a_3\end{pmatrix}\in\boldsymbol{F}_7^4,$$

如上所述,当(a_0,a_1,a_2,a_3)为零向量时,$\boldsymbol{a}=\boldsymbol{c}$(无错). 而公式(7.3.1)成立时只有第 t 位有错,错值为 α. 由于$(a_0,a_1,a_2,a_3)=\alpha(1,t,t^2,t^3)$,可知这种情形相当于 $a_0(=\alpha)\neq 0$,并且 $t(a_0,a_1,a_2)=(a_1,a_2,a_3)$. 错位为 $t=\frac{a_1}{a_0}$,错值为 $\alpha=a_0$. 最后当式(7.3.2)成立时,

$$(a_0,a_1,a_2,a_3)=x(1,i,i^2,i^3)+y(1,j,j^2,j^3),$$

即 $a_\lambda=xi^\lambda+yj^\lambda(\lambda=0,1,2,3)$,其中 $0\leqslant i\neq j\leqslant 6$,$x$ 和 y 是 F_7 中非零元素. 从而

$$\begin{aligned}a_1^2-a_0a_2&=(xi+yj)^2-(x+y)(xi^2+yj^2)\\&=-(i-j)^2xy\neq 0.\end{aligned}$$

并且令 $\sigma=i+j,\tau=ij$,则

$$\begin{aligned}a_0\tau-a_1\sigma+a_2&=(x+y)ij-(xi+yj)(i+j)+xi^2+yj^2\\&=0,\\a_1\tau-a_2\sigma+a_3&=(xi+yj)ij-(xi^2+yj^2)(i+j)+xi^3+yj^3\\&=0.\end{aligned}$$

解这个线性方程组可求出

$$\tau(=ij)=\frac{a_2^2-a_1a_3}{a_1^2-a_0a_2},\quad \sigma(=i+j)=\frac{a_1a_2-a_0a_3}{a_1^2-a_0a_2},$$

然后两个错位 i 和 j 是二次方程 $z^2-\sigma z+\tau=0$ 的两个解. 最后由 $x+y=a_0$ 和 $xi+yj=a_1$,可给出错值

$$x=\frac{ja_0-a_1}{j-i},\quad y=\frac{a_1-ia_0}{j-i}.$$

综合上述,我们给出如下译码算法. 设收方接到向量 $\boldsymbol{y}=(y_0,y_1,\cdots,y_6)\in F_7^7$,并且假设错位不超过 2 个.

(1)计算 $\boldsymbol{Hy}^{\mathrm{T}}=(a_0,a_1,a_2,a_3)^{\mathrm{T}}\in F_7^4$.

(2)若 $a_0=a_1=a_2=a_3=0$,则 y 即发来的码字(无错误).

(3)若 $a_0\neq 0$ 并且有 $t\in F_7$ 使得 $(a_1,a_2,a_3)=t(a_0,a_1,a_2)$,则 y 只有第$\frac{a_1}{a_0}$位有错,错值是 a_0.

(4)若(2)和(3)不成立,则 $a_1^2-a_0a_2\neq 0$,并且方程

$$z^2-\frac{a_1a_2-a_0a_3}{a_1^2-a_0a_2}z+\frac{a_2^2-a_1a_3}{a_1^2-a_0a_2}=0$$

在 F_7 中有两个不同的解 i 和 j,这时 y 的第 i 位和第 j 位有错,错值分别为 $x=\frac{ja_0-a_1}{j-i}$ 和 $y=\frac{a_1-ia_0}{j-i}$.

比如说收到向量为 $\boldsymbol{y}=(1114131)$,并且错位的个数$\leqslant 2$.按照上面的算法先计算校验向量

$$\begin{pmatrix}a_0\\a_1\\a_2\\a_3\end{pmatrix}=\boldsymbol{H}\boldsymbol{y}^{\mathrm{T}}=\begin{pmatrix}1&1&1&1&1&1&1\\0&1&2&3&4&5&6\\0&1&4&2&2&4&1\\0&1&1&6&1&6&6\end{pmatrix}\begin{pmatrix}1\\1\\1\\4\\1\\3\\1\end{pmatrix}=\begin{pmatrix}5\\5\\0\\2\end{pmatrix}.$$

由于 $a_0\neq 0$ 并且 $(a_0,a_1,a_2)=(5,5,0)$ 和 $(a_1,a_2,a_3)=(5,0,2)$ 不成比例,可知有两位错误.再计算

$$\tau=\frac{a_2^2-a_1a_3}{a_1^2-a_0a_2}=\frac{-5\times 2}{5^2}=1,\quad \sigma=\frac{a_1a_2-a_0a_3}{a_1^2-a_0a_2}$$
$$=\frac{-5\times 2}{5^2}=1.$$

而方程 $z^2-\sigma z+\tau=z^2-z+1$ 在 F_7 中的两个解为

$$\frac{1\pm\sqrt{1-5}}{2}=\frac{1\pm\sqrt{4}}{2}=\frac{1\pm 2}{2}=3\text{ 和 }5.$$

于是两个错位为 $i=3$ 和 $j=5$. 而错值分别为 x,y,其中

$$x=\frac{ja_0-a_1}{j-i}=\frac{5\times5-5}{2}=3,\quad y=\frac{a_1-ia_0}{j-i}=\frac{5-3\times5}{2}=2.$$

于是错误向量为 $\boldsymbol{\varepsilon}=(0003020)$,而发出的码字为

$$\boldsymbol{c}=\boldsymbol{y}-\boldsymbol{\varepsilon}=(1114131)-(0003020)=(1111111).$$

最后我们介绍由里德(Reed)和马勒(Muller)构作的一种线性码. 为简单起见我们只考虑 2 元码($q=2$)情形. 这种码有许多等价的刻画形式(用有限几何或者布尔函数),我们这里采用布尔函数的方式. 在第 3.1 节我们介绍了由 m 元布尔函数($m\geqslant2$)

$$f=f(x_1,x_2,\cdots,x_m):F_2^m\to F_2$$

所组成的交换环 $\boldsymbol{B}_m$. 每个布尔函数 f 可唯一地表示成多项式

$$f(x_1,x_2,\cdots,x_m)=\sum_{a=(a_1,a_2,\cdots,a_m)\in F_2^m}c(a)x_1^{a_1}x_2^{a_2}\cdots x_m^{a_m}\quad(c(a)\in F_2).\quad(7.3.3)$$

事实上,

$$f(x_1,x_2,\cdots,x_m)=\sum_{a=(a_1,a_2,\cdots,a_m)\in F_2^m}f(a)(x_1+a_1+1)\cdots(x_m+a_m+1),\quad(7.3.4)$$

这表明,$\boldsymbol{B}_m$ 是 F_2 上以 2^m 个单项式 $1,x_1,x_2,\cdots,x_m,x_1x_2,x_1x_3,\cdots,x_{m-1}x_m,\cdots,x_1x_2\cdots x_m$ 为基的 2^m 维向量空间,所以 m 元布尔函数共 2^{2^m} 个.

定义 7.3.7 设 $m\geqslant2,n=2^m,F_2^m=\{v_0,v_1,\cdots,v_{n-1}\},0\leqslant r\leqslant m$. 向量空间 F_2^n 中的子集合

$$\mathrm{RM}(r,m)=\{\boldsymbol{c}_f=(f(v_0),\cdots,f(v_{n-1}))\in F_2^n\mid f\in\boldsymbol{B}_m,\deg(f)\leqslant r\}$$

叫作 r 阶里德-马勒 2 元码,简称为 2 元 RM 码.

由于 $\boldsymbol{B}_m$ 中所有满足 $\deg f\leqslant r$ 的 m 元布尔函数形成 F_2 上

的向量空间，可知 $\mathrm{RM}(r,m)$ 是 F_2^n 的一个向量子空间，即 $\mathrm{RM}(r,m)$ 是二元线性码. 码长为 $n=2^m$. 次数 $\leqslant r$ 的所有单项式所对应的码字

$$\{\boldsymbol{c}_f \mid f=x_{i_1}x_{i_2}\cdots x_{i_t}(0\leqslant t\leqslant r, 1\leqslant i_1<i_2<\cdots<i_t\leqslant m)\}$$

形成线性码 $\mathrm{RM}(r,m)$ 的一组 F_2-基. 从而此码的信息位数为

$$\begin{aligned} k=k(r,m)&=\dim_{F_2}\mathrm{RM}(r,m)\\ &=\binom{m}{0}+\binom{m}{1}+\cdots+\binom{m}{r}=\sum_{t=0}^{r}\binom{m}{t}. \end{aligned}$$

现在决定码 $\mathrm{RM}(r,m)$ 的最小距离.

对于每个 m 元布尔函数 $f=f(x_1,x_2,\cdots,x_m)$，向量 $\boldsymbol{c}_f\in F_2^n$ 的 Hamming 权 $w(\boldsymbol{c}_f)$ 就是函数 f 在 F_2^m 上取值为 1 的个数. 我们用 $N_m(f=1)$ 和 $N_m(f=0)$ 分别表示 m 元布尔函数 f 取值为 1 和 0 的个数，则

$$N_m(f=1)=w(\boldsymbol{c}_f), N_m(f=1)+N_m(f=0)=n \quad (n=2^m).$$

引理 7.3.8 设 $m\geqslant 1$，$f=f(x_1,x_2,\cdots,x_m)$ 是 m 元布尔函数，$\deg f=r(0\leqslant r\leqslant m)$. 则 $N_m(f=1)\geqslant 2^{m-r}$. 并且当 $r\leqslant m-1$ 时，$N_m(f=1)$ 为偶数.

证明 先证最后论断. 对每个次数 $\leqslant m-1$ 的单项式 $g=x_{i_1}x_{i_2}\cdots x_{i_t}(t\leqslant m-1, 1\leqslant i_1<i_2<\cdots<i_t\leqslant m)$，$N_m(g=1)=2^{m-t}$ 为偶数，即 $w(\boldsymbol{c}_g)=2^{m-t}$. 而每个次数 $\leqslant m-1$ 的多项式 f 均是这样一些多项式之和，即 $\boldsymbol{c}_f$ 为 F_2^n 中一些 Hamming 权为偶数的向量之和，可知 $w(\boldsymbol{c}_f)=N_m(f=1)$ 仍为偶数.

现在对于 $\deg f=r$，$0\leqslant r\leqslant m$，证明 $N_m(f=1)\geqslant 2^{m-r}$. 当 $m=1$ 时易知命题成立. 现在设命题对 $m-1$ 成立 $(m\geqslant 2)$，我们来证明命题对 m 也成立.

当 $r=0$ 时，$f\equiv 1$，$N_m(f=1)=2^m$. 当 $r=m$ 时，$f\not\equiv 0$，从而

$N_m(f=1)\geqslant 1$. 这表明命题对 $r=0$ 和 $r=m$ 情形成立. 以下设 $1\leqslant r\leqslant m-1$. 我们可把 r 次 m 元布尔函数 $f(x_1,x_2,\cdots,x_m)$ 唯一地写成

$$f=x_m h(x_1,x_2,\cdots,x_{m-1})+g(x_1,x_2,\cdots,x_{m-1}),$$

其中 $h,g\in \boldsymbol{B}_{m-1}$, $\deg h\leqslant r-1$, $\deg g\leqslant r$. 如果 $h\equiv 0$, 则 $f=g(x_1,x_2,\cdots,x_{m-1})$ 不依赖于 x_m. 当 $g(a_1,a_2,\cdots,a_{m-1})=1$ 时, $f(a_1,a_2,\cdots,a_{m-1},0)=f(a_1,a_2,\cdots,a_{m-1},1)=1$. 于是

$$\begin{aligned} N_m(f=1)&=2N_{m-1}(g=1)\geqslant 2\cdot 2^{m-1-r} \quad (\text{由归纳假设})\\ &=2^{m-r}. \end{aligned}$$

如果 $h\not\equiv 0$, 则当 $h(a_1,a_2,\cdots,a_{m-1})=1$ 时, $f(a_1,a_2,\cdots,a_{m-1},a_m)=a_m+g(a_1,a_2,\cdots,a_{m-1})$. 取 $a_m=g(a_1,a_2,\cdots,a_{m-1})+1$, 则 $f(a_1,a_2,\cdots,a_{m-1},a_m)=1$, 于是

$$N_m(f=1)\geqslant N_{m-1}(h=1)\geqslant 2^{(m-1)-(r-1)}=2^{m-r}. \qquad \square$$

定理 7.3.9 设 $m\geqslant 1$, $0\leqslant r\leqslant m$. 则

(1) 二元 RM 码 RM(r,m) 的参数为 $[n,k,d]=[2^m,k(r,m),2^{m-r}]$, 其中

$$k(r,m)=\sum_{t=0}^{r}\binom{m}{t}.$$

(2) 当 $0\leqslant r\leqslant m-1$ 时, RM$(r,m)^{\perp}=$RM$(m-r-1,m)$.

证明 (1) 我们已经决定了 n 和 k 的值, 并且引理7.3.8表明对 RM(r,m) 中每个非零码字 $\boldsymbol{c}_f$ $(f\in\boldsymbol{B}_m, 0\leqslant\deg f\leqslant r)$, $w(\boldsymbol{c}_f)=N_m(f=1)\geqslant 2^{m-r}$. 于是 $d\geqslant 2^{m-r}$. 对于 $f=x_1x_2\cdots x_r$, 易知 $\boldsymbol{c}_f\in$ RM(r,m), $w(\boldsymbol{c}_f)=N_m(f=1)=2^{m-r}$. 这表明 $d=2^{m-r}$.

(2) RM(r,m) 中码字为 $\boldsymbol{c}_f$, 其中 $f\in\boldsymbol{B}_m$, $\deg f\leqslant r$. RM$(m-1-r,m)$ 中码字有形式 $\boldsymbol{c}_g$, 其中 $g\in\boldsymbol{B}_m$, $\deg g\leqslant m-1-r$. 于是 $\deg(fg)\leqslant m-1$, 由引理 7.3.8 知 $N_m(fg=1)$ 是偶数. 而

F_2^n 中向量 $\boldsymbol{c}_f$ 和 $\boldsymbol{c}_g$ 的内积为

$$(\boldsymbol{c}_f,\boldsymbol{c}_g)=\sum_{a\in F_2^m}f(a)g(a)=\sum_{a\in F_2^m}(fg)(a)$$
$$=N_m(fg=1)=0\in F_2.$$

即 RM(r,m)中码字和 RM$(m-1-r,m)$中码字均正交. 于是 RM$(r,m)^{\perp}\supseteq$RM$(m-1-r,m)$. 但是

$$\begin{aligned}&\dim \mathrm{RM}(r,m)+\dim \mathrm{RM}(m-1-r,m)\\&=\sum_{t=0}^{r}\binom{m}{t}+\sum_{\lambda=0}^{m-1-r}\binom{m}{\lambda}\\&=\sum_{t=0}^{r}\binom{m}{t}+\sum_{\lambda=0}^{m-1-r}\binom{m}{m-\lambda}\\&=\sum_{t=0}^{r}\binom{m}{t}+\sum_{t=r+1}^{m}\binom{m}{t}\\&=2^m=n,\end{aligned}$$

可知 RM$(r,m)^{\perp}=$RM$(m-1-r,m)$. □

例 4　RM$(0,m)=\{\boldsymbol{c}_0=(0,0,\cdots,0),\boldsymbol{c}_1=(1,1,\cdots,1)\}$,参数为$[n,k,d]=[2^m,1,2^m]$,生成阵为$(11\cdots1)$. 这也是对偶码 RM$(m-1,m)$的校验阵,即对于$(c_1,c_2,\cdots,c_n)\in F_2^n$,

$$(c_1,c_2,\cdots,c_n)\in \mathrm{RM}(m-1,m)\Leftrightarrow c_1+c_2+\cdots+c_n=\mathbf{0}\in F_2,$$

所以 RM$(m-1,m)$,即 F_2^n 中所有 Hamming 权为偶数的向量组成的线性码,参数为$[n,k,d]=[2^m,2^m-1,2]$.

例 5　RM$(1,m)$是以 $\boldsymbol{c}_f(f=1,x_1,x_2,\cdots,x_m)$为基的二元线性码,由定理 7.3.9 知道参数为$[n,k,d]=[2^m,2^{m+1},2^{m-1}]$. 对于每个 $0\leqslant a\leqslant 2^m-1$,记 a 的二进制展开为

$$a=a_1+a_2\cdot 2+\cdots+a_m\cdot 2^{m-1}\quad (a_i\in\{0,1\}),$$

则函数 x_i 在$(a_1,a_2,\cdots,a_m)\in F_2^m$ 处的取值为 a_i. 所以线性码 RM$(1,m)$有生成阵

$$G=\begin{pmatrix} c_1 \\ c_{x_1} \\ c_{x_2} \\ \vdots \\ c_{x_m} \end{pmatrix}=\begin{pmatrix} 1 & 1 & \cdots & 1 \\ 0_1 & 1_1 & \cdots & (2^m-1)_1 \\ 0_2 & 1_2 & \cdots & (2^m-1)_2 \\ \vdots & \vdots & \vdots & \vdots \\ 0_m & 1_m & \cdots & (2^m-1)_m \end{pmatrix}=\begin{pmatrix} 1 & 1 \quad \cdots \quad 1 \\ 0 & \\ 0 & \\ \vdots & G_1 \\ 0 & \end{pmatrix},$$

其中 G_1 是 F_2 上 m 行(2^m-1)列矩阵，它的诸列恰好是长为 m 的2^m-1 个二元非零向量. 于是 RM$(1,m)$的收缩码

$$\mathrm{RM}(1,m)'=\{(c_2,\cdots,c_n)\in F_2^{n-1}\mid(0,c_2,\cdots,c_n)\in\mathrm{RM}(1,m)\}$$

是以 G_1 为生成阵的二元线性码. 由于以 G_1 为校验阵的线性码是参数为$[n,k,d]=[2^m-1,2^m-m-1,3]$的二元 Hamming 码 C，所以 RM$(1,m)'$就是这个 Hamming 码的对偶码 $C^{\perp}$.

RM$(1,m)$中码字为

$$c_f=(f(0,\cdots,0),f(1,0,\cdots,0),\cdots,f(1,\cdots,1))\in F_2^n \quad (n=2^m),$$

其中 $\deg f\leqslant 1$，即 $f=b_0+b_1x_1+\cdots+b_mx_m(b_i\in F_2)$. 当$f\equiv 0$ 时，$w(c_f)=0$；当 $f\equiv 1$ 时，$w(c_f)=n=2^m$. 而对其余 $2^{m+1}-2$ 个 f，$b_1,b_2,\cdots,b_m$ 不全为零，易知这时 $w(c_f)=2^{m-1}=n/2$. 这表明除了全 0 和全 1 码字之外，RM$(1,m)$中所有码字的 Hamming 权均为 2^{m-1}.

进而：c_f 去掉第 1 位属于 RM$(1,m)'\Leftrightarrow f(0,0,\cdots,0)=0\Leftrightarrow f=b_1x_1+b_2x_2+\cdots+b_mx_m$. 可知 RM$(1,m)'$中所有非零码字的 Hamming 权均为 2^{m-1}. 特别地，RM$(1,m)'$的参数为$[n,k,d]=[2^m-1,m,2^{m-1}]$.

习　题

1. 证明：在参数$[n,k,d]=[2^m-1,2^m-1-m,3]$的二元汉

明码中,权为 3 的码字个数为$\frac{1}{3}(2^m-1)(2^{m-1}-1)$.

2. 对于 $n\geqslant 3,0\leqslant k\leqslant n$,证明:参数为$[n,k,3]$的 q 元码存在当且仅当汉明界成立,即 $q^{n-k}\geqslant 1+n(q-1)$.

3.(定理 7.3.5 的另一个证明)　对于定理 7.3.5 给出的多项式码 C,证明

$$\boldsymbol{G}=\begin{pmatrix}\boldsymbol{c}_1\\ \boldsymbol{c}_x\\ \boldsymbol{c}_{x^2}\\ \vdots\\ \boldsymbol{c}_{x^{k-1}}\end{pmatrix}=\begin{pmatrix}1 & 1 & \cdots & 1\\ a_1 & a_2 & \cdots & a_n\\ a_1^2 & a_2^2 & \cdots & a_n^2\\ \vdots & \vdots & & \vdots\\ a_1^{k-1} & a_2^{k-1} & \cdots & a_n^{k-1}\end{pmatrix}$$

是 C 的生成阵,并且 $\boldsymbol{G}$ 的任意 k 列均线性无关.于是 $C^{\perp}$ 为 MDS 码,再由定理 7.3.3 知 C 为 MDS 码.

4.(多项式码的校验阵)　记

$$V(x_1,x_2,\cdots,x_k)=\begin{vmatrix}1 & 1 & \cdots & 1\\ x_1 & x_2 & \cdots & x_k\\ x_1^2 & x_2^2 & \cdots & x_k^2\\ \vdots & \vdots & & \vdots\\ x_1^{k-1} & x_2^{k-1} & \cdots & x_k^{k-1}\end{vmatrix}=\prod_{1\leqslant i<j\leqslant k}(x_j-x_i)$$

为 Vandermonde 行列式.则定理 7.3.5 中的多项式码 C 有如下的校验阵

$$\boldsymbol{H}=(\boldsymbol{A}\ \vdots\ -\boldsymbol{I}_{n-k}),\boldsymbol{A}=(\alpha_{ij})(1\leqslant i\leqslant n-k,1\leqslant j\leqslant k),$$

其中

$$\alpha_{ij}=\frac{V(a_1,\cdots,a_{j-1},a_{i+k},a_{j+1},\cdots,a_k)}{V(a_1,a_2,\cdots,a_k)}=\prod_{\substack{\lambda=1\\ \lambda\neq j}}^{k}\frac{a_{i+k}-a_\lambda}{a_j-a_\lambda},$$

(α_{ij} 的分子是将分母中的 a_j 改成 a_{i+k}).

5. 设 $a_1,a_2,\cdots,a_{q-1}$ 是 F_q 中全部非零元素，$1\leqslant k\leqslant q-2$，定义

$$C_k'=\{\boldsymbol{c}_f=(f(a_1),\cdots,f(a_{q-1}))\in \boldsymbol{F}_q^{q-1}\mid f(x)\in F_q[x],\deg f\leqslant k-1\},$$

$$C_k''=\{\boldsymbol{c}_f=(f(a_1),\cdots,f(a_{q-1}))\in \boldsymbol{F}_q^{q-1}\mid f(x)\in F_q[x],\ \deg f\leqslant k-1,f(0)=0\}.$$

证明：

(1) C_k' 是参数为 $[q-1,k,d]$ 的 q 元 MDS 线性码，其中 $d=q-k$.

(2) C_k'' 是参数为 $[q-1,k-1,d']$ 的 q 元 MDS 线性码，其中 $d'=q-k+1$.

(3) C_k'' 的对偶码为 C'_{q-k}，特别当 $2k\leqslant q$ 时，C''_k 是自正交码.

6. 对于例 3 中的 F_7 上线性码 C，如果收到向量为

$$\boldsymbol{y}=(0265626),(2410142),(2315324),$$

并且假定在传输时错位数均不超过 2，试将它们恢复成码字.

7. 对于每个 r，$0\leqslant r\leqslant m$，求二元 RM 码 $\mathrm{RM}(r,m)$ 的收缩码

$$\mathrm{RM}(r,m)'=\{(\boldsymbol{c}_2,\cdots,\boldsymbol{c}_n)\in \boldsymbol{F}_2^{n-1}\mid (0,c_2,\cdots,c_n)\in \mathrm{RM}(r,m)\}$$

和它的对偶码的参数 $[n,k,d]$.

§7.4 循环码

本节介绍线性码中更特殊的一类，叫作循环码.

定义 7.4.1 码长为 n 的 q 元线性码 C 叫作循环码，是指若 $\boldsymbol{c}=(c_0,c_1,\cdots,c_{n-1})$ 是 C 中的码字，则 $\boldsymbol{c}$ 的向右循环移 1 位得到的向量 $R(\boldsymbol{c})=(c_{n-1},c_0,c_1,\cdots,c_{n-2})$ 也是 C 中的码字.

由此可知，若 C 是循环码，$\boldsymbol{c}=(c_0,c_1,\cdots,c_{n-1})\in C$，则对每

个 $i\geqslant 1$,$\boldsymbol{c}$ 向右循环移 i 位之后也是码字,即

$$R^i(\boldsymbol{c})=(c_{n-i},c_{n-i+1},\cdots,c_{n-1},c_0,c_1,\cdots,c_{n-i-1})\in C.$$

显然 $R^n(c)=c$,即码字 c 向右循环移 n 位之后又回到自身. 此外,当 $1\leqslant i\leqslant n-1$ 时,向右循环移 i 位等于向左循环移$n-i$位.

研究循环码最适宜的数学工具是抽象代数(一个循环码是商环 $F_q[x]/(x^n-1)$中的理想). 我们在本书中采用更加通俗的工具,即用第 3 章中介绍的幂级数环 $F_q[[x]]$.

设 C 是码长为 n 的 q 元循环码. 今后我们把每个码字 $\boldsymbol{c}=(c_0,c_1,\cdots,c_{n-1})$等同于次数$\leqslant n-1$ 的多项式

$$c(x)=c_0+c_1x+\cdots+c_{n-1}x^{n-1}\in F_q[x],$$

也称 $c(x)$是 C 中的码字,记为 $c(x)\in C$. 码字 $\boldsymbol{c}$(或 $c(x)$)还对应一个幂级数

$$\begin{aligned}\tilde{c}(x)&=c_0+c_1x+\cdots+c_{n-1}x^{n-1}+c_0x^n+c_1x^{n+1}+\cdots+\\&\quad c_{n-1}x^{2n-1}+c_0x^{2n}+\cdots\\&=c(x)(1+x^n+x^{2n}+\cdots)\\&=\frac{c(x)}{1-x^n}\in F_q[[x]].\end{aligned}$$

这是以 $1-x^n$ 为分母的真分式,它对应于 F_q 上一个周期序列

$$\tilde{c}=[\dot{c}_0,\cdots,\dot{c}_{n-1}].$$

现在我们利用幂级数工具给出循环码的一种刻画方式.

定理 7.4.2　设 C 是码长为 n 的 q 元循环码,维数$k\geqslant 1$,则

(1)存在 x^n-1 的一个唯一的 $n-k$ 次首 1 多项式因子 $g(x)\in F_q[x]$,使得 C 中码字 $c(x)$恰好是 $g(x)$的次数$\leqslant n-1$ 的倍式. 即

$$C=\{c(x)\in F_q[x]\mid c(x)=g(x)a(x),a(x)\in F_q[x],\\ \deg(a(x))\leqslant k-1\}.$$

(2)令 $x^n-1=g(x)h(x)$,则 $h(x)$ 是 x^n-1 的 k 次首 1 多项式因子,并且 $c(x)\in C$ 当且仅当 $\tilde{c}(x)$ 是以 $h(x)$ 为分母的真分式.

(3)设 $c(x)=a(x)g(x)\in C$,其中 $a(x)\in F_q[x]$, $\deg(a(x))\leqslant k-1$. 对每个 $i\geqslant 1$,以 $R^i(c(x))$ 表示 $c(x)$ 向右循环移 i 位得到的码字,则 $R^i(c(x))=r_i(x)g(x)$,其中 $r_i(x)$ 是 $x^ia(x)$ 被 $h(x)$ 除的余式.

证明 (1)我们先证:若 $c(x)\in C$,对每个 $f(x)\in F_q[x]$,以 $r(x)$ 表示 $c(x)f(x)$ 被 x^n-1 除的余式,则 $r(x)\in C$. 这是因为

$$\begin{aligned}xc(x)&=x(c_0+c_1x+\cdots+c_{n-1}x^{n-1})\\&=c_0x+c_1x^2+\cdots+c_{n-2}x^{n-1}+c_{n-1}x^n,\end{aligned}$$

它被 x^n-1 除的余式 $c_{n-1}+c_0x+c_1x^2+\cdots+c_{n-2}x^{n-1}$ 恰好是码字 $c=(c_0,c_1,\cdots,c_{n-1})$ 向右循环移 1 位的码字 $R(c)\in C$. 归纳可知,对每个 $i\geqslant 1$,$x^ic(x)$ 被 x^n-1 除的余式 $r_i(x)$ 是循环码 C 中的码字,因为它恰好是码字 $c(x)$ 向右循环移 i 位. 现在设 $f(x)=b_0+b_1x+\cdots+b_lx^l\in F_q[x]$,则 $f(x)c(x)=b_0c(x)+b_1xc(x)+\cdots+b_lx^lc(x)$ 被 x^n-1 除的余式为 $r(x)=b_0r_0(x)+b_1r_1(x)+\cdots+b_lr_l(x)$. 由于 $r_i(x)\in C$ 而 C 是线性码,可知 $r(x)\in C$.

由 $k\geqslant 1$ 可知,C 中有非零码字 $c(x)$. 现在令 $g(x)$ 是码字当中次数最小的首 1 多项式. 我们现在证明:对每个多项式 $c(x)\in F_q[x]$,$\deg c(x)\leqslant n-1$,$c(x)\in C$ 当且仅当 $g(x)\mid c(x)$. 首先若 $g(x)\mid c(x)$,即 $c(x)=g(x)a(x)$,其中 $a(x)\in F_q[x]$. 由于 $c(x)$ 的次数 $\leqslant n-1$,它被 x^n-1 除的余式就是 $c(x)$,由前面所证以及 $g(x)\in C$,可知 $c(x)=g(x)a(x)\in C$. 反之若 $c(x)\in C$,以 $r(x)$ 表示 $c(x)$ 被 $g(x)$ 所除的余式,即 $c(x)=f(x)g(x)+r(x)$,其中 $f(x)\in F_q[x]$,$\deg r(x)<\deg g(x)$,则 $c(x)$,$f(x)g(x)$ 均为码

字,从而 $r(x)=c(x)-f(x)g(x)\in C$. 但是 $g(x)$是 C 中次数最小的多项式,可知 $r(x)=0$,于是 $c(x)=f(x)g(x)$,即 $g(x)\mid c(x)$. 这就证明了

$$C=\{g(x)a(x)\mid a(x)\in F_q[x],\deg a(x)\leqslant n-1-\deg g(x)\}.$$

由于 $a(x)$有 $n-\deg g(x)$个系数,可知 C 的维数 k 等于 $n-\deg g(x)$,这就表明 $\deg g(x)=n-k$.

再证 $g(x)$的唯一性:设 $g'(x)$也是 C 中次数最小的首 1 多项式. 则 $\deg g'(x)=n-k=\deg g(x)$,并且由上面证明知 $g(x)\mid g'(x)$并且 $g'(x)\mid g(x)$. 从而 $g'(x)=g(x)$.

最后证明 $g(x)\mid x^n-1$. 设 $(g(x),x^n-1)=h(x)$,则 $\deg h(x)\leqslant\deg g(x)=n-k\leqslant n-1$. 由定理 2.1.7 后面的注记可知存在 $A(x),B(x)\in F_q[x]$,使得 $A(x)g(x)+B(x)(x^n-1)=h(x)$. 由 $\deg h(x)\leqslant n-1$ 可知 $h(x)$就是用 x^n-1 去除 $A(x)g(x)$的余式. 在(1)中证明了 $h(x)\in C$. 由 $\deg h(x)\leqslant\deg g(x)$和 $g(x)$为 C 中次数最小多项式,可知 $h(x)=(g(x),x^n-1)$和$g(x)$次数相同,这就表明 $h(x)=g(x)$,因此 $g(x)\mid x^n-1$.

(2) 由 $h(x)g(x)=x^n-1$ 知 $h(x)$为首 1 多项式并且 $\deg h(x)=n-\deg g(x)=n-(n-k)=k$. 由(1)知对 $F_q[x]$中每个次数$\leqslant n-1$ 的多项式 $c(x)$,

$$\begin{aligned}c(x)\in C&\Leftrightarrow c(x)=g(x)a(x),\text{其中 } a(x)\in F_q[x],\\&\qquad\deg a(x)\leqslant k-1\\&\Leftrightarrow\tilde{c}(x)=\frac{g(x)a(x)}{1-x^n}=-\frac{a(x)}{h(x)}\text{是真分式.}\end{aligned}$$

(3) 由(2)知对每个 $c(x)\in C$,

$$\tilde{c}(x)=-\frac{a(x)}{h(x)}=\frac{a(x)g(x)}{1-x^n}$$

$$(a(x) \in F_q[x], \deg a(x) \leqslant k-1),$$

而 C 中码字 $R^i(c(x))$ 是 $x^i c(x) = x^i a(x) g(x)$ 被 $x^n - 1$ 除的余式 $R_i(x)$，即

$$x^i a(x) g(x) = f(x)(x^n - 1) + R_i(x)$$

$$(R_i(x)\text{的次数} \leqslant n-1).$$

由 $g(x) \mid x^n - 1$ 可知 $g(x) \mid R_i(x)$，于是 $R_i(x) = g(x) r_i(x)$，其中 $r_i(x) \in F_q[x]$，$\deg r_i(x) \leqslant n - 1 - \deg g(x) = k-1$. 因此，$x^i a(x) = f(x) h(x) + r_i(x)$. 这就表明 $r_i(x)$ 是 $x^i a(x)$ 被 $h(x)$ 除的余式，而 $R^i(c(x)) = R_i(x) = r_i(x) g(x)$，这就完成了定理 7.4.2的证明. □

现在介绍循环码的纠错编码. 我们在第 7.2 节讲过线性码的纠错编码. 设 G 是 q 元线性码 C 的一个生成矩阵. 如果 C 的参数为$[n,k,d]$，则 G 是 F_q 上的 k 行 n 列矩阵. 原始信息为 F_q^k 中 q^k 个向量，每个原始信息 $a = (a_1, a_2, \cdots, a_k) \in F_q^k$ 编成 C 中的码字 $aG \in C$. 所以线性码的纠错编码用矩阵乘法进行. 对于定理 7.4.2中的循环码 C，定理 7.4.2 中的首 1 多项式 $g(x)$ 和 $h(x)$ 分别叫作循环码 C 的生成多项式和校验多项式. 根据定理 7.4.2，循环码 C 的每个码字有形式 $c(x) = a(x) g(x)$，其中 $a(x) \in F_q[x]$，$\deg a(x) \leqslant k-1$. 所以可把原始信息$(a_0, a_1, \cdots, a_{k-1}) \in F_q^k$ 编成码字 $c(x) = a(x) g(x) \in C$，其中 $a(x) = a_0 + a_1 x + \cdots + a_{k-1} x^{k-1}$. 也就是说，循环码的纠错编码采用多项式相乘运算. 另外，由定理 7.4.2 又知道，C 中每个码字 $c(x)$ 是幂级数$\tilde{c}(x) = \dfrac{-a(x)}{h(x)}$的前 n 位，其中 $a(x) \in F_q[x]$，$\deg a(x) \leqslant k-1$.

熟知幂级数 $\dfrac{-a(x)}{h(x)} = \tilde{c}(x)$ 所生成的周期序列 $\tilde{c} = (\dot{c}_0, \dot{c}_1, \cdots,$

c_{n-1})可以用以 $h(x)$ 为联接多项式的线性移存器来实现(见第3.2节). 所以我们还可以采用如下的编码方式:对于每个原始信息$(a_0,a_1,\cdots a_{k-1})\in F_q^k$,以$(a_0,a_1,\cdots,a_{k-1})$作为联接多项式是$h(x)$的 k 级线性移存器的初始状态,它所生成的序列的前 n 位 $c=(c_0,c_1,\cdots,c_{n-1})$就是循环码 C 中的码字. 这种用线性移存器进行纠错编码是非常快速的(联接多项式为该循环码的校验多项式 $h(x)$),这是循环码的一个优点.

由定理 7.4.2 可知,循环码由生成多项式 $g(x)$ 所决定,也可由校验多项式所决定,由于循环码是线性码,所以它也由生成矩阵或校验矩阵所决定,下一结果表明,由循环码的生成多项式和校验多项式很容易给出它的生成矩阵和校验矩阵.

定理 7.4.3 设 C 是码长为 n 的 q 元循环码,其生成多项式 $g(x)$ 和校验多项式 $h(x)$ 分别为

$$g(x)=x^{n-k}+g_{n-k-1}x^{n-k-1}+\cdots+g_1x+g_0,$$

$$h(x)=x^k+h_{k-1}x^{k-1}+\cdots+h_1x+h_0,$$

其中 $g_i,h_j\in F_q$,$g(x)h(x)=x^n-1$(从而 $g_0\neq0$,$h_0\neq0$),k 是 C 的维数:$k=\dim_{F_q}C$. 则

(1)线性码 C 有如下的生成矩阵 $\boldsymbol{G}$ 和校验矩阵 $\boldsymbol{H}$:

$$\boldsymbol{G}=\begin{pmatrix} g_0 & g_1 & \cdots & g_{n-k-1} & 1 & & & \\ & g_0 & g_1 & \cdots & g_{n-k-1} & 1 & & \\ & & \ddots & \ddots & & \ddots & \ddots & \\ & & & g_0 & g_1 & \cdots & g_{n-k-1} & 1 \end{pmatrix}(k\text{ 行 }n\text{ 列}),$$

$$\boldsymbol{H}=\begin{pmatrix} 1 & h_{k-1} & \cdots & h_1 & h_0 & & & \\ & 1 & h_{k-1} & \cdots & h_1 & h_0 & & \\ & & \ddots & \ddots & & \ddots & \ddots & \\ & & & 1 & h_{k-1} & \cdots & h_1 & h_0 \end{pmatrix}(n-k\text{ 行 }n\text{ 列}).$$

(2)q 元循环码 C 的对偶码 $C^{\perp}$ 也是循环码，$C^{\perp}$ 的校验多项式为 $h^{\perp}(x)=g_0^{-1}(1+g_{n-k-1}x+\cdots+g_1x^{n-k-1}+g_0x^{n-k})$，而 $C^{\perp}$ 的生成多项式为 $g^{\perp}(x)=h_0^{-1}(1+h_{k-1}x+\cdots+h_1x^{k-1}+h_0x^k)$.

证明 (1)根据定理 7.4.2，C 中码字为 $f(x)g(x)$，其中 $f(x)\in F_q[x]$，$\deg f(x)\leqslant k-1$. 由此可知 $g(x),xg(x),\cdots,x^{k-1}g(x)$是线性码 C 的一组基，将这些码字表示成向量形式：

$$\begin{aligned}g(x)&=g_0+g_1x+\cdots+g_{n-k-1}x^{n-k-1}+x^k\\&=(g_0,g_1,\cdots,g_{n-k-1},1,0,\cdots,0)\in F_q^n,\\xg(x)&=(0,g_0,g_1,\cdots,g_{n-k-1},1,0,\cdots,0),\\&\vdots\\x^{k-1}g(x)&=g_0x^{k-1}+g_1x^k+\cdots+g_{n-k-1}x^{n-2}+x^{n-1}\\&=(0,\cdots,0,g_0,g_1,\cdots,g_{n-k-1},1),\end{aligned}$$

把它们作为 k 行，就得到定理 7.4.3 中的生成矩阵 $\boldsymbol{G}$.

另外，$c(x)=c_0+c_1x+\cdots+c_{n-1}x^{n-1}$ 为 C 中码字当且仅当 $c(x)=\dfrac{a(x)}{h(x)}$，其中 $a(x)$是 $F_q[x]$中次数$\leqslant k-1$ 的多项式. 于是

$$\begin{aligned}a(x)&=c(x)h(x)\\&=(x^k+h_{k-1}x^{k-1}+\cdots+h_1x+h_0)(c_0+c_1x+\cdots+c_{n-1}x^{n-1}),\end{aligned}$$

由于 $\deg a(x)\leqslant k-1$，可知上式右边展开之后 $x^k,x^{k+1},\cdots,x^{n-1}$ 的系数均为 0，即

$$\begin{aligned}c_0+h_{k-1}c_1+\cdots+h_0c_k&=0,\\c_1+h_{k-1}c_2+\cdots+h_0c_{k+1}&=0,\\&\vdots\\c_{n-k-1}+h_{k-1}c_{n-k}+\cdots+h_0c_{n-1}&=0,\end{aligned}$$

这相当于

$$\boldsymbol{H}(c_0,c_1,\cdots,c_{n-1})^{\mathrm{T}}=(0,\cdots,0)^{\mathrm{T}}.$$

再由 $\boldsymbol{H}$ 的秩为 $n-k$，即知 $\boldsymbol{H}$ 是线性码 C 的校验矩阵.

(2)$C^{\perp}$ 是线性码. 对于每个码字 $c'\in C^{\perp}$，我们要证它的向右循环移 1 位 $R(c')$ 也属于 $C^{\perp}$. 也就是要证 $R(c')$ 和 C 中每个码字 c 均正交. 由于 C 是码长为 n 的循环码. 所以 $R^{n-1}(c)\in C$. 因此 c' 和 $R^{n-1}(c)$ 正交，即 $(c',R^{n-1}(c))=0$. 将这两个向量均向右循环平移 1 位，内积显然不变，从而 $0=(c',R^{n-1}(c))=(R(c'),R^{n}(c))=(R(c'),c)$. 这就表明 $R(c')$ 和 C 中每个码字 c 均正交，于是对每个 $c'\in C^{\perp}$，均有 $R(c')\in C^{\perp}$. 这就表明 $C^{\perp}$ 是循环码.

进而，C 的校验矩阵 $\boldsymbol{H}$ 是 $C^{\perp}$ 的生成矩阵. 将 H 的诸行均除以 h_0^{-1}，便得到和矩阵 $\boldsymbol{G}$ 类似的形式. 由此即知循环码 $C^{\perp}$ 的生成多项式为 $g^{\perp}(x)=h_0^{-1}(1+h_{k-1}x+\cdots+h_1x^{k-1}+h_0x^k)$. 同样地，由 $\boldsymbol{G}$ 是 $C^{\perp}$ 的校验矩阵，可知循环码 $C^{\perp}$ 的校验多项式为 $h^{\perp}(x)=g_0^{-1}(1+g_{n-k-1}x+\cdots+g_1x^{n-k-1}+g_0x^{n-k})$. 证毕. □

例 1　令 $q=3,n=10$. $x^{10}-1$ 在 $F_3[x]$中分解成 4 个首 1 不可约多项式的乘积：

$$x^{10}-1=(x-1)(x+1)(x^4+x^3+x^2+x+1)\cdot(x^4-x^3+x^2-x+1).$$

$x^{10}-1$ 的首 1 多项式因子共有 $2^4=16$ 个，可知码长为 10 的 3 元循环码共有 16 个. 比如取 $x^{10}-1$ 的因子 $g(x)=x^4-x^3+x^2-x+1$ 为生成多项式，得到循环码 C 的参数为$[n,k,d]$，其中 $n=10,k=n-\deg g(x)=10-4=6$. 由定理 7.4.3 给出 C 的如下生成矩阵

$$\boldsymbol{G}=\begin{pmatrix}1&2&1&2&1&0&0&0&0&0\\0&1&2&1&2&1&0&0&0&0\\0&0&1&2&1&2&1&0&0&0\\0&0&0&1&2&1&2&1&0&0\\0&0&0&0&1&2&1&2&1&0\\0&0&0&0&0&1&2&1&2&1\end{pmatrix}.$$

C 的校验多项式为 $h(x)=(x^{10}-1)/g(x)=x^6+x^5-x-1$,所以 C 有如下的校验矩阵

$$\boldsymbol{H}=\begin{pmatrix}1&1&0&0&0&2&2&0&0&0\\0&1&1&0&0&0&2&2&0&0\\0&0&1&1&0&0&0&2&2&0\\0&0&0&1&1&0&0&0&2&2\end{pmatrix}.$$

由于 $\boldsymbol{H}$ 的第 1 列和第 6 列线性相关,可知 C 的最小距离为 $d=2$. C 的对偶码 $C^{\perp}$ 有参数$[10,4,d^{\perp}]$,生成多项式为 $g^{\perp}(x)=-(-x^6-x^5+x+1)=h(x)$,校验多项式为 $h^{\perp}(x)=g(x)$. 由于 H 是 $C^{\perp}$ 的生成矩阵,不难由此决定 $C^{\perp}$ 的最小距离 $d^{\perp}$ 为 4.

现在我们介绍一类特殊的循环码,即校验多项式为 $F_q[x]$ 中不可约多项式的情形. 对于这种情形,我们可以用高斯和(见第 3.4 节)来计算循环码的最小距离. 而对于一般的循环码,决定最小距离是一个困难的问题.

设 $h(x)$ 是 $F_q[x]$ 中的 k 次首 1 不可约多项式,$k\geqslant 2$. 令 α 是它的一个根,则 $F_q[\alpha]=F_{q^k}$,并且 $h(x)$ 有 k 个不同的根,并且均不为零. 它们是

$$\{\alpha,\alpha^q,\alpha^{q^2},\cdots,\alpha^{q^{k-1}}\}=\{\alpha_\lambda=\alpha^{q^\lambda}\mid 0\leqslant\lambda\leqslant k-1\}.$$

(见定理 3.2.6.)设 α 的阶为 n,则 n 为 q^k-1 的因子,并且 n 也是多项式 $h(x)$ 的最小周期(定理 3.2.6). 于是 $h(x)\mid x^n-1$. 我们首先对于以 $h(x)$ 为校验多项式且码长为 n 的 q 元循环码,给出码字的另一种表达方式. 以下用 $T:F_{q^k}\to F_q$ 表示迹函数,即对于 $\beta\in F_{q^k}$,$T(\beta)=\sum\limits_{i=0}^{k-1}\beta^{q^i}\in F_q$(见第 3.3 节习题 6).

定理 7.4.4 设 $h(x)$ 是 $F_q[x]$ 中 k 次首 1 不可约多项式,$k\geqslant 2$,α 为 $h(x)$ 在 F_{q^k} 中的一个根,α 的阶为 n. C 是以$h(x)$为校

验多项式且码长为 n 的 q 元循环码，T 是由 F_{q^k} 到 F_q 的迹函数，则

(1)对每个 $\beta\in F_{q^k}$，F_q^n 中向量

$$c_\beta=(T(\beta),T(\beta\alpha^{-1}),T(\beta\alpha^{-2}),\cdots,T(\beta\alpha^{-(n-1)}))$$

都是 C 中的码字.

(2)C 中每个码字都可表示成上述形式，即 $C=\{c_\beta\mid\beta\in F_{q^k}\}$.

证明 (1)记 $c_\beta=(c_0,c_1,\cdots,c_{n-1})$，$c_i=T(\beta\alpha^{-i})$，则

$$\begin{aligned}
c_\beta(x)=c_0+c_1x+\cdots+c_{n-1}x^{n-1}&=\sum_{i=0}^{n-1}T(\beta\alpha^{-i})x^i\\
&=\sum_{i=0}^{n-1}\sum_{\lambda=0}^{k-1}\beta^{q^\lambda}\alpha^{-iq^\lambda}x^i\\
&=\sum_{\lambda=0}^{k-1}\beta^{q^\lambda}\sum_{i=0}^{n-1}(\alpha_\lambda^{-1}x)^i\quad(\alpha_\lambda=\alpha^{q^\lambda})\\
&=\sum_{\lambda=0}^{k-1}\beta^{q^\lambda}\frac{1-(\alpha_\lambda^{-1}x)^n}{1-\alpha_\lambda^{-1}x}\\
&=(1-x^n)\sum_{\lambda=0}^{k-1}\frac{\beta^{q^\lambda}}{1-\alpha_\lambda^{-1}x}\quad(\text{由于 }\alpha_\lambda^n=1)\\
&=\frac{(1-x^n)a(x)}{(1-\alpha_0^{-1}x)\cdots(1-\alpha_{k-1}^{-1}x)},
\end{aligned}$$

其中 $a(x)$是 $F_{q^k}[x]$中次数$\leqslant k-1$ 的多项式. 但是 $\alpha_\lambda(0\leqslant\lambda\leqslant k-1)$为 $h(x)$的全部根，所以

$$\begin{aligned}
h(x)&=(x-\alpha_1)\cdots(x-\alpha_{k-1})\\
&=(-1)^k\alpha_1\cdots\alpha_{k-1}(1-\alpha_1^{-1}x)\cdots(1-\alpha_{k-1}^{-1}\alpha).
\end{aligned}$$

因此

$$c_\beta(x)=\frac{(1-x^n)a(x)}{h(x)}(-1)^k\alpha_1\cdots\alpha_{k-1}=a'(x)g(x),$$

其中 $g(x)=(x^n-1)/h(x)$是循环码 C 的生成多项式，而多项式

$a'(x)=(-1)^{k+1}\alpha_1\cdots\alpha_{k-1}a(x)\in F_{q^k}[x]$的次数$\leqslant k-1$. 由于$c_\beta(x)$和$g(x)$均属于$F_q[x]$,所以,$a'(x)$也属于$F_q[x]$. 这就表明$c_\beta(x)=a'(x)g(x)\in C$.

(2)由$\deg h(x)=k$知C中共有q^k个码字. 为了证明C中码字均可表示成c_β的形式,我们只需证明当β和β'是F_{q^k}中不同的元素时,$c_\beta\neq c_{\beta'}$,从而$c_\beta(\beta\in F_{q^k})$便是$C$中全部码字.

如果$c_\beta=c_{\beta'}(\beta,\beta'\in F_{q^k})$,则$T(\beta\alpha^{-i})=T(\beta'\alpha^{-i})(0\leqslant i\leqslant n-1)$,即$T((\beta-\beta')\alpha^{-i})=0(0\leqslant i\leqslant n-1)$. 但是$F_q[\alpha^{-1}]=F_q[\alpha]=F_{q^k}$,可知$\alpha^{-i}(0\leqslant i\leqslant k-1)$是$F_{q^k}$的一组$F_q$-基. 从而$F_{q^k}$中每个元素$a$均可表示成

$$a=a_0+a_1\alpha^{-1}+\cdots+a_{k-1}\alpha^{-(k-1)}\quad(a_i\in F_q),$$

于是

$$T((\beta-\beta')a)=\sum_{i=0}^{k-1}T((\beta-\beta')\alpha^{-i})\cdot a_i=0.$$

如果$\beta\neq\beta'$,则$\beta-\beta'$是F_{q^k}中非零元素,当a过F_{q^k}的全部元素时,$(\beta-\beta')a$也跑遍F_{q^k}的全部元素,而上式表明F_{q^k}中全部元素的迹函数均为零,这和$T:F_{q^k}\to F_q$是满射相矛盾. 这就表明当β和β'是F_{q^k}中不同元素时,c_β和$c_{\beta'}$为C中不同的码字. 所以C中每个码字均可(唯一地)表示成c_β的形式$(\beta\in F_{q^k})$. 证毕. □

现在我们用高斯和来表示定理7.4.4中循环码每个非零码字的Hamming重量. 它们的最小值就是此码的最小距离. 为简单起见我们只考虑$q=p$(素数)的情形.

定理7.4.5 设C是定理7.4.4中的循环码[那里的$q=p$(素数)],令$p^k-1=ne$(e为正整数). 则当$0\neq\beta\in F_{p^k}$时,C中非零码字c_β的Hamming重量为

$$W_{\mathrm{H}}(c_\beta)=\frac{(p-1)n}{p}+\frac{p-1}{ep}\left[1-\sum_{\substack{\mu=1\\ \frac{e}{(e,\frac{p^k-1}{p-1})}\mid\mu}}^{e-1}G(\chi^\mu)\zeta_e^{-\mu l}\right],$$

其中 $\beta=\gamma^l$，γ 是 F_{p^k} 的一个本原元素，使得 $\alpha^{-1}=\gamma^e$（第 2.2 节习题 11 给出这样本原元素 γ 的存在性），ζ_e 是复数域 $\boldsymbol{C}$ 中一个 e 次本原单位根，χ 是 F_{p^k} 的一个 e 阶乘法特征，而$G(\chi^\mu)$是高斯和

$$G(\chi^\mu)=\sum_{x\in F_{p^k}}\chi^\mu(x)\zeta_p^{T(x)},$$

这里 $T:F_{p^k}\to F_p$ 是迹函数. 特别当$\left(e,\frac{p^k-1}{p-1}\right)=1$ 时，对每个 $0\neq\beta\in F_{p^k}$ 均有 $W_{\mathrm{H}}(c_\beta)=(p-1)p^{k-1}/e$.

证明 $W_{\mathrm{H}}(c_\beta)=n-N$，其中 N 等于码字 c_β 中零分量的个数，即

$$N=\#\{i\mid 0\leqslant i\leqslant n-1,T(\beta\alpha^{-i})=0\}.$$

对于 $a\in F_p$，当 $a\neq0$ 时 $\sum\limits_{x=0}^{p-1}\zeta_p^{ax}=0$，而 $a=0$ 时 $\sum\limits_{x=0}^{p-1}\zeta_p^{ax}=p$. 所以

$$\begin{aligned}N&=\frac{1}{p}\sum_{i=0}^{n-1}\sum_{x=0}^{p-1}\zeta_p^{xT(\beta\alpha^{-i})}\\&=\frac{n}{p}+\frac{1}{p}\sum_{i=0}^{n-1}\sum_{x=1}^{p-1}\zeta_p^{T(x\beta\gamma^{ei})}.\end{aligned}$$

记 $q=p^k$. 由 γ 为 F_q 的本原元素可知 $\gamma^{\frac{q-1}{p-1}}$ 是模 p 的原根，再由 $\beta=\gamma^l$，可得

$$N=\frac{n}{p}+\frac{1}{p}\sum_{j=0}^{p-2}\sum_{i=0}^{n-1}\zeta_p^{T(\gamma^{\frac{q-1}{p-1}j+l+ei})}. \tag{7.4.1}$$

现在把 $F_q^*=\{\gamma^i\mid 0\leqslant i\leqslant q-2\}$分拆成如下的 e 个子集合：

$$C_\lambda=\{\gamma^{\lambda+e\mu}\mid 0\leqslant\mu\leqslant n-1\}\quad(0\leqslant\lambda\leqslant e-1).$$

由于 χ 是 F_q 的 e 阶乘法特征，可知当 $\gamma^{\lambda+e\mu}\in C_\lambda$ 时，

$\chi(\gamma^{\lambda+e\mu})=\chi(\gamma^{\lambda})=\zeta_e^{\lambda}$. 令

$$A_\lambda=\sum_{x\in C_\lambda}\zeta_p^{T(x)}\quad(0\leqslant\lambda\leqslant e-1),$$

则

$$G(\chi^j)=\sum_{x\in F_q^*}\chi^j(x)\zeta_p^{T(x)}=\sum_{\lambda=0}^{e-1}\sum_{x\in C_\lambda}\zeta_e^{\lambda j}\zeta_p^{T(x)}=\sum_{\lambda=0}^{e-1}A_\lambda\zeta_e^{\lambda j}.$$

由 Fourier 反变换给出

$$A_\lambda=\frac{1}{e}\sum_{j=0}^{e-1}G(\chi^j)\zeta_e^{-\lambda j}\quad(0\leqslant\lambda\leqslant e-1),$$

代入式(7.4.1) 给出

$$\begin{aligned}N&=\frac{n}{p}+\frac{1}{p}\sum_{j=0}^{p-2}A_{\frac{q-1}{p-1}j+l}=\frac{n}{p}+\frac{1}{pe}\Big(\sum_{j=0}^{p-2}\sum_{\mu=0}^{e-1}G(\chi^\mu)\zeta_e^{-\mu(\frac{q-1}{p-1}j+l)}\Big)\\&=\frac{n}{p}+\frac{1}{pe}\Big(\sum_{\mu=0}^{e-1}G(\chi^\mu)\zeta_e^{-\mu l}\sum_{j=0}^{p-2}\zeta_e^{-\frac{\mu(q-1)}{p-1}j}\Big)\\&=\frac{n}{p}+\frac{p-1}{pe}\sum_{\substack{\mu=0\\ e\mid\frac{\mu(q-1)}{p-1}}}^{e-1}G(\chi^\mu)\zeta_e^{-\mu l}\\&=\frac{n}{p}-\frac{p-1}{pe}+\frac{p-1}{pe}\sum_{\substack{\mu=1\\ \frac{e}{(\frac{q-1}{p-1},e)}\mid\mu}}^{e-1}G(\chi^\mu)\zeta_e^{-\mu l}.\end{aligned}$$

再由 $W_H(c_\beta)=n-N$ 即得定理中关于 $W_H(c_\beta)$ 的公式. 证毕. □

注记 1. 由 $\chi\neq1$ 时, $|G(\chi)|=\sqrt{q}$ (定理 3.4.2). 从而由定理 7.4.5 中的公式可知对 C 中每个非零码字 $c_\beta(0\neq\beta\in F_{q^k})$,

$$\left|W_H(c_\beta)-\frac{n(p-1)}{p}\right|\leqslant\frac{p-1}{ep}(1+e\sqrt{q})=\frac{n(p-1)}{p}\frac{e\sqrt{q}+1}{q-1}.$$

对于固定的 e, 当 $q=p^k$ 充分大时, 可知 $W_H(c_\beta)$ 近似等于 $\frac{n(p-1)}{p}$, 而 C 的最小距离 $d\geqslant\frac{n(p-1)}{p}-\frac{p-1}{ep}(e\sqrt{q}+1)$.

2. 对于 F_q 的 e 阶乘法特征 χ，如果能算出高斯和 $G(\chi^{\mu})(1\leqslant \mu\leqslant e-1)$ 的值，可以给出每个码字的 $W_H(c_\beta)$ 以及最小距离的确切值. 我们已经介绍了对于 2 阶特征 η 的高斯和 $G(\eta)$（定理 3.4.4），所以对于 $e=2$ 情形有如下结果.

定理 7.4.6 设 p 为奇素数，$q=p^k$. γ 是 F_q 的一个本原元素，$\alpha=\gamma^2$，$h(x)$ 是 α 在 F_p 上的最小多项式，C 是以 $h(x)$ 为校验多项式的 p 元循环码（码长为 $n=\frac{q-1}{2}$）. 则 C 的维数为 k，而最小距离为

$$d=\begin{cases}\frac{1}{2}(p-1)p^{k-1}, & \text{若 } k \text{ 为奇数},\\ \frac{1}{2}(p-1)(p^{k-1}-p^{\frac{k}{2}-1}), & \text{若 } k \text{ 为偶数}.\end{cases}$$

证明 在定理 7.4.5 中取 $e=2$，则 $\frac{p^k-1}{p-1}=p^{k-1}+p^{k-2}+\cdots+p+1\equiv k \pmod 2$. 从而

$$\left(2,\frac{p^k-1}{p-1}\right)=\begin{cases}1, & \text{若 } k \text{ 为奇数},\\ 2, & \text{若 } k \text{ 为偶数}.\end{cases}$$

于是对 C 中每个码字 $c_\beta(0\neq\beta\in F_q)$，

$$W_H(c_\beta)=\frac{(p-1)(q-1)}{2p}+\frac{p-1}{2p}-\frac{p-1}{2p}\sum_{\substack{\mu=1\\ \frac{2}{(2,\frac{q-1}{p-1})}\mid u}}^{1} G(\eta^{\mu})(-1)^{\mu l}$$

$$=\begin{cases}\frac{1}{2}(p-1)p^{k-1}, & \text{若 } k \text{ 为奇数},\\ \frac{1}{2}(p-1)p^{k-1}-\frac{p-1}{2p}(-1)^{l}G(\eta), & \text{若 } k \text{ 为偶数},\end{cases}$$

其中 η 是 F_q 的（唯一）2 阶特征. 根据定理 3.4.4，当 k 为偶数时，

$$G(\eta)=(-1)^{k+1}i^k\sqrt{q}=(-1)^{\frac{k}{2}+1}p^{k/2}.$$

所以 $W_H(c_\beta)=\frac{1}{2}(p-1)(p^{k-1}+(-1)^{l+k/2}p^{\frac{k}{2}-1})$. 于是 $d=\frac{1}{2}(p-1)(p^{k-1}-p^{\frac{k}{2}-1})$. 而当 k 为奇数时，每个非零码字 c_β 的 Hamming 重量均为$\frac{1}{2}(p-1)p^{k-1}$，因此 $d=\frac{1}{2}(p-1)p^{k-1}$. 证毕. □

例 2 取 $p=3, k=3$ 和 $F_3[x]$ 中的 3 次本原多项式 x^3+2x+1. 令 γ 为 x^3+2x+1 的一个根，则 $\gamma^3=2+\gamma$，而 $F_3[\gamma]=F_{27}$ 中全部元素为(其中 $a_0+a_1\gamma+a_2\gamma^2$ 表示成向量 $(a_0,a_1,a_2)\in F_3^3$)：

$$0=(000),\gamma^4=(021),\gamma^9=(110),$$
$$1=(100),\gamma^5=(212),\gamma^{10}=(011),$$
$$\gamma=(010),\gamma^6=(111),\gamma^{11}=(211),$$
$$\gamma^2=(001),\gamma^7=(221),\gamma^{12}=(201),$$
$$\gamma^3=(210),\gamma^8=(202),\gamma^{13}=(200)=2,$$
$$\gamma^{13+i}=2\gamma^i \quad (1\leqslant i\leqslant 12).$$

$\alpha=\gamma^2$ 在 F_3 上的最小多项式为

$$h(x)=(x-\gamma^2)(x-\gamma^6)(x-\gamma^{18})=x^3+x^2+x+2.$$

令 C 为以 $h(x)$ 为校验多项式并且码长为 $n=\frac{3^3-1}{2}=13$ 的 3 元循环码，由定理 7.4.6 知这个码的最小距离为 $d=\frac{1}{2}(p-1)p^{k-1}=9$. 此码的维数为 $k=3$，生成多项式为

$$\begin{aligned}g(x)&=(x^{13}-1)/h(x)\\&=x^{10}+2x^9+2x^7+x^5+x^4+x^3+2x^2+x+1.\end{aligned}$$

所以线性码 C 的生成矩阵为

$$G=\begin{pmatrix}1&1&2&1&1&1&0&2&0&2&1&0&0\\0&1&1&2&1&1&1&0&2&0&2&1&0\\0&0&1&1&2&1&1&1&0&2&0&2&1\end{pmatrix}.$$

下面是 $e=1$ 的情形，这时 q 元循环码的校验多项式是 $F_q[x]$中的本原多项式.

定理 7.4.7　设 $h(x)$是 $F_q[x]$中 k 次本原多项式，C 是以 $h(x)$为校验多项式的码长为 $n=q^k-1$ 的 q 元循环码. 则 C 中每个非零码字的 Hamming 重量均为 $q^{k-1}(q-1)$，从而码 C 的最小距离为 $q^{k-1}(q-1)$.

证明　$h(x)$的根 γ 是 F_{q^k} 中本原元素，从而 $\alpha=\gamma^{-1}$也是 F_{q^k} 中本原元素. 而 C 中每个非零码字为

$$c_\beta=(T(\beta),T(\beta\alpha),T(\beta\alpha^2),\cdots,T(\beta\alpha^{n-1}))\in F_q^n,$$

其中 β 是 F_q 中非零元素. 于是$\{\beta\alpha^i\mid 0\leqslant i\leqslant n-1\}=F_{q^k}^*$，其中 $n=q^k-1$. 由于迹函数 $T:F_{q^k}\to F_q$ 是 F_q-线性映射并且是满射，所以对每个非零元素 $a\in F_q$，均恰好有 F_{q^k} 中 q^{k-1} 个非零元素 b，使得 $T(b)=a$. 这就表明在码字 c_β 的 n 个分量 $T(\beta\alpha^i)(0\leqslant i\leqslant n-1)$当中，值为 $a\in F_q^*$ 的分量共 q^{k-1} 个. 由于 F_q^* 共有 $q-1$ 个非零元素 a，从而$W_H(c_\beta)=q^{k-1}(q-1)$. 证毕. □

例 3　利用例 2 中的 3 次本原多项式 $h(x)=x^3+2x+1\in F_3[x]$，考虑以 $h(x)$为校验多项式的 3 元循环码 C，码长为 $n=3^3-1=26$，维数为 3. C 中每个非零码字的 Hamming 重量均为 $3^2\times(3-1)=18$. 此码的生成多项式为

$$g(x)=(x^{26}-1)/h(x)=\sum_{i=0}^{23}a_ix^i,$$

其中$(a_0\ a_1\cdots a_{23})=(222012212020011102112101)$. 所以 C 中的一个非零码字为$c=(22201221202001110211210100)$，而其他 25

个非零码字是 c 的循环移位.

最后我们介绍循环码的另一个优点,可以构作最小距离 d 很大的纠错码.

定理 7.4.8 设 $g(x)$ 为 $F_q[x]$ 中的首 1 多项式,$g(0)\neq 0$,$g(x)$ 的最小周期为 n(n 是满足 $g(x)\mid x^n-1$ 的最小正整数),C 是以 $g(x)$ 为生成多项式的码长为 n 的 q 元循环码.设 α 是 F_q 的扩域中的 n 阶元素(由 $(n,q)=1$ 可知 n 阶元素 α 的存在性),$a\in\mathbf{Z}$,$2\leqslant\delta\leqslant n-1$.如果 $\alpha^a,\alpha^{a+1},\cdots,\alpha^{a+\delta-2}$ 都是多项式 $g(x)$ 的根,则循环码 C 的最小距离 $\geqslant\delta$.

证明 C 中每个码字 $c(x)=c_0+c_1x+\cdots+c_{n-1}x^{n-1}$ 可写成 $c(x)=a(x)g(x)$($a(x)\in F_q[x]$).于是 $c(\alpha^{a+j})=0$($0\leqslant j\leqslant\delta-2$).

如果 $W_{\mathrm{H}}(c(x))\leqslant\delta-1$,即 c_i 中至多有 $\delta-1$ 个不为 0.于是 $c(x)=\sum\limits_{\lambda=1}^{\delta-1}c_{i_\lambda}x^{i_\lambda}$.因此 $0=\sum\limits_{\lambda=1}^{\delta-1}c_{i_\lambda}\alpha^{(a+j)i_\lambda}$ $(0\leqslant j\leqslant\delta-2)$,表示成矩阵形式则为

$$\begin{pmatrix}\alpha^{ai_1} & \alpha^{ai_2} & \cdots & \alpha^{ai_{\delta-1}}\\ \alpha^{(a+1)i_1} & \alpha^{(a+1)i_2} & \cdots & \alpha^{(a+1)i_{\delta-1}}\\ \vdots & \vdots & & \vdots\\ \alpha^{(a+\delta-2)i_1} & \alpha^{(a+\delta-2)i_2} & \cdots & \alpha^{(a+\delta-2)i_{\delta-1}}\end{pmatrix}\begin{pmatrix}c_{i_1}\\ c_{i_2}\\ \vdots\\ c_{i_{\delta-1}}\end{pmatrix}=\begin{pmatrix}0\\0\\ \vdots\\0\end{pmatrix},$$

但是左边 $\delta-1$ 阶方阵的行列式为

$$\alpha^{a(i_1+i_2+\cdots+i_{\delta-1})}\begin{vmatrix}1 & 1 & \cdots & 1\\ \alpha^{i_1} & \alpha^{i_2} & \cdots & \alpha^{i_{\delta-1}}\\ \vdots & \vdots & & \vdots\\ \alpha^{(\delta-2)i_1} & \alpha^{(\delta-2)i_2} & \cdots & \alpha^{(\delta-2)i_{\delta-1}}\end{vmatrix}\neq 0,$$

可知 c_{i_λ} $(1\leqslant\lambda\leqslant\delta-1)$ 均为 0.这就表明 C 中非零码字的

Hamming重量均$\geqslant\delta$,从而码 C 的最小距离$\geqslant\delta$. 证毕. □

例 4　取 $F_2[x]$中 4 次本原多项式 x^4+x+1,令 γ 是它的一个根(于是 γ 为 F_{2^4} 中一个本原元素,阶为 15). γ^3 为 5 阶元素,它在 F_2 上的最小多项式为 $x^4+x^3+x^2+x+1$. 令 C 是以

$$\begin{aligned}g(x)&=(x^4+x+1)(x^4+x^3+x^2+x+1)\\&=x^8+x^7+x^6+x^4+1\end{aligned}$$

为生成多项式的 2 元循环码,码长 n 为 $g(x)$的最小周期 15,维数为 $k=n-\deg g(x)=7$. 由于 $g(x)$的根为 $\gamma,\gamma^2,\gamma^4,\gamma^8,\gamma^3,\gamma^6$,$\gamma^{12}$和 γ^9,由定理 7.4.8 给出 C 的最小距离 $d\geqslant5$. 由于 $g(x)=1+x^4+x^6+x^7+x^8=(100101110000000)$是重量为 5 的码字,可知 $d=5$.

定理 7.4.8 是由三位印度数学家 R. C. Bose,D. K. Ray-Chaudhuri 和 A. Hocquenghen 于 1959～1960 年给出,后人称为 BCH 码. 这种纠错码不仅可以设计出很大的最小距离(从而有很好的纠错能力),而且在 20 世纪 60 年代 Berlekamp 和 Massey 又给出用线性移存器对于 BCH 码进行纠错译码的快速算法,所以这种纠错码得到广泛的应用. 直到 20 世纪 80 年代,人们才找到比 BCH 码性能更好的代数几何码,这种码需要用代数曲线在有限域中点数的更深刻性质. 我们对于纠错码的介绍就到此为止.

习　题

1. 设 C_1 和 C_2 均是码长为 n 的 q 元循环码. 证明它们的交 $C_1\cap C_2$ 以及 $C_1+C_2=\{c_1+c_2\mid c_1\in C_1,c_2\in C_2\}$都是循环码. 并且若 $g_1(x)$和 $g_2(x)$是 C_1 和 C_2 的生成多项式,则循环码 $C_1\cap C_2$ 和 C_1+C_2 的生成多项式分别为

最小公倍式$[g_1(x),g_2(x)]$和最大公因式$(g_1(x),g_2(x))$.

2. 设 $x^n-1=g(x)h(x)$,其中 $g(x)$和 $h(x)$为 $F_q[x]$ 中首 1 多项式,$\deg(h(x))=k$. 对于 $n-k\leqslant l\leqslant n-1$,用$g(x)$除 x^l 得到余式 $r_l(x)$ $(\deg r_l(x)<n-k)$,即

$$x^l \equiv r_l(x) = a_{0l} + a_{1l}x + \cdots + a_{n-k-1}l^{x^{n-k-1}} \pmod{g(x)}$$
$$(n-k\leqslant l\leqslant n-1).$$

令 C 是以$g(x)$为生成多项式的 q 元循环码(码长为 n). 证明 C 有如下的校验矩阵 $\boldsymbol{H}=(\boldsymbol{I}_{n-k}\boldsymbol{P})$,其中 $\boldsymbol{I}_{n-k}$ 是$n-k$ 阶单位方阵,而 $\boldsymbol{P}$ 为 $n-k$ 行 k 列矩阵

$$\boldsymbol{P}=\begin{pmatrix} a_{0,n-k} & a_{0,n-k+1} & \cdots & a_{0,n-1} \\ a_{1,n-k} & a_{1,n-k+1} & \cdots & a_{1,n-1} \\ \vdots & \vdots & & \vdots \\ a_{n-k-1,n-k} & a_{n-k-1,n-k+1} & \cdots & a_{n-k-1,n-1} \end{pmatrix}.$$

3. 考虑定理 7.4.7 中给出的 q 元循环码 C. 将 C 中每个码字只取前 $n'=\dfrac{q^k-1}{q-1}$位,由此给出集合

$$C'=\{(c_0,\cdots,c_{n'-1})\mid(c_0,\cdots,c_{n-1})\in C\}.$$

证明 C'是q 元线性码,并且参数为$\left[n'=\dfrac{q^k-1}{q-1},k,d'=q^{k-1}\right]$.

4. 设 $x^n-1=(x-1)g(x)h(x)$,其中 n 为奇数,$g(x)$和 $h(x)$是 $F_2[x]$ 中首 1 多项式. 试问:分别以 $g(x)$和$(x-1)g(x)$为生成多项式的 2 元循环码 C 和 C'(码长均为 n)之间有何关系? 如果 C 的最小距离 d 为奇数,证明 C'的最小距离$\geqslant d+1$.

5. 构作一个参数为$[n,k,d]=[31,16,7]$的 2 元循环码.

八　密码和信息安全

保密通信具有悠久的历史，在远古时期就有了密写的碑文.中国11世纪编纂的《武经总要》一书中，就曾详细记载了一个军用密码本.在文艺复兴时期的欧洲，密码已广泛使用在政治、军事和外交活动中.16世纪末期，大多数欧洲国家设立专职的密码秘书.到18世纪，欧洲各国普遍建立"黑屋"，从事破译密码信件的工作.第一次世界大战期间，英国的密码破译机构"四十号房间"自1914年10月至1918年，共截收和破译了15000份德国密码电报.

1844年电报的发明和1895年无线电的诞生，引起通信技术的一场革命.由于电子信息易被截取、伪造和篡改，大大刺激了保密和破密的竞相发展，在这两方面人们开始使用更多的数学方法和手段.第二次世界大战期间，美国聘请优秀数学家研究密码分析和破译，创造了密码史上精彩的一页.美国从1940年就破译了日本的高级加密机"九七式欧文印字机"(美国人称为"紫密机")，使用了数论、群论和统计学知识，但日本人对此却长时间内一无所知.1942年美国破译了日本突袭中途岛的战术和作战日期，取得海战胜利.1943年美国密码学家破译了日本联合舰队长官山本五十六视察前线基地的详细日程表电报，于4月

18 日派出飞行员在完全预定的时间和地点打下山本的座机.

20 世纪 40 年代末,美国数学家 Shannon 建立了通信的数学理论,将密码的编码和破译都置于坚实的数学基础上. 而 20 世纪 60 年代微电子技术和计算机的发展,使加密和破密采用了快速的计算手段和工具. 特别是近年来数字计算机和数字型网络通信的发展,保密通信不仅用于传统的政治和军事领域,而且在经济、管理和各种公众事业中也日益重要,它提出了许多新的课题,并已发展成更广泛的信息安全领域,如计算机数据保护、数字签名和身份认证、密钥管理与分配、电子仲裁等. 其中开发出的新型保密体制(如公钥体制),已迅速得到普遍的采用.

信息安全是一门古老而又年轻的学问,数学在其中起着至关重要的作用. 概括说来,它的历史可以分为三个阶段.

第一阶段是从古代到 1949 年. 这时的密码技术与其说是科学,不如说是艺术,人们常常是凭直觉和经验来设计和破译密码,而不是用推理或证明.

第二阶段是 1949～1976 年. 1948 年和 1949 年 Shannon 发表文章"通信的数学理论"和"保密系统的信息理论",为私钥密码系统建立了数学理论基础,使得密码学成了一门科学(但仍保留其艺术的特点). 但此时期密码学的研究工作进展不大,公开的密码学文献很少.

第三阶段是 1976 年以后. 1976 年 Diffie 和 Hellman 的"密码学的新方向"一文引发了密码学的一场革命. 他们开创了公钥密码体制,密码学以及更广阔的信息安全领域的科学研究得到开展.

本章我们将介绍有限域在密码学和信息安全领域中的一些应用.

§8.1　凯撒大帝的密码

我们在前面讲述通信中的纠错问题时，首先给出纠错的数学模型，然后提炼出纠错的数学基本问题，同样地，密码学也需要建立数学模型和从实用角度提炼出保密通信的数学问题.

一个最简单的保密通信系统的模型如图 8-1 所示.

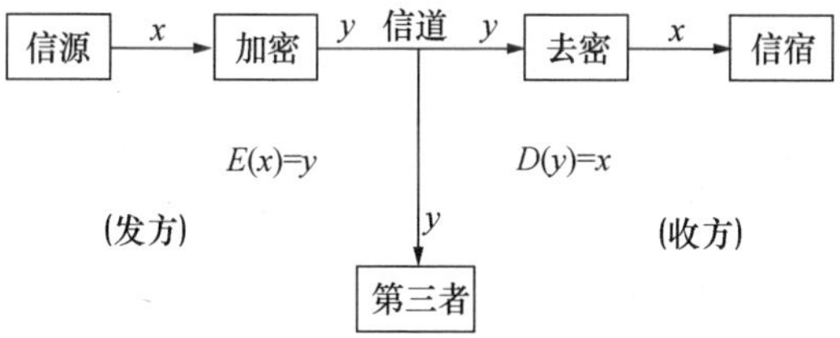

图 8-1

发方将明文(plaintext)x 传送给对方时需要加密(encryption)，加密有五花八门的形式和方法，在数学上可表示成一个函数(或变换)E，它把明文变成密文(ciphertext)$y=E(x)$，然后传给收方. 收方在接到密文 y 之后要用 E 的反函数(逆变换)D 作用于 y，恢复成明文 $x=D(y)$，这叫解密或去密(decryption). 互逆的函数 E 和 D 分别叫加密密钥和去密密钥. 在私密系统中它们均只有收方和发方知道而对第三者保密. 通常如果知道 E 或 D，另一个很容易求出(常常设计 D 和它的逆 E 相同，使加密和去密采用同一个装置). 密钥(key)是保密系统的关键，要使密钥不被外人猜破，就要做到在第三者收到相当多的密文 y 之后，仍很难猜出密钥，从而很难将密文恢复成明文.

原始信息可以有各种具体形式，例如文字(电报)、声音(电话)、图像(传真)、计算机数据等. 在电子通信中均变成离散的脉冲电信号，数学上即一个有限或无限序列 $c_0, c_1, \cdots$，其中 c_i 属于某个固定的有限集合 S，通常取 S 为有限环 Z_n 甚至有限域 F_q（q 为素数的方幂），以便进行序列的各种运算，使数学设计的分析更为方便. 经典的私密体制主要有两大类：流密码和分组密码. 在流密码体制中明文序列采取逐位加密方式. 而分组密码体制中则先将明文序列中的多位并成一组，然后按组加密.

现在我们用一个具体的实例来说明保密通信的基本要求.

早在公元前后的罗马帝国时代，凯撒大帝使用的密码属于最简单的流密码. 为方便起见我们用英文为例说明其原理. 把英文 26 个字母依次表示成有限环 Z_{26} 中的元素：

A	B	C	D	E	F	G	H	I	J	K	L	M	N	O	P	Q	R	S	T	U	V	W	X	Y	Z
0	1	2	3	4	5	6	7	8	9	10	11	12	13	14	15	16	17	18	19	20	21	22	23	24	25

如果发送的明文为 this cryptosystem is not secure，先把它转换成数字序列 $a_1, a_2, \cdots$，再取定一个 6 作为加密密钥，将逐位数字 a_i 均加上 6（但是按模 26 相加）：$b_i = E(a_i) \equiv a_i + 6 \pmod{26}$ 便成序列 $a_1+6, a_2+6, \cdots$，它们所表示的字母序列就是密文：

t	h	i	s	c	r	y	p	t	o	s	y	s	t	e	m	i	s	n	o	t	s	e	c	u	r	e	（明文）
19	7	8	18	2	17	24	15	19	14	18	24	18	19	4	12	8	18	13	14	19	18	4	2	20	17	4	（x）
+6	6	6	6	6	6	6	6	6	6	6	6	6	6	6	6	6	6	6	6	6	6	6	6	6	6	6	（密钥）
25	13	14	24	8	23	4	21	25	20	24	4	24	25	10	18	14	24	19	20	25	24	10	8	0	23	10	（$y \equiv x+6 \pmod{26}$）
z	n	o	y	i	x	e	v	z	u	y	e	y	z	k	s	o	y	t	u	z	y	k	i	a	x	k	（密文）

收方得到密文之后，将它对应的数字序列 y 逐位模 26 减去 6（加 20）：$D(b_i) \equiv b_i - 6 \equiv a_i \pmod{26}$ 便恢复成 x 和它对应的明文. 6 和 20 分别为加密密钥和去密密钥.

这种加密方法的保密程序不高，它的主要缺点是：明文中每个英文字母在重复出现时都改成同一个英文字母. 在英语中有些字母（如 e，t，a，o 等）和字母组合（如 th，er，re，ed，等等）出现的频率较大，而另一些字母（如 x，y，q）和字母组合（如 xz，pq，等等）出现频率小. 第三者截取足够长的一段密文之后，他可把密文中出现频率大的字母试着译成通常英文中出现多的那些英文字母. 不难发现密钥 6，从而破译这种加密方法并恢复明文. 统计学是破译这种加密方式的十分有效的手段.

这种方法的改进可以用 Vigenere 密码为代表，它是由法国人 Vigenere 于 1586 年提出的. 收方和发方约定一个密钥为词组，比如说 nice day，对应的数字序列即 13，8，2，4，3，0，24. 而加密密钥即将它不断重复的周期序列 $c=(\dot{13},8,2,4,3,0,\dot{24})$. 新的加密方式为 $E(x)\equiv x+c\equiv y(\bmod 26)$，而去密为 $D(y)\equiv y-c\equiv x(\bmod 26)$.

	t	h	i	s	c	r	y	p	t	o	s	y	s	t	e	m	i	s	n	o	t	s	e	c	u	r	e	（明文）
	19	7	8	18	2	17	24	15	19	14	18	24	18	19	4	12	8	18	13	14	19	18	4	2	20	17	4	(x)
+	13	8	2	4	3	0	24	13	8	2	4	3	0	24	13	8	2	4	3	0	24	13	8	2	4	3	0	密钥
	6	15	10	22	5	17	22	2	1	16	22	1	18	17	17	20	10	22	16	14	17	5	12	4	24	20	4	$(y=x+c)$
	g	p	k	w	f	r	w	c	b	q	w	b	s	r	r	u	k	w	q	o	r	f	m	e	y	u	e	（密文）

明文中的两个 y 依次被加密成两个不同的字母 w 和 b. 这种密码破译起来困难一些，采用相关分析和频率分析等统计学方法，是破译这种密码的主要手段. 为了增加破译的难度，需要密钥 c 的周期很大，具有好的平衡特性、统计特性以及自相关性能. 下一节介绍的 M 序列和 m 序列是流密码体制中密钥的理想选择，通常在此基础上再采取其他加密方式.

分组密码则是将明文 x 每 n 位数字合成一个码字：

$$x=(B_1,B_2,B_3,\cdots),\quad B_i=(b_{i1},b_{i2},\cdots,b_{in})\in Z_{26}^n,$$

而加密密钥采用元素属于 Z_{26} 的 n 阶可逆方阵 $\boldsymbol{M}$（$\boldsymbol{M}$ 的行列式为环 Z_{26} 中可逆元素），或用多个可逆方阵. B_i 被加密成向量 $\boldsymbol{C}_i=B_iM$，从而可得到密文：

$$\boldsymbol{y}=(C_1,C_2,C_3,\cdots).$$

去密密钥采用方阵 $\boldsymbol{M}^{-1}$，将其作用于密文 y 的每个区组 C_i，即恢复成明文.

在经典的加密体制的不断发展过程中，采用了愈来愈多的数论工具.从一开始最简单的同余式加法，到环 Z_n 的矩阵运算，后来又采用了 M 序列和 m 序列以及有限域和有限域上多项式的性质.关于私密体制我们就简单介绍到这里.

“几乎每个密码设计者都相信他的杰作是不可破译的.”这是戴维·卡恩(David Kahn)在 1967 年所写的《破译者》一书中的一句话.但大量历史事实表明密码设计者往往过于自信，我们在前面讲过第二次世界大战期间美国破译日本“紫密”的事情.另一个著名的例子是第二次世界大战时英国人破译了德国的 ENIGMA 密码机，而德国海军一直坚信这种密码机是不可破译的.英国数学家、计算机理论创始人之一图灵(Turing)于1939 年参与破译德国 ENIGMA 密码机工作，一直到 1947 年才公开这件事，保密通信理论的奠基人香农说过：只有密码分析者才有资格评价一个密码体制的安全性.

那么，如何判别一个密码是好的？怎样评价一个密码被破译的困难性？这是保密通信中最重要的问题，也是很难说清楚的问题.多年来，人们从不同的角度提出各种衡量密码安全性的标准，使用了专门术语和形式化的数学概念.在这里，我们只用一些通俗的语言来描述衡量密码系统安全性的一些原则.

首先，又是香农的一句格言：“要假定敌人知道你所用的密码体制.”凯撒密码中采用的方法是将每个字母所代表的数字均加上同一个数字 6(然后模 26)，这就是密码体制.通常密码体制要保持使用一段时间，并且做成加密机.比如凯撒密码体制做成的加密机是两个圆盘,每个圆盘把圆周 26 等分,依次写上 $a,b,c,\cdots,x,y,z$. 两个圆盘同心并排. 当密钥为 6 时,将第二个圆盘转动 6 个格,于是第一个圆盘上的明文字母就对应成第二个圆盘的密文字母. 如果密钥换成 10,则把第二个圆盘转动 10 个格即可,所以关键是不能让敌人破译你使用的密钥.

密钥设计有以下一些原则. 首先要有足够多的密钥可供选择,因为再好的加密体制在使用一段时间后也需要更换新密钥. 凯撒密码体制的缺点是密钥太少,敌人在知道体制的情况下用穷举法很容易破译密钥. 在 Vigenere 密码体制中,密钥改用一个周期为 7 的序列,这增加了密钥的破译难度. 密码序列的最小周期显然是愈大愈好,但是这还不够,例如 $\dot{0}00000\dot{1}$ 是周期为 7 的序列,但是用它作为密钥,有 6/7 的明文没有被覆盖上. 所以除了周期以外,还要求密钥序列的数字彼此均衡,每个数字都像是完全随机的.

一个随机二元序列可以用掷钱币的方式来产生:铜币的两面分别代表 0 和 1. 每掷一次钱币之后,便写下钱币朝上的一面所代表的数字. 这样做出的序列破译是困难的,但是收方也不能完全复制. 也就是说,用这种随机序列将明文加密之后,敌人不能破译,而收方也不能恢复出明文来. 所以密钥应当是以确定的方式生成的,只是它应当具有类似于随机的一些性质,这叫作"伪随机性". 我们在下节要介绍目前使用的伪随机序列:m 序列和 M 序列.

最后,工程上还要求加密和去密要容易实现. 一个保密系统即便很安全,保密程度很高,但是加密和去密的方法实现起来非常复杂和耗时,也是不能得到实际应用的. 既要保密程度高,又要保密方式简单，这是对人类智慧的一个挑战. 我们将会看到，有限域在加密者和破译者双方角力中派上了用场.

§8.2 M 序列与图论——周游世界和一笔画

本节介绍流密码体制中所使用的一种密钥，叫作 M 序列. 让我们先从一个数学游戏讲起.

有 9 位来自 3 个不同班级的学生围坐在圆桌旁. 试问：能否使 9 对邻居所属的班级，恰好为 9 种不同的模式？

以 0,1,2 表示这 3 个班级. 9 位同学按顺时针依次为 a_0，a_1，…，a_8. 其中，若 a_i 自来班级 j，则 $a_i=j$. 题目中的要求是：9 组数 (a_0a_1)，(a_1a_2)，…，(a_7a_8)，(a_8a_0) 恰好是 9 种可能：$(j,k)(0\leqslant j,k\leqslant 2)$.

图 8-2 为此问题的一个解答，将 $(a_0,a_1,\cdots,a_8)=(1\ 2\ 2\ 0\ 0\ 2\ 1\ 1\ 0)$ 围成一圈，9 对邻居：(12)，(22)，(20)，(00)，(02)，(21)，(11)，(10)，(01)，恰好是 9 种可能的排列.

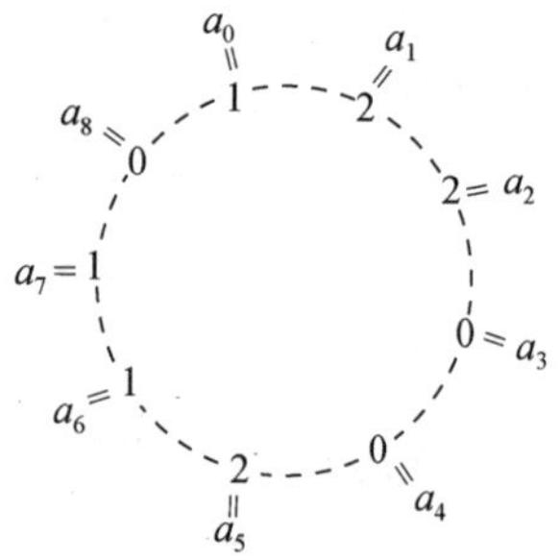

图 8-2

下面是这个游戏的一般形式.

定义 8.2.1 设 $N=\{0,1,\cdots,n-1\}$，从 N 中(可重复地)取出 n^k 个数 $a_0,a_1,\cdots,a_{n^k-1}$ 依次排成一圈. 对每个 $i(0\leqslant i\leqslant n^k-1)$，$(a_i a_{i+1}\cdots a_{i+k-1})$ 这样以 a_i 开头的连续 k 个数叫作一个长为 k 的状态. 其中 $a_{n^k}=a_0$，$a_{n^k+1}=a_1$ 等.

我们的问题是：能否使这 n^k 个状态恰好是所有彼此不同的 n^k 个可能的状态：

$$(c_1,c_2,\cdots,c_k)(c_i\in N).$$

如果所取的序列满足此要求，便称$(a_0,\cdots,a_{n^k-1})$为 **n 元 k 级的 M 序列.**

比如，前面的(1 2 2 0 0 2 1 1 0)便是一个 3 元 2 级的 M 序列. 再如：10111000 便是一个 2 元 3 级的 M 序列，因为将它们首尾相接之后，长为 3 的 8 个状态

$$(101),(011),(111),(110),$$
$$(100),(000),(001),(010)$$

恰好是 8 种可能的状态.

对于这个数学问题，人们自然会问：对于给定的正整数 n 和 $k\geqslant 2$，是否均存在 n 元 k 级的 M 序列？进而，这种 M 序列有多少个？有什么办法构造 M 序列？

M 序列是一个组合学问题，它和图论中由著名数学家提出的两个问题有直接的联系，这两个图论问题也来源于数学游戏. 关于图论的基本术语可参见第 5.1 节.

(Ⅰ)哈密顿(Hamilton)周游世界问题. 1895 年，英国数学家哈密顿发明一种游戏，把一个正 12 面体的 20 个顶点分别标上北京、东京、纽约等 20 个城市的名称. 要求从某个城市出发，沿着正 12 面体的棱通过每个城市恰好各一次，最后回到原来的城市. 这种游戏在欧洲曾经风靡一时，哈密顿以 25 个金币的高价把该项发明的专利卖给一家玩具商.

用图论语言，每个城市为图的一个顶点，共有 20 个顶点. 两个城市之间有棱相连，便在图中两个对应点之间连一条边. 图 8-3就是正 20 面体和由它所画的图. 不过这里是无向图，边是没有方向的，两种方向都可以走. 而有向图中的弧$\overrightarrow{AB}$则是从 A 到 B 的“单行路”.

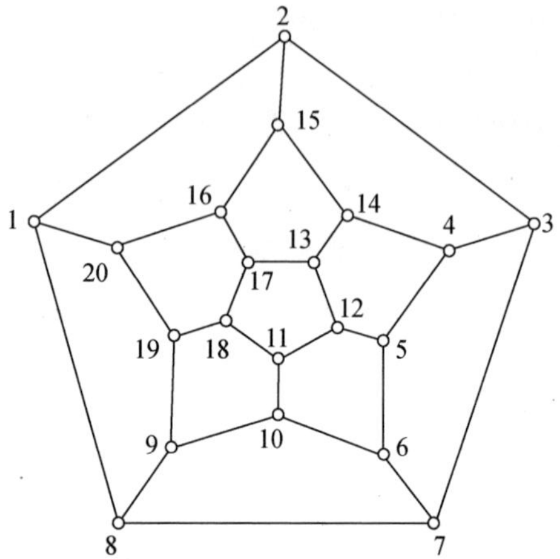

图 8-3 周游世界问题的图

一般地,给了一个有向图(或无向图),如果从某个顶点出发,沿着弧(或边)访问每个顶点恰好一次,最后回到原来顶点,这叫作图的一条哈密顿回路.比如在下面的有向图 8-4 中从顶点 1 出发,顺次沿弧$\overrightarrow{12}$,$\overrightarrow{23}$,$\overrightarrow{34}$,$\overrightarrow{45}$,$\overrightarrow{51}$访问顶点 2,3,4,5 之后又回到 1,就是一条哈密顿回路.在哈密顿问题中由城市 1 到 2,3,…,20再回到 1,就是周游世界的一条哈密顿回路. 给了一个图,决定它是否有哈密顿回路,如何计算这种回路的个数,以及是否有办法把它们全都找出来,是一个重要的图论问题.

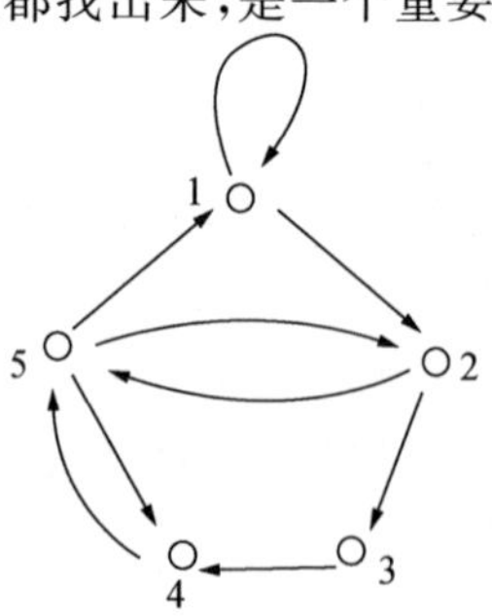

图 8-4

(Ⅱ)欧拉七桥问题. 1736 年,欧拉所住城市哥尼斯堡(Konigsberg)有如图 8-5(a)所示的七座桥. 欧拉在他的第一篇图论文章中问:从 A,B,C,D 这四块地的某处出发,能否通过每座桥恰好一次再回到原地? 欧拉的答案是:不能. 他把 A,B,C,D 四块地看成图的四个顶点,两块土地之间的桥看成联接对应顶点的边. 就得到图 8-5(b)所示的无向图. 现在的问题成为:能否从某个顶点出发,经过每条边恰好一次之后再回到原来顶点?

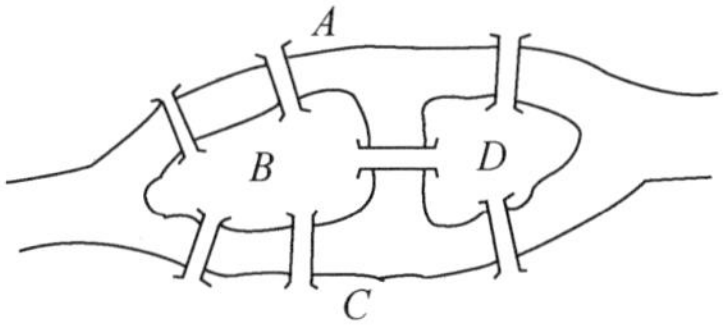

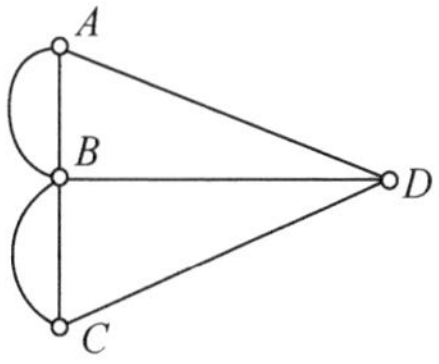

图 8-5

一般来说,给了一个有向或无向图. 如果从某个顶点出发,顺次走遍图中所有的弧(或边),最后又回到原来顶点,这叫作该图的一条欧拉回路. 一个图是否有欧拉回路,如何寻找欧拉回路以及计算欧拉回路的个数,也是图论中一个重要问题.

哈密顿回路和欧拉回路是不同的,前者要求过每个顶点恰好一次,不要求每条弧(或边)都走遍. 而后者要求每条弧(或边)恰好经过一次,顶点可以重复访问. 形象地说,欧拉回路是以一个顶点出发不间断地把图一笔画完再回到原来顶点,其中每条弧(或边)不许遗漏也不许重复. 所以这也叫作"一笔画问题".

为了说明 M 序列与图论的关系,我们要构作一种特殊的有向图. 设 $k,n\geqslant 2$, $Z_n=\{0,1,\cdots,n-1\}$,如下构作有向图 $G_k(n)$. 将每个状态 $(b_1,b_2,\cdots,b_k)$ $(b_i\in Z_n)$ 看成一个顶点,从而共有 n^k

个顶点. 进而，对于两个顶点 $B=(b_1,b_2,\cdots,b_k)$ 和 $C=(c_1,c_2,\cdots,c_k)$，如果 B 的后 $k-1$ 位依次为 C 的前 $k-1$ 位，即

$$(b_2,b_3,\cdots,b_k)=(c_1,c_2,\cdots,c_{k-1}),$$

$$(\text{也就是 } b_2=c_1,b_3=c_2,\cdots,b_k=c_{k-1}.)$$

则图中便引一条弧 $B\to C$，并且还把这条弧加上一个标记，即这条弧叫作 $\overrightarrow{BC}=(b_1b_2\cdots b_kc_k)=(b_1c_1c_2\cdots c_k)$. 对于 $n=2$，$Z_2=\{0,1\}$，下面画出有向图(图 8-6)$G_1(2)$，$G_2(2)$ 和 $G_3(2)$(其中 $G_3(2)$ 中弧的记号没有标出来).

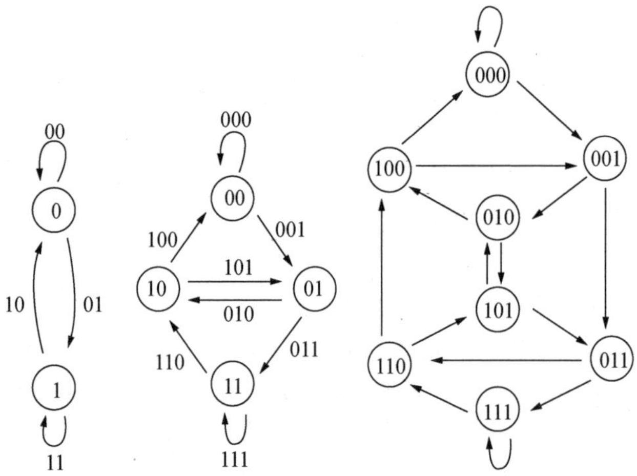

(a)$G_1(2)$　　(b)$G_2(2)$　　(c)$G_3(2)$

图 8-6　有向图 $G_1(2)$，$G_2(2)$ 和 $G_3(2)$

对于一个 n 元 k 级 M 序列：

$$(a_1a_2\cdots a_l)\qquad(a_i\in Z_n,l=n^k),$$

由 M 序列的定义知道，l 个连续状态

$$(a_1a_2\cdots a_k),(a_2a_3\cdots a_{k+1}),\cdots,(a_la_1\cdots a_{k-1})$$

恰好是图 $G_k(n)$ 的 $l=n^k$ 个(全部)不同的顶点. 而任意两个相邻

的状态(比如 $A=(a_1a_2\cdots a_k)$ 和 $B=(a_2\cdots a_ka_{k+1})$),前面状态的后 $k-1$ 位分别是后面状态的前 $k-1$ 位,所以在图 $G_k(n)$ 中恰好有一条弧 $\overrightarrow{AB}$. M 序列要求连续 l 个状态过图 $G_k(n)$ 中每个顶点恰好一次,又回到原来的状态(顶点). 所以,一个 n 元 k 级 M 序列恰好对应于有向图 $G_k(n)$ 中一条哈密顿回路. 从而 n 元 k 级 M 序列的个数(彼此平移等价的 M 序列看成 1 个序列)恰好等于图 $G_k(n)$ 中哈密顿回路的个数.

以图 $G_2(2)$ 为例,此图中有一条哈密顿回路

$$(00)\to(01)\to(11)\to(10)\to(00),$$

它给出状态依次为(00),(01),(11),(10)的 2 元 2 级 M 序列 $(\dot{0}01\dot{1})$. 又如在图 $G_3(2)$ 中有哈密顿回路

$$(000)\to(001)\to(011)\to(111)\to(110)\to$$
$$(101)\to(010)\to(100)\to(000),$$

从而给出 2 元 3 级 M 序列 $(\dot{0}001110\dot{1})$.

另外,图 $G_k(n)$ 共有 n^k 个顶点. 从每个顶点 $(b_1\ b_2\cdots b_k)$ 出发均可引出标记为 $(b_1b_2\cdots b_kc)$ 的 n 条弧到顶点 $(b_2\cdots b_kc)$,其中 $c=0,1,\cdots,n-1$. 从而图 $G_k(n)$ 中共有 $n^k\cdot n=n^{k+1}$ 条弧. 每个 $(b_1b_2\cdots b_{k+1})$ 都恰好是图 $G_k(n)$ 的一条弧,起点和终点分别为 $(b_1\cdots b_k)$ 和 $(b_2\cdots b_{k+1})$. 进而,若弧 $(b_1b_2\cdots b_{k+1})$ 和弧 $(c_1c_2\cdots c_{k+1})$ 相连,则弧 $(b_1b_2\cdots b_{k+1})$ 的终点 $(b_2\cdots b_{k+1})$ 必须是弧 $(c_1c_2\cdots c_{k+1})$ 的起点 $(c_1\cdots c_k)$,这相当于 $(b_2\cdots b_{k+1})=(c_1\cdots c_k)$. 这样一来,如果在图 $G_k(n)$ 中画出一条欧拉回路,相当于每个长为 $k+1$ 的状态 $(b_1b_2\cdots b_{k+1})$ 各走一次($G_k(n)$ 的 n^{k+1} 条弧各走一次). 并且前一个状态的后 k 位等于后一个状态的前 k 位. 这正好相当于给出了一个 n 元 $k+1$ 级 M 序列! 所以,图 $G_k(n)$ 中欧拉回路对应于 n 元 $k+$

1 级 M 序列，从而图 $G_k(n)$ 中欧拉回路的个数等于 n 元 $k+1$ 级 M 序列的个数.

比如说图 $G_2(2)$ 中有如下一条欧拉回路，它的 8 条弧为

$$(000)\to(001)\to(011)\to(111)\to(110)\to$$
$$(101)\to(010)\to(100)\to(000),$$

依次取出这些弧的第 1 位数字，便给出 2 元 3 级 M 序列 $(\dot{0}001110\dot{1})$.

又比如，图 8-7 为 $G_2(3)(k=2,n=3)$. 它有如下的一条欧拉回路；

$$(00)\to(01)\to(11)\to(12)\to(22)\to$$
$$(20)\to(02)\to(21)\to(10),$$

于是给出 3 元 2 级 M 序列(001122021). 事实上，这个有向图共有 24 条欧拉回路，所以 3 元 2 级 M 序列共有 24 个.

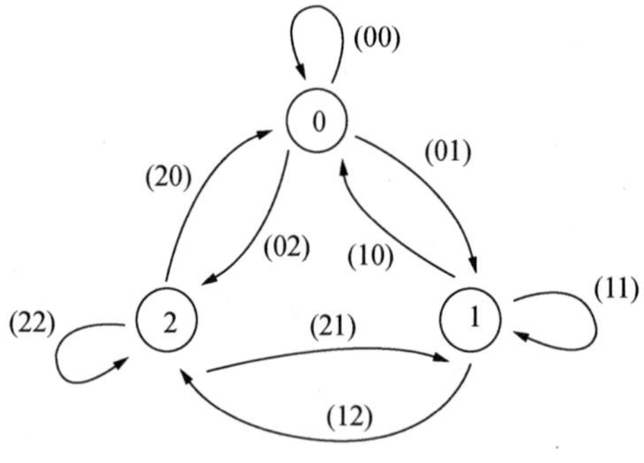

图 8-7　$G_2(3)$

我们说过，对于一般的有向图，计算其中哈密顿回路的个数是非常困难的. 但是对于有向图 $G_k(n)$，它的哈密顿回路个数(图 $G_{k-1}(n)$ 中欧拉回路的个数)可以用巧妙的代数方法计算出来，这个数为

$$[(n-1)!]^{n^{k-1}} n^{n^{k-1}-k}.$$

由上面所述,可知这正是 n 元 k 级 M 序列的个数. 比如,对 $n=2$,这个数(2 元 k 级 M 序列的个数)为 $N_k=2^{2^{k-1}-k}$. 于是

$N_2=1$(2 元 2 级 M 序列只有$(\dot{1}10\dot{0})$),

$N_3=2^{2^2-3}=2$(2 元 3 级 M 序列有$(\dot{0}001110\dot{1})$和$(\dot{1}110001\dot{0})$),

$N_4=2^4=16, N_5=2^{16-5}=2^{11}, N_6=2^{26}, \cdots.$

目前,使用的 2 元 M 序列,其级数在 30 以上,即 $k\geqslant 30$. 这时有非常多的 M 序列作为密钥,供使用者选用和更换.

在通信中 M 序列被广泛用来作为流密码中的密钥. 除了它数量多之外,另一个重要原因是它具有“伪随机性”,确切意义如下定理.

定理 8.2.2　设$(\dot{a}_0,\cdots,\dot{a}_{l-1})$是周期长度为 $l=n^k$ 的序列,$a_i\in N=\{0,1,\cdots,n-1\}$,其中$(a_0,\cdots,a_{l-1})$是一个 n 元 k 级的 M 序列. 则对每个 t,$1\leqslant t\leqslant k$,每组数$(c_1\cdots c_t)$$(c_i\in N)$在$(a_ia_{i+1}\cdots a_{i+t-1})$$(i=0,1,\cdots,l-1)$中出现的个数均为 n^{k-t}. 特别地,每个 $\lambda\in N$在一个周期节$(a_0,\cdots,a_{l-1})$中均出现 n^{k-1}次.

证明　根据 M 序列的定义,$l=n^k$ 个状态$(a_ia_{i+1}\cdots a_{i+k-1})$$(i=0,1,\cdots,l-1)$彼此不同,所以每种可能的状态$(c_1,c_2,\cdots,c_k)$$(c_i\in N)$恰好出现一次. 对于每个数组$(c_1\cdots c_t)$,满足$(a_i\cdots a_{i+t-1})=(c_1\cdots c_t)$的状态$(a_ia_{i+1}\cdots a_{i+k-1})$共有 n^{k-t}个,因为 $a_{i+t},\cdots,a_{i+k-1}$ 这 $k-t$ 个数可以取 N 中任意数. 所以$(a_i\cdots a_{i+t-1})$为$(c_1\cdots c_t)$的共有 n^{k-t}个. 证毕. □

例如,对于 3 元 2 级 M 序列 $\dot{1}2200211\dot{0}$,数字 0,1,2 各出现

3 次,数组(00),(01),…,(22)九种可能各出现 1 次. 又如,2 元 3 级 M 序列 $\dot{1}011100\dot{0}$,数字 0 和 1 各出现 4 次,数组(00),(01),(10),(11)各出现 2 次,数组(000),(001),…,(111)各出现 1 次.

M 序列具有很好的伪随机性,从而在流密码体制中是理想的密钥. 但是,为了工程中能够采用,还需要有好的方法来生成它. 现在介绍用有限域生成 n 元 k 级 M 序列的方法. 为了采用有限域理论,我们限定 n 为素数幂 $q=p^l$(事实上,工程上使用最多的是 $q=2$ 情形). 目前在工程上产生 q 元 k 级 M 序列的电子元件是 k 级的(非线性)移存器. 它的工作原理和第 3.2 节介绍的线性移存器相似,如图 8-8 所示.

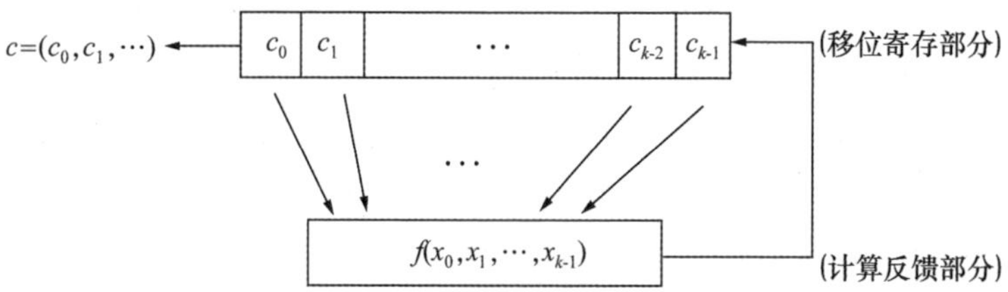

图 8-8

其中 $c_i \in F_q$,而 $f=f(x_0,\cdots,x_{k-1})$是由 F_q^k 到 F_q 的映射(第 3.1 节介绍的广义布尔函数).

它的工作原理为:

(1)移位寄存部分有 k 个存储单元,存放 F_q 中元素,开始时存入初始状态$(c_0,c_1,\cdots,c_{k-1})(c_i \in F_q)$.

(2)计算反馈部分. 把寄存部分的内容$(c_0,c_1,\cdots,c_{k-1})$输入,计算

$$c_k=f(c_0,c_1,\cdots,c_{k-1}) \in F_q.$$

在下一时刻，寄存部分每个单元的内容均向左移一位，c_0 输出，而计算值 c_k 反馈到空出最右边的那个单元，从而寄存部分状态变为$(c_1, c_2, \cdots, c_{k-1}, c_k)$. 将它输入计算部分又算出

$$c_{k+1} = f(c_1, \cdots, c_{k-1}, c_k) \in F_q.$$

接下来，又输出 c_1，其他单元仍向左移一位，而 c_{k+1} 反馈到最右边的单元，状态又变成$(c_2, \cdots, c_k, c_{k+1})$. 然后又计算

$$c_{k+2} = f(c_2, \cdots, c_{k+1}) \in F_q.$$

如此无限地进行下去，我们便得到一个输出序列

$$c = (c_0, c_1, \cdots, c_l, \cdots) \quad (c_l \in F_q),$$

其中前 k 位为初始状态$(c_0, c_1, \cdots, c_{k-1})$，而当 $l \geqslant k$ 时，依次递归地计算出

$$c_l = f(c_{l-k}, c_{l-k+1}, \cdots, c_{l-1}) \quad (l = k, k+1, \cdots). \qquad (8.2.1)$$

$f(x_0, \cdots, x_{k-1})$叫作这个 k 级移存器的反馈函数. 如果 f 是线性函数 $f(x_0, \cdots, x_{k-1}) = a_k x_0 + a_{k-1} x_1 + \cdots + a_1 x_{k-1}$ $(a_i \in F_q, a_k \neq 0)$，则递归公式(8.2.1)为

$$c_l = a_k c_{l-k} + a_{k-1} c_{l-k+1} + \cdots + a_1 c_{l-1} \quad (l = k, k+1, \cdots).$$

这就是第 3.2 节中线性移存器的递归公式(3.2.2)，即 k 级的线性移存器，其联接多项式为 $f(x) = 1 - a_1 x - a_2 x^2 - \cdots - a_k x^k$.

设 $c = (\dot{c}_0, c_1, \cdots, \dot{c}_{n-1})$是一个 q 元 k 级的 M 序列，周期为 $n = q^k$. 我们可以用一个 k 级的非线性移存器来产生它. 取初始状态为$(c_0, c_1, \cdots, c_{k-1})$. 如果移存器的反馈函数是

$$f = f(x_0, x_1, \cdots, x_{k-1}): F_q^k \to F_q.$$

则它应当满足公式(8.2.1)，当 $l = k, k+1, \cdots, k+n-1$ 时，公式(8.2.1)要求

$$\begin{cases} c_k = f(c_0,c_1,\cdots,c_{k-1}), \\ c_{k+1} = f(c_1,c_2,\cdots,c_k), \\ \vdots \\ c_{k+n-1} = f(c_{n-1},c_0,\cdots,c_{k-2}). \end{cases} \tag{8.2.2}$$

（注意 $c_n=c_0, c_{n+1}=c_1, \cdots, c_{n+k-2}=c_{k-2}$.）

由于 c 是 k 级的 M 序列，连续 n 个初始状态 $(c_0,c_1,\cdots,c_{k-1})$，$(c_1,c_2,\cdots,c_k),\cdots,(c_{n-1},c_0,\cdots,c_{k-1})$恰好是 F_q^k 中全部 $n=q^k$ 个向量，所以公式(8.2.2)完全决定了一个广义布尔函数 f. 以 f 为反馈函数的 k 级移存器就生成 M 序列 c.

例　$c=(\dot{0}0112202\dot{1})$是一个 3 元 2 级 M 序列. 我们来求 F_3 上一个 2 级移存器，使得它产生 M 序列 c. 设这个移存器的反馈函数为 $f=f(x_0,x_1):F_3^2\to F_3$，则由式(8.2.2)知这个函数为

$f(0,0)=1, f(0,1)=1, f(1,1)=2, f(1,2)=2,$

$f(2,2)=0, f(2,0)=2, f(0,2)=1, f(2,1)=0.$

根据第 3.1 节的公式(3.1.2)，这个广义布尔函数为

$$\begin{aligned} f(x_0,x_1)=&(1-x_0^2)(1-x_1^2)+(1-x_0^2)[1-(x_1-1)^2]+ \\ &(1-x_0^2)[1-(x_1-2)^2]+2(1-(x_0- \\ &1)^2)[1-(x_1-1)^2]+2[1-(x_0-1)^2][1- \\ &(x_1-2)^2]+2[1-(x_0-2)^2](1-x_1^2) \\ =&1+2x_0+2x_0x_1^2. \end{aligned}$$

所以采用 F_3 上以 $1+2x_0+2x_0x_1^2$ 为反馈函数的 2 级移存器，以 $(0,0)$为初始状态就生成 M 序列 $c=(\dot{0}0112202\dot{1})$. 如果改变初始状态，例如改用(20)为初始状态，则这个移存器生成和 a 平移等价的序列$(\dot{2}0210011\dot{2})$. 由 9 个不同的初始状态生成 9 个彼此平移等价的 M 序列，它们看成同一个 M 序列.

综合上述，M 序列由于它的周期长，具有很理想的伪随机性，数量很大并且可以用移存器很方便地生成，所以从 20 世纪 50 年代开始，人们普遍采用 M 序列作为流密码体制中的密钥. 随着密码破译技术的不断进步，单纯采用 M 序列作为密钥目前已不够安全，但是至今仍然把它作为加密的基础，在 M 序列的基础上再进一步采用其他手段.

习　题

1. 证明：F_q 上一个 k 级的移存器所产生的序列，其最小周期不超过 q^k. 并且若它能产生周期为 q^k 的序列，它一定是 q 元 k 级的 M 序列.

2. 如果以 $f=f(x_0,x_1,\cdots,x_{k-1})$ 为反馈函数的 F_q 上 k 级移存器能生成 q 元 k 级 M 序列，令 $g(x_0,\cdots,x_{k-1})=f(x_{k-1},x_{k-2},\cdots,x_0)$，则以 g 为反馈函数的 k 级移存器也生成 q 元 k 级 M 序列. 试问这两个移存器所生成的 M 序列有什么联系？

3. 求分别生成 2 元 3 级序列($\dot{0}001110\dot{1}$)和($\dot{1}110001\dot{0}$)的两个 F_2 上 2 级移存器的反馈布尔函数.

8.3　构作 M 序列(并圈方法)

给了一个 M 序列，我们在上节介绍了寻求生成此 M 序列的移存器的方法，表明可以很方便地得到这个移存器的反馈函数. 生成 M 序列的移存器的反馈函数叫作 M 序列反馈函数. 由于 q 元 k 级 M 序列共有 $N(q,k)=[(q-1)!]^{q^{k-1}}q^{q^{k-1}-k}$ 个，所以共有 $N(q,k)$ 个 F_q 上的 k 级移存器能生成 M 序列. 换句话说，在 q^{q^k} 个广义布尔函数 $f:F_q^k\to F_q$ 当中，一共有 $N(q,k)$ 个是 M 序列的反馈函数. 本节所要探讨的问题是：如何构作 M 序列？也就是说，如何寻求 M 序列的反馈函数？对于采用 M 序列作为密钥的保密通信来说，这当然是一个重要的问题. 我们在本节介绍解决此问题的一种图论方法. 下面的概念把移存器和图联系起来.

定义 8.3.1 给了 F_q 上以 $f=f(x_0,\cdots,x_{k-1}):F_q^k\to F_q$ 为反馈函数的移存器. 我们可构作一个有向图 $G(f)$：此图的顶点集合为 F_q^k，即以移存器的全部可能的状态 $(a_1,a_2,\cdots,a_k)\in F_q^k$ 为顶点（共有 q^k 个顶点）. 对于每个状态 $(a_1,a_2,\cdots,a_k)$，如果下一个状态是 $(a_2,a_3,\cdots,a_k,a_{k+1})$，即 $f(a_1,\cdots,a_k)=a_{k+1}$，则由顶点 $(a_1,\cdots,a_k)$ 到顶点 $(a_2,\cdots,a_{k+1})$ 引一条弧. 所以共有 q^k 条弧，每个顶点都引出一条弧. 如此得到的有向图 $G(f)$ 叫作移存器的状态图.

例 1 $q=3,k=2,f(x_0,x_1)=1+x_0x_1-x_0^2-x_1^2-x_0^2x_1^2$. 则

$$f(0,1)=f(1,0)=f(0,2)=f(2,0)=f(1,2)=f(2,1)=0,$$

$$f(0,0)=1,\quad f(1,1)=f(2,2)=2.$$

由定义可知，对于 F_3 上以 f 为反馈函数的 2 级移存器，其状态图 $G(f)$ 如图 8-9 所示.

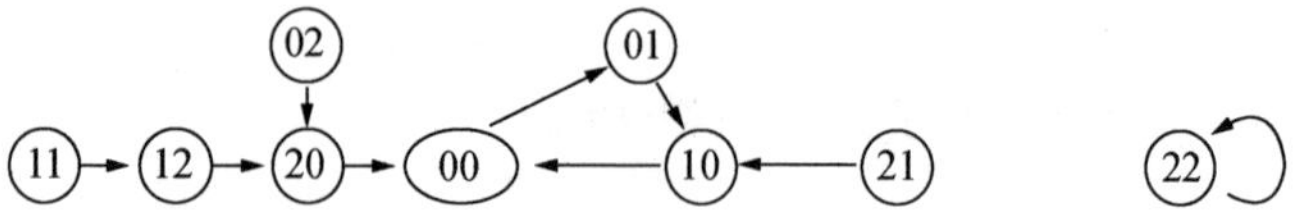

图 8-9

这个状态图有一个长为 3 的圈（顶点为 (00)，(01) 和 (10)），一个长为 1 的圈（顶点 (22) 到自身的一条弧），此外在顶点 (00) 和 (10) 还长着一些"枝".

由状态图 $G(f)$ 容易判定移存器对于各种不同的初始状态所产生的序列. 例如初始状态为 (01) 时，它在长为 3 的圈上，下一状态依次为 (10)，(00)，然后又回到 (01). 从而产生的序列是

最小周期为 3 的序列$(\dot{0}1\dot{0})$. 如果初始状态为(22),它在长为 1 的圈上,所以生成周期为 1 的序列$(\dot{2})$. 如果初始状态为(02),它走两步落到长为 3 的圈中,可知生成序列为$(0\ 2\ \dot{0}\ 0\ \dot{1})$,即前两位为 02,以后是周期为 3 的序列.

如果状态图 $G(f)$没有枝,即它由彼此不相交的一些圈组成的,那么移存器由任何初始状态出发均生成周期序列,序列的最小周期就是初始状态所在圈的长度. 下面给出这种无枝状态图的一批反馈函数.

引理 8.3.2　设 $f(x_0,\cdots,x_{k-1}):F_q^k\to F_q$ 是 F_q 上 k 级移存器的反馈函数. 如果 f 有如下形式:

$$f(x_0,\cdots,x_{k-1})=ax_0+g(x_1,x_2,\cdots,x_{k-1})(0\neq a\in F_q),\tag{8.3.1}$$

则状态图 $G(f)$没有枝.

证明　对于移存器的每个状态$(c_1,\cdots,c_k)$,它的下一状态为$(c_2,\cdots,c_k,c_{k+1})$,其中

$$c_{k+1}=f(c_1,\cdots,c_k)=ac_1+g(c_2,\cdots,c_k).$$

我们也可以说成,对于每个状态$(c_2,\cdots,c_k,c_{k+1})$,它都有前一个状态$(c_1,\cdots,c_k)$,其中 $c_1=a^{-1}(c_{k+1}-g(c_2,\cdots,c_k))$. 这表明在状态图 $G(f)$中,每个状态($G(f)$中顶点)都至少有一条弧引到此顶点. 但是 $G(f)$中共有 q^k 条弧和 q^k 个顶点,所以每个顶点都恰好有一条弧到此顶点. 再加上每个顶点恰好有一条弧引出去,便知图 $G(f)$一定没有枝,它是由彼此不相交的一些圈所构成的. 证毕. □

例 2　$q=3,k=2,f(x_0,x_1)=2x_0+1+x_1^2$. 则

$$f(0,0)=f(1,1)=f(1,2)=1,$$

$$f(1,0)=f(2,1)=f(2,2)=0,$$
$$f(0,1)=f(0,2)=f(2,0)=2.$$

所以,F_3 上以 f 为反馈函数的 2 级移存器的状态如图 8-10 所示.

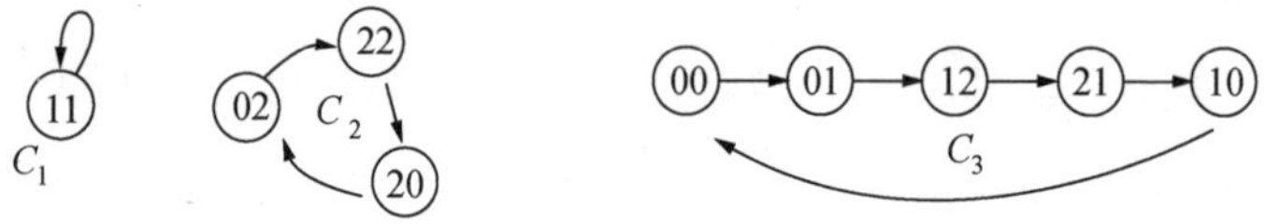

图 8-10

这个移存器能生成 3 个序列的平移等价类,均是周期序列,最小周期分别是 1,3 和 5,它们是$(\dot{1})$,$(\dot{0}2\dot{2})$和$(\dot{0}012\dot{1})$以及和它们平移等价的序列,分别对应于状态图的 3 个圈 C_1,C_2 和 C_3.

如果 $f:F_q^k\to F_q$ 是 M 序列反馈函数,则 F_q 上以 f 为反馈函数的 k 级移存器生成 q 元 k 级 M 序列. 由于这个序列的周期为 q^k,所以状态图 $G(f)$是一个由全部 q^k 个顶点组成的长为 q^k 的一个最大的圈. 现在介绍通过状态图"并圈"的方法寻找 M 序列的反馈函数. 它是基于下面的结果.

定理 8.3.3 给了 F_q 上以 $f(x_0,\cdots,x_{k-1})$为反馈函数的 k 级移存器,它的状态图 $G(f)$共有 l 个圈,$l\geqslant 2$. 如果顶点 $A=(a,c_1,\cdots,c_{k-1})$和 $A'=(a',c_1,\cdots,c_{k-1})$在图 $G(f)$的不同圈中(a 和 a'为 F_q 中不同元素),并且图 $G(f)$中有弧$\overrightarrow{AB}$和$\overrightarrow{A'B'}$,其中$B=(c_1,\cdots,c_{k-1},b)$,$B'=(c_1,\cdots,c_{k-1},b')$(其中 b 和 b'是 F_q 中不同的元素). 令

$$f'(x_0,x_1,\cdots,x_{k-1})=f(x_0,x_1,\cdots,x_{k-1})+g(x_0,x_1,\cdots,x_{k-1}),\tag{8.3.2}$$

其中

$$g(x_0,x_1,\cdots,x_{k-1})=(b-b')[(x_0-a)^{q-1}-(x_0-a')^{q-1}]$$
$$[1-(x_1-c_1)^{q-1}]\cdots[1-(x_{k-1}-c_{k-1})^{q-1}],$$

则以 f' 为反馈函数的 F_q 上 k 级移存器的状态图由 $l-1$ 个圈组成.

证明 可直接验证

$$g(x_0,\cdots,x_{k-1})=\begin{cases}b'-b, 若(x_0,\cdots,x_{k-1})=(a,c_1,\cdots,c_{k-1})(=A),\\ b-b', 若(x_0,\cdots,x_{k-1})=(a',c_1,\cdots,c_{k-1})(=A'),\\ 0, \quad 若(x_0,\cdots,x_{k-1})\neq A,A'.\end{cases}$$

现在设弧$\overrightarrow{AB}$在状态图$G(f)$的圈 C 上,弧$\overrightarrow{A'B'}$在状态图$G(f)$的另一个圈 C'上(图 8-11).则

$$f(a,c_1,\cdots,c_{k-1})=f(A)=b,\quad f(a',c_1,\cdots,c_{k-1})=f(A')=b'.$$

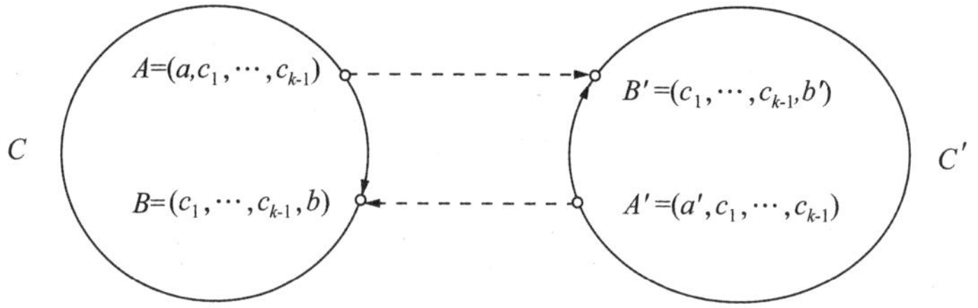

图 8-11

再由式(8.3.2)可知

$$f'(x_0,\cdots,x_{k-1})=f(x_0,\cdots,x_{k-1})+g(x_0,\cdots,x_{k-1})$$
$$=\begin{cases}f(A)+b'-b=b', 若(x_0,\cdots,x_{k-1})=A,\\ f(A')+b-b'=b, 若(x_0,\cdots,x_{k-1})=A',\\ f(x_0,\cdots,x_{k-1}), \quad 若(x_0,\cdots,x_{k-1})\neq A,A'.\end{cases}$$

这就表明,状态图 $G(f)$ 中的弧$\overrightarrow{AB}$和$\overrightarrow{A'B'}$在状态图$G(f')$中改为$\overrightarrow{AB'}$和$\overrightarrow{A'B}$,而其余弧均不改变. 所以 C 和 C'并成了一个圈,其余

圈保持不变,这表明状态图 $G(f')$ 恰由 $l-1$ 个圈组成. 证毕. □

我们可以从 F_q 上的一个 k 级移存器开始,它的反馈函数有形式 $f(x_0,\cdots,x_{k-1})=cx_0+g(x_1,x_2,\cdots,x_{k-1})$, $c\in F_q^*$,则状态图 $G(f)$ 是由彼此不相交的一些圈组成. 如果圈的个数 $l\geqslant 2$,可以证明一定有形如 $A=(a,c_1,\cdots,c_{k-1})$ 和 $A'=(a',c_1,\cdots,c_{k-1})$ 的两个顶点($a\neq a'$)在不同的圈上(证明从略). 这时利用定理8.3.2做 $l-1$ 次并圈,得到一个移存器,它的状态图只有一个圈,从而这个移存器生成 q 元 k 级 M 序列.

例 3(续) 前面例 2 中已给出 F_3 上以 $f(x_0,x_1)=2x_0+1+x_1^2$ 为反馈函数的状态图 $G(f)$,它由 3 个圈 C_1, C_2 和 C_3 组成,先取 $A=(00)$, $A'=(20)$,它们分别在圈 C_3 和 C_2 上. 根据定理 8.3.2($b=1$, $b'=2$),将 f 加上

$$\begin{aligned}g(x_0,x_1)&=(1-2)[(x_0-0)^2-(x_0-2)^2][1-(x_1-0)^2]\\&=(2x_0+1)(1-x_1^2),\end{aligned}$$

则以 $f+g$ 为反馈函数的移存器,其状态图(图 8-12)为

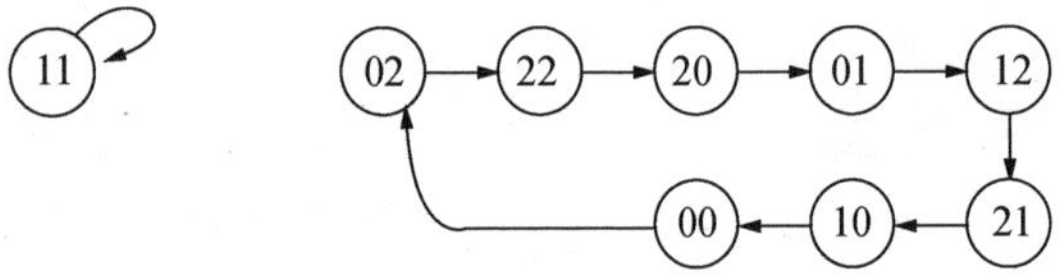

图 8-12

再取 $A=(11)$, $A'=(01)$,再利用定理 8.3.3($a=1$, $a'=0$, $b=1$, $b'=2$),反馈函数再加上

$$\begin{aligned}g'(x_0,x_1)&=(1-2)[(x_0-1)^2-x_0^2][1-(x_1-1)^2]\\&=(2x_0+2)(2x_1-x_1^2),\end{aligned}$$

可知以

$$f+g+g'=2+x_0+x_0x_1+x_1+x_1^2-x_0x_1^2$$

为反馈函数的移存器,状态图(图 8-13)为

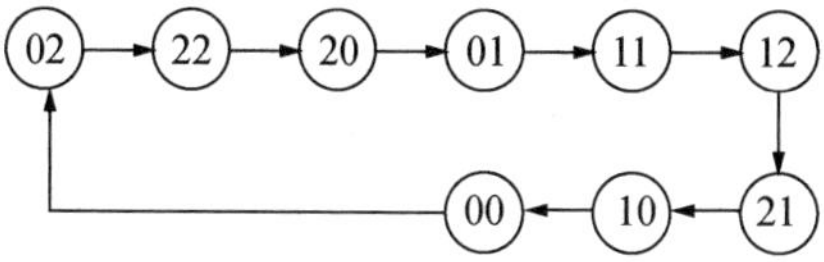

图 8-13

从而它生成 3 元 2 级 M 序列$(\dot{0}2201121\dot{0})$和它的平移等价 M 序列.

对于 $F_q[x]$中的 k 次多项式

$$g(x)=1-a_1x-a_2x^2-\cdots-a_kx^k\quad(a_k\neq 0),$$

考虑以 $g(x)$为联接多项式的 F_q 上 k 级线性移存器,它以初始状态$(c_0,\cdots,c_{k-1})$生成序列$(c_0,c_1,\cdots,c_n,\cdots)$. 由第 8.2 节的式(8.2.1)知

$$c_l=a_kc_{l-k}+a_{k-1}c_{l-k+1}+\cdots+a_1c_{l-1}\quad(l=k,k+1,\cdots).$$

这表明此移存器的反馈函数为 $f(x_0,\cdots,x_{k-1})=a_kx_0+a_{k-1}x_1+\cdots+a_1x_{k-1}$. 由于 $a_k\neq 0$,可知这些线性移存器的状态图$G(f)$都是由一些圈组成的,从而利用并圈方法都可得出产生 M 序列的移存器. 特别当 $g(x)$的反向多项式 $x^k-a_1x^{k-1}-\cdots-a_k$ 是 $F_q[x]$中的 k 次本原多项式时,由定理 3.2.9 知,移存器产生的非零序列的最小周期为 $g(x)$的最小周期 q^k-1,这种序列叫作 q 元 k 级 m 序列. 对于 F_q 上生成 m 序列的 k 级线性移存器. 如果初始状态为全零向量,则它产生出全零序列. 另外,由非零状态$(c_0,\cdots,c_{k-1})$出发产生的 q 元 k 级 m 序列,最小周期为$n=q^k-1$,这表明该序列$(\dot{c}_0,\cdots,\dot{c}_{n-1})$的连续 n 个状态$(c_i,c_{i+1},\cdots,c_{i+k-1})$$(i=0,1,\cdots,n-1)$彼此不同,从而恰好是全部$n=q^k-1$ 个非零状态. 这表明对于 F_q 上每个产生 m 序列的 k 级线性移存

器,它的状态图由 2 个圈构成,一个圈只有全零状态和到自身的弧,另一个是由全部 q^k-1 个非零状态组成的长为 q^k-1 的圈.通过一次并圈即可得到 q 元 k 级 M 序列,从而得到如下结果.

定理 8.3.4 设 $g(x)=x^k-a_1x^{k-1}-\cdots-a_k$ 是 $F_q[x]$中的 k 次本原多项式($k\geqslant 1, a_k\neq 0$).则对于 F_q 中每个非零元素 a,多项式

$$a_ka[(x_0-a)^{q-1}-x_0{}^{q-1}](1-x_1^{q-1})\cdots(1-x_{k-1}^{q-1})+$$
$$a_kx_0+\cdots+a_1x_{k-1}$$

为 F_q 上 k 级移存器的 M 序列反馈函数.特别若 $q=2$,则当 $g(x)$ 是 $F_2[x]$中 k 次本原多项式时,以

$$a_kx_0+a_{k-1}x_1+\cdots+a_1x_{k-1}+(1+x_1)(1+x_2)\cdots(1+x_{k-1})$$

为反馈函数的 F_2 上 k 级移存器产生 2 元 k 级 M 序列.

证明 考虑以 $g(x)$为联接多项式的 F_q 上 k 级线性移存器,它的反馈函数为 $f(x_0,\cdots,x_{k-1})=a_kx_0+\cdots+a_1x_{k-1}$.状态图由 2 个圈组成,其中全零状态自成一个圈,其余 q^k-1 个非零状态组成另一个圈.取大圈中的非零状态$(a,0,\cdots,0)$,它有弧到状态$(0,\cdots,0,b)$,其中

$$b=f(a,0,\cdots,0)=aa_k(\neq 0,\text{由于 } a_k\neq 0, a\neq 0).$$

另外,在小圈中全零状态到它自身有一条弧.在定理 8.3.3 中取 $a'=b'=0$,可知以 $f(x_0,\cdots,x_{k-1})+b[(x_0-a)^{q-1}-x_0^{q-1}](1-x_1^{q-1})\cdots(1-x_{k-1}^{q-1})$为反馈函数的移存器,其状态图为一个圈,从而产生 q 元 k 级 M 序列.当 $q=2$ 时,$a=b(=a_k)=1$,从而得到定理 8.3.4 的后一结论.证毕. □

注记 设以 $F_q[x]$中 k 次本原多项式 $g(x)(\neq x)$为联接多项式的线性移存器生成的 q 元 k 级 m 序列为 $c=$

$(\dot{c}_0,\cdots,\dot{c}_{n-1})(n=q^k-1)$. 定理 8.3.4 所述的并圈即把全零状态 $(0,\cdots,0)$ 添加到大圈当中，即把弧 $(a,0,\cdots,0)\rightarrow(0,\cdots,0,b)$ 改成 $(a,0,\cdots,0)\rightarrow(0,\cdots,0)\rightarrow(0,\cdots,0,b)$ 而其余不变. 所以也就是把 m 序列的 $a0\cdots0b$ 中间添加一个 0，其余不变，得到 q 元 k 级 M 序列(周期为 q^k).

例 4 $g(x)=x^2+x+2$ 为 $F_3[x]$中的本原多项式，以 $g(x)$ 为联接多项式的线性移存器生成 3 元 2 级 m 序列$(\dot{0}122021\dot{1})$，此序列中 202 加上一个 0，便得到 3 元 2 级 M 序列 $(\dot{0}1220021\dot{1})$. 根据定理 8.3.3(此时 $a_1=2,a_2=1,a=b=2$)，可知生成这个 M 序列的 F_3 上 2 级移存器的反馈函数为

$$
\begin{aligned}
&x_0+2x_1+2[(x_0-2)^2-x_0^2](1-x_1^2)\\
&=x_0+2x_1+(2x_0+1)(x_1^2-1).
\end{aligned}
$$

同样地，在 m 序列的 101 中间加一个 0，也得到 3 元 2 级 M 序列 $(\dot{0}0122021\dot{1})$. 此时 $a=b=1$，从而生成这个 M 序列的移存器反馈函数为

$$
\begin{aligned}
&x_0+2x_1+[(x_0-1)^2-x_0^2](1-x_1^2)\\
&=x_0+2x_1+(x_0+1)(1-x_1^2).
\end{aligned}
$$

每个 q 元 k 级 m 序列的一个周期中都有 $q-1$ 个状态 $(a0\cdots0)$，其中 a 取 F_q 中非零元素，从而共有 $q-1$ 处是连续 $k-1$ 个 0. 将其中任何一处添加一个 0 都成为 q 元 k 级 M 序列. 所以由一个 q 元 k 级 m 序列可如此做出 $q-1$ 个 q 元 k 级 M 序列. 由于 $F_q[x]$ 中 k 次本原多项式共有 $\frac{1}{k}\varphi(q^k-1)$ 个，采用定理 8.3.3用 m 序列构成 M 序列的方法一共可得到 $\frac{q-1}{k}\varphi(q^k-1)$ 个

q 元 k 级 M 序列. 当 q 很大时这个数目也很大,但是和 q 元 k 级 M 序列总数 $((q-1)!)^{q^{k-1}}q^{q^{k-1}-k}$ 相比,这个数目仍旧很小. 要给出全部 q 元 k 级 M 序列的反馈函数是很困难的,所以用 M 序列作为流密码的密钥还是相当安全的.

m 序列本身在密码学中也是很有用的,这是因为它也具有下面结果所显示的伪随机性.

定理 8.3.5 设 $(\dot{a}_0,\cdots,\dot{a}_{l-1})$ $(l=q^k-1)$ 是 q 元 k 级 m 序列. 则当 $1\leqslant t\leqslant k$ 时,每个非零数组 $(c_1,\cdots,c_t)$ $(c_i\in F_q)$ 在 $(a_ia_{i+1}\cdots a_{i+t-1})$ $(i=0,1,\cdots,l-1)$ 当中均出现 q^{k-t} 次,而 $(0,\cdots,0)$ (t 个 0)在其中出现 $q^{k-t}-1$ 次 . 特别地,在 $(a_0,\cdots,a_{l-1})$ 中共有 $q^{k-1}-1$ 个 0,而对每个非零元素 $a\in F_q$,其中共有 q^{k-1} 个 a.

证明 可仿照定理 8.2.2 关于 M 序列伪随机性质,读者补足证明. 注意 q 元 k 级 M 序列的连续 q^k 个状态恰好是 F_q^k 中全部向量,而 q 元 k 级 m 序列的连续 q^k-1 个状态恰好是 F_q^k 中全部非零向量. □

m 序列除了具有良好的伪随机性质之外,它们还有很好的"自相关"性质,在同步通信中用来进行消息分组. 彼此不平移等价的 m 序列还有很好的"互相关"性质,在多个地址通信中用来区分通信地址,这些就不多介绍了.

习 题

1. 取 $F_2[x]$ 中一个 4 次本原多项式,利用定理 8.3.4 构作 2 元 4 级 M 序列的反馈函数,并写出它所产生的 M 序列.

2. 补足定理 8.3.5 的证明.

3. 画出以 $f(x_0,x_1,x_2)=x_0+x_1+x_2$ 为反馈函数的 F_2 上 3 级线性移

存器状态图. 然后通过并圈给出 M 序列反馈函数和它所生成的 2 元 3 级 M 序列.

§8.4　公钥体制

前三节我们讲的是密码学中的私钥体制. 也就是说, 任何两方进行保密通信, 都要在一定的密码体制之下, 约定一组加密和去密的密钥, 这组密钥只能通信双方知道, 而对外人保密. 到了 20 世纪 70 年代, 随着通信技术的飞速发展和保密通信应用的广泛和深入, 私钥体制遇到了许多亟待解决的困难问题.

首先是网络通信的发展, 人类进入大量用户的网络通信时代. 如果 1 个用户和 1000 个用户进行保密通信, 他需要保存 1000 组密钥, 这些密钥还需要经常更换. 大量密钥的保存和更换成为非常严重的问题. 其次是保密通信的应用日益广泛. 早期的保密通信主要用于国防、外交和军事上. 保密是重要的, 但是保密性的要求相对比较简单, 保密时间比较短. 比如对于军事行动的密码. 即使在一周内被破译, 战争可能已经结束了. 到了 20 世纪 70 年代, 保密通信已经深入经济、管理以及日常生活之中, 这些领域对于信息安全提出各种要求. 比如说数字签名和认证问题: 在电子通信中如何识别信息来源于可靠的发方, 如何防止别人伪造或篡改? 又如仲裁问题: 在电子购物过程中, 购物者通过银行把钱汇到超市, 然后超市向购物者发货. 任何环节中三方之间发生争执, 如何设立机构进行仲裁? 再如多方安全计算问题: 一个大的计算问题分解成子问题分给众多群体, 每个群体计算一个子问题, 希望每个群体由自己所计算的子问题不能弄清整体任务, 甚至一些群体联手也没有办法. 同时, 总体负责人还要识别是否有伪造的计算结果, 甚至要揪出其中的捣乱分子. 最后，我们再介绍所谓“零知识证明”问题——姚期智于 1982 年提出的百万富翁问题：两个富人在街上相遇，他们是否有办法弄清楚谁更有钱，但是彼此都不说出自己的钱数？诸如此类的问题在经济、管理和人们日常生活中是经常遇到的，这些问题比单纯的加密、去密问题要复杂得多. 这使得密码学的研究扩展成更为广阔的信息安全领域，希望寻找新的保密体制来解决上述各种信息安全问题. 1976 年，美国年轻的数学家和通信学家狄菲(Diffie)和海尔曼(Hellmen)提出一种新的保密体制，叫作公开密钥体制，有效地解决了许多信息安全问题，这是保密通信的一场革命，而有限域在公钥体制的具体实现中起重要的作用.

公钥体制的核心，是基于狄菲和海尔曼所提出的新概念：单向函数(one-way function). 在私钥体制中，通信双方采用一对密钥：加密密钥 E 和去密密钥 D，它们是互逆的运算：$DE(x)=ED(x)=x$. 在 8.1 节的例子中，加密运算为 $E(x)\equiv x+6 \pmod{26}$，去密运算为 $D(y)=y-6 \pmod{26}$. 两种运算都很容易，并且一旦知道 E 之后，很容易求出它的逆运算 D. 在公开密钥体制中，加密运算 E 采取所谓“单向”函数. 它的意思是：运算 E 是容易进行的可逆变换，但是即使知道 E 之后，求它的逆运算 D 仍是“非常困难”的. 为了描述其困难程度，可以采用计算复杂性理论中的一些概念和术语. 从实用和通俗的方式来说，就是在知道 E 的情况下，用目前最好的计算机(硬件)和已研制出来的最好算法(软件)，在保密要求的时间范围内也求不出 E 的逆运算.

假设某公司有 1000 个用户 $A_i(1\leqslant i\leqslant 1000)$，彼此通信需要保密，通常要 $\binom{1000}{2}=\frac{1}{2}\times 1000\times 999$ 对密钥，每人需要保存

999 对密钥. 在公钥体制中,每个用户,需要自己的一对密钥 $\{E_i, D_i\}$,其中 E_i 是单向函数,D_i 是 E_i 的逆运算. 一共有 1000 对密钥 $\{E_i, D_i\}(1\leqslant i\leqslant 1000)$,其中 $E_i(1\leqslant i\leqslant 1000)$ 完全公开,就像电话本一样编制成册,任何人均可查看,而 D_i 只有用户 A_i 自己知道,对所有外人保密. 所以用户 A_i 只需保存自己的一个去密密钥 D_i 即可.

这种公开密钥体制的运作方式非常简单:用户 A_i 发信息 x(明文)给用户 A_j 时,A_i 在公钥本上查找到 A_j 的加密密钥 E_j,然后将 $E_j(x)=y$ 发给用户 A_j. A_j 在收到密文 y 之后,用只有 A_j 自己知道的 D_j 作用于 y,便得到明文 $D_j(y)=D_jE_j(x)=x$. 而任何外人即使知道密文 y 是发给 A_j 的,也能查到 A_j 的公钥 E_j,但是由 E_j 求 D_j 很困难,所以不能把 y 恢复成明文 x(图 8-14).

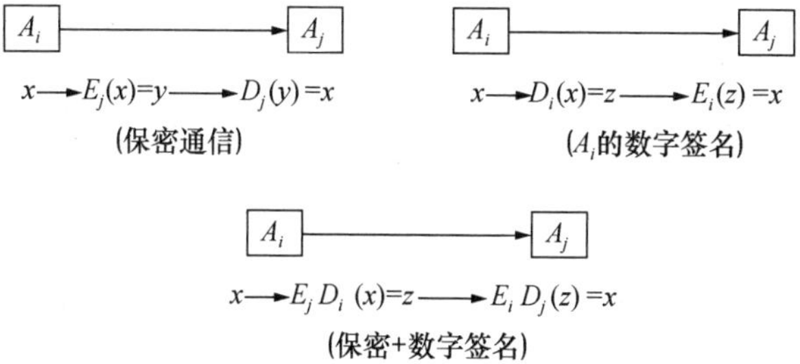

图 8-14

公钥体制不仅解决了大量密钥的保存和管理问题;而且还解决了数字通信中长期被困扰的另一个困难:数字签名和身份认证问题. 设想 A_i 发信息给 A_j,A_j 需要确信这条信息来自 A_i,并且防止 A_i 事后否认. 通常的信件和公文可用签名、手印或印章,但是在电子通信中如何确认身份一直没有很好的解决方法. 采用公钥体制做身份认证则很简单:A_i 向 A_j 传递信息 x 之前,

先用 A_i 自己的私钥 D_i 作用于 x 得到 $y=D_i(x)$(数字签名),把 y 传给 A_j. A_j 收到 y 后,在公钥册上查到 E_i,作用于 y 恢复成明文 $E_i(y)=E_iD_i(x)=x$,便知消息来自 A_i. 由于外人不知 D_i,所以无法伪造 A_i 的签名.

当然也可同时进行签名与加密:A_i 向 A_j 发信息 x,于是 A_i 先签名 $D_i(x)=y$. 再加密 $E_j(y)=z$,然后把 z 传给 A_j. A_j 收到 z 之后,先作用 D_j,再作用 E_i,便可得到明文

$$E_iD_j(z)=E_iD_jE_j(D_i(x))=E_iD_i(x)=x.$$

公钥体制于 1976 年提出之后,便立即引起人们极大的兴趣. 问题的关键是设计单向函数. 在随后的十年里,人们设计了许多种单向函数 E,但是绝大多数都经不起考验. 在设计出 E 之后不久,便有人找到了求 E 逆运算的可实现算法. 到目前为止,站得住脚的只剩下两种方案:大数分解方案和离散对数方案. 它们均来自数论和有限域.

大数分解方案是基于将一个大的正整数分解成素数的乘积,是一个困难的问题. 在计算复杂性理论中,人们把算法设置两个标准:多项式算法和指数型算法. 一个数学问题若有多项式算法,便看成容易实现的. 若只有指数型算法便看成实现起来非常困难的. 对于一个大的正整数 N,如何判定 N 是否为素数,这个问题已有多项式算法. 但是,把 N 分解成素数乘积至今仍没有多项式算法,即没有找到算法使运算复杂性为 $f(\log N)$,其中 $f(x)$是多项式. 经过长时间努力,特别是近年来经过许多数学家的努力,使用了各种深刻的数学工具,大数分解不断改进,目前也只找到“亚指数”型的算法,即复杂性为 $e^{a(\log N)^{\frac{2}{3}}(\log\log N)^{\frac{1}{3}}}$,其中 a 为常数. 具体来说,就目前计算机能力和算法能力,分解一个

100 位的整数需要不超过几个小时，而分解一个 200 位的整数则至少需要几万年，特别在整数是差不多大小的两个素数之乘积时，分解起来最为困难.

就在公钥体制提出的第二年（1977 年），美国的 Rivest，Shamir 和 Adleman 三人共同提出了基于大数分解的一个公钥方案，这就是现在熟知的 RSA 方案.

取定两个大约 100 位的不同素数 p 和 q，令 $N=pq$，则 $\varphi(N)=(p-1)(q-1)$. 再取两个正整数 e 和 d. 使得 $ed\equiv 1\ (\mathrm{mod}\ \varphi(N))$.

引理 8.4.1　对每个整数 x，均有

$$x^{ed}=x(\mathrm{mod}\ N).$$

证明　只需证明 $x^{ed}=x(\mathrm{mod}\ p)$并且 $x^{ed}\equiv x(\mathrm{mod}\ q)$. 由假设可知

$$ed=1+\varphi(N)t\quad (t\in\mathbf{Z}).$$

而由费马小定理知，当 $p\nmid x$ 时，$x^{p-1}\equiv 1(\mathrm{mod}\ p)$，于是

$$x^{ed}=x^{1+\varphi(N)t}=x\cdot(x^{p-1})^{(q-1)t}\equiv x\cdot 1\equiv x(\mathrm{mod}\ p).$$

当 $p|x$ 时，$x^{ed}\equiv 0\equiv x(\mathrm{mod}\ p)$. 所以对任何整数 x，均有 $x^{ed}\equiv x(\mathrm{mod}\ p)$. 同样可证 $x^{ed}\equiv x(\mathrm{mod}\ q)$，因此 $x^{ed}\equiv x(\mathrm{mod}\ N)$.　□

现在把信息 x 用 $Z_N=\{0,1,2,\cdots,N-1\}$中的数来表示. 加密密钥为 e，即加密运算 E 为 $y=E(x)\equiv x^e(\mathrm{mod}\ N)$，$0\leqslant y\leqslant N-1$. 而去密密钥为 d，即去密运算为 $D(y)=y^d(\mathrm{mod}\ N)$. 由上述引理知

$$DE(x)=D(x^e)=x^{ed}\equiv x(\mathrm{mod}\ N),$$

所以 E 和 D 是互逆的运算. 由于 $\varphi(N)=(p-1)(q-1)$是很大的整数，我们可以求出许多对正整数$\{e_i,d_i\}$，使得 $e_id_i\equiv 1(\mathrm{mod}\ \varphi(N))$，每个用户 A_i 使用一组$\{e_i,d_i\}$. 在 RSA 方案中，

N 和所有 e_i 都是公开的，每个用户 A_i 保留自己的那一个 d_i 不被别人知道. 由 e_i 求 d_i 是困难的，因为它需要解同余方程

$$e_i x \equiv 1 \pmod{\varphi(N)}.$$

解一次同余方程并不困难，但现在的问题是外人不知道模 $\varphi(N)=(p-1)(q-1)$ 的大小，因为 $\varphi(N)$ 的值依赖于分解式 $N=pq$，而分解 N 是困难的. 所以外人即使知道 N 和 e_i，也无法求出 d_i 来.

现在介绍离散对数方案. 设 p 是一个大素数，g 是模 p 的一个原根，则每个整数 $a(1 \leqslant a \leqslant p-1)$ 都模 p 同余于 g 的方幂

$$a \equiv g^i \pmod{p}, 0 \leqslant i \leqslant p-2,$$

其中 $i=\mathrm{ind}_g(a)$ 是 a 对于原根 g 的模 p 指数，也叫作 a 的模 p 的离散对数. 对于固定的素数 p，由 g 和 i 计算 a 是容易的. 反过来，当 p 很大时，由 g 和 a 计算离散对数 i 则非常困难. 目前也没有多项式算法，从而可用于公钥系统之中，设计出具有各种安全性能的方案.

现在我们介绍采用离散对数的一个数字签名方案，它是 1985 年由 ElGamal 提出的.

用户 A 选一个大素数 p 和模 p 的一个原根 g，再取整数 $i(0 \leqslant i \leqslant p-2)$，计算 $b=g^i \pmod{p}(1 \leqslant b \leqslant p-1)$. 把 p, g, b 公开，而 i 由用户自己保守秘密.

用户 A 发送信息 $x(0 \leqslant x \leqslant p-2)$ 时，需要在信息 x 上签名. 为此，用户 A 随意取一个与 $p-1$ 互素的整数 k，计算

$$c \equiv g^k \pmod{p}, 1 \leqslant c \leqslant p-1, \tag{8.4.1}$$

$$d \equiv (x-ic)k^{-1} \pmod{p-1}, 0 \leqslant d \leqslant p-2, \tag{8.4.2}$$

则 (c, d) 就是用户 A 在信息 x 上的签名.

让我们分析一下这种签名的功能和安全程度.

(1)任何人都可验证用户 A 签名的正确性.

这是因为由式(8.4.1)和式(8.4.2)可知

$$b^c c^d \equiv g^{ic+kd} \equiv g^x \pmod p,$$

任何人都可由公开的 p,g,b,信息 x 以及签名(c,d),直接验证同余式 $b^c c^d \equiv g^x \pmod p$的正确性.

(2)外人在不知道 i 的情况下,对于信息 x 很难伪造用户 A 的签名(c,d).也就是说,在知道 p,b,g,x 的情况下很难求出整数(c,d),$1\leqslant c\leqslant p-1,0\leqslant d\leqslant p-2$,使得 $b^c c^d \equiv g^x \pmod p$.即使知道了 c,求 d 仍是一个困难的离散对数问题,而如果知道了 d,目前求 c 也没有好的算法.

(3)用户 A 不能用同一个 k 值对两个不同信息 x_1 和 x_2($x_1 \not\equiv x_2 \pmod{p-1}$)进行签名.因若用同一个 k 值对 x_1 和 x_2 的签名分别为(c_1,d_1)和(c_2,d_2),则

$$c_1 \equiv g^k \equiv c_2 \pmod p, \quad 1\leqslant c_1,c_2\leqslant p-1,$$

$$d_1 \equiv (x_1 - ic_1)k^{-1} \pmod{p-1}, \quad d_2 \equiv (x_2 - ic_2)k^{-1} \pmod{p-1}.$$

由第一个同余式可知 $c_1=c_2$,于是

$$k(d_1-d_2) \equiv x_1-x_2 \pmod{p-1},$$

在这个同余式中外人不知道的只有 k.记 $d=(d_1-d_2,p-1)$,则上述同余方程给出模 $p-1$ 的 d 个解 k.可以用 $c_1 \equiv g^k \pmod p$来试验出这 d 个 k 当中哪一个是正确的(这里 p,g,c_1 均是公开的),然后便可算出

$$i \equiv (x_1 - d_1 k)c_1^{-1} \pmod{p-1}.$$

注意 $1\leqslant c_1\leqslant p-1$ 时,当 p 很大时,$(c_1,p-1)=1$ 的概率很大,从而多数情形下 $c_1^{-1} \pmod{p-1}$存在.一旦指数 i 被外人破译,就可对任意信息 x 伪造用户 A 的签名.

(4)用户 A 在数字签名(c,d)中没有把 i 泄漏出去.因为在

$$d \equiv (x-ic)k^{-1} \pmod{p-1},$$

当中只有 d, x, c 和 p 是公开的. 破译 i 需要知道 k, 而从 $c \equiv g^k \pmod{p}$ 求 k 是困难的离散对数问题.

例 1 让我们举一个 RSA 公钥的例子. 取 $p=13$, $q=17$(为了说明问题方便,我们在这里取两个小素数), $n=pq=221$, 而 $(p-1)(q-1)=12 \cdot 16=192$. 容易验证:

$$7 \cdot 55 \equiv 13 \cdot 133 \equiv 25 \cdot 169 \equiv 1 \pmod{192},$$

所以可以取 $(e_1, d_1)=(7,55)$, $(e_2, d_2)=(13,133)$ 和 $(e_3, d_3)=(25,169)$, 分别作为用户 A_1, A_2, A_3 的密钥对(我们在下节将计算出,满足 $ed \equiv 1 \pmod{169}$ 的 (e,d) 共有 64 对,可供 64 位用户使用,并且在那里还给出求 (e,d) 的具体方法.). 将 $n=221$, $e_1=7$, $e_2=13$ 和 $e_3=25$ 均公开. 而 $d_1=55$, $d_2=133$ 和 $d_3=169$ 分别为用户 A_1, A_2 和 A_3 的私钥.

当 A_1 将明文 $x=60$ 发给用户 A_2 时.

(1)如果需要加密,则 A_1 查到 A_2 的公钥 $e_2=13$, 计算 $y=x^{e_2} \equiv 60^{13} \pmod{221}$. 通常这种模 221 的方幂运算采用如下办法进行. 将 13 作 2 进制展开: $13=1+4+8$. 先算好

$$60^2=3600 \equiv 64 \pmod{221},$$

$$60^4 \equiv 64^2 \equiv 118 \pmod{221},$$

$$60^8 \equiv 118^2 \equiv 1 \pmod{221},$$

于是

$$\begin{aligned} y &= 60^{13} = 60^{1+4+8} \\ &= 60 \cdot 118 \cdot 1 \equiv 30 \cdot 236 \\ &\equiv 30 \cdot 15 \equiv 8 \pmod{221}, \end{aligned}$$

从而用户 A_1 把密文 $y=8$ 发给用户 A_2. 用户 A_2 收到 y 之后,用自己的私钥 $d_2=133$ 作运算 $y^{d_2} \equiv 8^{133} \pmod{221}$. 由于 $133=1+$

4＋128，而

$$8^2=64,8^4=64^2\equiv118,$$
$$8^8\equiv118^2\equiv1,$$
$$8^{128}=(8^8)^{16}\equiv1(\bmod 221).$$

所以 $y^{d_2}=8^{133}=8^{1+4+128}\equiv8\cdot118\equiv4\cdot236\equiv4\cdot15=60(\bmod 221)$，所以用户 A_2 恢复成明文 $x=60$.

(2)如果用户 A_1 需要签名，则 A_1 把明文 $x=60$ 用自己的私钥 $d_1=55$ 作签名，得到

$$\begin{aligned}y=60^{55}&=60^{1+2+4+16+32}\\&=60\cdot64\cdot118(\bmod 221)\\&=30\cdot64\cdot15=450\cdot64\equiv8\cdot64\\&\equiv70(\bmod 221).\end{aligned}$$

所以用户 A_1 将 $y=70$ 发给用户 A_2. 用户 A_2 收到 $y=70$ 之后，为了认证信息来源于用户 A_1，查到 A_1 的公钥 $e_1=7$ 并将它作用于 $y=70$，计算 $y^{e_1}\equiv70^7\equiv60(\bmod 221)$. 发现 $60=x$ 是明文，便知信息来自用户 A_1.

请读者做用户 A_1 同时加密和签名的情形. 上面介绍的将 e 作二进制展开计算 $x^e(\bmod n)$的方法是多项式算法.

我们看到，RSA 公钥方案是建立在“大数分解是困难的”这一信念上. 所谓“信念”是指至今在理论上未找到大数分解的多项式算法，并且在实际上用目前最好的计算机和算法分解大整数也是很费时间的，但是人们也无法证明大数分解不存在多项式算法. 所以近年来，人们仍在努力寻求大数分解更好的算法. 而且由于保密通信需求的刺激，近年来有越来越多的数学家和计算机科学家卷入这项工作，不断发现越来越好的算法(连分数算法、二次筛法、椭圆曲线算法、数域筛法……).

人们要问：对于一个新的大数分解算法，如何被判别和被公认为比过去的算法要好？这个问题容易解决，因为实践是检验真理的标准.就像跳高比赛一样，把横杆放在高低不同的标准上.如果你跳过 2.40 米而别人跳不过，你就是跳高冠军.类似地，我们可以选出一批大整数作为衡量大数分解算法好坏的标准，现在被普遍采用的一批数，是和费马的一个猜想有关.

设 m 是大于 1 的整数.不难证明：如果 m 有奇素数因子 p，则 2^m+1 一定不是素数.于是费马考虑数 $F_n=2^{2^n}+1$（现在这叫作费马数）.费马计算了

$$F_0=3, F_1=5, F_2=17,$$
$$F_3=257, F_4=65537,$$

发现它们都是素数.于是费马提出猜想：对所有的 $n\geqslant 0$，F_n 都是素数.过了一百多年，欧拉发现了 F_5 的一个素因子 641：$F_5=641\times 6700417$.从而否定了费马的这个猜想.后来人们发现，F_6，F_7，…均不是素数.到目前为止，对于 $n\geqslant 5$，人们还没有发现一个 F_n 是素数！自然地，人们把这些费马数 F_n 看成检验大数分解算法好坏的一批"横杆".从 F_8 以后，每个新的费马数被分解都是用新发明的算法实现的.至今人们分解到 F_{10}，而 F_{11} 还没有分解完毕.另一些"横杆"是梅森数 $M_p=2^p-1$，其中 p 为素数，由法国数学家梅森开始研究.1984 年发明了二次筛法，第一次得到 $2^{251}-1$ 的素因子分解式.美国计算机协会(ACM)为纪念美国电气及电子工程师学会(IEEE)成立一百周年，做了一个纪念碑，上面刻有 $2^{251}-1$ 的分解式，ACM 主席还在碑上刻了如下一番话：

"大约三百年前，法国数学家梅森预言 $2^{251}-1$ 不是素数.大约一百年前证明了它不是素数.但直到 20 年前还被认为没有进

行分解的设备.事实上,用通常计算机和传统的算法,估计其计算时间为 10^{20} 年.今年 2 月,这个数在 Sandia 的 Cray 计算机上用 32 小时被分解成功,这是一个世界纪录.我们在计算方面已走了很长的路程.为了纪念 IEEE 对计算的贡献,在这里刻上这个梅森数的 5 个素因子."

改进大数分解算法的研究在世界各地仍在(公开地或秘密地)热火朝天地进行.人们至今还没有得到大数分解的多项式算法,所以 RSA 公钥方案从 1980 年起,一直到今天还在信息安全的各领域中使用着.

例 2(ElGamal 数字签名方案的例子)　取 $p=19$ 和模 19 的一个原根 $g=2$.用户 A 取私钥 $i=5$.则用户 A 的公钥为 $b=13$($b\equiv g^i\equiv 2^5\equiv 13 \pmod{19}$).

(Ⅰ)加密.用户 B 将信息 $x=6$ 发给用户 A.加密方法是:用户取 $k=3$,计算

$$a\equiv g^k\equiv 2^3\equiv 8 \pmod{19},$$

$$c\equiv b^k x\equiv 13^3\cdot 6\equiv 15 \pmod{19}.$$

用户 B 把 $x=6$ 的密文 $(a,c)=(8,15)$ 传给用户 A.

用户 A 收到密文 $(a,c)=(8,15)$ 后,用自己的私钥 $i=5$ 计算

$$\begin{aligned} x &\equiv c\cdot a^{-i}\equiv 15\cdot 8^{-5} \\ &\equiv (-4)\cdot 2^{-15}\equiv -2^{-13} \pmod{19} \\ &\equiv -2^5\equiv -32\equiv 6 \pmod{19}, \end{aligned}$$

(由费马小定理:$2^{18}\equiv 1 \pmod{19}$)

便得到明文 $x=6$.

(Ⅱ)签名和认证.用户 A 将信息 $x=6$ 做数字签名,取 $k=5$(与 $p-1=18$ 互素),然后计算

$$c \equiv g^k \equiv 2^5 \equiv 13(\text{mod } 19),$$

$$d \equiv (x - ic)k^{-1} \equiv \frac{6-5 \cdot 13}{5} \equiv \frac{6}{5} - 13$$

$$\equiv \frac{-30}{5} - 13 \equiv -6 - 13 \equiv 17(\text{mod } 18),$$

则用户 A 对信息 $x=6$ 的签名为$(c,d)=(13,17)$.

认证这个签名就是看 $b^c \cdot c^d \equiv g^x(\text{mod } 19)$是否正确,即要验证 $13^{13} \cdot 13^{17} \equiv 2^6(\text{mod } 19)$. 读者可自行验证.

(Ⅲ)如果用户 A 又用 $k=5$ 对信息 $x'=9$ 签名,由于

$$c' \equiv g^k \equiv 13(\text{mod } 19),$$

$$d' \equiv (x'-ic')k^{-1} \equiv \frac{9-5 \cdot 13}{5}$$

$$\equiv \frac{45}{5} - 13 \equiv 14(\text{mod } 18),$$

则用户 A 对信息 $x'=9$ 的签名为$(c',d')=(13,14)$.

某用户收到用户 A 对信息 $x=6$ 的签名$(c,d)=(13,17)$和对信息 $x'=9$ 的签名$(c',d')=(13,14)$. 由 $c=c'=13$ 可知用户 A 在这两个签名中使用了同一个 k 值. 于是

$$kd \equiv x - ic(\text{mod}(p-1)),$$

$$kd' \equiv x' - ic' \equiv x' - ic(\text{mod } (p-1)).$$

从而 $k(d'-d) \equiv x'-x(\text{mod } (p-1))$,即 $(14-17)k \equiv 9-6(\text{mod } 18)$,$3k \equiv -3(\text{mod } 18)$,这相当于 $k=-1(\text{mod } 6)$. 在$1 \leqslant k \leqslant 18$,$(k,18)=1$ 条件下 $k=5,11$ 或 17. 由 $c \equiv g^k(\text{mod } p)$即 $13 \equiv 2^k(\text{mod } 19)$可验证这三个可能的值中 $k=5$ 满足此同余式. 再由

$$kd \equiv x - ic(\text{mod } (p-1)),$$

即

$$5 \cdot 17 \equiv 6 - i \cdot 13 \pmod{18},$$

便破译用户 A 的私钥

$$i \equiv \frac{6-5\cdot 17}{13} \equiv \frac{6+5}{13} \equiv \frac{6+5}{-5}$$

$$\equiv \frac{-30+5}{-5} \equiv 6-1 \equiv 5 \pmod{18}.$$

§8.5 密钥的分配、更换和共享

公钥体制得到广泛的应用，但是不能完全代替私钥体制，在许多场合目前仍采用私钥体制进行保密通信. 公钥的思想可以用来解决私钥体制中的一些重要问题. 本节介绍采用离散对数思想解决私钥保密系统中大量密钥的管理和密钥更换问题.

保密通信的核心是密钥的设计，但是大量密钥的传输、更换和管理也是一些重要的问题. 如果某公司有 n 个用户，彼此之间需要使用 $n(n-1)/2$ 对密钥，每对用户之间密钥的产生和更换均需非常安全的通道传送，以防止密钥被窃取，这就需要 $n(n-1)/2$ 条安全的通道来传送密钥. 公司需要有一种安全的体制来处理这些密钥管理问题. 目前多采用由公司设立密钥管理中心的办法，由管理中心设计和分配密钥，只需 n 个安全通道传送(分配)给每个用户.

事实上，公钥体制的创始人狄菲和海尔曼在提出公钥思想时，一开始就是为了解决密钥管理问题. 我们用离散对数方法来说明他们的密钥管理方案.

设公司有 n 个用户 $A_1, A_2, \cdots, A_n$. 管理中心选一个大素数 $p(p>n)$，再取定模 p 的一个原根 g. 然后随意地选取 n 个整数 $a_1, a_2, \cdots, a_n (2 \leqslant a_i \leqslant p-2)$，把每个 a_i 用安全的通道秘密地分配给用户 $A_i (1 \leqslant i \leqslant n)$. 同时计算 $b_i \equiv g^{a_i} \pmod{p} (1 \leqslant i \leqslant n)$. 公

司把 $p,g,b_i(1\leqslant i\leqslant n)$ 均公开,但是对每个 i $(1\leqslant i\leqslant n)$,只有用户 A_i 知道 a_i,外人由公开的 p,g,b_i 计算离散对数 a_i 是困难的.

在管理中心完成上述工作之后,用户之间产生和更换密钥采取如下方式.

(Ⅰ)密钥生成　用户 A_i 和 A_j 之间通信之前要决定他们之间采用的密钥.办法是:A_i 计算 ${b_j}^{a_i}\pmod p$(用户 A_i 知道 a_i,而 b_j 是公开的),A_j 计算 ${b_i}^{a_j}\pmod p$.由于

$$ {b_j}^{a_i}\equiv g^{a_ia_j}\equiv b_i^{a_j}\pmod p. $$

所以用户 A_i 和 A_j 算出同一个数,记作 $k_{ij}(1\leqslant k_{ij}\leqslant p-1)$.把 k_{ij} 作为 A_i 和 A_j 之间通信的密钥.这样一来,A_i 和 A_j 各自进行简单的同余式运算,不必传送密钥 k_{ij}.第三者只知道 p,g,b_j 和 b_i,其中 $b_i\equiv g^{a_i}\pmod p$,$b_j\equiv g^{a_j}\pmod p$.由 b_i 和 b_j 计算 $k_{ij}\equiv g^{a_ia_j}\pmod p$ 是困难的,因为第三者不知道 a_i 和 a_j.

(Ⅱ)密钥更换　如果用户 A_i 和 A_j 之间想要更换密钥,则 A_i 和 A_j 各自秘密地选取一个 a_i' 和 a_j',然后公开 $b_i'\equiv g^{a_i'}\pmod p$ 和 $b_j'\equiv g^{a_j'}\pmod p$.按上述方式,有

$$ k_{ij}'\equiv g^{a_i'a_j'}\equiv {b_i'}^{a_j'}\equiv {b_j'}^{a_i'}\pmod p, $$

A_i 计算 ${b_j'}^{a_i'}\pmod p$,A_j 计算 ${b_i'}^{a_j'}\pmod p$,他们得到同一个数 $k_{ij}'\pmod p$,作为双方通信的新密钥,这个新密钥不需要传送.

我们再介绍布鲁姆(Blom)于 1985 年提出的一种密钥分配方案,这种方案利用有限域 F_p 上的多项式计算.

仍设某公司有 n 个用户 $A_1,A_2,\cdots,A_n$.密钥管理中心取一个素数 $p>n$,再取有限域 F_p 中 n 个不同元素 $r_1,r_2,\cdots,r_n$.p 和 $r_1,r_2,\cdots,r_n$ 均公开.

(1)管理中心在 F_p 中随意取 3 个元素 a,b,c(可以相同).由

此形成系数属于 F_p 的多项式

$$f(x,y)=a+b(x+y)+cxy,$$

这是对称多项式,即 $f(x,y)=f(y,x)$.

(2)对每个 $i(1\leqslant i\leqslant n)$,管理中心计算

$$\begin{aligned}g_i(x)&=f(x,r_i)\\&=a+b(x+r_i)+c(xr_i)\\&=\alpha_i+\beta_i x,\end{aligned}$$

然后把 $g_i(x)=\alpha_i+\beta_i x$ 分配给用户 A_i. 也就是说,只有用户 A_i 知道 $g_i(x)$的系数 α_i 和β_i(F_p 中两个元素),其中

$$\alpha_i=a+br_i,\beta_i=b+cr_i.$$

(3)密钥生成　用户 A_i 和 A_j 通信时,用户 A_i 计算$g_i(r_j)=\alpha_i+\beta_i r_j\in F_p$(用户 A_i 知道 α_i 和 β_i,而 r_j 是公开的),用户 A_j 计算 $g_j(r_i)=\alpha_j+\beta_j r_i$. 由于

$$g_i(r_j)=f(r_j,r_i)=f(r_i,r_j)=g_j(r_i),$$

所以用户 A_i 和 A_j 计算出 F_p 中同一个元素 k_{ij},这两个用户之间通信便采用 k_{ij} 作为密钥,不需传送此密钥.

现在分析一下这个密钥分配方案的安全性.

(Ⅰ)用户 A_i 和 A_j 之外的第 3 用户 A_k,得不到他们之间密钥 k_{ij} 的任何信息.

这是由于 A_k 只知道管理中心发给自己的 $g_k(x)=\alpha_k+\beta_k x$. 对于用户 A_i 和 A_j 的信息,A_k 只知道公开的 r_i 和 r_j(以及 p),但是不知道 $g_i(x)=\alpha_i+\beta_i x$ 和 $g_j(x)=\alpha_j+\beta_j x$,即用户 A_k 不知道 F_p 中元素 $\alpha_i,\beta_i,\alpha_j,\beta_j$ 的值. 在这种情况下,由关系

$$\begin{aligned}g_i(r_j)&=\alpha_i+\beta_i r_j=k_{ij}\\&=\alpha_j+\beta_j r_i=g_j(r_i),\end{aligned}$$

不能决定出 k_{ij}.

如果用户 A_k 试图破译管理中心设计的多项式 $f(x,y)=a+b(x+y)+cxy$，即需要决定三个系数 a,b,c，但是用户 A_k 只知道 α_k,β_k 和公开的 r_k，即只知道 a,b,c 之间的两个关系

$$\alpha_k=a+br_k,\beta_k=b+cr_k, \tag{8.5.1}$$

所以也决定不出 a,b,c 的值. 因为取 c 为 F_p 中任意元素，则式(8.5.1)给出

$$\begin{aligned} b&=\beta_k-cr_k, \\ a&=\alpha_k-br_k=\alpha_k-\beta_k r_k+cr_k^2, \end{aligned} \tag{8.5.2}$$

即 a 和 b 由 c 所唯一决定. 由于 c 可取 F_p 中 p 个元素中的任意一个，因此用户 A_k 根据自己掌握的信息式(8.5.1)中的两个关系，只能确定出(a,b,c)的取值是 p 个可能当中的一个. 但是不知道究竟是哪一个.

用户 A_i 和 A_j 之间的密钥 k_{ij} 为

$$\begin{aligned} g(r_j,r_i)&=a+b(r_i+r_j)+cr_ir_j \\ &=\alpha_k-\beta_k r_k+cr_k^2+(\beta_k-cr_k)\cdot(r_i+r_j)+cr_ir_j \\ &=c(r_k-r_i)(r_k-r_j)+\alpha_k+\beta_k(r_i+r_j-r_k). \end{aligned}$$

由于 r_i,r_j 和 r_k 是 F_p 中不同元素，所以$(r_k-r_i)(r_k-r_j)\neq 0$. 因此，当 c 过 F_p 中 p 个不同元素时，$g(r_j,r_i)$也恰好过 F_p 中 p 个元素. 这就表明，用户 A_k 凭借自己的知识来猜测 A_i 和 A_j 之间的密钥 k_{ij}，k_{ij} 为 F_p 中的每个元素的概率是一样的，即 A_k 得不到 k_{ij} 的任何信息. 当然，对于 n 个用户之外的人，更是得不到 k_{ij} 的任何消息.

(Ⅱ)任何两个用户 A_k 和 A_t 联手，可以破译管理中心设计的多项式 $f(x,y)=a+b(x+y)+cxy$，从而可破译任意两个用户 A_i 和 A_j 之间的密钥 k_{ij}.

这是因为：用户 A_k 和 A_t 把管理中心分配给他们的 α_k,β_k,

α_t, β_t 合在一起，再加上公开值 r_k 和 r_t，便得到关于 a, b, c 的四个关系式：

$$\alpha_k = a + br_k, \quad \alpha_t = a + br_t,$$

$$\beta_k = b + cr_k, \quad \beta_t = b + cr_t.$$

前两个关系给出 $b = (\alpha_k - \alpha_t)/(r_k - r_t)$，后两个关系给出 $c = (\beta_k - \beta_t)/(r_k - r_t)$，最后求出 $a = \alpha_k - br_k$. 所以 A_k 和 A_t 联手可破译 $f(x,y)$. 然后对任意两个用户 A_i 和 A_j 均可算出他们之间的密钥 $k_{ij} = f(r_j, r_i)$，因为 r_i 和 r_j 是公开的.

（Ⅲ）如果管理中心想更换密钥，需要更换多项式 $f(x,y)$. 即选取 F_p 中另三个元素 a', b', c'，形成新的多项式 $f'(x,y) = a' + b'(x+y) + c'xy$. 再取 F_p 中 n 个不同元素 $r'_1, \cdots, r'_n$. 对每个 $i(1 \leqslant i \leqslant n)$，计算 $g'_i(x) = f'(x, r_i') = \alpha'_i + \beta'_i x$，其中 $\alpha'_i = a' + b'r'_i, \beta'_i = b' + c'r'_i$. 然后把 (α'_i, β'_i) 分配给用户 A_i. 而 p 和 $r'_1, \cdots, r'_n$ 公开. 对于两个用户 A_i 和 A_j，他们改用的新密钥为 $k'_{ij} = \alpha'_i + \beta'_i r'_j = \alpha'_j + \beta'_j r'_i$.

本节的最后讲述密钥管理的另一个问题：密钥分享.

我们知道，发射核武器的控制按钮只由一个人掌握是很危险的. 重要的机密常常需要足够多人的意见一致方能开启. 这样提出了密钥管理的又一个重要问题：在很多情形下，一个主密钥 k 要分解成一些子密钥 $k_1, k_2, \cdots, k_n$，分别由 n 个人 $A_1, A_2, \cdots, A_n$ 掌握. 只有足够多的人把子密钥放在一起，才能揭示出主密钥. 这叫作密钥共享问题.

我们这里只考虑比较简单的情形：取定一个整数 $t \geqslant 2$. 我们要求：

（1）任意 t 个子密钥放在一起可以决定主密钥；

（2）任意 $t-1$ 个子密钥放在一起得不到主密钥的任何信息.

这叫作门限为 t 的密钥共享.

事实上,前面所述的布鲁姆密钥分配方案也可看成 $t=2$ 的密钥共享方案,因为可把 $f(x,y)$看成主密钥,而 $g_i(x)$看成分发给 A_i 的子密钥($1\leqslant i\leqslant n$).在上面分析布鲁姆方案的安全性时指出,任何两个人 A_k 和 A_t 一起可算出主密钥 $f(x,y)$,而每个 A_i 不能给出 $f(x,y)$的任何信息.所以这是门限为 2 的密钥共享方案.

现在介绍沙米尔(Shamir)于 1979 年给出的一种门限为 t 的密钥分享方案.这种方案要利用定理 2.1.9.这个定理是说:若 $f(x)$是 $F_q[x]$中一个 n 次多项式($n\geqslant 1$),则$f(x)$在 F_q 的任何扩域中至多有 n 个不同的根.基于这个结果可以证明:

定理 8.5.1 (1)设 $f(x)$和 $g(x)$均是 $F_q[x]$中次数$\leqslant n$ 的多项式.如果它们在 F_q 中 $n+1$ 个不同元素处的取值均相同,则 $f(x)=g(x)$.

(2)设 $a_1,\cdots,a_{n+1}$是 F_q 中 $n+1$ 个不同的元素(于是 $n+1\leqslant q$),而 $b_1,\cdots,b_{n+1}$是 F_q 中任意 $n+1$ 个元素.则 $F_q[x]$中存在唯一的次数$\leqslant n$ 的多项式 $f(x)$,使得 $f(a_i)=b_i$($1\leqslant i\leqslant n+1$).事实上,这个多项式为

$$
\begin{aligned}
f(x) = {} & \frac{(x-a_2)(x-a_3)\cdots(x-a_{n+1})}{(a_1-a_2)(a_1-a_3)\cdots(a_1-a_{n+1})}b_1 + \\
& \frac{(x-a_1)(x-a_3)\cdots(x-a_{n+1})}{(a_2-a_1)(a_2-a_3)\cdots(a_2-a_{n+1})}b_2 + \cdots + \\
& \frac{(x-a_1)\cdots(x-a_{i-1})(x-a_{i+1})\cdots(x-a_{n+1})}{(a_i-a_1)\cdots(a_i-a_{i-1})(a_i-a_{i+1})\cdots(a_i-a_{n+1})}b_i + \cdots + \\
& \frac{(x-a_1)(x-a_2)\cdots(x-a_n)}{(a_{n+1}-a_1)(a_{n+1}-a_2)\cdots(a_{n+1}-a_n)}b_{n+1}.
\end{aligned}
\tag{8.5.3}
$$

证明 (1)由假设知存在 F_q 中不同元素 $c_1,\cdots,c_{n+1}$,使得 $f(c_i)=g(c_i)(1\leqslant i\leqslant n+1)$. 于是 $f(x)-g(x)$有 $n+1$ 个不同的根 $c_1,\cdots,c_{n+1}$. 但是 $f(x)-g(x)$ 的次数$\leqslant n$,从而 $f(x)-g(x)=0$,即 $f(x)=g(x)$.

(2)唯一性由(1)推出. 只需证存在性,即证式(8.5.3)右边定义的多项式 $f(x)$满足条件 $f(a_i)=b_i(1\leqslant i\leqslant n+1)$. 容易看出它的次数$\leqslant n$. 由式(8.5.3)知

$$f(x)=f_1(x)+f_2(x)+\cdots+f_{n+1}(x),$$

其中

$$f_i(x)=\frac{(x-a_1)\cdots(x-a_{i-1})(x-a_{i+1})\cdots(x-a_{n+1})}{(a_i-a_1)\cdots(a_i-a_{i-1})(a_i-a_{i+1})\cdots(a_i-a_{n+1})}b_i.$$
$$(1\leqslant i\leqslant n+1)$$

不难看出 $f_i(a_i)=b_i$,而当 $1\leqslant j\leqslant n+1$ 但是 $j\neq i$ 时,$f_i(a_j)=0$. 从而对每个 $i(1\leqslant i\leqslant n+1)$,

$$f(a_i)=\sum_{\lambda=1}^{n+1}f_\lambda(a_i)=f_i(a_i)=b_i.$$

这就证明了定理 8.5.1. □

公式(8.5.3)叫作拉格朗日插值公式. 沙米尔利用这个公式给出如下的密钥分享方案.

选定大素数 $p(p>n)$,控制中心随机选取 F_p 中一个元素 k 作为主密钥,同时随机地选取 $F_p[x]$ 中一个 $t-1$ 次多项式$(t\leqslant n)$

$$h(x)=a_{t-1}x^{t-1}+a_{t-2}x^{t-2}+\cdots+a_1x+a_0$$
$$(a_i\in F_p,a_{t-1}\neq 0),$$

并且取 a_0 为主密钥 $k(h(0)=k)$. 控制中心再取 F_p 中 n 个不同非零元素 $x_1,x_2,\cdots,x_n$,将 $p,x_1,x_2,\cdots,x_n$ 公开. 对每个 $i(1\leqslant$

$i \leqslant n$),控制中心把 $y_i = h(x_i) \in F_p$ 秘密地给 A_i,作为 A_i 的子密钥.

我们下面来证明这是一个门限为 t 的密钥共享方案.

(1)任意 t 个人聚在一起,为符号简单,不妨设 $A_1, A_2, \cdots, A_t$ 联手,则知道 $h(x_i) = y_i (1 \leqslant i \leqslant t)$. 由于 $x_1, x_2, \cdots, x_t$ 是 F_p 中不同的非零元素,$h(x)$ 为 $F_p[x]$ 中 $t-1$ 次多项式,这可唯一决定 $h(x)$. 由拉格朗日插值公式,有

$$h(x) = y_1 \frac{(x-x_2)(x-x_3)\cdots(x-x_t)}{(x_1-x_2)(x_1-x_3)\cdots(x_1-x_t)} + y_2 \frac{(x-x_1)(x-x_3)\cdots(x-x_t)}{(x_2-x_1)(x_2-x_3)\cdots(x_2-x_t)} + \cdots + y_t \frac{(x-x_1)(x-x_2)\cdots(x-x_{t-1})}{(x_t-x_1)(x_t-x_2)\cdots(x_t-x_{t-1})}.$$

所以 t 人联手可直接算出主密钥

$$\begin{aligned} k &= h(0) \\ &= y_1(-1)^{t-1} \frac{x_2 x_3 \cdots x_t}{(x_1-x_2)(x_2-x_3)\cdots(x_1-x_t)} + \\ &\quad y_2(-1)^{t-1} \frac{x_1 x_3 \cdots x_t}{(x_2-x_1)(x_2-x_3)\cdots(x_2-x_t)} + \cdots + \\ &\quad y_t(-1)^{t-1} \frac{x_1 x_2 \cdots x_{t-1}}{(x_t-x_1)(x_t-x_2)\cdots(x_t-x_{t-1})}. \end{aligned} \tag{8.5.4}$$

(2)如果 l 个人联手,$1 \leqslant l \leqslant t-1$,不妨设 $A_1, A_2, \cdots, A_l$ 联手,即知道 $h(x_i) = y_i (1 \leqslant i \leqslant l)$,是否能得到主密钥的任何信息?也就是说,是否能够判定 F_p 中某个元素更倾向于主密钥呢?我们假定主密钥为 $s \in F_p$,即加上条件 $h(0) = s$,于是关于 a_{t-1}, $a_{t-2}, \cdots, a_0$ 的下面线性方程组

$$\begin{cases} a_{t-1}x_1^{t-1}+a_{t-2}x_1^{t-2}+\cdots+a_1x_1+a_0=y_1, \\ \vdots \\ a_{t-1}x_l^{t-1}+a_{t-2}x_l^{t-2}+\cdots+a_1x_l+a_0=y_l, \\ a_0=s. \end{cases}$$

这个方程组的系数阵为

$$\begin{pmatrix} x_1^{t-1} & x_1^{t-2} & \cdots & x_1 & 1 \\ \vdots & \vdots & & \vdots & \\ x_l^{t-1} & x_l^{t-2} & \cdots & x_l & 1 \\ 0 & 0 & \cdots & 0 & 1 \end{pmatrix},$$

它的秩为 $l+1$,所以方程组(1)有 p^{t-l-1} 个解. 换句话说,在 l 人联手时($1\leqslant l\leqslant t-1$),即在 $h(x_i)=y_i$($1\leqslant i\leqslant l$)条件下,对每个 $s\in F_p$,都有 p^{t-l-1} 个可能性使主密钥为 s. 即 F_p 中所有元素为主密钥的机会是均等的,从而得不到主密钥的任何信息.

现在介绍在沙米尔密钥分享体制中,如何防止用户当中有某些人有欺骗行为. 设想 l 个用户联手,他们当中有 m 个用户拿出的是伪造的子密钥,试问这 l 个用户联手之后能否发现有人欺骗? 进而,他们是否能够把 m 个欺骗者全部揪出来,指出这些欺骗者的真实子密钥,并且把主密钥算出来? 从下面结果的证明中可以看到,这个问题和第 7.3 节所讲的多项式码有密切关系.

定理 8.5.2 考虑上面所述的 F_p 上门限为 t 的沙米尔密钥分享方案,其中用户有 n 个,$2\leqslant t\leqslant n<p$.

当 $l>t$ 时,任何 l 个用户联手,如果其中有不超过 $l-t$ 个欺骗者,则这 l 个用户可发现有人欺骗. 如果其中有不超过 $\frac{l-t}{2}$ 个欺骗者,则这 l 个用户可找出其中的全部欺骗者,指出这些欺骗者的真实子密钥,并且能算出主密钥.

证明 设联手的 l 个用户为 $A_{i_1}, A_{i_2}, \cdots, A_{i_l}$ $(1 \leqslant i_1 < i_2 < \cdots < i_l \leqslant n)$,考虑第 7.3 节所讲的多项式码

$$C=\{\boldsymbol{c}_f=(f(x_{i_1}),\cdots,f(x_{i_l}))\in F_p^l : f(x)\in F_p[x],\deg f\leqslant t-1\},$$

线性码 C 的码长为 l,维数为 t,由于这是 MDS 码,C 的最小距离为 $d=l-t+1$.

密钥控制中心把 p 和 x_i $(1\leqslant i\leqslant n)$ 公开,所以用户 $A_{i_1}, A_{i_2}, \cdots, A_{i_l}$ 联手之后,它们的 $x_{i_1}, x_{i_2}, \cdots, x_{i_l}$ 是大家知道的.所以这 l 个用户联手之后,多项式码 C 是这 l 个用户所知道的.现在设控制中心采用了多项式 $h(x)\in F_p[x]$, $\deg h(x)\leqslant t-1$,则主密钥为 $h(0)$,而 $\boldsymbol{c}=(h(x_{i_1}),h(x_{i_2}),\cdots,h(x_{i_l}))$ 是 C 中的码字,其中 $h(x_{i_j})$ 是用户 A_{i_j} 的子密钥 $(1\leqslant j\leqslant l)$.

如果这 l 个用户联手,$\mathrm{A}_{i_1}, \mathrm{A}_{i_2}, \cdots, \mathrm{A}_{i_l}$ 分别展示他们的子密钥为 $b_1, b_2, \cdots, b_l$,但是其中有 $\leqslant m$ 个用户是伪造的.换句话说,码字 $\boldsymbol{c}$ 和向量 $\boldsymbol{b}=(b_1,b_2,\cdots,b_l)$ 的 Hamming 距离 $\leqslant m$.根据纠错码理论(定理 7.1.4),当 $m\leqslant d-1=l-t$ 时,可以由向量 $\boldsymbol{b}$ 决定是否有人欺骗.当向量 $\boldsymbol{b}$ 是 C 中码字时没有欺骗行为,否则便发现有人欺骗.进而若 $m\leqslant\frac{d-1}{2}=\frac{l-t}{2}$ 时,码 C 可纠正 $\leqslant\frac{l-t}{2}$ 位的错误,所以由向量 $\boldsymbol{b}$ 可恢复出码字 $\boldsymbol{c}$ 来,所有 $b_j\neq h(x_{i_j})$ 的用户 A_{i_j} 都是欺骗者,A_{i_j} 的真实子密钥应当为 $h(x_{i_j})$.由于 $l>t$,这 l 个用户随便取 t 个用户,连同它们的真实子密钥都可用公式(8.5.4)算出主密钥 $h(0)$ 来.证毕. □

例 1 取 $p=7, n=6, t=3, \{x_1,x_2,\cdots,x_6\}=\{1,2,\cdots,6\}$.

密钥控制中心把 $p=7$ 和 6 个用户 $A_1, A_2, \cdots, A_6$ 的 $x_1, x_2, \cdots, x_6$ 公开($x_i=i\in F_7$),并且取 $h(x)=3x^2+x+4\in F_7[x]$,计算

$$(h(1),h(2),h(3),h(4),h(5),h(6)) = (1,4,6,0,0,6).$$

控制中心把子密钥 1,4,6,0,0,6 分别发给用户 $A_1, A_2, \cdots, A_6$,主密钥为 $h(0)=4$. 但是对于多项式 $h(x)$ 则保密,不让任何用户知道.

现在设 $l=5$ 个用户 A_1, A_2, A_3, A_5, A_6 联手,他们分别展开自己的密钥 1,4,6,2,6,其中 A_5 伪造了假的子密钥 2. 由于 $m=1\leqslant\frac{l-t}{2}$,根据这 5 个用户可识别其中的欺骗者. 办法是考虑多项式码

$$C=\{\boldsymbol{c}_f=(f(1),f(2),f(3),f(5),f(6))\in F_7^5:\\ f(x)\in F_7[x],\deg f\leqslant 2\}.$$

这个多项式码的码长为 $l=5$,维数为 $t=3$,最小距离为 $d=l-t+1=3$,从而可纠正 1 位错. 5 个用户联手展开的子密钥给出向量 $\boldsymbol{b}=(1,4,6,2,6)$,它和 C 中码字 $\boldsymbol{c}=(h(1),h(2),h(3),h(5),h(6))=(1,4,6,0,6)$ 相差 1 位,所以可以用多项式 C 由 $\boldsymbol{b}$ 恢复出码字 $\boldsymbol{c}$.

码 C 的生成矩阵为

$$\boldsymbol{G}=\begin{pmatrix} c_1 \\ c_x \\ c_{x^2} \end{pmatrix}=\begin{pmatrix} 1 & 1 & 1 & 1 & 1 \\ 1 & 2 & 3 & 5 & 6 \\ 1 & 2^2 & 3^2 & 5^2 & 6^2 \end{pmatrix}=\begin{pmatrix} 1 & 1 & 1 & 1 & 1 \\ 1 & 2 & 3 & 5 & 6 \\ 1 & 4 & 2 & 4 & 1 \end{pmatrix},$$

通过行的变换,可以给出码 C 的另一个生成矩阵

$$G' = \begin{pmatrix} 1 & 0 & 0 & 3 & 6 \\ 0 & 1 & 0 & 6 & 6 \\ 0 & 0 & 1 & 6 & 3 \end{pmatrix} = (\boldsymbol{I}_3 \boldsymbol{P}),$$

所以线性码 C 有如下的校验阵

$$\boldsymbol{H} = [-\boldsymbol{P}^{\mathrm{T}} \boldsymbol{I}_2] = \begin{pmatrix} 4 & 1 & 1 & 1 & 0 \\ 1 & 1 & 4 & 0 & 1 \end{pmatrix}.$$

这个校验阵可以由联手的 5 个用户计算出来.然后由它们展开的子密钥向量 $\boldsymbol{b}=(1,4,6,2,6)$计算 $\boldsymbol{Hb}^{\mathrm{T}}=\begin{pmatrix} 2 \\ 0 \end{pmatrix}$,它是 H 中第 4 列的 2 倍,可知 A_5 为欺骗者,并且它的真实子密钥应当为 $2-2=0$. 最后由 A_1, A_2, A_3 的$(x_1, x_2, x_3)=(1,2,3)$和子密钥值$(h(1), h(2), h(3))=(1,4,6)$,按公式(8.5.4)算出主密钥为

$$\begin{aligned} h(0) &= \frac{2 \cdot 3}{(1-2)(1-3)} + 4 \cdot \frac{1 \cdot 3}{(2-1)(2-3)} + \\ &\quad 6 \cdot \frac{1 \cdot 2}{(3-1)(3-2)} \\ &= 4. \end{aligned}$$

沙米尔的密钥分享方案给出门限方案和多项式码之间的联系.1993 年,马塞(Massey)用一般的线性码构作出比门限情形更广泛的密钥分享方案.对于 F_q 上任意一个码长为 $n+1$、维数为 k 的线性码 C,取它的一个生成矩阵(k 行 n 列)

$$\boldsymbol{G} = [v_0, v_1, \cdots, v_n],$$

其中 v_i 是 F_q 上长为 k 的列向量.不妨设 v_0 不是零向量(这相当于说线性码 C 中有码字 $c=(c_0, c_1, \cdots, c_n)$,其中 $c_0 \neq 0$).密钥控制中心公开这个生成矩阵 G(和 q),然后随机地取一个长为 k 的

行向量 $\boldsymbol{a}=(a_1,a_2,\cdots,a_k)\in F_q^k$. 计算

$$\boldsymbol{a}G=(s_0,s_1,\cdots,s_n)\in F_q^n, s_i=av_i(0\leqslant i\leqslant n).$$

把 $s_1,s_2,\cdots,s_n$ 分别分配给 n 个用户 $A_1,A_2,\cdots,A_n$ 作为子密钥，主密钥取为 s_0，而向量 $\boldsymbol{a}=(a_1,a_2,\cdots,a_k)$对所有用户均保守秘密.

现在我们决定哪些用户联手可以算出主密钥.

定理 8.5.3 在马塞密钥分享方案中，若用户 $A_{i_1},A_{i_2},\cdots,A_{i_l}$联手$(1\leqslant i_1<\cdots<i_l\leqslant n)$，则当生成矩阵的列向量 $\boldsymbol{v}_0$ 可以表示成 l 个列向量 $v_{i_1},v_{i_2},\cdots,v_{i_l}$ 在 F_p 上的线性组合时，这 l 个用户联手可以算出主密钥. 否则，他们得不到主密钥的任何信息.

证明 如果 $\boldsymbol{v}_0=b_1v_{i_1}+\cdots+b_lv_{i_l}(a_i\in F_p)$，则

$$s_0=av_0=\sum_{\lambda=1}^{l}b_\lambda av_{i_\lambda}=\sum_{\lambda=1}^{l}b_\lambda s_{i_\lambda}.$$

所以由 $A_{i_1},A_{i_2},\cdots,A_{i_l}$ 的子密钥 $s_{i_1},s_{i_2},\cdots,s_{i_l}$ 可算出主密钥 s_0. 反之，设 $\boldsymbol{v}_0$ 不是 $v_{i_1},v_{i_2},\cdots,v_{i_l}$ 在 F_p 上的线性组合，则 k 行 l 列矩阵 $\boldsymbol{M}=(v_{i_1},v_{i_2},\cdots,v_{i_l})$的秩必小于 k. 因为不然，若 $v_{i_1},v_{i_2},\cdots,v_{i_l}$ 的秩为 k，则它们张成整个空间 F_q^k，从而 v_0 是它们的线性组合，于是矩阵 $\boldsymbol{M}$ 的秩 $m\leqslant k-1$. 方程组$(x_1,x_2,\cdots,x_k)\boldsymbol{M}=(b_{i_1},b_{i_2},\cdots,b_{i_l})$有解$(x_1,x_2,\cdots,x_l)=(a_{i_1},a_{i_2},\cdots,a_{i_l})$，所以这个方程组在 F_q^k 中一共有 q^{k-m}个解. 进而，由于 v_0 不是 $v_{i_1},\cdots,v_{i_l}$ 的线性组合，可知对任何 $\alpha\in F_q$，方程组$(x_1,\cdots,x_l)[\boldsymbol{v}_0\boldsymbol{M}]=(\alpha,b_{i_1},b_{i_2},\cdots,b_{i_l})$(这是将上述方程组再加上一个新的方程$(x_1,x_2,\cdots,x_l)v_0=\alpha$)共有 q^{k-m-1}个解，其中 $k-m-1\geqslant 0$. 这意味着，对每个 $\alpha\in F_q$，密钥控制中心均有同样多的可能性选取$(a_1,a_2,$

$\cdots,a_k)$，使得用户 $A_{i_1},A_{i_2},\cdots,A_{i_l}$ 分配的子密钥分别为拿到的 $b_{i_1},b_{i_2},\cdots,b_{i_l}$，而主密钥为 α. 所以这些用户联手之后，得不到主密钥的任何信息. 证毕. □

推论 8.5.4 在 Massey 密钥分享方案中，如果 F_q 上线性码 C 是参数为 $[n,k,d]$ 的 MDS 码 $(d=n-k+1)$，则它是（$n-1$ 个用户）门限为 k 的密钥分享方案.

证明 设 $\boldsymbol{G}$ 是码 C 的生成矩阵，则 $\boldsymbol{G}$ 的任意 k 列都是线性无关的（定理 7.3.3）. 令 $\boldsymbol{G}=(v_0v_1\cdots v_{n-1})$，由于 v_i 均是 F_q^k 中的向量，所以 $v_1,v_2,\cdots,v_{n-1}$ 当中任意 k 个都张成整个空间 F_q^k，从而 v_0 是它们的线性组合. 而任意 $k-1$ 个都不能这样做，因为它们加上 v_0 是线性无关的. 这就表明用户 $A_1,A_2,\cdots,A_{n-1}$ 当中任何 k 个联手都可算出主密钥，而 $k-1$ 个联手得不到主密钥的任何信息，从而这是门限为 k 的密钥分享方案. 证毕. □

注记 沙米尔的密钥分享方案基于多项式码，所以是推论 8.5.4 的特殊情形.

例 2 考虑 F_3 上以

$$\boldsymbol{G}=\begin{pmatrix}1&0&0&0&0&1&1&1&1&1&1&1&1\\0&1&0&1&1&0&0&1&2&1&1&2&2\\0&0&1&1&2&1&2&0&0&1&2&1&2\end{pmatrix}$$

$$=(v_0v_1\cdots v_{12})$$

为生成矩阵的线性码. 这是第 7.3 节中例 2 给出的汉明码的对偶码. 码长为 13，所以给出的密钥分享方案有 12 个用户 A_1，$A_2,\cdots,A_{12}$，对应于 $\boldsymbol{G}$ 的后 12 列. 矩阵 G 中任何两列都线性无关. 将 $\boldsymbol{G}$ 中 13 个列看成射影平面 $\boldsymbol{P}^2(F_3)$ 中的全部射影点，对于

$1 \leqslant i < j \leqslant 12$，向量 v_0 是 v_i 和 v_j 的线性组合当且仅当射影点 v_0 在 v_i 和 v_j 联成的射影直线上．利用第 4.1 节射影几何中的计数方法，可知对每个 $i(1 \leqslant i \leqslant 12)$，恰好有 2 个 $j(1 \leqslant j \leqslant 12, j \neq i)$，使得 v_0 是 v_i 和 v_j 的线性组合，这些 (i,j) 具体计算出来为

$$S = \{(1,7),(1,8),(2,5),(2,6),(3,9),(3,12),(4,10),$$
$$(4,11),(5,6),(7,8),(9,12),(10,11)\}.$$

对于由这个线性码给出的密钥分享方案，$A_1, A_2, \cdots, A_{12}$ 当中的每一个用户都给不出主密钥的任何信息，因为每个 $v_i(1 \leqslant i \leqslant 12)$ 都和 v_0 线性无关．而两个用户 A_i 和 A_j 联手能算出主密钥，当且仅当 $(i,j) \in S$，所以只有 12 种两用户的组合方式可以决定主密钥．一般地，某些用户 $A_{i_1}, A_{i_2}, \cdots, A_{i_l}$ 联手能算出主密钥，当且仅当 v_0 是 $v_{i_1}, v_{i_2}, \cdots, v_{i_l}$ 的线性组合．比如说，$\{i_1, \cdots, i_l\}$ 包含 S 中某个二元子集合，则 $\{A_{i_1}, \cdots, A_{i_l}\}$ 联手能算出主密钥．又比如，v_0 是 v_1, v_4, v_5 的线性组合：$v_0 = v_1 + v_4 + v_5$．从而 A_1，A_4, A_5 联手可算出主密钥，虽然 $\{1,4,5\}$ 不包含 S 中任何二元子集．

§8.6　椭圆曲线算法

我们在第 5 章中涉及有限域上的椭圆曲线（第 5.3 节习题和第 5.4 节例 4），本节介绍它在信息安全中的某些应用．

设 $q = p^l$，其中 p 为素数，$p \geqslant 5, l \geqslant 1$，平面 F_q^2 中的曲线

$$E: y^2 = f(x)$$

叫作 F_q 上一条椭圆曲线，其中 $f(x) = x^3 + ax + b \in F_q[x]$ 并且 $4a^3 + 27b^2 \neq 0$（这等价于说：$f(x)$ 在 F_q 的扩域中没有重根）．这

个曲线射影化为(仍表示成 E)

$$E:Y^2Z = X^3 + aXZ^2 + bZ^3.$$

除了原来的仿射点$(x,y)=(\alpha,\beta)(\alpha,\beta\in F_q,\beta^2=f(\alpha))$之外,还有一个无穷远点$(X:Y:Z)=(0:1:0)$. 今后将这个无穷远点记成 O.

以 $E(F_q)$表示射影椭圆曲线 E 在 F_q 上的全部点所构成的集合(包含无穷远点 O),这是有限集合. 以 $N_q(E)$表示 $E(F_q)$中的点数$|E(F_q)|$,根据第 5.4 节的韦伊定理(注意椭圆曲线 E 的亏格 $g(E)$为 1),

$$|N_q(E)-(q+1)|\leqslant 2\sqrt{q}\quad (\text{第 5.4 节公式(5.4.3)}).$$

数论中的一个深刻结果是说:集合 $E(F_q)$上可以定义一种运算,使得 $E(F_q)$成为交换群.

定理 8.6.1 椭圆曲线 E 在 F_q 上的射影点集合$E(F_q)$对于下面定义的运算$\oplus$是交换群.

(1)对每个点 $P\in E(F_q)$,定义 $P\oplus O=P$(O 为零元素).

(2)设 $P=(x_1,y_1)$,$Q=(x_2,y_2)$是 $E(F_q)$中两个仿射点($P\neq O,Q\neq O$).

(2.1)当 $x_1\neq x_2$ 时,定义 $P\oplus Q=R=(x_3,y_3)$,其中

$$x_3=\left(\frac{y_2-y_1}{x_2-x_1}\right)^2-x_1-x_2,$$

$$y_3=-\left(\frac{y_2-y_1}{x_2-x_1}\right)(x_3-x_1)-y_1.$$

(2.2)若 $x_1=x_2$,则 $y_1=\pm y_2$

当 $y_1(=y_2)=0$ 时,定义 $P\oplus Q=O$.

当 $y_1\neq 0$ 时,如果 $y_1=-y_2$,仍定义 $P\oplus Q=O$;如果$y_1=y_2$,

即 $P=Q$,定义 $P\oplus Q(=P\oplus P)=R=(x_3,y_3)$,其中

$$x_3=\left(\frac{3x_1^2+a}{2y_1}\right)^2-2x_1,\quad y_3=-\frac{3x_1^2+a}{2y_1}(x_3-x_1)-y_1.\ \square$$

这个定理的证明是不简单的,要用初等的方法直接证明 $E(F_q)$对于上述运算形成交换群是相当困难的,最困难的地方不在于证明运算的交换律,而在于验证运算满足结合律.这种复杂的运算定义方式来源于数论中对于椭圆曲线的深入研究,利用近代数论知识才能看出这种定义运算方式的自然性,我们在这里就不多解释了.

今后用"$-$"表示减法.由定义可知对于仿射点 $P=(x,y)\in E(F_q)$和 $Q=(x,-y)$,$P\oplus Q=O$,从而$-P=Q$.对于正整数 n,n 个 P 相加 $P\oplus\cdots\oplus P$ 表示成$[n]P$.例如若 $P=(x,0)\in E(F_q)$,则 $P\oplus P=O$,即$[2]P=O$(P 是 2 阶元素).

例 1 $E:y^2=x^3+x+3$

$$(a=1,b=3,4a^3+27b^2=4-2=2\neq 0).$$

可以算出 $E(F_7)$有 6 个点:$(x,y)=(5,0)$,$(4,\pm 1)$,$(6,\pm 1)$和 O,是 6 阶交换循环群.事实上,对于 $P=(4,1)$,由加法公式可算出

$$[2]P=(6,-1),\quad [3]P=(5,0).$$

由于$(5,0)$是 2 阶元素,从而 P 为 6 阶元素,即 $E(F_7)$是由 P 生成的群,而

$$[4]P=-[2]P=(6,1),$$
$$[5]P=-P=(4,-1),$$
$$[6]P=O.$$

我们这里为叙述简单起见，假设 $p \geqslant 5$. $p=2$ 和 $p=3$ 的椭圆曲线也是很重要的，但是定义方程的形式和加法公式都更复杂.

现在介绍有限域上椭圆曲线在信息安全中的应用.

A. 大数分解的椭圆曲线算法

所有的算法可以分成两大类：确定型算法和概率算法. 所谓确定型算法是指这种算法进行一次一定达到目的，但是通常所花时间很长. 而概率算法是指这种算法每进行一次需要时间很少，但只是以某种概率能达到目的，如果不成功便改变参数再进行，经过多次试验，便以相当大的概率达到目的. 在工程应用中，多数情况下喜欢采用概率算法.

以大数分解问题为例. 对于一个大整数 n，我们希望有一个省时间的算法能找到 n 的一个真因子 $m(2 \leqslant m < n)$，这样 n 便分解成两个比 n 小的正整数之积：$n=mt$. 对于 m 和 t 再继续下去，最后便可得到 n 的素因子分解式. 我们可以随便取一些整数 N，计算 (N,n)，如果 $(N,n) \neq 1$ 和 n，则就得到 n 的一个真因子 (N,n). 问题在于，我们如何取一批 N，使得 $1<(N,n)<n$ 的概率最大？我们先举大数分解的一个概率算法的例子：Pollard 的 $p-1$ 算法.

假设 p 是 n 的一个素因子. 如果 $p-1$ 的素因子都不超过某个正整数 B，并且 $p-1$ 是无平方因子整数（$p-1$ 不被某个素数的平方除尽），则 $p-1 \mid B!$. 或者取 k 为 $2,3,\cdots,B$ 的最小公倍数，则 $p-1 \mid k$. 这时由费马小定理，对每个整数 a，当 $p \nmid a$ 时

$$a^k \equiv 1(\bmod p),$$

因此 $p\mid a^k-1$. 所以 (a^k-1,n) 至少有一个素因子 p，从而当 $n\nmid a^k-1$ 时，(a^k-1,n) 就给出 n 的一个真因子. 基于此，Pollard 给出的大数分解概率算法为：

(1)选取一个适当的正整数 B. 再取一个整数 $k=k_B$，使得不超过 B 的所有素数都是 k 的因子(比如取 $k=B!$ 或者 k 为 2，3，…，B 的最小公倍数).

(2)随机地选取整数 $a(2\leqslant a\leqslant n-1)$，计算 $d=(a^k-1,n)$. 如果 d 是 n 的真因子，则算法成功. 若试验若干个 a 不成功，则更换 B 和 k_B 再重新试验.

例 2　分解 $n=6541$. 我们取 $B=5$，$k=60=[2,3,4,5]$，$a=2$，$2^{60}(\bmod n)$ 为 2233. 而 $(2233-1,n)=31$，于是给出分解

$$6541=31\cdot 211.$$

这是由于 n 具有素因子 $p=31$，而 $p-1=30$ 是无平方因子整数，并且 $p-1$ 的所有素因子均 $\leqslant 5$.

例 3　分解 $n=491389$. 用 Pollard 方法，一直到取 $B=191$ 时成功的概率才比较大. 这是因为 n 为两个素数之积：$n=383\cdot 1283$，而 $383-1=2\cdot 191$，$1283-1=2\cdot 641$，其中 191 和 641 都是素数. 如果令 $B\leqslant 190$，则对于算法中的 $k=k_B=[2,3,\cdots,B]$，$(k,382)=(k,1282)=2$. 因此对于 $a(2\leqslant a\leqslant n-2)$，

$$383\mid (a^k-1,n)\Leftrightarrow a^k\equiv 1(\bmod 383)\Leftrightarrow a\equiv\pm 1(\bmod 383),$$

$$1283\mid (a^k-1,n)\Leftrightarrow a^k\equiv 1(\bmod 1283)\Leftrightarrow a\equiv\pm 1(\bmod 1283).$$

从而

$$(a^k-1,n)=383 \text{ 或 } 1283\Leftrightarrow\begin{cases}a\equiv\pm 1(\bmod 383)\\ a\not\equiv\pm 1(\bmod 1283),\end{cases}$$

$$\text{或者}\begin{cases}a\not\equiv\pm 1(\bmod 383)\\ a\equiv\pm 1(\bmod 1283).\end{cases}$$

即当 a 在 $2\leqslant a\leqslant n-2$ 中随机选取时，只有大约 $2\cdot(383+1283)$ 个可能会成功，概率为 $\frac{2(383+1283)}{n}=2\left(\frac{1}{383}+\frac{1}{1283}\right)\cong 0.005$. 而当 $B=191$ 时，$(k,382)=382$，$(k,1282)=2$. 于是对 $a(2\leqslant a\leqslant n-2)$，

$(a^k-1,n)=383\Leftrightarrow a\not\equiv 0(\bmod 383)$ 并且 $a\not\equiv\pm 1(\bmod 1283)$，

$(a^k-1,n)=1283\Leftrightarrow a\equiv 0(\bmod 383)$ 并且 $a\equiv\pm 1(\bmod 1283)$.

从而成功的概率大于 $1-\frac{1283+2\cdot 383}{n}\cong 0.995$.

以上 Pollard 的方法利用了 $p-1$ 阶循环群 F_p^*. 现在介绍 Lenstra 给出的大数分解的椭圆曲线概率算法. 这种方法利用了有限域 F_q 上的有限交换群 $E(F_q)$.

假设要分解大整数 n.

(1)任意选取两个整数 a 和 b，使得

$$E: y^2=x^3+ax+b,\quad (4a^3+27b^2,n)=1,$$

并且有 $A,B\in\mathbf{Z}$，满足 $B^2=A^3+aA+b$，即 $P=(A,B)$ 是椭圆曲线 E 上的整点.

例如先随意取 $P=(A,B)$，$A,B\in\mathbf{Z}$，再任意取 a，然后令 $b=B^2-A^3-aA$，使得 $(4a^3+27b^2,n)=1$，则 P 即上述椭圆曲线上的点.（注意若 $1<(4a^3+27b^2,n)<n$，则便达到目的，即给出 n 的一个真因子!）

由于 $(4a^3+27b^2,n)=1$，所以对 n 的每个素因子 p，均有 $(4a^3+27b^2,p)=1$，从而 $E(\bmod p)$ 都是 F_p 上的一条椭圆曲线，

而 $P=(A,B)(\mathrm{mod}\ p)$是其上的点.由于 $E(F_p)$为有限群,所以存在某个正整数 k,使得$[k]P=O$.

注意 O 是 $E(\mathrm{mod}\ p)$上的无穷远点.如果$[l]P(1\leqslant l\leqslant k-1)$均不为 O,那么用加法公式计算这些点的坐标时,坐标的分母必然均与 p 互素.而当计算$[k]P=O$ 时,点$[k]P$ 的分母 M 必然被 p 除尽,从而$(M,n)>1$.

(2)选定一些整数 k,用模 n 的方式计算 E 上的点$[k]P$.也就是说,在利用加法公式时采用模 n 运算.我们希望在运算过程中能有分母 M 使得$(M,n)>1$.

整数 k 如何选取?如果 n 不是素数,则它有素因子$p\leqslant\sqrt{n}$.而群 $E(F_p)$的阶不超过 $p+1+2\sqrt{p}\leqslant 1+\sqrt{n}+2n^{\frac{1}{4}}$.在一般情形下,有限群 $E(F_p)$中都会有小阶元素,从而以较大的概率具有 l^s 阶元素,其中 l 是比较小的素数,当然 $l^s\leqslant 1+\sqrt{n}+2n^{\frac{1}{4}}$.比如说,取 l 为 2 和 3,以 λ 和 μ 分别表示满足 $2^\lambda\leqslant 1+\sqrt{n}+2n^{\frac{1}{4}}$ 和 $3^\mu\leqslant 1+\sqrt{n}+2n^{\frac{1}{4}}$ 的最大整数.我们可用加法公式模 n 的方式依次计算

$$
\begin{aligned}
&[2]P=P_2,[2^2]P=[2]P_2=P_4,\cdots,\\
&[2^\lambda]P=[2]P_{2^{\lambda-1}}=P_{2^\lambda},\\
&[3]P=P_3,[2\cdot 3]P=[2]P_3=P_6,\cdots,\\
&[2^\lambda\cdot 3]P=[2]P_{2^{\lambda-1}\cdot 3}=P_{2^\lambda\cdot 3},\\
&\qquad\qquad\vdots\\
&[3^\mu]P=[3]P_{3^{\mu-1}}=P_{3^\mu},[2\cdot 3^\mu]P=[2]P_{3^\mu}=P_{2\cdot 3^\mu},\cdots,\\
&[2^\lambda\cdot 3^\mu]P=[2]P_{2^{\lambda-1}\cdot 3^\mu}=P_{2^\lambda\cdot 3^\mu}.
\end{aligned}
$$

由于λ和μ的阶均为$\log n$,所以这种计算的复杂度是$\log n$的某个方幂.如果n有素因子$p\leqslant\sqrt{n}$,并且群$E(F_p)$中有2阶或3阶元素,那么点P便以较大的概率具有阶2^i3^j.所以在上面的运算过程中,会以较大的概率使得某个分母$M\equiv 0 \pmod p$,即$(M,n)>1$.如果$(M,n)<n$,便给出n的一个真因子.如果不成功(在加法运算中的所有分母M均$(M,n)=1$或者$(M,n)=n$),再换一下参数a,b和$P=(A,B)$.

例 4 分解$n=5429$.

(1)取$P=(1,1)$,a为整数,$b=-a$,即试验椭圆曲线

$$E: y^2 = x^3 + ax - a.$$

这时$P=(1,1)$为E上的点.我们还要求$(4a^3+27b^2,n)=1$,即$(4a^3+27a^2,n)=1$.

(2)若n不为素数,则有素因子$p\leqslant\sqrt{n}\approx 73$,而$p+1+2\sqrt{p}<92$.由于$2^6<92<2^7$,$3^4<92<3^5$,取$k=2^6\cdot 3^4$,依次用椭圆曲线加法公式作模5429($=n$)的计算

$$[2]P,[2^2]P,\cdots,[2^6]P,$$
$$[3]P,[2\cdot 3]P,\cdots,[2^6\cdot 3]P,$$
$$\vdots$$
$$[3^4]P,[2\cdot 3^4]P,\cdots,[2^6\cdot 3^4]P.$$

在计算中,如果对某个分母M,$1<(M,n)<n$,便给出n的一个真因子.

事实上,在取$a=1$时,($E: y^2=x^3+x-1$),一直计算到$[2^6\cdot 3^4]P$均不成功.

再取$a=2$($E: y^2=x^3+2x-2$),计算到$[3^2\cdot 2^6]P$时,对于

分母 M,$(M,n)=61$,即发现 n 的一个素因子 61.

若再取 $a=3(E:y^2=x^3+3x-3)$,计算到$[3^4\cdot 2^6]P$ 时发现 n 的另一个素因子 89.

人们对这个算法的计算量作了精细的分析和估计,其复杂度为

$$\mathrm{e}^{[(1+\varepsilon)\log n\cdot\log\log n]^{\frac{1}{2}}}.$$

这个算法于 1987 年提出,1988 年人们利用这个算法第一次对费马数 $F_9=2^{2^9}+1$ 完成了素因子分解.

B. 密钥交换的椭圆曲线方案

Diffie-Hellman 的密钥交换方案使用循环群 F_q^* 上的离散对数,这种方案也可改用有限域上的椭圆曲线. 取一个大素数 p 和 F_p 上的一条椭圆曲线 E,使得群 $E(F_p)$中有阶数很大的点 $P\in E(F_p)$. 素数 p,曲线 E 和点 P 均公开.

如果两个用户 A 和 B 通信时需要约定一个密钥,则 A 和 B 分别随机地选取正整数 a 和 b. A 计算$[a]P=P_a$ 传给 B,B 计算$[b]P=P_b$ 传给 A. A 收到 P_b 之后计算$[a]P_b$,B 收到 P_a 之后计算$[b]P_a$. 由于

$$[a]P_b=[ab]P=[b]P_a,$$

A 和 B 使用这个公共点$[ab]P$ 作为两方通信的密钥. 由于 a 和 b 分别由用户 A 和 B 保守秘密,外人截取到 P_a 或 P_b 之后,由 P 求出 a 或 b 是困难的椭圆曲线离散对数问题.

C. 数字签名的椭圆曲线方案

ElGamal 的数字签名方案也可用有限域上的椭圆曲线来做. 取一个大素数 p,F_p 上的一条椭圆曲线 E 和 $E(F_p)$中一个

阶数很大的点 B. 素数 p,曲线 E 和点 B 均公开. 设公司有 n 个用户 $A_i(1\leqslant i\leqslant n)$,每个用户 A_i 取一个正整数 a_i,计算 $[a_i]B=B_i$. 所有的点 $B_i(1\leqslant i\leqslant n)$ 均公开. 而 a_i 由用户 A_i 自己保守秘密. 外人由 $B_i=[a_i]B$ 和 B 这两个点求 a_i 是困难的离散对数问题.

信息(明文)被编成 $E(F_p)$ 中的点 P(比如说,可以用点 $P=(x,y)$ 的 $x\in F_p$ 来代表信息). 如果用户 A_i 想把明文 P 传给用户 A_j,A_i 随机地选取一个正整数 k,计算 $P'=[k]B$ 和 $P''=P+[k]B_j$(B 和 B_j 都是公开的),将一对点(P',P'')作为用户 A_i 在信息 P 上的签名传给用户 A_j. A_j 在收到(P',P'')之后可计算出明文

$$\begin{aligned} P''-[a_j]P' &= P+[k]B_j-[a_j][k]B \\ &= P+[k][a_j]B-[a_j][k]B=P. \end{aligned}$$

D. 椭圆曲线的加密方案

离散对数问题不仅用于公钥系统中,也可在私钥体制中用于信息加密. 下面是使用群 F_p^* 的 Massey-Omura 方案. 设某公司有 n 个用户 $A_i(1\leqslant i\leqslant n)$,大家选定一个大素数 p,每个用户 A_i 都秘密地选取一对整数(e_i,d_i),满足 $e_id_i\equiv 1 \pmod{p-1}$.

传送的信息 x 表示成 F_p^* 中元素,即 $1\leqslant x\leqslant p-1$. 若用户 A_i 想把明文 x 传给用户 A_j 需要加密,则 A_i 把 $y\equiv x^{e_i} \pmod p$ 传给 A_j. A_j 在收到 y 之后并不能恢复明文 x(因为 e_i 和 d_i 均是 A_i 的私钥). A_j 把 $z\equiv y^{e_j} \pmod p$ 回传给 A_i,A_i 在收到 z 之后,再把 $w\equiv z^{d_i} \pmod p$ 回传给 A_j. 注意

$$w\equiv z^{d_i}\equiv y^{d_ie_j}\equiv x^{e_id_ie_j}\equiv x^{e_j} \pmod p.$$

于是 A_j 收到 w 之后,便可恢复出明文 $w^{d_j}\equiv x^{e_jd_j}\equiv x(\mathrm{mod}\ p)$. 三次传输的分别为 $y\equiv x^{e_i}$, $z\equiv x^{e_ie_j}$ 和 $w\equiv x^{e_j}(\mathrm{mod}\ p)$,第三者无法将任何一个恢复成明文 x. 但是第三者 A_k 在截取到 $y\equiv x^{e_i}(\mathrm{mod}\ p)$之后可以把 $z'\equiv y^{e_k}(\mathrm{mod}\ p)$传给 A_i,如果 A_i 不清楚 z'是来自 A_j 以外的第三者 A_k,而把 $w'\equiv z'^{d_i}(\mathrm{mod}\ p)$传出,那么 A_k 在收到 w'之后就可得到明文 $w'^{d_k}\equiv x(\mathrm{mod}\ p)$. 所以用户 A_j 在返回信息 $z\equiv y^{e_j}(\mathrm{mod}\ p)$给 A_i 的同时一定要加上自己的签名,使得 A_i 能够确认信息来自用户 A_j.

这个方案很容易改用椭圆曲线方案. 取一个大素数 p 和 F_p 上一条椭圆曲线 E. 素数 p,曲线 E 和群 $E(F_p)$的阶 N 都可公开[最好 $E(F_p)$是 N 阶循环群]. 于是对 $E(F_p)$中每个点 P,均有 $[N]P=O$.

把信息表示成 $E(F_p)$中的点 P,每个用户 $A_i(1\leqslant i\leqslant n)$选取自己的一对私钥$(e_i, d_i)$,使得 $e_id_i\equiv 1(\mathrm{mod}\ N)$.

如果 A_i 希望把明文 P 传给 A_j,则 A_i 把$[e_i]P=Q$ 传给 A_j, A_j 然后把 $R=[e_j]Q$ 传给 A_i 同时加上 A_j 自己的签名. A_i 收到 $R=[e_ie_j]P$ 之后确认 A_j 的签名,再把 $S=[d_i]R=[e_j]P$ 传给 A_j. 最后 A_j 恢复出明文$[d_j]S=P$.

有限域上更一般的代数曲线(亏格$\geqslant 2$)目前也有效地应用到纠错码理论和信息安全之中,这需要更多的代数数论和代数几何知识.

结束语

(1)在这本小书里,我们向读者介绍了有限域的优美结构:它的加法结构是 p 元域上的有限维向量空间,而非零元素的乘法群是由一个(本原)元素生成的.有限域上的多项式和幂级数有许多特殊的性质.有限域上的几何学具有漂亮的计数结果,有限域上代数方程(组)的解数相当于研究有限域上代数曲线(和高维几何图形)的性质.这方面有一系列重大的理论结果和猜想,这些研究构成了数学研究的一个十分活跃的领域.

另外,我们也介绍了有限域在组合设计和信息科学中的一些应用.利用有限域的优美结构,可以构作具有各种均衡性质的组合设计.这些设计在工农业生产和科学研究中被广泛采用,以测试各种因素对产品质量的影响.在信息科学和计算机科学中,由于数字计算和数字通信的发展,有限域被用来作为通信和计算的信息载体,数学中最简单的有限域 F_2 成为数字通信和数字计算最常用的信息载体,自变量和取值均在有限域中的广义布尔函数成为通信和计算中的重要数学工具.20 世纪 60 年代起,有限域上的线性代数、有限域上的多项式理论和幂级数理论在解决通信纠错问题(线性码和循环码)和构作流密码密钥(移存器序列,特别是 M 序列和 m 序列)方面发挥了极大的威力.从

20 世纪70 年代末开始，有限域的更精深理论和现代研究成果在通信纠错(代数几何码，量子纠错码)和信息安全的诸多领域(数字签名和认识，公钥体制，密钥管理……)得到广泛的应用.事实上，有限域在计算机科学、自动控制、离散优化等方面还有许多应用，由于篇幅所限本书，没有加以介绍.

(2)从本书中所介绍的有限域理论的发展和实际应用，可以看到数学和其他科学技术之间相互促进的生动场面.

在人类历史上，有许多数学发展和技术进步相互促进的例子.在欧洲文艺复兴时代，由于建筑、航海、天文、绘画的需要，发展了几何学，特别是射影几何，把三维空间的几何图形投射到平面上.17 世纪英国产业革命中，牛顿发明了微积分，以描述运动规律，建立了牛顿力学.19 世纪人们用各种微分方程来研究电磁现象，20 世纪用微分几何解释量子物理和广义相对论，都是数学和科学技术互动的精彩例子.本书试图给读者展示又一个例子，即有限域(更正确地说应当是离散性的数学，包括数论、代数和组合学)和信息科学互动的例子.

我们已经讲述了有限域的许多应用.在这里我们想特别强调:数学的应用往往会引起技术上的巨大创新和变革.在通信纠错方面，1982 年用有限域上代数曲线理论(见本书第 4.3，5.3 和 5.4 节)构作出的代数几何码，突破了长达 30 年的 GV 界，被人们认为这种进展是“不可预测”的.1976 年公钥体制的产生，特别是基于大数分解的 RSA 公钥体制和基于离散对数的有限域上椭圆曲线公钥体制被广泛采用，是保密通信的巨大变革.我们还想指出，数学在技术上的这些重大应用是以数学自身发展的坚实基础来支撑的.技术和工程应用的基本目标并不是看所采用的数学工具如何漂亮和艰深，而是看是否解决实际需要，同时要容易实现.所以从应用角度看,数学愈简单,操作愈容易愈好.以公钥体制为例,单向函数概念并不复杂,RSA 和离散对数体制实现也很容易.可是在它们的背后有着强大数学家队伍的研究作为靠山.为了保证 RSA 体制的安全性,人们对于大数分解进行了长期的努力.在改进大数分解算法的过程中,使用了比初等数论更为深刻的解析数论和代数数论知识,甚至于使用了近年来数学研究的最新成果.代数几何码的发明利用了代数几何的深刻结果,椭圆曲线算法用于保密通信中,近来也使用了关于椭圆曲线的高深理论.这些事例充分表明,技术层面上许多源头上的创新和进步都以强大的数学理论作后盾,人们在享受这些创新技术成果时往往感觉不到.

我们说数学和科学技术相互促进,是因为数学从科学技术发展中也获得新鲜的活力.在本书所介绍的组合设计与通信中,主要数学工具是数论、代数(特别是有限域理论)和组合数学(本书中主要介绍了图论的应用).数论和代数是传统的数学分支,具有几千年的历史,但是数字通信的发展为这些学科提供了新的动力.以大数分解为例,从公元前古希腊时代人们就研究大数分解的好算法,但是在 RSA 公钥体制提出之后,人们对于寻求改进大数分解算法给予更大的热情,加上数字计算机的进步,使得新的算法频繁地产生,被分解的大整数不断突破记录.近年来,有限域方面的许多研究都源于工程技术方面的数学问题,目前国际上已有《有限域及它们的应用》专门数学期刊.组合数学在历史上源于一些数学游戏(如本书中所介绍的拉丁方,女主人请客,一笔画,周游世界等),长期以来不能登数学的大雅之堂.由于数字计算和数字通信中大量采用组合数学工具并提出大量有实际背景的组合问题,从上世纪后半叶开始,组合数学在整个数学中的地位有很大的提高.在理论研究中,它吸取传统学科(如数论和代数)的营养,建立了系统的组合数学理论(如代数组合学)和有威力的组合数学方法.可以预见,在关注自身重要研究问题的同时,从传统数学中汲取营养并密切联系工程技术中不断产生的富有挑战性的新问题,组合数学必将会有更大的发展.

(3)由于数学对于科学技术的巨大推动作用,目前在许多发达国家都有强大的数学家队伍从事应用性研究.比如在信息领域,有许多著名的数论学家(如 Lenstra)和组合数学家致力于应用性研究.中国经济和国防现代化的发展也需要一批数学基础好的年轻学者从事应用性研究.近年来,数学系的博士生对于信息安全领域的研究抱有浓厚的兴趣,并且在许多领域已开始做出为国际上所关注的研究工作,国家在这方面也给予愈来愈大的支持,发展势头很好并且有很大的潜力.另外,这些年轻的学生对于在通信领域从事应用研究的艰苦性似乎还缺乏足够的认识和准备.要在应用领域做出创新性的成果,和纯粹数学的研究一样,也需要有坚实的数学素质和坚持不懈的努力.在信息应用领域做出创新性的研究成果,一般来说,需要年轻数学家对于数论、代数和组合学都要有一定的素养,这不仅意味着在这些方面了解很多知识,更重要的是数论、代数和组合方法有很好的训练,变成自己从事研究的思考方式.与此同时,最好在这三个领域中有某个领域特别地精通,甚至于对于某种方法和工具已达到国际一流的水平,为国际同行所公认.这才能真正做出有国际水准的研究,并且你的研究才能达到活动自如和领军的程度.

另外,经过较长期数学训练的学者踏入应用领域,还需要具备与别人合作的能力.在接触应用领域的专家或文献时,要以极大的耐心和勇气尊重和理解别人的语言和思考方式.应用领域有自身的研究习惯、价值观念和审美方式,不能完全以数学的价值观和研究方法加以评价.这段过程也往往是艰难的,但是当你融入应用领域之后,你也会享受数学和应用相结合所带来的乐趣.

作者希望有更多的年轻数学学者能进入应用领域,以坚实的数学基础和良好的数学训练素质,通过艰辛的努力,在应用领域做出创造性的成绩.就像有限域一样,和那么多的无限域相比较,它很简单,但是很美,并且能使那么多的领域受益.

数学高端科普出版书目

数学家思想文库	
书　名	作　者
创造自主的数学研究	华罗庚著;李文林编订
做好的数学	陈省身著;张奠宙,王善平编
埃尔朗根纲领——关于现代几何学研究的比较考察	[德]F. 克莱因著;何绍庚,郭书春译
我是怎么成为数学家的	[俄]柯尔莫戈洛夫著;姚芳,刘岩瑜,吴帆编译
诗魂数学家的沉思——赫尔曼·外尔论数学文化	[德]赫尔曼·外尔著;袁向东等编译
数学问题——希尔伯特在1900年国际数学家大会上的演讲	[德]D. 希尔伯特著;李文林,袁向东编译
数学在科学和社会中的作用	[美]冯·诺伊曼著;程钊,王丽霞,杨静编译
一个数学家的辩白	[英]G. H. 哈代著;李文林,戴宗铎,高嵘编译
数学的统一性——阿蒂亚的数学观	[英]M. F. 阿蒂亚著;袁向东等编译
数学的建筑	[法]布尔巴基著;胡作玄编译

数学科学文化理念传播丛书·第一辑	
书　名	作　者
数学的本性	[美]莫里兹编著;朱剑英编译
无穷的玩艺——数学的探索与旅行	[匈]罗兹·佩特著;朱梧槚,袁相碗,郑毓信译
康托尔的无穷的数学和哲学	[美]周·道本著;郑毓信,刘晓力编译
数学领域中的发明心理学	[法]阿达玛著;陈植荫,肖奚安译
混沌与均衡纵横谈	梁美灵,王则柯著
数学方法溯源	欧阳绛著

书　名	作　者
数学中的美学方法	徐本顺，殷启正著
中国古代数学思想	孙宏安著
数学证明是怎样的一项数学活动？	萧文强著
数学中的矛盾转换法	徐利治，郑毓信著
数学与智力游戏	倪进，朱明书著
化归与归纳・类比・联想	史久一，朱梧槚著

数学科学文化理念传播丛书・第二辑

书　名	作　者
数学与教育	丁石孙，张祖贵著
数学与文化	齐民友著
数学与思维	徐利治，王前著
数学与经济	史树中著
数学与创造	张楚廷著
数学与哲学	张景中著
数学与社会	胡作玄著

走向数学丛书

书　名	作　者
有限域及其应用	冯克勤，廖群英著
凸性	史树中著
同伦方法纵横谈	王则柯著
绳圈的数学	姜伯驹著
拉姆塞理论——入门和故事	李乔，李雨生著
复数、复函数及其应用	张顺燕著
数学模型选谈	华罗庚，王元著
极小曲面	陈维桓著
波利亚计数定理	萧文强著
椭圆曲线	颜松远著